面向新工科 普通高等教育十三五规划教材

矿井运输与提升

主　编　周科平

副主编　李杰林　杨忠炯

KUANGJING YUNSHU
YU TISHENG

中南大学出版社
www.csupress.com.cn
·长沙·

内容简介

本书围绕我国金属矿山建设和生产常用的运输与提升设备进行介绍，主要包括矿井轨道运输、矿井无轨设备运输、竖井提升运输、斜井提升运输、矿井带式输送、浆体物料管道输送、矿井运输与提升设备的发展趋势等内容。通过阅读和学习本书，读者能够了解矿井运输与提升设备的结构、组成、特点和性能，并掌握设备的选型计算流程。使读者能够对矿井运输与提升系统进行计算、设计及设备选型，并掌握矿井运输与提升设备的发展趋势。

本书既可作为高等学校采矿工程及相关专业教材，也可供从事采矿生产管理、矿山设计、矿山运输提升设备安装、运行、检修、管理以及其他从事矿山工程领域的技术人员自学参考。

前言

Foreword

矿井运输与提升系统是矿山的核心生产系统之一，而矿山装备是确保该系统运转的基础和保证。随着信息技术、自动化控制和机械制造水平的提高，以及采矿技术的进步，矿井运输与提升装备也取得了长足发展，矿山机械设备正朝着信息化、智能化、大型化的趋势发展，给传统的采矿业带来了巨大变革。

本书结合金属矿山采矿工程专业人才培养特色，在参考以往教科书和技术文献的基础上，根据矿井运输与提升装备的特点，简化了矿山运输与提升设备的基本原理、结构组成等内容，突出了矿井提升与运输设备的选型计算能力、矿井运输与提升设备的发展趋势等内容。全书通俗易懂，能让读者快速地学习和掌握矿井运输与提升设备的相关知识，提高矿井运输与提升设备的选型应用技能。

本教材在框架设计、结构组成和内容上体现了如下特点：

（1）基础性。以金属矿山的运输、提升、浆体物料管道输送、皮带运输等为主线，全面、系统地介绍矿井运输与提升设备的基本理论和选型计算方法，为读者从事矿山设计和生产管理的实际工作或科学研究奠定良好的理论与方法基础。

（2）实用性。本书中除了介绍必要的原理和结构组成外，侧重于矿井运输与提升设备的选型计算和工程应用，并列举出一些应用实例，增强知识的生动性和实用性，提高读者的选型计算水平。

（3）可读性。强调严谨性和可读性并重，图文并茂，尽量做到深入浅出、清晰易懂，并通过应用实例帮助读者理解有关矿山设备及其运用。

（4）新颖性。教材的内容、素材等尽量体现了现代矿山运输与提升设备技术和水平，并介绍了深井运输与提升设备、矿井运输与提升设备的发展趋势以及矿业机器人。此外，将浆体物料管道输送作为矿井运输与提升的一项内容进行论述也是本书的一大特点。

本书的内容包括了矿井轨道运输、矿井无轨设备运输、竖井提升运输、斜井提升运输、矿井带式输送、浆体物料管道输送、矿井运输与提升设备的发展趋势等。通过阅读和学习，读者能够了解矿井运输与提升设备的结构、组成、特点、性能以及发展趋势，并掌握设备选型计算流程。

全书由中南大学资源与安全工程学院周科平教授策划并主持编写，李杰林副教授统稿。参加本书编写的有：中南大学周科平教授(第一章、第八章)，武汉理工大学雷涛博士(第二章)，中南大学机电工程学院杨忠炯教授(第三章、第八章)，广西大学陈庆发教授(第四章)，中南大学高峰副教授(第五章)，中南大学李杰林副教授(第一章、第六章)、成都科斯管道工程技术有限公司何建明博士(第七章)。

本书既可作为高等学校采矿工程及相关专业教材用书，也可供从事采矿生产管理、矿山设计、矿山运输提升设备安装、运行、检修、管理以及其他从事矿山工程领域的技术人员自学参考。

由于编者的水平有限，书中错漏、不足之处在所难免，恳请读者批评指正！本书在编写过程中参阅了大量国内外资料，在此谨向有关文献的作者表示衷心的感谢！中南大学刘汉文、朱龙胤、陈大鹏、熊信等硕士研究生为本书的资料收集、绘图、文字校对等工作作出了贡献，在此一并表示感谢！

编　者

2019 年 2 月

目录

Contents

第1章 绪 论

　　矿业是我国发展国民经济、保障国家战略安全的重要基础产业。机械化、自动化与智能化采矿技术的发展和应用极大地促进了矿业这一古老工业的发展，特别是近年来人工智能技术、大数据、云计算、物联网等新兴技术的快速发展，加快了传统采矿业向自动化和智能化方向发展。

　　矿山机械装备是矿业开发的基础，是实现矿业现代化、信息化、智能化的保障。矿山机械装备的先进性与现代化，在一定程度上反映了一个国家的工业化水平，也决定了矿业开发和综合利用的水平，对国民经济的发展起重要作用。

1.1　矿井运输设备的发展及现状

　　世界采矿技术较为发达的西方主要工业强国部分地下矿山已初步实现了采矿自动化目标。世界知名的井下采矿设备制造巨头如阿特拉斯科普柯(Atlas Copco)、盖哈哈(GHH)、卡特彼勒(Caterpillar)和山特维克(Sandvik)等在井下无轨装运设备自动化、智能化方面已走在了世界的前列。无轨化开采技术是未来井下矿山开采的发展方向之一，井下铲运机和井下矿用自卸卡车是无轨开采的关键设备。井下无轨装运设备的自动化与智能化发展经历了几个阶段：人工液压控制、视距遥控、视频控制、远程遥控、半自主控制、自主控制和智能控制。

　　(1)第一阶段：人工液压控制(Man Hydraulic Control, MHC)阶段。

　　20世纪40年代前，科技不发达，采矿机械设备较少，采矿业主要依靠人力。20世纪50年代开始，随着科技的进步，人类社会对矿业资源的需求攀升，采矿设备的技术水平有了较大的发展，大量无轨采矿装备开始应用于地下矿山，这个时期的采矿设备大多数采用人工直接控制，工人的劳动强度较大。到了20世纪70年代中后期，出现了通过液压先导阀控制多路换向阀的液压先导控制技术，从而减轻了操作者的劳动强度，但仍然为人工控制。

　　目前，发动机技术已取得了巨大进步，井下装运设备大量采用人机工程学、有限元、虚拟样机等现代设计理论和方法，但就采矿设备的技术水平来讲，世界上大部分井下无轨装运设备还处于第一阶段。图1-1为人工操作与控制的井下铲运机，图1-2为人工操作与控制的井下矿用自卸卡车。

　　(2)第二阶段：视距遥控控制(Line of Sight Control, LSC)阶段。

　　井下无轨装运设备视距遥控技术是设备操作者在采场危险范围之外操作和控制设备，在其视力范围内直接观察和控制井下铲运机和井下矿用自卸卡车。目前，视距遥控技术的视距范围已达到250 m，主要通过无线电装置遥控井下装运设备。

　　(3)第三阶段：视频遥控控制(Portable Video Remote Control, VRC)阶段。

　　视频遥控控制原理与视距遥控原理相同，只是在视距遥控基础上加装了视频系统，车载视频装置将井下无轨装运设备周围环境的实时视频信号源源不断地传输到视频遥控器显示屏上，操作者根据显示的设备周围环境对无轨设备进行遥控控制，视频遥控的适用距离小于600 m。

图 1-1　人工操作与控制的井下铲运机

图 1-2　人工操作与控制的井下矿用自卸卡车

（4）第四阶段：远程遥控控制（Tele - Remote Control，TRC）阶段。

远程遥控技术允许操作者在远离井下无轨装运设备的矿井固定或移动遥控控制台，或在地面办公条件更完善和远程控制室中对井下铲运机和井下矿用自卸卡车进行远距离控制。远程遥控技术的有效控制距离可以达到 2000 m 左右，控制系统更为复杂，通信网络更为完善。

（5）第五阶段：半自主控制（Semi - Automation Control，SAC）阶段。

半自主控制采矿设备是 20 世纪 90 年代末、21 世纪初开发出来的，该技术已由卡特彼勒公司、山特维克和阿特拉斯科普公司等世界著名的采矿设备巨头试验成功，并已在国外部分地下矿山得到应用。应用该技术时，操作者位于井下或地面办公环境好的控制室中。在地下矿（废）石的装、运、卸整个循环作业中，绝大部分时间由远程计算机控制自动运行，只有很小一部分时间由操作者进行视频遥控操作。如铲装过程中，操作者仅远程视频遥控控制井下铲运机的铲装过程，其他过程如运输、卸载、返回等全部由计算机控制自动完成，并且操作者可以同时控制多台井下采矿设备。图 1-3 为半自主远程控制台，图 1-4 为远程控制井下矿用自卸卡车。

图 1-3　半自主远程控制台

图 1-4　远程控制井下矿用自卸卡车

半自主远程遥控系统由远程遥控控制台、网络视频通信和半自主井下装运设备等分系统及控制设备所组成，其组成如图 1-5 所示。

（6）第六阶段：自主控制（Automation Control，AC）阶段。

自主控制是一种更为先进的远程控制技术，原先的远程控制在整个操作过程中都是由人

图1-5 半自主远程遥控控制系统组成示意图

工控制的,而自主控制在整个生产过程中将全部由计算机自动控制,自主控制的距离达数千米。操作者仅仅起到监视作用,劳动强度低,工作环境安全、舒适。图1-6为采用自主控制采矿设备的地下矿山示意图。

图1-6 采用自主控制采矿设备的地下矿山示意图

从图1-6可以看到:整个地下矿山无一名工人,井下采矿设备完全实现自动化,控制室位于距井下采掘现场数千米之外的地表,劳动者的工作条件得到了极大改善,地下矿山生产效率得到了极大提高。图1-7为工人坐在控制台前监视井下采矿设备的运行,图1-8为控制台操作手柄。

图1-7 自主控制监视井下采矿设备的运行

图1-8 控制台操作手柄

在自主控制智能采矿设备运行过程中，设备在矿井中的定位、设备对运行环境的感知、运动规划和任务规划是必不可少的环节，其中智能装运设备在井下巷道内的准确定位非常重要，目前智能井下铲运机在巷道内的定位方式主要有：激光定位技术、无线电定位技术、地图匹配定位技术、视觉定位技术等。图1-9为井下铲运机激光定位技术示意图，图1-10为基于巷道壁信标的智能井下铲运机激光定位技术。由于在井下矿山无法获取采矿设备的GPS准确信息，因此应用该技术时，巷道壁上必须安装信标。该技术利用位于井下铲运机前方的激光发射器发射激光，对巷道壁进行扫描，在巷道壁上不同地段事先装有导航信标，这样智能井下铲运机就能准确感知自己在巷道中的位置。

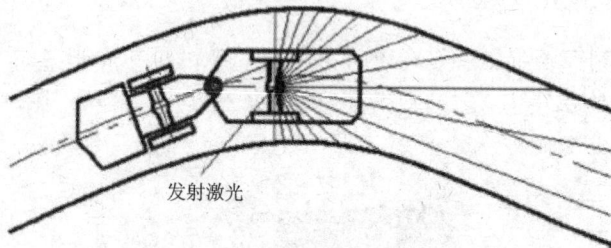

发射激光

图1-9 井下铲运机激光定位技术示意图

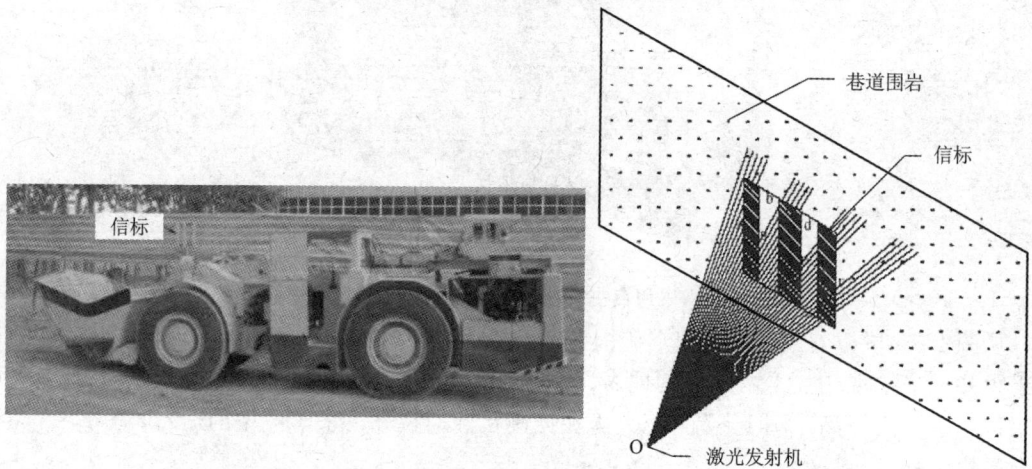

信标

巷道围岩

信标

O 激光发射机

图1-10 基于巷道壁信标的智能井下铲运机激光定位技术

采用自主控制技术的井下采矿设备必须装备必要的位移测定、设备信息、视频拍摄、视频与信号传输等系统。

(7)未来：智慧采矿设备。

随着科技的发展，人工智能技术将广泛应用在未来的采矿装备上。智慧采矿装备无需人为干预，能够自己感知作业环境并自动完成各项任务。智慧采矿装备本身具备环境感知、识别、推理、判断的功能，在采矿环境条件发生变化时，智能装备能够通过自己学习、总结经验来获得做出修改或调整任务的准则，并完成相应任务，所以未来的智慧采矿装备的"智商"或"智力"水平将高于目前的智能采矿装备，这种智慧采矿装备将具备一定的自动规划能力，能够安排任务，不需要人工干预。

智慧井下无轨设备将具备以下技术特征：

①具有自动感知工作环境、工作对象的能力；

②具有根据自身任务自行判断并做出决策的能力；

③具备响应决策、执行决定的能力；

④具备自动监测工作过程与自我修正的能力；

⑤具备自身安全保护和故障排除的能力。

1.2 矿井提升设备的发展及现状

矿井提升系统是由矿井提升机、电动机、天轮或导向轮、井架或井塔、提升容器、钢丝绳、装卸载设备及电气控制设备等提升设施组成的。矿井提升是矿山生产过程中的重要生产环节，它担负着矿井矿石、废石、人员、各种材料和设备的提升和运送任务。由于矿井提升系统是周期动作式的输送设备，需要频繁地正、反转启动，运行和停车，工作条件苛刻。提升设备能否安全可靠运行，直接关系到矿工的生命安全和生产任务的完成。多年来国内提升系统的各类安全事故(如断绳、过卷蹾罐、卡罐、溜罐跑车、滑绳)时有发生，使提升系统和设备遭受严重损坏，造成重大人员伤亡，严重影响了矿井安全生产。

近十年来，随着矿山生产规模增大、开采深度增加和提升系统安全可靠性的提高，矿井提升设备得到了飞速发展，各种新技术得到了广泛使用，我国的提升系统装备已达到国际先进水平。尤其是煤矿领域，副竖井提升从轨道运输、轨道和无轨并存运输发展到全无轨运输。如神华亿利黄玉川煤矿的副竖井提升系统首次采用了大罐笼、全无轨竖井运输系统，解决了长期以来竖井大型设备必须采用轨道换装的问题，开发了全无轨运输设备，优化了系统环节，提高了生产效率。随着矿井生产规模的扩大，主井提升箕斗容量不断增大，部分矿山的主井箕斗容量已达 50 t，并且为双套提升，立井箕斗提升能力可达 1500 万 t/a。提升系统的安全保护技术和自动化水平不断提高，许多矿井的主井提升已实现无人值守运行。

1.2.1 矿井提升机

目前生产大型摩擦轮提升机的国外制造厂主要为西马格(SIEMAG)、艾波比集团(ABB)、英科(INCO)公司，国内主要为中信重工机械股份有限公司、上海冶金矿山机械厂、锦州矿山机器(集团)有限公司。国内提升机是根据国家标准 GB/T 20961《单绳缠绕式矿井提升机》和 GB/T 10599《多绳摩擦式矿井提升机》制造，标准中规定的塔式摩擦轮提升机最大规格为 JKM5×6，落地式摩擦轮提升机的最大规格为 JKM6×4，拖动方式只有直连或减速器，而国际上西马格、艾波比集团和英科公司已生产过 8 绳摩擦轮提升机，直连悬挂电动机、最大电动机功率 11000 kW。

在国内，从 1956 年我国自主生产第一台矿井提升机以来，在不同年代生产了许多系列的矿井提升机，其技术水平参差不齐。随着矿山生产规模的扩大和科技水平的提高，矿井提升设备在技术、规格和参数等方面都有了巨大的进步，矿井提升设备能力提高，设备尺寸大型化，设备性能智能化，各项设备指标屡创新高。中信重工机械股份有限公司(原洛阳矿山机器厂)是我国矿井提升机的设计制造主导企业，该公司已累计生产各种类型矿井提升机 4300余台，国内市场覆盖率达 80% 以上。其主要产品有 JK 型 2～5 m 系列单绳缠绕式提升机、

JKM(D)E 型多绳摩擦式提升机系列(最大规格为 JKMD – 5.7×4)、JKZ 型凿井提升机系列、JG 型过坝提升机系列等。该系列矿井提升机技术性能先进,一些关键技术已接近或达到国际水平。国产典型提升机产品及运行情况如表 1 – 1 所示。

表 1 – 1 国内典型提升设备及运行情况

编号	产品类型	产品规格	使用矿山	主要技术参数		电动机
1	落地摩擦式最大	JKMD – 6.2×4P Ⅲ 多绳摩擦式提升机	华能甘肃能源公司核桃峪矿副井	摩擦轮直径/m	6.2	TDBS 3000 – 24,3000 kW,1450 V,34.8 r/min,变频同步机,上海电动机厂
				天轮直径/m	6.2	
				提升高度/m	975	
				钢丝绳直径/mm	66	
				最大静张力/kN	1700	
				最大静张力差/kN	340	
				最大提升速度/(m·s⁻¹)	11.3	
2	井塔摩擦式最大	JKM – 5×6P Ⅲ 多绳摩擦式提升机	国电建投内蒙古察哈素煤矿副井	摩擦轮直径/m	5	低速直联交 – 直 – 交,变频同步电动机,3000 kW,3150 V,36 r/min,西门子电动机
				导向轮直径/m	5	
				提升高度/m	446.5	
				钢丝绳直径/mm	52	
				最大静张力/kN	1700	
				最大静张力差/kN	340	
				最大提升速度/(m·s⁻¹)	9.42	
3	单机功率最大	JKM – 4.7×6P Ⅲ 多绳摩擦式提升机	内蒙古银宏能源开发有限公司泊江海子矿主井	摩擦轮直径/m	4.7	TDBS5500 – 16,低速直联变频同步电动机,5500 kW,3150 V,48.8 r/min,上海电动机厂
				导向轮直径/m	4.7	
				提升高度/m	580	
				钢丝绳直径/mm	47	
				最大静张力/kN	1500	
				最大静张力差/kN	440	
				最大提升速度/(m·s⁻¹)	12	
4	双机功率最大、速度最快	JKMD – 5.7×4P Ⅳ 多绳摩擦式提升机	安徽皖北煤电集团公司朱集西煤矿主井	摩擦轮直径/m	5.7	悬挂式同步电动机,交 – 直 – 交变频,低速直联,3500 kW×2,1460 V,50 r/min,上海电动机厂
				导向轮直径/m	5.7	
				提升高度/m	970.95	
				钢丝绳直径/mm	58	
				最大静张力/kN	1550	
				最大静张力差/kN	440	
				最大提升速度/(m·s⁻¹)	14.92	

续表

编号	产品类型	产品规格	使用矿山	主要技术参数		电动机
5	静张力差最大	JKMD－5.5×4PⅢ多绳摩擦式提升机	内蒙古黄陶勒盖煤炭有限责任公司（主井）	摩擦轮直径/m	5.5	TDBS 5000—24，5000 kW，3150 V，36 r/min 变频同步机，上海电动机厂
				导向轮直径/m	5.5	
				提升高度/m	592	
				钢丝绳直径/mm	47	
				最大静张力/kN	1490	
				最大静张力差/kN	540	
				最大提升速度/(m·s⁻¹)	10.37	
6	单绳缠绕式最大	2JK－6×2.4单绳缠绕式提升机	鞍钢集团弓长岭矿业公司井下铁矿	卷筒直径/m	6	YR173/54－20，800 kW×26000 V/3000 V，291 r/min，哈尔滨电动机厂
				卷筒宽度/m	2.4	
				提升高度/m	520	
				钢丝绳直径/mm	52	
				最大静张力/kN	264.6	
				最大静张力差/kN	186.4	
				最大提升速度/(m·s⁻¹)	8	
7	提升斜长最大	JK－3.5×2.5单绳缠绕式提升机	义煤集团宜阳义络煤业有限责任公司	卷筒直径/m	3.5	YBP450－8450 kW，6000 V，750 r/min，变频电动机，上海电动机厂
				卷筒宽度/m	2.4	
				提升斜长/m	2600	
				斜坡角度/(°)	9.587	
				钢丝绳直径/mm	26	
				最大静张力/kN	170	
				最大静张力差/kN	170	
				最大提升速度/(m·s⁻¹)	4.5	
8	电动机转子与主轴过盈量最大	JKMD－5×4PⅢ多绳摩擦式提升机	安徽淮南矿业集团公司顾桥煤矿（主井）	摩擦轮直径/m	5	TBP 5300—20/3250，5300 kW，1500 V，49.7 r/min，变频同步机，哈尔滨电动机厂
				天轮直径/m	5	
				提升高度/m	784.2	
				钢丝绳直径/mm	52	
				最大静张力/kN	1200	
				最大静张力差/kN	440	
				最大提升速度/(m·s⁻¹)	13	
				电动机转子与主轴过盈量/mm	1	

续表

编号	产品类型	产品规格	使用矿山	主要技术参数		电动机
9	出口欧洲的大型提升机	JKMD-5.5×4PⅣ多绳摩擦式提升机	波兰 OPA-ROW sp. zo. o	摩擦轮直径/m	5.5	WP1-032101, 2×3150 kW, 57 r/min, 变频同步机, 波兰 DFME
				天轮直径/m	5.5	
				钢丝绳直径/mm	54	
				最大静张力/kN	1100	
				最大静张力差/kN	360	
				最大提升速度/(m·s⁻¹)	16	
10	单机功率最大的提升机	JKMD-5.7×4PⅢ多绳摩擦式提升机	赞比亚中色非矿谦比希铜矿	摩擦轮直径/m	5.7	低速直联变频同步电动机, 6300 kW, 3150 V, 43.6 r/min, 上海电动机厂
				天轮直径/m	5.7	
				提升高度/m	1230	
				钢丝绳直径/mm	56	
				最大静张力/kN	1530	
				最大静张力差/kN	420	
				最大提升速度/(m·s⁻¹)	13	
11	液压防爆提升机最大	2JKYB-3.5×2.1J液压防爆提升机	徐州矿务局福城煤矿	卷筒直径/m	3.5	YB315L2-4B3, 3×200 kW, 1485 r/min, 佳木斯电机厂
				卷筒宽度/m	2.1	
				提升斜长/m	848	
				钢丝绳直径/mm	30	
				最大静张力/kN	200	
				最大静张力差/kN	180	
				最大提升速度/(m·s⁻¹)	4.4	
12	机电液成套化大型提升机	JKMD-5×4ZⅢ多绳摩擦式提升机	神华宁夏煤业集团有限责任公司石槽村煤矿副井	摩擦轮直径/m	5	ZKTD 285/85 型电动机, 1800 kW, 900·V, 32 r/min, 上海电动机厂
				天轮直径/m	5	
				提升高度/m	515	
				钢丝绳直径/mm	54	
				最大静张力/kN	1200	
				最大静张力差/kN	270	
				最大提升速度/(m·s⁻¹)	8.4	

　　1994 年,中信重工机械股份有限公司(中信重工)设计制造了我国首台 4.5 m 提升机,即 JKMD-4.5×4 提升机,用于开滦矿务局吕家坨矿主井,已经运行超过 20 年,目前仍然是国内运行的最大的直流提升机,其电动机功率为 3000 kW。据统计,目前国内运行及在制的大型多绳摩擦式提升机(规格 4.5 m 及以上)共计 226 台(套),其中国产 173 台(套),国产设备占有率为 76.5%,进口设备占有率为 23.5%。

因此，在矿井提升机制造领域，国内厂家以中信重工为代表，依托成熟的技术和强大的加工能力，可以根据市场需求，开发生产更大规格的提升设备，技术实力处于世界先进水平。

1.2.2 提升机液压制动系统

提升机液压制动系统是提升系统正常工作时的最后一道"防线"，近年来由于制动系统故障，已发生了多起过卷、跑车事故，造成了设备毁损或人员伤亡。因此，提升机液压制动系统的可靠性将对矿井的提升安全起到重要作用。提升机液压制动系统包括液压站、液压弹簧制动器、闸架、管道及连接件、液压站控制系统。目前国内使用的制动系统主要有恒力矩、恒减速和多通道恒减速制动系统。

提升机液压制动系统的发展趋势是向高性能的恒减速、多通道、振动冲击限制和智能化等可靠性方向发展。恒减速制动系统可以减小紧急制动减速度，从而大大减小系统的动力冲击。目前使用的恒减速液压制动系统，在制动失效后一般转入恒力矩制动，这样提升系统防滑安全计算仍按恒力矩系统设计，若采用恒减速制动失效后自动转入恒减速制动的系统，则可优化提升系统。多通道恒减速制动系统，可以防止在提升机运行过程中爆裂而造成提升机打滑事故，也可以防止液压站不回油而造成提升机跑车事故，极大地提高了制动系统的安全可靠性。恒减速制动系统振动冲击限制技术，类似于汽车的防抱死系统，可以限制紧急制动过程中的动力冲击，防止钢丝绳打滑，同时有效保护钢丝绳、电动机等提升设备，应在矿井提升机和带式输送机系统大力推广。智能化液压制动系统可以弥补电气控制的缺陷，在提升结束阶段可以实现智能停车制动，防止事故扩大。

1.2.3 矿井提升机控制系统

在整个矿井运行系统中，提升机控制系统属于核心部分，因此，控制系统的好坏将直接关系到矿山生产效率及生产安全，当前 PLC 系统、变频调速已经成为了矿井提升控制系统的重要调速方案，实现了调速的平滑以及保护措施的兼备。

随着数字技术的发展，PLC 系统已被广泛应用，"交–直–交"变频技术也已非常成熟，因其具有无级调速、调速精确、节能效果显著等优势，在矿山企业中得到了广泛应用。特别是近年来，变频系统矿井提升机的大量应用，使矿井提升机达到了一个新水平。采用变频调速技术，不仅解决了调速控制中的问题，而且节约大量电能，节能增效明显。因此，变频调速技术已成为矿井提升机电控系统的最佳选择。变频调速电控系统由变频调速柜、电阻柜、综合电源柜、控制操作台等组成，控制操作台负责整个提升工艺过程的控制及保护，而变频柜、电阻柜、低压配电柜，完成系统的电气传动、闭环控制各类保护，使系统更安全、更可靠。

矿井提升机控制系统非常复杂、耗电量也较大，随着科技的进步和矿井生产现代化要求的不断提高，提升设备及控制系统也逐步趋于完善，各种新技术逐步应用于矿井提升设备中，可靠性、高效、综合自动化等将成为其发展的方向。当前矿井提升机控制技术主要具有几个特点：

（1）矿井提升机处于四象限内运行：在不同的阶段内矿井提升机既有正力也有负力，既有正转也有负转，既有制动也有电动。

（2）运行速度可靠、准确：矿井提升机属于位置控制系统的一种，在不断下放和提升往复过程中，在什么位置等速运行、减速运行或加速运行等都有严格的要求。

（3）行程的直观显示：矿井提升机不断下放和提升往复过程中，深度指示器及显示器可显示设备的实时位置及提升机的行程。

（4）故障监视技术完善：设备在运行过程中出现故障时，矿井提升系统可以自动报警和显示，大大提高了故障的排除速度。

1.2.4　钢丝绳无损检测技术

提升钢丝绳是矿井提升的主要承载元件，提升钢丝绳受力极其复杂，在工作过程中会承受拉伸、扭转、弯曲应力及各种动载荷和冲击载荷等，同时还要承受长时间的疲劳、磨损或腐蚀。随着提升深度的增加，扭转应力也会逐步增加，严重影响了矿井的钢丝绳寿命，使用中的提升钢丝绳一旦发生断绳事故，往往会造成重大人员伤亡和经济损失，因此钢丝绳的损伤检测是确保钢丝绳的安全可靠使用的保障。

根据损伤的性质和特征，钢丝绳的损伤可分为：局部缺陷型（Localized Faul，LF 型损伤）和截面积损耗型（Loss of Metallic Cross - sectional Area，LMA 型损伤）。目前，具有代表性的钢丝绳无损检测方法有：超声波检测法、渗透检测法、射线检测法、声发射检测法、涡流检测法、电磁检测法等，其中电磁检测法是目前最为可靠的钢丝绳检测方法。应用范围比较广的无损检测仪器是俄罗斯的 INTROS 磁性钢索测试仪，该仪器基于强磁原理工作，可同时在线检测钢丝绳的金属截面损失（LMA）和局部缺陷（如断丝、锈坑、接合处等），利用永磁体使钢丝绳处于磁饱和状态，探头位于磁极和钢丝绳之间，钢丝绳的损伤（如断丝、锈蚀和磨损等）会导致磁渗漏流量的变化，因此根据探头的信号，就能准确判断出钢丝绳的金属区和损伤部位，继而确定钢丝绳是否符合更换条件。

无损检测技术的关键是重复性和准确性，为矿井维护和报废钢丝绳提出指导性建议，这是未来钢丝绳无损检测技术发展和推广的方向。

1.3　我国矿井运输与提升设备存在的问题

1.3.1　井下矿山无轨运输设备

井下矿山无轨采矿技术是 20 世纪 70 年代发展起来的一种先进的采矿方法，与之相配套的无轨采矿装备由于具有机动、灵活、效率高等特点，在国外得到了广泛应用。我国无轨采矿装备早在"八五"期间，中国有色金属工业总公司就组织长沙矿山研究院、北京矿冶研究总院、衡阳有色冶金机械总厂、中南工业大学等科研院所、企业和高校对井下无轨采矿关键设备——井下铲运机、井下矿用自卸卡车、通用底盘、辅助车辆、喷锚支护设备、天井钻机、井下大孔径钻机、液压凿岩机进行科技攻关。通过对先进无轨采矿设备技术引进和联合攻关，我国无轨采矿设备的国产化取得了巨大的进步。

我国矿山数量约为 11.25 万座，以有色金属矿山为例，年生产矿石量 5 亿多吨，且多数为井下开采。然而我国井下矿山无轨采矿装备技术水平仍然十分落后，目前仅有铜陵有色金属集团控股有限公司、金川集团股份有限公司、中金岭南集团凡口铅锌矿、山东黄金集团有限三山岛金矿和焦家金矿、梅山铁矿、大冶有色金属集团、广西华锡集团股份有限公司等少数大型骨干矿山采用无轨采矿装备，使用井下铲运机的有色、冶金、化工等行业矿山数量有100余个。我国绝大部分井下矿山依然采用的是小巷道、小采场、多分段分散作业，采矿机械化水平低下，生产效率仅为国外发达国家同类矿山的10%左右。

目前我国无轨采矿装备存在的主要问题有：

（1）矿山数量多、生产规模小，难以形成机械化开采的良性循环。

中国矿产资源的特点是小矿多，大矿少。目前我国有10万余座井下矿山，仅有的少数大型矿床，常常被划分为若干小矿进行开采，导致大矿小开、一矿多开等状况。不同经济实力、不同所有制形式、不同规模的企业纷纷进入矿业领域。年产100万t的大型骨干矿山数量偏少，大量中小型矿山技术水平低、装备水平落后，粗放的管理经营，难以形成机械化开采和规模经济的良性循环。

（2）无轨采矿装备水平低，生产效率低。

除了少数大型或资源条件好的矿山达到国际先进装备水平外，绝大多数矿山仍然采用20世纪50—60年代的装备，效率低下的气腿式风动凿岩机在矿山随处可见。以有色金属矿山为例，主要技术装备水平达到国际先进水平的十分少见，绝大多数矿山处于国内一般或落后水平。技术和装备水平低下给矿山企业带来的后果是：企业生产效率低、能耗高、经济效益差；环境保护程度低、资源损失和浪费严重；劳动强度大，工作安全条件差，安全事故频发。

（3）工艺与装备不匹配，生产效率低。

由于我国井下矿山矿体赋存条件千差万别，开采难度大，国产无轨采矿装备品种不全、规格不齐，难以满足高效采矿工艺要求，严重制约了井下矿山的可持续发展。

（4）缺乏可靠性高、成熟的无轨采矿国产装备。

除个别产品外，大部分国产无轨采矿装备在生产效率和可靠性方面与国外同类产品相比尚有一定差距。许多无轨采矿装备的关键部件仍然需要从国外进口，如国产井下铲运机，其传动系统的三大关键部件——变速箱、变矩器和驱动桥需要从美国德纳股份有限公司进口。

（5）无轨采矿装备生产企业规模小。

我国井下无轨采矿装备生产企业众多，但生产规模小。由于无轨采矿装备生产量小，设计与制造难度大，我国的无轨装备生产企业的设计与制造体系不健全，制造系统装备水平落后，工艺水平与国外先进水平尚有差距，加上许多关键部件需要从国外进口，无轨采矿装备制造成本居高不下，无轨采矿装备生产企业的经济效益普遍较差，并形成了无轨采矿装备关键件进口—制造成本高—销售量小—企业经济效益差—无能力提升制造装备水平—产品可靠性差这一恶性循环的局面。

（6）采矿生产管理水平有待提高。

无轨采矿装备要发挥出应有的作用，除设备本身的效率高外，设备操作者的素质和管理水平也起到了非常重要的作用，目前我国井下矿山员工素质普遍偏低，设备管理者水平也有待提高。

1.3.2　井下矿山提升设备

近几十年，我国井下矿山提升设备的设计、制造和应用水平取得了巨大进步，但与国际上矿井提升设备相比仍有一定的差距，主要体现在基础理论研究与成果应用、基础原件和新材料应用、加工工艺和加工设备的精度、可靠性和耐久性、人才培养、装配质量等方面。特别是提升机的一些关键电控技术和交 – 交变频系统或大型直流晶闸管系统及控制方面，我国还处于起步阶段。提升机的整机技术与国外发达国家相比，还有相当大的差距：

（1）电气方面：大功率可控硅装置、交 – 交变频调速系统、微电子技术应用、可编程序PLC控制系统等。由于国产电子元件的质量、寿命等原因，目前国内运行的直流及交 – 交变频拖动与控制系统大多数需要从国外引进，有的是引进关键技术元件。因此在引进吸收消化的基础上开发适合我国国情的提升机电控系统势在必行。

（2）机械方面：由于受国内机械加工设备及工艺、材料等因素的影响，我国在提升机设计上的安全系数的选取还趋于保守，与瑞典艾波比集团公司的同类产品相比，结构尺寸大，重量增加，从而导致成本加大。

（3）技术研发方面：现有的技术研发人员对国外矿井提升系统的前沿技术和先进理念缺乏了解，技术缺乏创新能力。同时，国内企业也缺乏对技术研发人员的技术培训和技能培养。在矿井提升系统的技术研发领域，科研手段尚不完善，研发经费投入有限，创新环境较差，严重制约了矿井提升机的技术研发。

近年来，我国的煤炭、有色金属等矿山已陆续从瑞典、德国等引进了十余套大型矿井提升机及其电控设备的成套（或部分）设备，国际上各大提升设备制造公司纷纷进入我国市场，给我国的矿井提升设备市场带来了巨大的机遇和冲击。因此，我国需要尽快开发研制大型矿井提升机及其电控设备，满足重点矿井的主提升系统以及现有矿井挖潜扩大提升能力的需要。

（4）大型千米深井提升设备技术方面。目前国外已开发出满足矿井深度 3000 m 的大型提升设备，而我国开发的提升装备只能满足开采深度 1000 m 以内的矿井，国内外深井提升装备水平的差距巨大。在目前国内的安全规程规定下，我国设计与制造超深井提升的提升机械方面，还面临着钢丝绳的安全系数、提升容器、钢丝绳的选型及状态监控、钢丝绳的平稳缠绕机过渡等诸多急需解决的技术难题，而国外已有较成熟的产品。

参考文献

[1] 饶绮麟. 21 世纪矿山机械的研究和开发[J]. 矿冶, 2003, 12(3)：1 – 4.

[2] 饶绮麟. 有色矿山技术装备的现状和思考[J]. 采矿技术, 2001(2)：6 – 8.

[3] 韩志型, 尹健生. 21 世纪的采矿技术[J]. 世界采矿快报, 1999, 15(9)：21 – 25.

[4] 杜波, 张步斌, 冯海平. 矿井提升设备的发展现状及趋势[J]. 矿山机械, 2016, 44(6)：1 – 7.

[5] 徐凤岐. 浅谈我国矿井提升机的未来发展[J]. 矿山机械, 2009, 37(11)：61 – 63.

[6] 张升奇, 王继生, 张荣宽. 我国矿山机械销售现状和发展分析[J]. 矿山机械, 2010, 38(6)：1 – 6.

[7] 张绍飞. 矿井提升机控制技术研究现状与发展[J]. 山东工业技术, 2017(7)：83.

[8] 李玉瑾. 矿井提升系统的装备技术与展望[J]. 煤炭工程, 2016, 46(10)：61 – 64.

[9] 聂虹. 矿井提升机的发展与现状[J]. 矿山机械, 2015, 5(7)：13 – 17.

第2章　矿井轨道运输

　　轨道运输是目前我国大、中型金属矿山和非金属矿山井下运输的主要方式，是矿井提升系统的重要组成部分，同时也是决定矿山生产能力的主要因素之一。轨道运输的基本任务是运送矿石、废石、材料、设备和人员等，其特点是运距一般不受限制、运输成本低、便于矿石分类运输。

　　轨道运输通常采用机车运输，其主要设备有矿井轨道、矿用车辆、牵引设备和辅助机械设备等，其中牵引设备以架线式电机车为主。

　　目前我国地下金属矿山有轨运输使用的主体设备是电机车和装（耙）岩机。轮轨装岩机如图2－1所示，耙岩机如图2－2所示。它们基本都属于电机车，使用的是直流串激电动机。按供给直流电源的方式分为架线式和蓄电池式两种。蓄电池式电机车由车上携带的蓄电池供电，运输线路不受限制，但需要充电设施，蓄电池放电到规定值时需更换，因此其在井下矿山的使用受到限制。

图2－1　轮轨装岩机

图2－2　耙岩机

2.1　矿井轨道

2.1.1　轨道结构与轨型选择

　　轨道的功能是为了减小车辆运行的阻力，其作用是把车轮的集中载荷传播、分散到巷道的底板上，使列车沿轨道平稳、高速运行。因此，轨道铺设应牢固且平稳，并具有一定的弹性，以缓和车辆运行的冲击，从而延长轨道和车辆的使用年限。对于架线式电机车，轨道不仅是电机车、矿车的运行轨迹，同时也是回电电流的导体，是架线电机车供电牵引网络的重要组成部分。

轨道质量是确保列车能否正常行驶的关键。轨道铺设应牢固、平稳，并具有一定的弹性。轨道线路应该力求平直，拐弯处应尽可能采用较大的曲线半径，以避免过多的线路起伏。

矿井轨道是由上部建筑和下部建筑所组成的。上部建筑包括钢轨、轨枕、道床和连接零件；下部建筑为巷道底板。矿井标准窄轨的结构如图2-3所示。

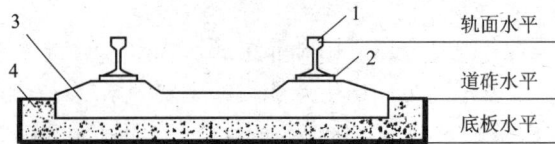

图2-3　标准窄轨结构

1—钢轨；2—垫板；3—轨枕；4—道床(砟)

（1）钢轨。

钢轨是上部建筑的重要组成部分之一。钢轨的作用是承受列车负荷并把负荷传给轨枕、道床和底板，形成平滑而坚固的轨道，并引导车辆运行。

钢轨断面一般是工字形，钢轨由轨头、轨腰和轨底组成，如图2-4所示。钢轨要承受机车、车辆的压力及冲击载荷，必须具有足够的强度、硬度、韧性以及良好的焊接性能。

钢轨型号以每米长度的质量（kg/m）表示，常用矿用标准钢轨规格如表2-1所示。钢轨型号的选择与运输量、机车质量、矿车容积、使用地点、行车次数和行车速度有关，一般可按表2-2选取。

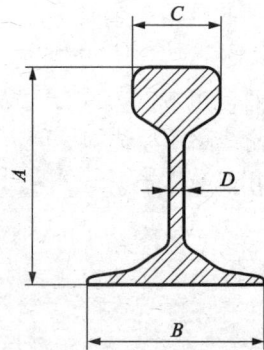

图2-4　钢轨断面图

A—钢轨高度；B—轨底宽度；
C—轨头宽度；D—轨腰宽度

表2-1　常用矿用标准钢轨规格

钢轨型号 /(kg·m⁻¹)	断面尺寸/mm				断面面积 /mm²	理论质量 /(kg·m⁻¹)	标准长度 /m
	高	底宽	顶宽	腰厚			
轻轨 8	65	54	25	7	1076	8.42	5~10
11	80.5	66	32	7	1431	11.20	6~10
15	91	76	37	7	1880	14.72	6~10
18	90	80	40	10	2307	18.06	7~12
24	107	92	51	10.9	3124	24.46	7~12
重轨 38	134	114	68	13	4950	38.733	12.5
43	140	114	70	14.5	5700	44.653	12.5, 25

表2-2 运输量与机车质量、矿车容积、轨距、钢轨型号的一般关系

运输量/(10^4t·a^{-1})	机车质量/t	矿车容积/m³	轨距/mm	钢轨型号/(kg·m^{-1})
<8	1.5	0.5~0.6	600	8
9~15	1.5~3	0.6~1.2	600	12~15
16~30	3~7	0.7~1.2	600	15~22
31~60	7~10	1.2~2.0	600	22~30
61~100	10~14	2.0~4.0	600, 762	22~30
101~200	14, 10 双机	4.0~6.0	762, 900	30~38
201~400	14~20, 14~20 双机	6.0~10.0	762, 900	38~43
>400	40~50, 20 双机	>10.0	900	43, 43 以上

注：选择主平硐的运输设备亦按年运输量选取，并取上限值。

（2）轨枕。

轨枕用于固定和支承钢轨，使两根钢轨始终保持一定的距离，以防止轨道产生横向和纵向移动，从而保持轨道的稳定性，并将钢轨的压力较均匀地传递给道床。

矿山常用的轨枕材料以木质和钢筋混凝土两类为主。在矿井轨道设计中，轨枕应与选择的轨距和钢轨型号相适应，运输量不大时多采用木质轨枕，而运输量大的矿山及主要运输巷道多用钢筋混凝土轨枕。常用的木轨枕与钢筋混凝土轨枕的型号分别如表2-3和表2-4所示。

表2-3 木轨枕规格

轨距/mm	钢轨型号/(kg·m^{-1})	长度/mm	宽度/mm		高度/mm
			上宽	下宽	
600	15, 18	1200	150	150	120
		1200	120	150	120
	24	1200	160	160	140
		1200	130	160	140
762	15, 18	1500	150	150	120
		1500	120	150	120
	24	1500	160	160	140
		1500	130	160	140
900	15, 18	1600	150	150	120
		1600	120	150	120
	24	1600	160	160	140
		1600	130	160	140
允许误差		±20	-10	-10	±10

表 2 - 4   钢筋混凝土轨枕主要规格

钢轨型号 /(kg·m⁻¹)	轨枕厚 /mm	顶面宽 /mm	底面宽 /mm	长度/mm		
				轨距 600	轨距 762	轨距 900
11, 15	130	120	140	1200	—	—
18	130	160	180	1200	—	—
18	150	180	200	—	1350	—
24	145	170	200	—	—	1700
38	145	170	200	—	—	1700

（3）道床。

道床的作用是承受钢轨传来的压力，并均匀地分布到轨道的下部建筑上。道床将轨道的上部建筑和下部建筑连接成了一个整体，以防止轨道的纵、横向移动。

矿井常用的道床主要有道砟道床和固定道床两类。道砟道床多采用粒径为 20 ~ 40 mm 的碎石，施工简单，投资少。固定道床一般采用混凝土整体构筑，质量高，行车安全，维护量小。

（4）连接零件。

连接零件的作用是在纵向上把钢轨接成一体，并将钢轨固定在轨枕上。连接零件有鱼尾板（道夹板）、螺栓、垫板及道钉。

钢轨之间的连接用鱼尾板及螺栓。在钢轨两端的轨腰上和鱼板上有椭圆形孔眼，以适应钢轨因温度变化而引起的伸长或缩短。为此，在钢轨接头处应留有不大于 5 mm 的间隙。钢轨接头应放在两根彼此靠近的轨枕之间。否则，列车往来行驶可使处于接头下面的轨枕反复受到两个方向不同的偏心冲击而松动。当使用大容积矿车时，为加强钢轨与轨枕之间的连接，并增大轨枕受压面积，在钢轨的接头、弯道和道岔处，应在钢轨与轨枕之间铺设铁垫板。

2.1.2 轨距与线路坡度

（1）轨距。

轨距是指直线轨道上两条钢轨的轨顶头内侧之间的距离，如图 2 - 5 所示。我国金属矿井下的标准轨距为 600 mm、762 mm 和 900 mm。

为使机车车辆的轮对在沿着钢轨滚动时不被楔住，轨顶内侧垂直平面与车轮轮缘之间必须留有一定的间隙，所以轨距应满足式（2 - 1）的描述。

$$S_g = S_t + \delta = b + 2t + \delta \qquad (2-1)$$

式中：S_g 为轨距，mm；S_t 为轮缘距，mm；δ 为轮缘间隙，mm；b 为车轮轮缘内侧间距，mm；t 为轮缘厚度，mm。

若轮缘距的装配公差为 $^{+\Delta S_t}_{-\Delta S_t'}$ mm，轨距铺设的容许偏差为 $^{+\Delta S_g}_{-\Delta S_g'}$ mm，一个车轮轮缘的允许磨损值为 Δt mm，则轮缘间隙的最小值及最大值分别为：

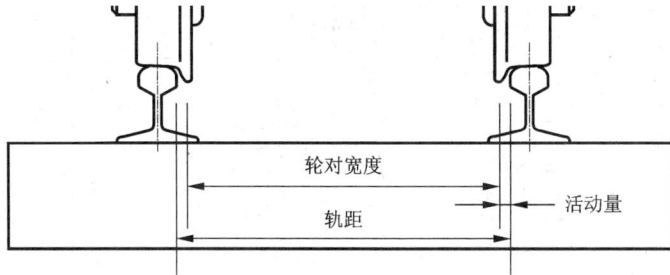

图 2-5 轨道轨距示意图

$$\delta_{min} = \delta - \Delta S_t - \Delta S_g' \qquad (2-2)$$

$$\delta_{max} = \delta + \Delta S_t' + \Delta S_g + 2\Delta t \qquad (2-3)$$

例如，对于 600 mm 轨道，轨距为 600^{+3}_{-2} mm，轮缘距为 594^{+2}_{-4} mm，一个车轮轮缘的容许磨损量为 6 mm，则轮缘间隙的最小值及最大值分别为：

$$\delta_{min} = 6 - 2 - 2 = 2 \ （mm）$$

$$\delta_{max} = 6 + 4 + 3 + 2 \times 6 = 25 \ （mm）$$

（2）线路坡度。

线路坡度是轨道线路纵断面上两点高差与这两点间水平距离之比，通常以千分数表示，可用式（2-4）进行计算。

$$i_{12} = \frac{1000H_{12}}{L_{12}} \qquad (2-4)$$

式中：i_{12} 为线路上两点间的坡度，‰；L_{12} 为两点间的线路长度，m；H_{12} 为两点间的线路高差。

轨道线路的坡度主要是由井下排水的需要决定的，一般为 3‰～10‰。如果坡度小于 3‰，会导致巷道排水较困难；如果坡度过大，则容易导致电机车难以牵引车组上坡运行，而且会出现制动困难、轨道与车辆轮缘磨损严重以及不安全等问题。因此，在设计井下主要运输线路时，一般按 3‰的坡度考虑。

2.1.3 弯曲轨道

（1）弯道的表示及铺设。

弯曲轨道简称弯道。在平面上，弯道可通过中心角（转角）α、曲线半径 R、曲线段弧长 L、切线长度 T 等参数表征，如图 2-6 所示。

由图 2-6 可知，若已知中心角（即转角）α 及弯道半径 R，即可计算出相应的曲线段弧长 $L(\overset{\frown}{MN})$ 和切线长度 T，分别如式（2-5）和式（2-6）所示。

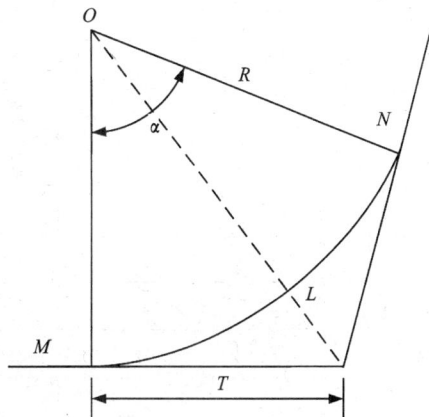

图 2-6 弯道平面

曲线段弧长：

$$L = \frac{\pi \alpha R}{180} \tag{2-5}$$

切线长度：

$$T = R\tan\frac{\alpha}{2} \tag{2-6}$$

需要注意的是，由于轨道具有一定的宽度，弯曲轨道有内轨和外轨之分，两者半径与弯道中线半径的差值均为1/2轨距。

（2）最小弯道半径。

车辆在弯道上运行时，由于离心力的作用，使轮缘与轨道间的阻力增大，增加了车辆运行的困难程度。而离心力和弯道阻力的大小与车辆运行速度、弯道半径和车辆轴距等因素有关。因此，最小弯道半径应根据车辆运行速度和轴距确定。

根据相关规定，当转角小于或等于90°，两轴车辆的运行速度小于1.5 m/s时，最小弯道半径不得小于轴距的7倍；运行速度大于1.5 m/s时，最小弯道半径不得小于轴距的10倍；运行速度大于3.5 m/s时，最小弯道半径不得小于轴距的15倍。当转角大于90°时，最小弯道半径均按大于轴距的10~15倍计算。

如为列车运行时，则以机车或矿车的最大轴距来计算最小弯道半径。

（3）轨距加宽。

在弯道上运行的车辆，由于车轴是固定在车架上，不可能与弯道半径方向一致，所以容易发生轨头将车轮缘卡住以及车辆运行阻力和磨损剧烈增加的现象。因此，必须在弯道处将轨距适当加宽以克服这些现象。

轨距加宽值 ΔS 与弯道半径 R 和车辆轴距 S_Z 相关，可按式（2-7）进行计算。

$$\Delta S = 0.18 S_Z^2 / R \tag{2-7}$$

轨距加宽值也可按表2-5选取。

表2-5　轨距加宽值　　　　　　　　　　　　　　　　　　　mm

弯道半径 /m	轨距/mm									
	400	500	600	800	1000	1100	1200	1300	1400	1600
4	10	10								
5	5	10	10	20						
8	5	5	10	15	25	30				
12	5	5	5	10	15	20	25	25	30	
15		5	5	10	15	15	20	20	25	30
20		5	5	10	10	15	15	15	20	25
25				5	10	10	10	10	15	20
30					10	10	10	10	15	15
40					5	10	10	10	10	15

加宽轨距时，保持外轨不变，只需将内轨向弯道曲线中心方向移动一定的距离。轨距的加宽从与曲线段两端相衔接的直线段开始进行，直到曲线段与直线段的切点上，在整个曲线段内应保持规定的加宽值。从直线段开始加宽轨距点起，到直线段与曲线段的切点为止的线路长度，称为轨距加宽递减距离。轨距加宽递减距离一般按轨距加宽值的 100～300 倍计算。

（4）外轨抬高。

外轨抬高是为了消除车辆运行时产生的离心力，减小轮缘和钢轨的磨损与运行阻力，避免脱轨，从而保证车辆不再受横向力作用的影响而顺利通过弯道。其原理如图2-7所示。

在弯道上运行时，车辆的离心力为：

$$T = \frac{Gv^2}{R} \qquad (2-8)$$

式中：G 为车辆的质量，kg；v 为车辆过弯道的速度，m/s；R 为弯道半径，m。

轨道平面的倾斜角为 β，因为 $\triangle OAB$ 与 $\triangle oab$ 相似，所以

$$\frac{Gv^2}{gR} : G = \Delta h : S\cos\beta \qquad (2-9)$$

由于 β 很小，可以认为 $\cos\beta \approx 1$，故：

$$\Delta h = \frac{Sv^2}{gR} \qquad (2-10)$$

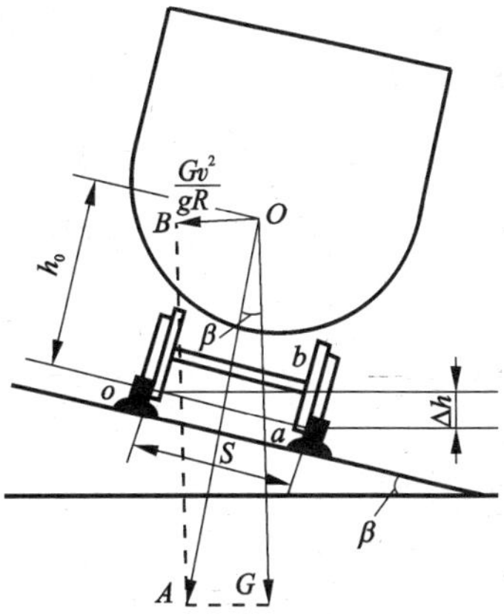

图 2-7 外轨抬高计算

式中：Δh 为外轨抬高量，mm；S 为已经加宽了的弯道轨距，mm；g 为重力加速度，9.8 m/s²。

外轨抬高是通过增加外轨下面的道床厚度来实现的。在铺设与弯道外轨两端衔接的直线段钢轨时，应将它施工成3‰～10‰的下坡，并在整个弯道内保持计算的外轨抬高，弯道外轨抬高量可按表2-6选取。

表 2-6 弯道外轨抬高 mm

弯道半径 /m	轨距 900 mm				轨距 600 mm			
	列车运行速度/(km·h⁻¹)							
	3	5	10	15	3	5	10	15
8	15	25			10	15		
10	15	20	70			10	50	
12		15	60			10	40	
14		15	50			10	35	
16		15	45			10	30	
18		15	40			10	25	
20		15	35				25	
25		15	30	65			20	45
30			25	55			15	35

（5）轨道间距。

如图 2-8 所示，当车辆在弯道上运行时，车厢中心线 $\overline{AA_1}$ 的两端点就凸出于轨道中心线 $\overparen{KK_1}$ 之外，其偏移量为 Δ_1；车厢中心线中点 C 偏移于轨道中心线 $\overparen{KK_1}$ 内侧，偏移量为 Δ_2。

因此，在弯道上，相邻两条轨道以及轨道与巷道之间的距离应适当加宽，加宽值可根据表 2-5 列式计算。一般情况下，曲线段两轨道线路中心线的间距可按两直线段线路中心线的间距再加宽 300 mm。曲线段巷道的净宽，通常是其外侧和内侧分别加宽 200 mm 和 100 mm。

2.1.4 道岔

轨道线路由若干直线段和曲线段连接而成，线路的连接通常都用道岔。道岔是机车车辆从一股轨道转入或越过另一股轨道时必不可少的线路设备，是轨道的一个重要组成部分。

（1）道岔的结构。

道岔的结构如图 2-9 所示，由岔尖、基本轨、过渡轨、辙岔、护轮轨和转辙器等结构组成。

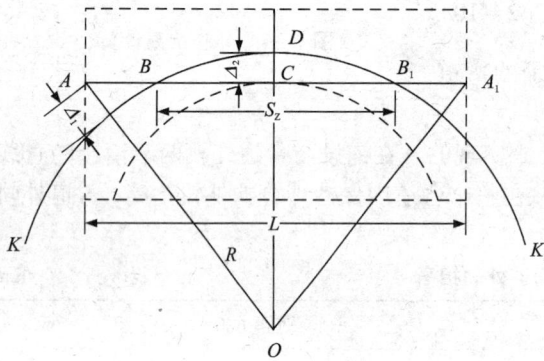

图 2-8 车辆在弯道上的运行轨迹

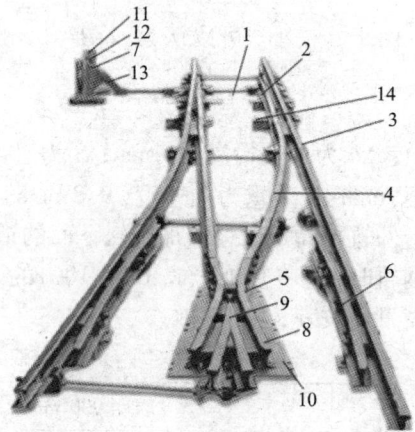

图 2-9 道岔结构

1—拉杆；2—岔尖；3—基本轨；4—过渡轨；
5—辙岔；6—护轮轨；7—转辙器；8—翼轨；
9—岔心；10—铁板；11—手柄；12—重锤；
13—曲杠杆；14—底座

岔尖就是将短钢轨的一端刨削成尖形，使之能与基本轨工作边紧贴。岔尖尖端的另一端称为岔尖轨跟。轨跟与过渡轨铰接，利用转辙器来完成岔尖的摆动，并实现车辆的转辙。

辙岔位于两条轨道交叉处，包括翼轨和岔心，通常将这两部分焊接在铁板上或浇铸成为整体。为了防止车辆在辙岔上脱轨，在辙岔的两对侧的基本轨旁，设置护轮轨。护轮轨用普通钢轨制造，中间部分成直线，两端弯成一定角度。

岔心的中心角 α 称为辙岔角，是两条线路中心线的交角。为了便于计算和制造，通常用辙岔型号 M 表示辙岔的技术特征。用岔心角的半角正切值的两倍表示道岔型号 M，即：

$$M = 2\tan\frac{\alpha}{2} \qquad\qquad (2-11)$$

常用的道岔型号有 1/3、1/4 和 1/5 三种。

转辙器的作用是带动拉杆移动岔尖，使之紧靠一根基本轨而同时离开另一根基本轨，控制车辆的运行方向。转辙器的结构为：底座固定在轨枕上，座中装有曲杠杆，转动手柄，通过曲杠杆可带动拉杆，使岔尖左右摆动。

重锤的作用是使岔尖紧靠在基本轨上，并使之定位。

（2）道岔的类型。

道岔的类型很多，按线路间的相对位置，道岔可分为单开道岔、对称道岔、渡边道岔等，如图 2-10 所示。在矿井轨道中使用最普遍的是单开道岔。单开道岔是由主道分向副道的道岔部分，分左开道岔和右开道岔两种。矿用道岔有 2 号、3 号、4 号、5 号、6 号、7 号、8 号、9 号辙叉，钢轨型号有 15 kg/m、18 kg/m、22 kg/m、24 kg/m、30 kg/m、38 kg/m、43 kg/m。对称道岔是指将一条线路分为两条中线对称于原线路中线的道岔，又称双开道岔口。对称道岔多用于装车站和井底车场。将两条平行线路连接起来的道岔称为渡边道岔。

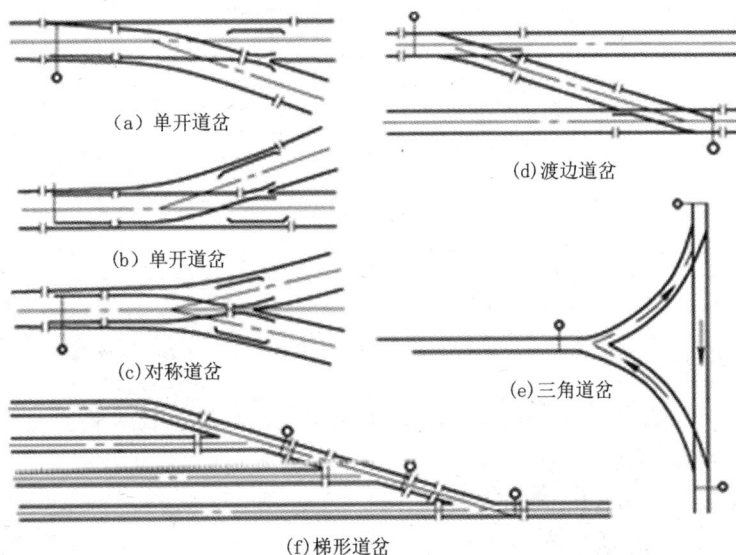

（a）单开道岔
（b）单开道岔
（c）对称道岔
（d）渡边道岔
（e）三角道岔
（f）梯形道岔

图 2-10　岔道结构的类型

道岔标号是用轨距、轨型、道岔型号及道岔曲线半径等表示。例如，624-1/4-12 右（左）道岔，6 表示轨距为 600 mm，24 指轨型为 24 kg/m，1/4 是道岔型号，12 指道岔曲线半径为 12 m，右是右开道岔（左是左开道岔）。道岔尺寸见表 2-7。

此外，按操作方法不同，道岔又可分为手动操作道岔、机械操纵道岔、弹簧道岔和远距离操纵道岔等。

表2-7　道岔尺寸

道岔形式	道岔标号	辙岔角 A	主要尺寸/mm				O点至警冲标距离 c/mm
			a	b	a+b	S[①]	
单开道岔	615-1/3-6 右(左)	18°55′30″	3063	2597	5660		
	615-1/4-12 右(左)	14°15′	3200	3390	6590		7200
	618-1/3-6 右(左)	18°55′30″	2302	2655	4957		
	618-1/4-11.5 右(左)	14°15′	2724	3005	5729		7200
	624-1/3-6 右(左)	18°55′30″	2293	2657	4950		
	624-1/3-6 右(左)	14°15′	3352	3298	6650		7200
对称道岔	615-1/4-12 对称	18°55′30″	1882	2618	4500		5400
	618-1/3-11.65 对称	18°55′30″	3195	2935	6130		5400
	624-1/3-12 对称	18°55′30″	1944	2496	4440		5400
					2a+b		
渡边道岔	615-1/4-12 右(左)	14°15′	3200	4725	11125	1200	
	615-1/4-12 右(左)	14°15′	3200	4922	11322	1250	
	615-1/4-12 右(左)	14°15′	3200	5483	11883	1400	
	618-1/3-6 右(左)	18°55′30″	2302	3500	8104	1200	
	618-1/4-12 右(左)	14°15′	2722	5514	10958	1400	
	624-1/4-12 右(左)	14°15′	3352	5709	12413	1450	

注：①S值指渡边线道岔中两线路的中心距。

(3)道岔的选择。

道岔的选择，对列车运行速度、行车安全和集中控制程度以及对采区和井底车场运输通过能力有很大的影响。

选择道岔时应考虑以下几个方面。

①与基本轨的轨距相适应。

②与基本轨的轨型相适应。基本轨是哪种型号，道岔也应选用哪种型号。有时也可以采用比基本轨轨型高一级的道岔，但不允许采用低一级的道岔。

③与行驶车辆的类别相适应。多数标准道岔都能行驶电机车和矿车，少数标准道岔由于曲线半径过小或岔心角过大，只能允许矿车行驶。

④与车辆的行驶速度相适应。

根据所采用的轨道类型、轨距、曲线半径、电机车类型、行车速度、行车密度、车辆运行方向、车场集中控制程度及调车方式的要求，选择电动的、弹簧的或手动的各种型号道岔。道岔选择见表2-8。

表 2-8 道岔选择

机车质量/t	机车车辆最小转弯半径/m	平均运行速度/(m·s⁻¹)	轨距/mm		
			600	762	900
			道岔型号		
<2.5	5	0.6~2.0	1/3	1/3	
3~4	5.7~7	1.2~2.3	1/4	1/4	
6.5~8.5	7~8	2.9~3.5	1/4	1/4	
10~12	10	3.0~3.5	1/4	1/4	1/4
14~16	10~15	3.5~3.9	1/5	1/5	1/5
16~20	10~15	3.5~3.9	1/5	1/5	1/6

2.2 矿用车辆

地下矿山生产中，包含许多工序与工种，而不同的工序和工种对矿用车辆有不同的需求，矿用车辆主要包括以下几类：

运货车辆：包括运送矿石和废石的矿车，运送材料和设备的材料车、平板车等。

运人车辆：包括平巷人车和斜井人车。

专用车辆：包括炸药车、喷浆车、水车、消防车、卫生车等。

在轨道运输中，常见的矿用车辆主要有矿车和人车。

2.2.1 矿车

1) 矿车结构

矿车主要用于运送矿石与废石，一般由车厢、车架、轮轴、缓冲器和连接器组成。

(1) 车厢的作用是装承货载。车厢由钢板焊接而成。其位置应尽可能低，以保证矿车稳定；车厢必须坚固刚硬，卸载方便，维修简便。

(2) 车架是矿车的构造基础，车厢、轮轴、缓冲器和连接器均安装在车架上。它不仅承受静压力和张力，而且还承受很大的冲击力，故要求特别坚固。车架由槽钢和角钢焊接而成。

(3) 轮轴由一根车轴和两个车轮组成。为了减少矿车的运行阻力，轮轴采用滚柱轴承和滚珠轴承。滚柱轴承能承受更大的垂直压力和动力负荷，所以多用于大容积的矿车。车轮用铸钢做成，车轮内侧有轮缘，轮缘与钢轨间留有一定间隙。车轮与钢轨接触的踏面做成锥形，以使轮对保持沿轨道中心运行，减少机械磨损，降低运行阻力，常见的轮轴如图 2-11 所示。

(4) 缓冲器的作用是直接承受矿车相互撞击时的冲击力，并保证摘挂矿车工人的安全。因此，缓冲器必须突出车厢 100 mm 以上。缓冲器分为钢性和弹性两种类型。后者用弹簧、橡皮垫或木材做成，缓冲性能好，多用于大容积矿车。

(5) 连接器的用途是把单个矿车连接成车组，并传递牵引力。因此，连接器必须够坚固。连接器的种类很多，其中广泛使用的转轴式连接器如图 2-12 所示，它由小轴和用小轴连接的两个套环组成，后者可以套在车架的插销上。这种连接器多用在不必摘钩便可进行卸载的矿车上，使用这种连接器时，要求翻车机的旋转中心与连接器的小轴中心重合。

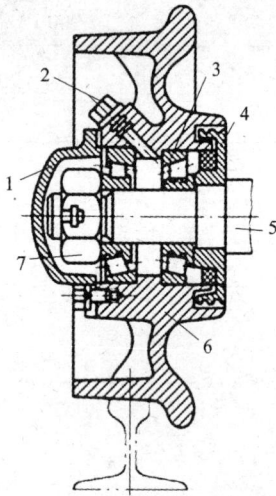

图 2 – 11　轮轴

1—端盖；2—注油孔；3—单列圆锥滚子轴承；
4—迷宫式密封圈；5—轴；6—轮毂；7—螺母

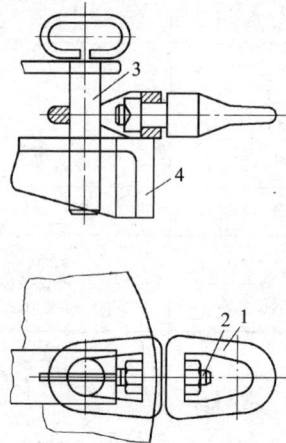

图 2 – 12　转轴式连接器

1—套环；2—转轴；3—插销；4—缓冲器

矿车的主要结构参数包括：容积、载重、轨距、外形尺寸、轴距和自重。矿车自重与载重之比是矿车特征的重要标志，该比值称为车皮系数，其值越小越好。矿车车厢容积与矿车外形体积(矿车长、高、宽的乘积)之比称为容积系数，其值越大越好。

2)矿车主要类型

矿车类型很多，按照矿车的结构及卸载方式不同，可分为固定车厢式矿车、翻斗式矿车、侧卸式矿车、底卸式矿车和梭式矿车。冶金矿车的规格如表 2 –9 所示。

表 2 –9　冶金矿车的规格

类别	矿车型号	容积 /m³	最大载重/t	轨距 /mm	外形尺寸/mm			轴距 /mm	车厢长 /mm	卸载倾角 /(°)	自重 /t
					长	宽	高				
固定车厢式	YGC0.5(6)	0.5	1.25	600	1200	850	1000	400	910	—	0.45
	YGC0.7(6)	0.7	1.75	600	1500	850	1050	500	1210	—	0.50
	YGC1.2(6)	1.2	3	600	1900	1050	1200	600	1500	—	0.72
	YGC1.2(7)	1.2	3	762	1900	1050	1200	600	1500	—	0.73
	YGC2(6)	2	5	600	3000	1200	1200	1000	2650	—	1.33
	YGC2(7)	2	5	762	3000	1200	1200	1000	2650	—	1.35
	YGC4(7)	4	10	762	3700	1330	1550	1300	3300	—	2.62
	YGC4(9)	4	10	900	3700	1330	1550	1300	3300	—	2.90
	YGC10(7)	10	25	762	7200	1500	1550	4500	6780	—	7.00
	YGC10(9)	10	25	900	7200	1500	1550	4500	6780	—	7.08

续表

类别	矿车型号	容积/m³	最大载重/t	轨距/mm	外形尺寸/mm			轴距/mm	车厢长/mm	卸载倾角/(°)	自重/t
					长	宽	高				
翻斗式	YFC0.5(6)	0.5	1.25	600	1500	850	1050	500	1110	40	0.59
	YFC0.7(6)	0.7	1.75	600	1650	980	1200	600	1160	40	0.71
	YFC0.7(7)	0.7	1.75	762	1650	980	1200	600	1160	40	0.72
侧卸式	YCC0.7(6)	0.7	1.75	600	1650	980	1050	600	1300	40	0.75
	YCC1.2(6)	1.2	3	600	1900	1050	1200	600	1600	40	1.00
	YCC2(6)	2	5	600	3000	1250	1300	1000	2500	42	1.83
	YCC2(7)	2	5	762	3000	1250	1300	1000	2500	42	1.88
	YCC4(7)	4	10	762	3900	1400	1650	1300	3200	42	3.29
	YCC4(9)	4	10	900	3900	1400	1650	1300	3200	42	3.3
底卸式	YDC4(7)	4	10	762	3900	1600	1600	1300	3415	50	4.32
	YDC6(7)	6	15	762	5400	1750	1650	2500	4540	50	6.32
	YDC6(9)	6	15	900	5400	1750	1650	2500	4540	50	6.38
底侧卸式	YDCC2-6	2	5	600	3050	1200	1310	1000	—	50	—
	YDCC4-7	4	10	762	3500	1450	1700	1300	—	50	—
	YDCC6-9	6	15	900	3833	1900	1800	1300	—	50	—
梭式矿车	S4	4	10	600	6025	1280	1620	3000	—	—	6.00
	S6	6	15	600	7014	1450	1700	3600	—	—	8.00
	S8	8	20	600	9540	1570	1700	5400	—	—	10.00
	JS6	6	—	600	7040	1450	1650	3800	—	—	6.8
	SD4	4	10	600	6250	1270	1740	2350	—	—	6.4

（1）固定车厢式矿车。

如图2-13所示为YGC0.7(6)型矿车，其中"YGC"表示冶金类固定车厢式矿车，"0.7"表示车厢容积0.7 m³，括号中的"6"表示矿车轨距为600 mm。其基本组成为车厢、车架、缓冲器、连接器和行走机构。固定车厢式矿车的车厢固定在车架上。车厢由钢板焊接而成，车厢底通常制成半圆形。车架槽钢一般采用矿车专用异形槽钢，能承受牵引力、制动力、矿车之间的碰撞力和钢轨冲击力。缓冲器装在车架两端，用以缓和两车之间的冲击力。连接器是连接机车和矿车的部件，常用的有插销链环和回转链，大型矿车采用兼具缓冲器作用的自动车钩。行走机构是由4个车轮和2根轴组成的两个轮对，车轮采用铸钢。矿车和物料的总重超过20 t时，一般应增加轮对数量。对多于两个轮对的矿车，为便于通过弯道将两个轮对组成一个有转盘的小车，即转向架。固定车厢式矿车的优点是结构简单，容易制造，使用可靠，车皮系数小，容积系数较大，坚固耐用，维修简便。缺点是必须有专用的卸载设备，卸载效率较低。

（2）翻斗式矿车。

翻斗式矿车的车厢通常用钢板焊制，车厢断面为V形或U形。图2-14所示为YFC0.7

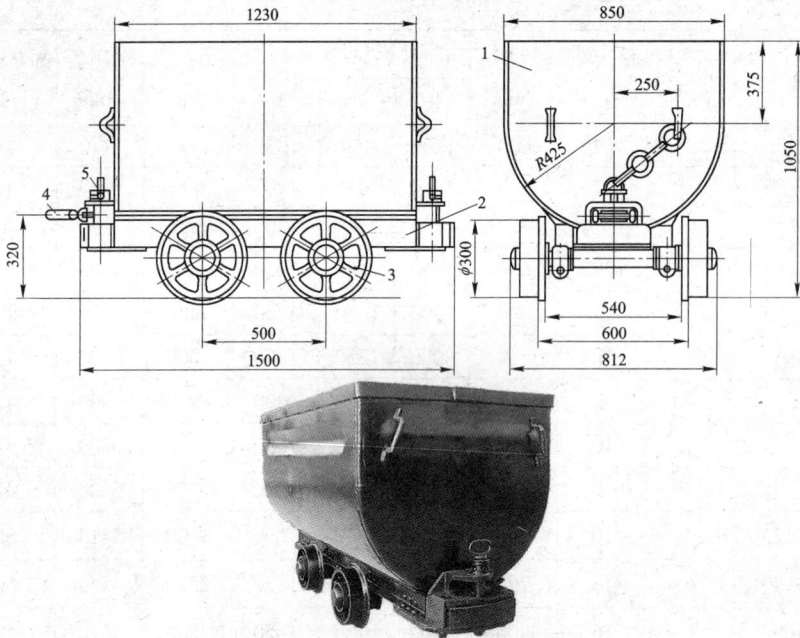

图 2-13 固定车厢式矿车结构及实物图

1—车厢；2—车架；3—轮轴；4—连接器；5—插销

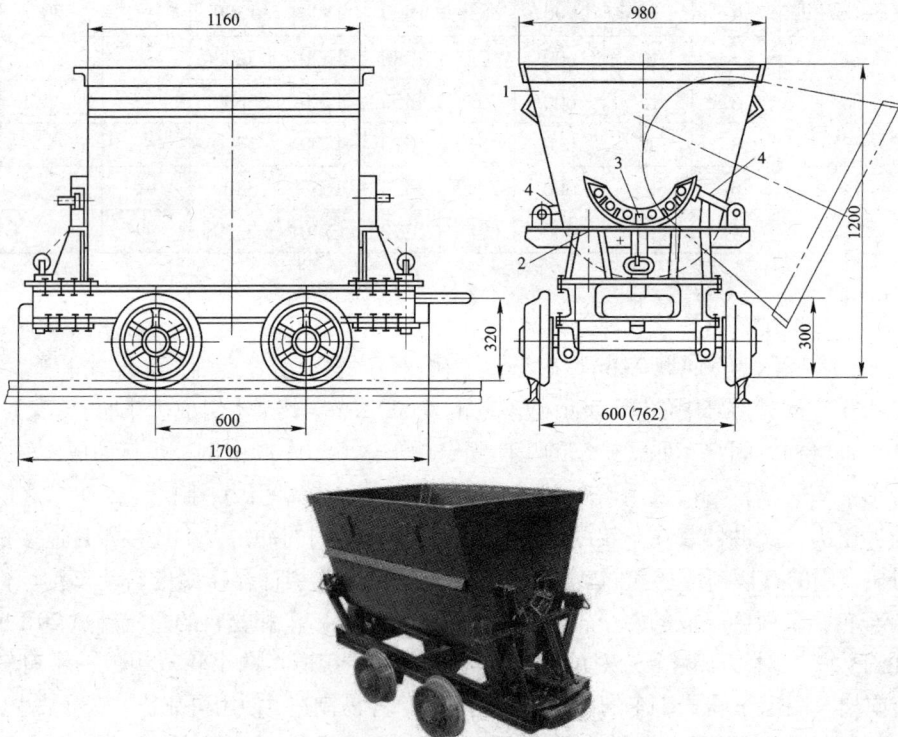

图 2-14 翻斗式矿车结构及实物图

1—车厢；2—平板状支座；3—圆弧形翻转轨；4—斜撑

（6）型翻斗式矿车。在车厢的两端壁各铆有一个弧形钢环，使车厢支于车架上，由于钢环的中心稍低于装有货载时的车厢重心，故打开车厢定位装置后，稍加外力便可把车厢翻转卸载，卸载倾角超过40°。翻斗式矿车能用人力或专设的卸载架向任意一侧翻转卸载。

（3）侧卸式矿车。

如图2-15所示为YCC1.6（6）侧卸式矿车。该类矿车车厢的一侧用铰轴与车架相连，车厢的另一端装有卸载辊轮。卸载时，辊轮沿曲轨过渡装置及卸载曲轨上坡段上升，使车厢倾斜，活动侧门打开而卸载，卸载倾角达40°；当辊轮沿倾斜卸载曲轨的下坡段运行时，车厢复位并关闭侧门。当列车低速通过卸载地点，整个车组便卸载完毕。改变曲轨过渡装置的位置，也可以使侧卸式矿车的辊轮不上卸载曲轨而通过卸载地点不产生卸载动作。

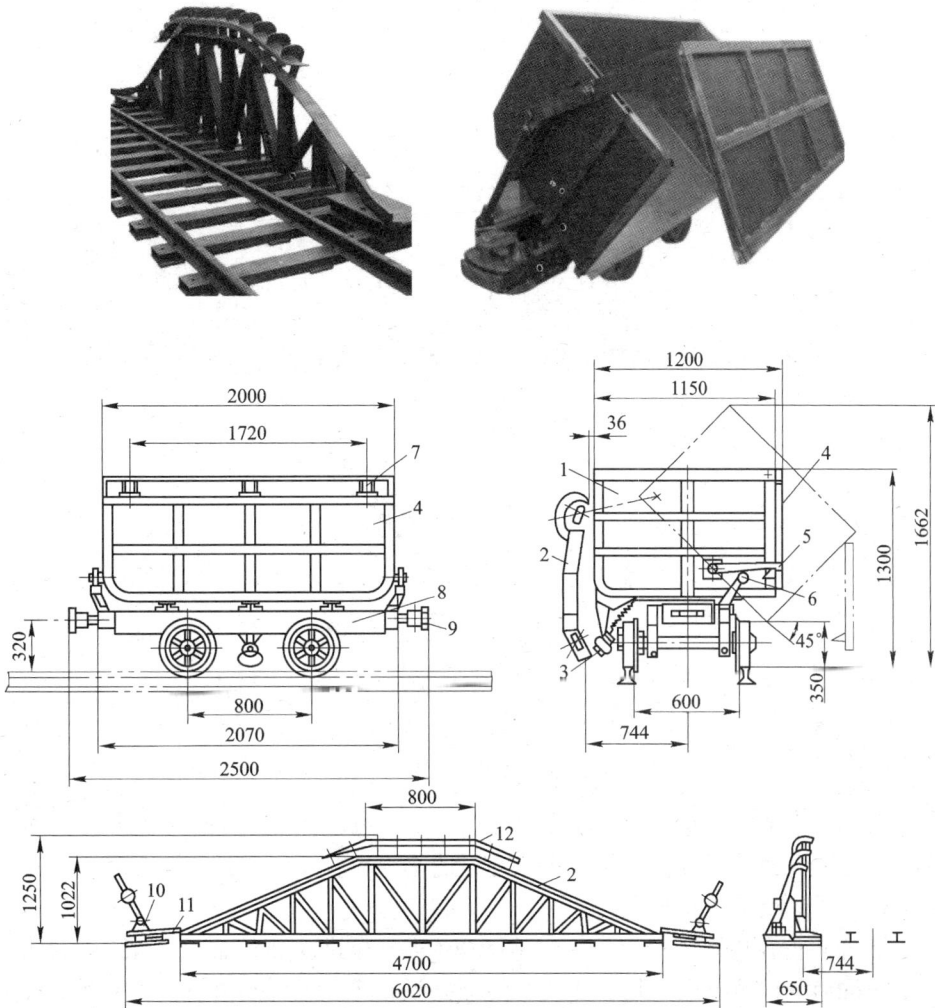

图2-15 曲轨侧卸式矿车结构及实物图

1—车厢；2—曲轨；3—滚轮；4—侧板；5—挂钩；6—挡铁；7—销轴；
8—车架；9—碰头；10—转辙器；11—过渡轨；12—滚轮罩

（4）底卸式矿车。

底卸式矿车车厢是用厚钢板焊成的无底箱形体，其上口外围扣焊角钢，底部外围扣焊槽钢，并在四周用筋板加固。在车厢两侧腰部焊接槽钢，制成翼板，供卸载时使用。翼板外侧有限速用的摩擦板，下部有加强板及支承斜垫板，它们用沉头螺栓与翼板连接，磨损后可以更换。在车厢前后两端装有连接器，底卸式矿车如图 2－16 所示。

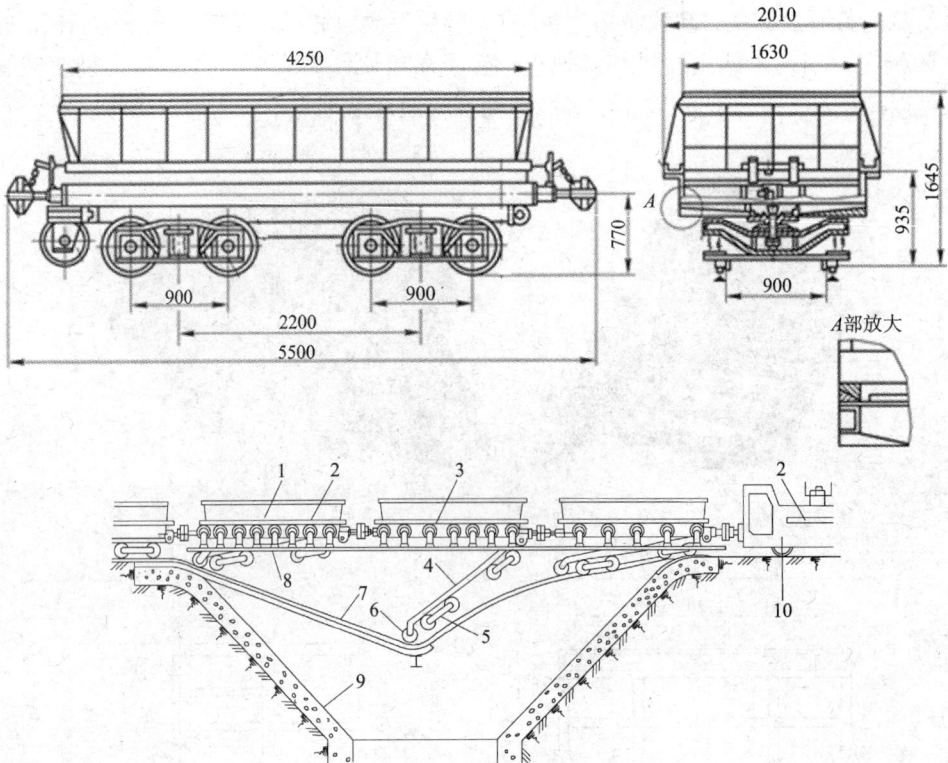

图 2－16　底卸式矿车及其卸载

1—车厢；2—翼板；3—托板；4—车架；5—转向架；6—卸载轮；
7—卸载曲轨；8—托轮座；9—卸矿漏斗；10—电机车

车架用型钢焊接制成，上铺厚钢板和衬板作为车厢底，车架一端用铰轴与车厢上的轴承铰接，另一端用轴承装有卸载轮。由于车架较长，为了减小轴距，在车架下方装有两个转向架，每个转向架用两根轮轴支承，使矿车能通过曲率半径较小的弯道。装矿时矿石对车底的冲击，也可以用转向架上的弹簧组缓冲。

底卸式矿车一般用电机车牵引至卸载站卸载，当矿车进入卸载站时，因卸矿漏斗上部的轨道中断，车厢由其两侧翼板支承在漏斗旁的两列托轮组上，车架由于失去支承，被矿石重力挤压打开，连同转向架一起通过卸载轮沿卸载曲轨运行，车底绕端部铰轴倾斜，矿石借自重卸出，并经卸矿漏斗进入溜井。卸矿曲轨是一条弯曲钢轨，位于车厢的中轴线上，从卸矿漏斗的一端通向另一端，其下部用工字钢加固。

（5）梭式矿车。

梭式矿车简称梭车，主要由装有运输机的槽形车厢和行走部分组成，由矿山机车牵引在轨道上行驶（图2-17）。车体设置在两个转向架上，在车厢底板上装有刮板或链板运输机，利用风或电力驱动，也有风电两用的。梭式矿车工作时，首先将石渣从车厢的装渣端装入，连续转动的刮板或链板运输机就能自动地将它转载到卸渣端；待整个梭车装满后，由矿山机车牵引至卸渣场，开动运输机，即可

图2-17 梭式矿车

将石渣自动卸下。梭车可单车使用，也可采用若干辆串套搭接组成梭式列车组运行。用梭车代替斗车配合装渣机出渣，可减少调车和出渣时间，加快巷道的掘进速度。

梭车在地下矿山的巷道开挖中使用较为普遍，在隧道及地下工程施工中也常采用。梭车综合了斗车的灵活、结构简单和槽式列车容积大、能连续转载、自动卸渣的优点，它可在12~15 m的小半径弯道上运行，既不用搭排架就可在卸渣线的前端卸渣，又能安全可靠地向两侧卸渣，使卸渣作业不受弃渣场地的限制。

国内生产的梭车定型产品，容积有4 m³、6 m³、8 m³ 3种。铁路隧道根据其施工特点及要求，采用单个的大容积梭车，已研制的梭车容积最大达16 m³。

2.2.2 人车

矿井中，运送人员的车辆就是人车，常见的人车包括平巷人车和斜井人车两种，分别如图2-18和图2-19所示。

图2-18 平巷人车

图2-19 斜井人车

国家相关安全规程规定：采用电机车运输的矿井，由井底车场或平硐口到作业地点所经平巷长度超过1500 m时，应设专用人车运送人员。运送人员的列车行车速度不得超过3 m/s；人员上下车的地点，应有良好的照明和发车电铃；如有两个以上的开往地点，应设列车去向灯光指示牌；架线式电机车的滑触线应设分段开关，人员上下车时，应切断电源；调车场应设区间闭锁装置；人员上下车时，其他车辆不应进入乘车线；不应同时运送爆炸性、易燃性和腐蚀性物品或附挂处理。

①供人员上、下的斜井，垂直深度超过50 m的，应设专用人车运送人员。斜井用矿车组提升时，不应人货混合串车提升。

②专用人车应有顶棚，并装有可靠的断绳保险器。列车每节车厢的断绳保险器应相互连

接，并能在断绳时起作用。断绳保险器应既能自动，也能手动。

②运送人员的列车，应有随车安全员。随车安全员应坐在装有断绳保险器操纵杆的第一节车内。

③斜井运输人员斜井长度不大于 300 m 时，人车的运行最高速度不应超过 3.5 m/s；斜井长度大于 300 m 时，不超过 5 m/s。

常见的平巷人车和斜井人车规格如表 2-10 和表 2-11 所示。

表 2-10 平巷人车规格

型号	轨距 /mm	牵引高度 /m	最大速度 /(m·s⁻¹)	最大牵引力/kN	外形尺寸/mm			乘车人数 /人	弯道半径 /m
					长	宽	高		
PRC6 PRC12 PRC18	600	0.38	3	30	3100	1020	1580	6	单列 8 m，组列 12 m（4 台）
	600				4280	1020	1552	12	
	762				4280	1300	1552	18	
	(900)				4280	1300	1552	18	

表 2-11 斜井人车规格

型号		XRC6-6/3D	XRC8-6/3D	XRC10-6/6DW	XRC10-6/6DS	XRC15-6/6DS	XRC15-6/6DW	XRB12-6/6	XRB15-6/6	XRB15-9/6
巷道倾斜角/(°)		—		6~30				10~40		
最大牵引力/kN		30		60						
最大速度/(m·s⁻¹)		3		4						
弯道半径 /m	水平方向	—		12				—		
	竖直方向			12				16		
转向架中心距/m		1.25		3.2						
轨距/mm		600							900	
载人数		6	8	10	10	15	15	12	15	15
净重 /kg	头车	1100	1215	1495	—	1595	—	2.1	2.2	2.48
	尾车	1113	1213	—	1517	—	1617	1.25	1.0	1.373
外形尺寸 /m	长	3.621	3.84	5.021	5.24	5.021	5.24	5.021	4.321	5.021
	宽	1.05	1.05	1.05	1.05	1.216	1.216	1.040	1.240	1.350
	高	1.47	1.47	1.47	1.47	1.47	1.47	1.495	1.495	1.495

2.2.3　矿车运行基本阻力

2.2.3.1　基本阻力

矿车沿水平的直线轨道等速运行时所产生的阻力称为基本阻力。它主要由轴承摩擦阻力、车轮沿轨道的滚动摩擦阻力、车轮沿轨道的滑动摩擦阻力等构成。基本阻力的大小决定于矿车的结构和参数，以及轨道状况和运行速度等。很明显，基本阻力的主要部分与矿车重量成正比，设矿车重量为 G_c，则其基本阻力为：

$$F_1 = G_c \omega \qquad (2-12)$$

式中：ω 为矿车的基本阻力系数，它的大小与轴承类型、矿车容积以及轨面状态等因素有关。矿车的基本系数的量纲为1。采用滚动轴承的矿车，在清洁轨道上运行时 ω 见表2-12。采用滑动轴承的矿车，ω 应按表2-12中的数值增加 1/3。

表 2-12　矿车基本阻力系数

容积 /m³	单个矿车		组成列车	
	重车	空车	重车	空车
0.5	0.007	0.009	0.009	0.011
0.7~1.0	0.006	0.008	0.008	0.010
1.2~1.5	0.005	0.007	0.007	0.009
2	0.0045	0.006	0.006	0.007
4	0.004	0.005	0.005	0.006
10	0.0035	0.004	0.004	0.005

注：矿车启动阻力系数为基本阻力系数的1.5倍。

2.2.3.2　附加阻力

矿车运行于不同的线路（上、下坡及弯道等）和在不同的运行状态（启动和制动）中另需克服的阻力，称为附加阻力。

（1）坡道阻力。

矿车在坡道上运行时，由于矿车重量（G_c）沿倾斜方向的分力所引起的运行阻力，称为附加坡道阻力，即：

$$F_2 = \pm G_c \sin\alpha \qquad (2-13)$$

当 α 很小时，$\sin\alpha = \cos\alpha = i$，所以：

$$F_2 = \pm G_c \sin\alpha = \pm G_c \tan\alpha = \pm G_c i \qquad (2-14)$$

式中：+ 表示上坡；- 表示下坡；i 为坡道阻力系数，用无纲量数表示（例如0.005），有时也以 mm/m（例如0.005~5 mm/m）表示轨道的倾斜度。

（2）惯性阻力。

矿车加速或减速运行时需克服的附加惯性阻力为：

$$F_a = \pm K \frac{G_c}{g} a = \pm 1.075 \frac{G_c}{9.8} a = \pm 0.11 G_c a = \pm G_c \omega_a \qquad (2-15)$$

式中：a 为矿车运行的加速度，m/s^2；K 为考虑车轮转动惯量的系数，平均取 1.075；ω_a 为惯性阻力系数，$\omega_a = 0.11a$，量纲数为 1。

矿车运行有时加速有时减速，故 a 可能为正也可能为负。当 $a > 0$ 时，惯性力方向与矿车运行方向相反，惯性阻力为正；当 $a < 0$ 时，惯性力方向与矿车运行方向相同，惯性阻力为负。

（3）弯道阻力。

矿车在弯道运行时需克服的附加弯道阻力为：

$$F_3 = G_c \omega_w \qquad (2-16)$$

式中：ω_w 为弯道阻力系数，按经验公式，$\omega_w = k \dfrac{35}{1000\sqrt{R}}$，量纲为 1；$k$ 为系数，外轨抬高时，$k = 1$，不抬高时，$k = 1.5$；R 为弯道半径，m。

矿车运行的总阻力通式为：

$$F = G_c(\omega \pm i \pm 0.11a \pm \omega_w) = G_c \omega_c \qquad (2-17)$$

式中：ω_c 为总阻力系数。

2.2.3.3　矿车自溜运行

矿车沿倾斜轨道向下运行时，其下滑力为：

$$P' = G_c(i - \omega) \qquad (2-18)$$

当 $i = \omega$，$P' = 0$，矿车等速运行；当 $i < \omega$，$P' < 0$，矿车减速运行；当 $i > \omega$，$P' > 0$，矿车加速运行。

为保证矿车启动运行，要求启动段的线路坡度 $i \geqslant (2.5 \sim 3)\omega$。

如果忽略车轮转动惯量的影响，在下滑力 P' 的作用下，矿车的运行加速度 a 则可由下式计算：

$$G_c(i - \omega) - \frac{G_c}{g}a = 0 \qquad (2-19)$$

即

$$a = g(i - \omega) \qquad (2-20)$$

矿车在长度为 L 的区段上运行时，其初速度 v_c 与末速度 v_m 的关系为：

$$v_m = v_c + at \qquad (2-21)$$

矿车在长度为 L 的区段上运行时间为：

$$t = \frac{2L}{v_c + v_m} \qquad (2-22)$$

将式（2-20）和式（2-22）代入式（2-21），则得：

$$v_m = \sqrt{v_c^2 + 2gL(i - \omega)} \qquad (2-23)$$

矿车的自溜运行速度不得超过下列规定：在弯道上 1 t 矿车的运行速度为 2.5 m/s，2 t 为 2 m/s；在直线上的运行速度小于 3 m/s，接近阻车器时的速度为 0.75 ~ 1 m/s。

当 $v_c = 0$，则：

$$v_m = \sqrt{2gL(i - \omega)} \qquad (2-24)$$

当 $v_m = 0$，则：

$$v_c = \sqrt{2gL(\omega - i)} \qquad (2-25)$$

若 v_m，v_c，L 和 ω 为已知，则线路的坡度为：

$$i = \frac{v_m^2 - v_c^2}{2gL} + \omega \qquad (2-26)$$

长度为 L、坡度为 i 的线路高差为：

$$h = iL \qquad (2-27)$$

矿车在自溜运行系统中的高度损失，可采用机车爬坡或爬车机来恢复。

2.3　电机车运输

电机车是我国地下金属矿的主要运输设备，通常用于在井下水平巷道的长距离运输，有时也用于短距离运输或调车。电机车运输线路坡度有限制，运输轨道坡度一般为 3‰ ~5‰，局部不能超过 30‰。

电机车按电源型式分为架线式电机车和蓄电池式电机车两类。架线式电机车结构简单、操纵方便、效率高、生产费用低，在地下金属矿山广泛应用。蓄电池式电机车通常只应用于有瓦斯或矿尘爆炸危险的矿井中。

架线式电机车可分为直流电机车和交流电机车两种。常用的国产窄轨矿用电机车型号及主要技术性能参数如表 2-13 所示。

表 2-13　窄轨矿用架线式电机车型号及主要技术性能参数

技术特征		6	6	7　6	7　6	7	7
		ZK1.5-7/100	ZK3-7/250	ZK-7/250	ZK-7/550	ZK-14/550	ZK-20/550
		9	9	10　9	10　9	9	9
黏着质量/t		1.5	3	7；10	7；10	14	20
轨距/mm		600；762；900	600；762；900	600；762；900	600；762；900	762；900	762；900
固定轴距/mm		650	816	1100	1100	1700	2500
车轮直径/mm		460	650	680	680	760	840
机械传动比		18.4	6.43	6.92	6.92	14.4	14.4
连接器距轨道面高度/mm		270；320	270；320	270；320；430	270；320；430	320；430	500
受电器工作高度/mm		1600~2000	1700~2100	1800~2200	1800~2200	1800~2200	1800~2200
制动方式		机械	机械	机械；电气	机械；电气	机械；电气；压气	机械；电气；压气
弯道最小半径/m		5	5；7	7	7	10	20
轮缘牵引力/kN	小时制	2.84/2.11	4.7	13.05	15.11	26.65	43.2
	长时制	0.736/0.392	1.51	3.24	4.33	9.61	12.75

续表

技术特征			6	6	7 6	7 6	7	7
			ZK1.5-7/100	ZK3-7/250	ZK-7/250	ZK-7/550	ZK-14/550	ZK-20/550
			9	9	10 9	10 9	9	9
速度 /(km·h⁻¹)	小时制		4.54/6.47	9.1	11	11	12.9	13.2
	长时制		6.6/12.5	12.0	16	16	17.7	19.7
	最大				25	25	25	26
牵引电动机	型号		ZQ-4-2	ZQ-12	ZQ-21	ZQ-24	ZQ-52	ZQ-82
	额定电压/V		100	250	250	550	550	550
	电流/A	小时制	45	58	95	50.5	105	162
		长时制	18	25	34	19.6	50	75
	功率/kW	小时制	3.5	12.2	20.6	24	52	82
		长时制	1.35	5.2	7.6	9.6	25.5	38
	台数		1	1	2	2	2	2
外形尺寸 /mm	长		2340	2750	4500	4500	4900	7400
	宽		950；1100	950；1250	1060；1360	1060；1360	1350	1600
	高		1550	1550	1550	1550	1550	1700

图 2-20 所示为 ZK 型架线式电机车的基本构造。矿用电机车由机械设备和电气设备组成，机械设备包括车架、轮对、轴承和轴箱、弹簧托架、制动装置、齿轮传动装置、微砂装置、缓冲器和连接器、警钟等。电气设备包括牵引电动机、控制器、受电器、变阻箱、保护和照明装置等。

2.3.1　矿用电机车的电器设备

矿用电机车的电器设备包括供电系统和电气设备两个部分。

2.3.1.1　电机车的供电系统

直流架线式电机车的供电系统如图 2-21 所示。从中央变电所经高压电缆输送的交流电，在牵引变电所内，由变压器降压至 250 V 或 550 V，然后经整流器将交流电转换为直流电，并用供电电缆输送至架空线，正极接在架空线上，负极接在轨道上。电机车通过本身装置的集电弓，从架空线上获得电能，供给牵引电动机，并驱动车轮运转。最后电流以轨道和回电电缆作为回路，返回至变压器。

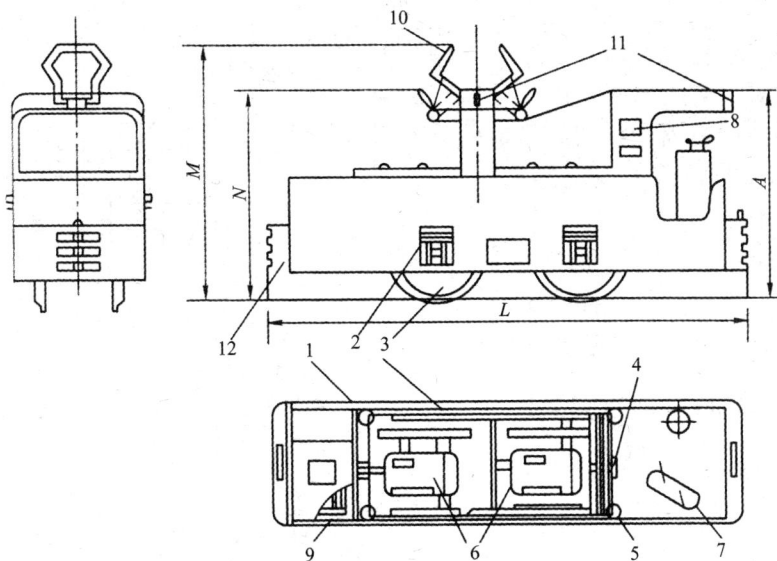

图2－20　架线式电机车基本构造

1—车架；2—轴承箱；3—轮对；4—制动手轮；5—砂箱；6—牵引电动机；7—控制器
8—自动开关；9—启动电阻器；10—受电弓；11—车灯；12—缓冲器及连接器

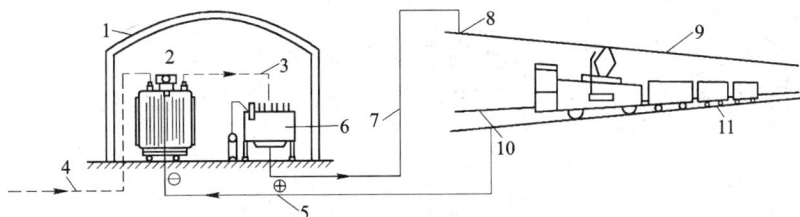

图2－21　直流架线式电机车的供电系统

1—牵引变电所；2—变压器；3—阳极电缆；4—从中央变电所来的高压电缆；5—回电电缆；
6—整流器；7—供电电缆；8—供电点；9—架空线；10—回电点；11—轨道

2.3.1.2　电机车的电气设备

电机车的电气设备主要有牵引电动机、控制器、受电器和变阻器等。

（1）牵引电动机。

牵引电动机是电机车的主要设备之一，是指在机车用于驱动一根或几根动轮轴的电动机，目前主要采用串激直流电动机。牵引电动机的特性是指电枢电流和牵引速度、牵引力及效率之间的关系。即速度特性 $v=f_1(I)$，牵引力特性 $F=f_2(I)$，效率特性 $\eta=f_3(I)$，这些特性均用曲线表示，图2－22即为ZQ－24型牵引电机特性曲线。利用这些特性曲线，通常可获知牵引力 $F(\mathrm{N})$，运行速度 $v(\mathrm{km/h})$、电流 $I(\mathrm{A})$ 和效率 η 等参数。

（2）控制器。

控制器的用途是：①使牵引电动机与电源接通或断开；②在电动机电路中加入或撤出电阻；③改变电动机的旋转方向；④在存在两台电动机的情况下，实现两台电动机的串联或并联运转。

（3）受电器。

受电器（集电弓）是架线式电机车从架线上取得电能的装置。矿用电机车的受电器有沿架线滚动的滚动轮受电器和沿架线滑动的受电器两种，一般采用滑动的双弓受电器。

（4）变阻器。

变阻器是牵引电动机启动、调速和能耗制动的必要设备。变阻器的每个部分由单独的电阻元件集合而成，变阻器置于电阻室中。

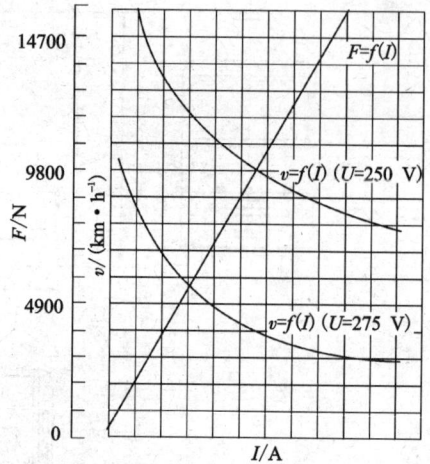

图 2-22 ZQ-24 型牵引电机特性曲线

2.3.2 矿用电机车的机械设备

矿用电机车的机械部分包括车架、轮对及传动装置、轴箱、弹簧托架、制动装置和撒砂装置。

（1）车架。

车架是电机车的主体，电机车上的全部机械和电气设备均安装在车架上。如图 2-23 所示，它由两块竖立侧板、两块缓冲端板和两块横隔板焊接而成。

（2）轮对。

如图 2-24 所示，电机车轮对是由两个压装在轴上的车轮和一根车轴组成。车轮一般由轮心和轮圈热压装配而成。轮心是用铸铁或铸钢制成，轮圈是用钢轧制而成。

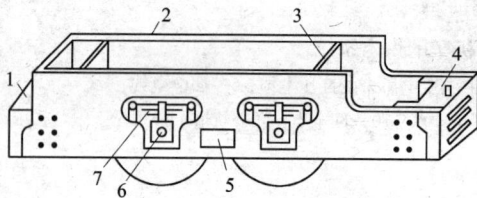

图 2-23 电机车的车架

1—缓冲器；2—纵板；3—横板；4—缓冲器；
5—侧孔；6—轴箱；7—弹簧托架

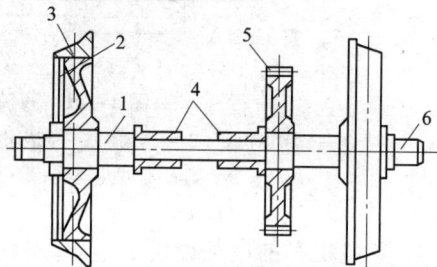

图 2-24 电机车轮对

1—车轴；2—轮心；3—轮圈；
4—轴瓦；5—齿轮；6—轴颈

（3）轴箱。

轴箱安装在车轴两端的轴颈上。车架及其上面全部设备的重量经弹簧托架传给轴承和轴箱，然后经轴承和轴箱传给轮对，如图 2-25 所示。

（4）弹簧托架

弹簧托架是轴箱与车架之间的中间装置，其作用是缓和电机车在运行时的冲击和震动。弹簧托架是用长度不同的板弹簧叠起，中间用钢箍套结而成，箍套的底部支撑在轴箱上，如图 2-26 所示。

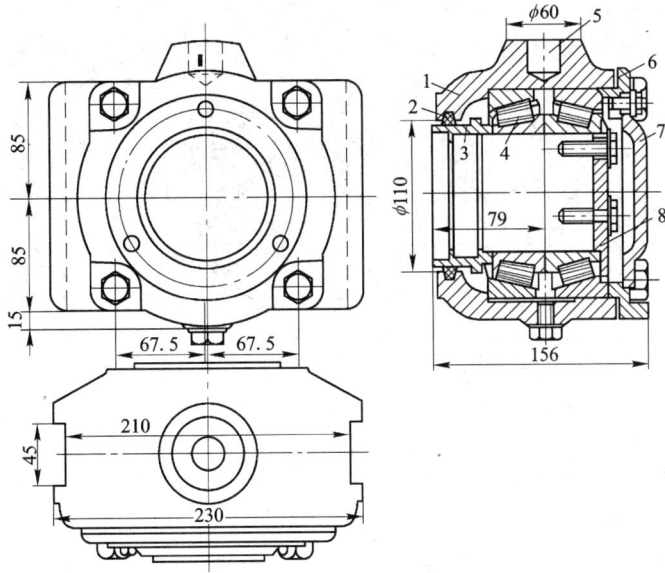

图 2-25 轴箱

1—铸钢外壳；2—密封圈；3—支持环；4—滚柱轴承；5—柱状孔；6—支持盖；7—端盖；8—止推垫圈

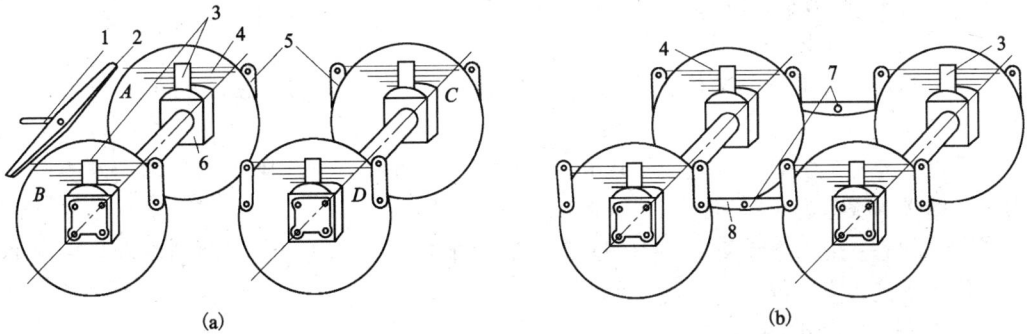

(a)   (b)

图 2-26 弹簧托架

1—横向均衡梁在车架上的支点；2—横梁；3—卡箍；4—叠板弹簧；

5—托架；6—轴箱；7—纵向均衡梁在车架上的支点；8—纵梁

（5）制动装置。

电机车的制动装置是电机车上装设的制动和减速系统的总称，其功能是使行驶中的电机车减低速度或停止行驶，或使已停驶的电机车保持不动，矿用电机车常用的制动装置如图 2-27 所示。

（6）撒砂装置。

为了增加电机车的车轮与钢轨之间的黏着系数，电机车上安装了往轨面上撒砂的装置，如图 2-28。在车架行走机构室的四个角上，各装一个砂箱，箱中装有干燥的细砂，撒砂时，砂经撒砂管流到车轮前端的钢轨上。

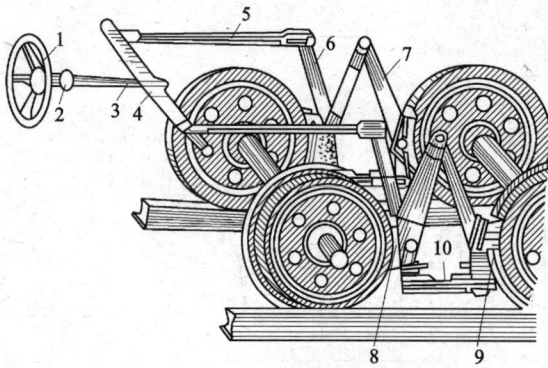

图 2 – 27 制动装置

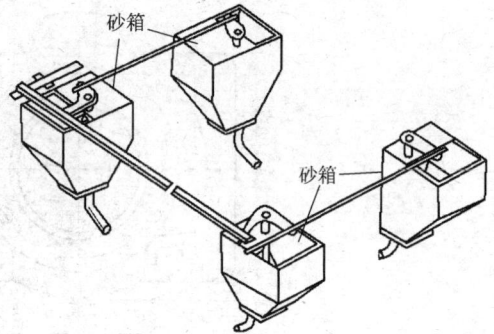

图 2 – 28 撒砂装置

1—手轮；2—管套；3—螺杆；4—均衡杆；5—拉杆；

6、7—前、后杠杆；8、9—前、后闸瓦；10—调节螺杆

2.3.3 列车的运行理论

列车运行理论是研究作用于列车上的各种力与其运动状态的关系以及机车牵引力和制动力的产生等问题。

2.3.3.1 列车运行的基本方程式

机车和它所牵引的车组总称为列车。一般来说，列车的运行有三种状态：

①牵引状态：列车在电动机产生的牵引力作用下，加速启动或克服列车运行阻力匀速运行。

②惯性状态：牵引电动机电源被切断，这时列车靠惯性运行，用它储备的动能克服运行阻力，一般这种状态为减速运行。

③制动状态：牵引电动机电源被切断后，列车在电机车制动闸瓦或牵引电动机产生的制动力矩作用下，减速运行或停车。

（1）牵引状态下列车运行基本方程式。

列车在牵引状态下加速运行时，沿运动方向作用于列车上的力有电机车牵引电动机产生的牵引力、列车运行的静阻力和惯性阻力，则列车在牵引状态下力的平衡方程式为：

$$F - F_j - F_a = 0 \qquad (2 - 28)$$

式中：F 为牵引电动机产生的牵引力；F_j 为列车运行的静阻力；F_a 为列车运行的惯性阻力。

①惯性阻力。

惯性阻力 F_a 可用式（2 – 29）表示：

$$F_a = m(1 + \gamma)a \qquad (2 - 29)$$

式中：m 为电机车和矿车组的全部质量，$m = 1000(P + Q)$，kg，P 为电机车质量，t，Q 为矿车组质量，t；γ 为惯性系数，矿用电机车为 0.05 ~ 1，平均取 0.075；a 为列车加速度，矿用电机车一般取 0.03 ~ 0.05。

将 m 及 γ 代入式（2 – 29），得：

$$F_a = 1075(P + Q)a \qquad (2 - 30)$$

②静阻力。

矿用电机车运行的静阻力包括基本阻力和坡道阻力。

基本阻力可按式(2-31)计算：

$$F_0 = 1000(P+Q)g\omega \qquad (2-31)$$

式中：F_0 为基本阻力，N；g 为重力加速度，取 9.8 m/s²；ω 为列车运行阻力系数，可查表 2-12。

坡道阻力是列车在坡道上运行时，由于列车重力沿坡道倾斜方向的分力而引起的阻力。设 β 为坡道的倾角，i 为轨道坡度，由于电机车轨道倾角很小，故可认为 $\sin\beta = i$，则坡道阻力为：

$$F_i = \pm 1000(P+Q)gi \qquad (2-32)$$

则基本阻力为：

$$F_j = 1000(P+Q)(\omega \pm i)g \qquad (2-33)$$

将式(2-30)和式(2-32)代入式(2-28)，得到牵引电动机所必须提供的牵引力为：

$$F_j = 1000(P+Q)[(\omega \pm i)g + 1.075a] \qquad (2-34)$$

式(2-34)就是列车在牵引状态下的运行基本方程式。利用这个方程式可求出一定条件下电机车所必须提供的牵引力，或者根据电机车的牵引力求出列车能牵引的矿车数。

(2)惯性状态下列车运行方程式。

在惯性状态下，列车除了受到静阻力 F_j 以外，还受到由于减速度所产生的惯性阻力 F_a。惯性状态下列车力的平衡方程式为：

$$-F_j + F_a = 0 \qquad (2-35)$$

得

$$(\omega \pm i)g - 1.075a = 0$$
$$a = \frac{(\omega \pm i)g}{1.075} \qquad (2-36)$$

式(2-36)中，上坡运行时 i 取"+"号，下坡时取"-"号。

由此可见，当列车运行阻力系数为一定时，惯性状态的减速度取决于轨道坡度的大小和上下坡。

(3)制动状态下列车运行方程式。

列车制动时，需要施加一个与列车运行方向相反的制动力 B，因此，制动状态下力的平衡方程式为：

$$-B - F_j + F_a = 0$$
$$B = F_a - F_j \qquad (2-37)$$

则

$$F_a = 1075(P+Q)b \qquad (2-38)$$

式中：F_a 为减速时的惯性阻力，N；b 为制动时的减速度，m/s²。

将式(2-34)及式(2-38)代入式(2-37)，得到制动状态下列车运行方程式为：

$$B = 1000(P+Q)[1.075b - (\omega \pm i)g] \qquad (2-39)$$

利用式(2-39)可以求出在一定条件下制动装置必须产生的制动力；或者已知制动力，可求出减速度及制动距离。

2.3.3.2 电机车的牵引力

电机车的牵引力是由牵引电动机产生的。如图 2 – 29 所示，主动轮对受到牵引电动机传来的转矩 M，转矩 M 对整个电机车而言属于内力矩，它不能使电机车运动。主动轮对还受到下面几个力的作用。

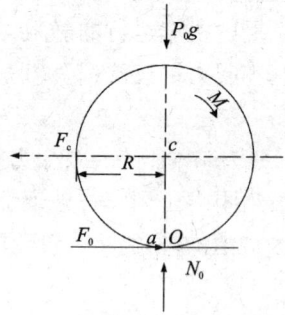

①电机车分配在一个主动轮对上的那部分重力 P_0g，它通过中心，作用在轮对上。

②轨面对轮对的法向反力 N_0，它作用于 O 点，与 P_0g 在一条直线上。

③轮缘上的点受到轨面所给的切向摩擦反力 F_0，其方向是向右。

图 2 – 29 电机车牵引受力分析

④列车的一部分运行阻力将通过电机车的连接器、车架及轴箱作用在轮对的中心点，即 F_c。

根据力平衡条件得

$$\begin{cases} N_0 - P_0g = 0 \\ F_0 - F_c = 0 \\ M - F_0R = 0 \end{cases} \qquad (2-40)$$

式中：R 为主动轮对轮缘半径。

解以上方程组，得

$$N_0 = P_0g \qquad (2-41)$$

$$F_0 = F_c = \frac{M}{R} \qquad (2-42)$$

列车的运行阻力 F_c 使列车向前做平移运行。对于电机车来说，F_c 是牵引列车向前运行的外力，称为牵引力或轮缘牵引力。

F_0 与 F_c 因大小相等，方向相反，且作用在两条平行线上，形成一对力偶，用于平衡转矩 M，从而使轮缘上的 O 点不致使 F_0 沿轨面滑动，所以 F_0 又称为黏着力。

黏着力本质上是摩擦力，受到摩擦条件或者黏着条件的限制。单个主动轮对能够产生的最大轮缘牵引力为：

$$F_{0max} = 1000P_0g\psi \qquad (2-43)$$

式中：P_0 为电机车的黏着质量，即电机车总质量作用在该主动轮对上的那一部分质量，t；ψ 为电机车的黏着系数，可查表 2 – 14。

表 2 – 14 电机车的黏着系数

工作状况	启动时	撒砂启动时	运行时	制动时
ψ	0.2	0.25	0.15	0.17 ~ 0.20

为了使主动轮对的轮缘同轨面的接触点在轨面不发生相对滑动，该主动轮对产生的轮缘牵引力 F_0 应满足

$$F_0 \leqslant 1000 P_0 g \psi \tag{2-44}$$

这就是单个轮对的黏着条件。

对于整台电机车，能够产生的最大轮缘牵引力为

$$F_{max} = 1000 P_n g \psi \tag{2-45}$$

式中：P_n 为电机车的黏着质量，t，可查表 2-13；若电机车的全部轮对均为主动轮，则其黏着质量等于电机车的总质量。

整台电机车的黏着条件是：

$$F_0 \leqslant 1000 P_n g \psi \tag{2-46}$$

式中：F_0 为电机车为克服列车运行阻力所必须提供的牵引力，由式（2-32）根据不同的运行状态求出。

就整台电机车而言，黏着系数数值介于滚动摩擦因数与滑动摩擦因数之间。

2.3.3.3　电机车的制动力

电机车的制动力是使运行着的列车减速或停车的阻力。电机车制动时，其受力分析如图 2-30 所示。

图 2-30 中，$P_0 g$ 为制动轮对所分配的电机车重力；N_0 为轨面对轮对的法向反力，$P_0 g = N_0$。当闸瓦施以正压力 N_1（作用在轮缘的均布力，以集中力代之时，轮缘即产生切向滑动摩擦力 T_0，其方向与车轮旋转方向相反，其大小为：

$$T_0 = \varphi N_1 \tag{2-46}$$

式中：φ 为制动闸瓦与轮缘间的滑动摩擦因数，它的数值取决于闸瓦衬垫的材料、运行速度及闸瓦的比压（闸瓦单位面积上所受的正压力），对于铸铁闸瓦，一般取 $0.18 \sim 0.20$。

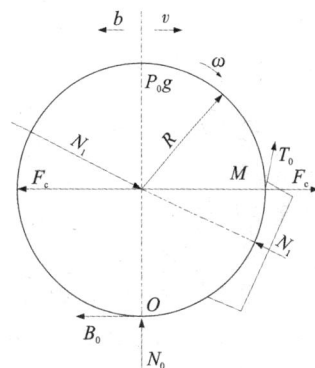

图 2-30　电机车制动力分析

T_0 的作用下，车轮受到一个逆时针方向的转矩。在这一转矩作用下，车轮轮缘上同轨面的接触点 O 有沿轨面向前滑动的趋势。因而轨面对轮缘将产生一个切向静摩擦力 B_0，它的方向与车轮旋转方向相同，根据转矩平衡条件 $B_0 R - T_0 R = 0$ 得出

$$B_0 = T_0 \tag{2-47}$$

由此可见，B_0 就是电机车一个制动轮所产生的制动力。在 B_0 和静阻力 F_j 的作用下，轮对即列车减速运行，减速度为 b，惯性力是 F_a。B_0、F_j 及 F_a 三个力正好平衡。当 T_0 增大时 B_0 相应地增大，因而减速度也增加，使列车能较快地制动。

然而，制动力 B_0 受黏着条件的限制，一个制动轮对能够产生的最大制动力为：

$$B_{0max} = 1000 P_0 g \psi \tag{2-48}$$

整台电机车能够产生的最大制动力为：

$$B_{max} = 1000 P_z g \psi \tag{2-49}$$

式中：P_0 为单个制动轮对的制动质量，t；P_z 为整台电机车的制动质量，t，对于全部轮对均装有制动闸的电机车，此质量即为电机车总质量，即 $P_z = P$；ψ 为制动状态下电机车的黏着系数。

为了防止车轮被抱死，使轮面产生不均匀的磨损，导致制动力减少、制动减速度降低、制动距离增大等情况出现，需保证闸瓦压力不能过大，合理的闸瓦压力应使制动力为：

$$B_0 \leqslant 1000 P_z g \psi \tag{2-50}$$

如果闸瓦最大总压力为 N_{max}，总摩擦力为 T_{max}，对于整台电机车来说，式(2-46)可以变为：

$$T_{max} = \varphi N_{max} \tag{2-51}$$

对整台电机车来说有

$$B_{max} = T_{max} \tag{2-52}$$

把式(2-49)及式(2-51)代入式(2-52)，可求得

$$N_{max} = 1000 P_z g \frac{\psi}{\varphi} = 1000 P_z g \delta \tag{2-53}$$

$$B_{max} = 1000 P_z g \delta \varphi \tag{2-54}$$

式中：δ 为闸压系数。

对于铸铁闸瓦，$\varphi \leqslant 0.18 \sim 0.20$，$\psi = 0.13 \sim 0.17$，故闸压系数 $\delta = 0.72 \sim 0.94$，为了保证车轮不被抱死，δ 不应超过 0.9。

2.3.4 电机车运输计算

2.3.4.1 电机车的选择

选择电机车时应考虑运输量、采矿方法、装矿点的集中与分散情况、运输距离和车型的特殊要求等因素。

(1)若装矿点较分散、溜井贮量小时，应选用多台小吨位电机车。

(2)若装矿点集中、贮矿量大和运距较长时，应选用较大吨位电机车。

(3)当采用双机牵引时，应为两台同型号电机车。

(4)专为掘进中段用时应选小吨位电机车。

(5)在运距长、运量大的平巷，选用大吨位电机车运输的同时，还应考虑运输人员、材料和线路维修等需要，配备小吨位电机车。

电机车吨位的选择见表2-2。

2.3.4.2 原始资料

电机车运输计算所需要的原始资料包括：设计班产量，运输距离，线路平面图和纵断面图(井下线路平面及纵断面比较简单时，只要知道装车站位置，线路平均坡度，最大坡度即可)，拟采用的电机车及矿车规格性能，每班需运人员、材料、设备等的列车数。

(1)设计班产量。

设计班产量 A_s' 按班平均生产率 A_b 乘以运输不均衡系数 C 来确定，即

$$A_s' = C A_b (t/班) \tag{2-55}$$

对于厚矿体，有大量存矿的溜井和经常可以把矿的矿山，不均衡系数可取1.2~1.25；当班产量不大，溜井中没有存矿，班前、班中、班末的出矿量都有很大差别时，应取1.3。

(2)运输距离。

当电机车运输同时服务于两个或更多装车站时，其运输距离应按加权平均运输距离计算，加权平均运输距离由下式计算：

$$L = \frac{A_1 L_1 + A_2 L_2 + \cdots + A_n L_n}{A_1 + A_2 + \cdots + A_n} \tag{2-56}$$

式中：$L_1, L_2, \cdots, L_n$ 为各个矿点至卸矿点距离，m；$A_1, A_2, \cdots, A_n$ 为各个出矿点的出矿量，t/班。

（3）线路坡度。

井下电机车运输的线路坡度往往是变化的，为计算方便，常常根据纵断面图算出线路的平均坡度，作为线路坡度。

2.3.4.3　确定电机车牵引的矿车数

在选定电机车及矿车型号以后，便可以根据运输条件来确定电机车牵引的矿车数，即电机车的牵引重量。电机车的牵引重量计算按三个条件进行，这三个条件分别是：电机车的启动条件、牵引电动机的允许温升条件及列车的制动条件。按这三个条件计算的结果取其中的最小值来计算电机车的牵引重量。

（1）按电机车的启动条件计算。

根据式（2－34），重列车沿上坡启动时，电机车应给出的牵引力为：

$$F = 1000(P + Q_z)[(w'_z + i_p)g + 1.075a] \qquad (2-57)$$

式中：F 为重列车上坡启动时电机车应给出的牵引力，N；P 为电机车质量，t；Q_z 为重列车组质量，t；w'_z 为重列车启动时的阻力系数；i_p 为运输线路的平均坡度，‰；a 为电机车启动时的加速度，一般取 $0.03 \sim 0.09$ m/s²。

为了保证电机车启动时车轮不滑动，电机车的牵引力不应超过最大黏着力，将式（2－57）代入式（2－44）得

$$1000(P + Q_z)[(w'_z + i_P)g + 1.075a] \leqslant 1000P_n g\psi \qquad (2-58)$$

即电机车的牵引重量为：

$$Q_z \leqslant \frac{P_n g\psi}{(w'_z + i_P)g + 1.075a} - P \qquad (2-59)$$

式中：ψ 为电机车启动时的黏着系数，见表2－14。

（2）按牵引电动机的温升条件计算。

按电动机的温升条件，实质上就是按照电动机的等值电流不超过长时电流的条件。该条件等价于按等值牵引力不超过长时牵引力的条件，等值牵引力可用式（2－60）进行计算。

$$F_d = \alpha \sqrt{\frac{F_z^2 t_z + F_k^2 t_k}{T_y + \theta}} \qquad (2-60)$$

式中：F_d 为电机车的等值牵引力，N；F_z 为电机车牵引重车时的牵引力，N；F_k 为电机车牵引空车时的牵引力，N；t_z 为重列车的运行时间，min；t_k 为空列车的运行时间，min；T_y 为列车总的运行时间，$T_y = t_z + t_k$，min；θ 为停车及调车时间，包括在车场调车、装卸车作业、让车和意外耽误时间等，一般取 $20 \sim 25$ min；α 为调车系数，其大小与运输距离有关，运距小于1000 m 时取1.4，运距为 $1000 \sim 2000$ m 时取1.25，运距大于2000 m 时取1.15。

为便于计算，可假定列车是在理想的等阻坡度上运行。等阻坡度是重列车下坡时的运行阻力等于空列车上坡时的运行阻力时的线路坡度，即在该坡度下，重车下坡与空车上坡的运行阻力相等。一般认为，等阻坡度与线路的平均坡度较为接近。

这样，式（2－60）就可进一步简化为：

$$F_d = \alpha F_z \sqrt{\frac{t_z + t_k}{T_y + \theta}} \qquad (2-61)$$

因

$$T_y = t_z + t_k \qquad (2-62)$$

令

$$\frac{T_y}{T_y + \theta} = \tau \tag{2-63}$$

则式(2-60)变为

$$F_d = \alpha \sqrt{\tau} F_z \tag{2-64}$$

而

$$F_z = 1000(P + Q_z)(w_z - i_d)g \tag{2-65}$$

式中：w_z 为重列车运行阻力系数；i_d 为等阻坡度，一般为 2‰。

将式(2-65)代入式(2-64)得

$$Q_z = \frac{F_d}{1000\alpha\sqrt{\tau}(w_z - i_d)g} - p \tag{2-66}$$

为了使牵引电动机温升不超过允许温升，电机车的等值牵引力 F_d 应不大于长时牵引力 F_{ch}，即

$$F_d \leqslant F_{ch} \tag{2-67}$$

将式(2-67)代入式(2-66)中，即按牵引电动机温升条件计算的牵引重量为：

$$Q_z \leqslant \frac{F_{ch}}{1000\alpha\sqrt{\tau}g(w_z - i_d)} - p \tag{2-68}$$

列车运行时间为

$$T_y = \frac{2L \times 1000}{60 \times v_p} \tag{2-69}$$

式中：v_p 为列车平均运行速度，$v_p = 0.75v_{ch}$，m/s；v_{ch} 为电机车的长时运行速度，m/s。

(3)按制动条件计算。

为了安全起见，井下列车的制动距离不得超过 40 m，运送人员时制动距离不超过 20 m。这是根据电机车的照明灯有效射程确定的。为考虑最不利情况，按下坡制动计算。

设列车开始制动时的速度等于电机车的长时速度 v_{ch}，则制动时的减速度为：

$$b = \frac{v_{ch}^2}{2l_z} \tag{2-70}$$

式中：l_z 为制动距离，运送物料时为 40 m。

可求得电机车牵引重车组沿直线轨道下坡制动时所必需的制动力 B：

$$B = 1000(P + Q_z)[1.075b + (i_p - w_z)g] \tag{2-71}$$

式中：i_p 为平均坡度，‰；w_z 为重列车的运行阻力系数。

将式(2-49)代入式(2-71)得

$$1000(P + Q_z)[1.075b + (i_p - w_z)g] \leqslant 1000P_z g\psi \tag{2-72}$$

由上式得出按制动条件计算电机车牵引重量的公式为：

$$Q_z \leqslant \frac{P_z g\psi}{1.075b + (i_p - w_z)g} - p \tag{2-73}$$

式中：P_z 为电机车的制动质量，对于矿用电机车，它等于电机车的全部质量 P，t；ψ 为制动时电机车的黏着系数。

按上述式(2-59)、式(2-68)和式(2-73)所示的三个条件分别计算出牵引重量后，应

取三者中的最小值来计算车组中的矿车数。车组中的矿车数可由下式求得：

$$Z = \frac{Q_z}{G + G_0} \qquad (2-74)$$

式中：Q_z 为牵引重量中的最小值，t；G 为矿车的有效载重量，t；G_0 为矿车自重，t。

2.3.4.4 矿车组成的验算

按上述方法确定了电机车牵引重量后，还要验算实际电动机的温升和列车制动距离，原因是：确定在平均坡度上且在最长距离运行时，列车等值电流不能超过长时电流值；按实际运行速度时，列车的制动距离是否符合安全规定。

（1）验算实际电动机温升。

设平均坡度为 i 及最长运输距离为 L_{max}，则牵引重列车和空列车达到全速稳态时电机车的牵引力为：

$$F_z = 1000[P + Z(G + G_0)](w_z - i_P)g \qquad (2-75)$$

$$F_k = 1000(P + ZG_0)g(w_k + i_P) \qquad (2-76)$$

然后再算出每台牵引电动机的牵引力

$$F'_z = \frac{F_z}{n_d} \qquad (2-77)$$

$$F'_k = \frac{F_k}{n_d} \qquad (2-78)$$

式中：n_d 为电机车上的牵引电动机台数。

根据 F'_z 和 F'_k 查询牵引电动机的特性曲线可得重列车运行时的电动机电流 I_z 及速度 v_z、重列车平均运行速度 $v_{zp} = 0.75v_z$，空列车运行时的电动机电流 I_k 及速度 v_k、空列车平均运行速度 $v_{kp} = 0.75v_k$。

重列车及空列车以其平均运行速度在最长运输距离上的运行时间为：

$$t_z = \frac{1000L_{max}}{60v_{zp}} \qquad (2-79)$$

$$t_k = \frac{1000L_{max}}{60v_{kp}} \qquad (2\quad80)$$

这时，便可计算一个运输循环的牵引电动机的等值电流：

$$I_d = \alpha \sqrt{\frac{I^2 t_z + I^2 t_k}{t_z + t_k + \theta}} \qquad (2-81)$$

如果电动机的等值电流不超过它的长时电流，即 $I_d \leqslant I_{ch}$，则电动机的等值电流不会发热到超过它的允许温升，故符合要求；如果 $I_d > I_{ch}$，则需减少车组中的矿车数，并重新进行计算，直到等值电流不超过长时电流为止。

（2）验算制动距离。

重列车下坡制动时，电机车的制动力可由式（2-71）计算：

$$B = 1000[P + Z(G + G_0)][1.075b + (i_P - w_z)g] \qquad (2-82)$$

而电机车按黏着条件能够给出的最大制动力可按式（2-49）求出，即

$$B_{max} = 1000P_z g\psi \qquad (2-83)$$

令 $B = B_{max}$，则可求得制动时的减速度为：

$$b = \frac{P_z\psi + [P + Z(G + G_0)](w_z - i_p)}{0.11[P + Z(G + G_0)]} \qquad (2-84)$$

列车的制动距离为：

$$L_z = \frac{v_{ch}^2}{2b} = \frac{0.55v_{ch}^2[P + Z(G + G_0)]}{P_z\psi + [P + Z(G + G_0)](w_z - i_p)} \qquad (2-85)$$

式(2-85)计算出的制动距离不能超过40 m，若超过40 m，可采用限制列车速度或减少列车牵引的矿车数等措施来解决。

2.3.4.5 电机车数量的确定

矿井(或某中段)所需电机车数量，应按该矿井(或某阶段)投产初期和生产后期分别进行计算。投产时按前期计算的电机车数量配置电机车，以后随着生产的发展再逐渐增加。生产后期所需的电机车数量是进行供电设备(包括牵引变流所及牵引电网等)计算的依据。无论前期和后期其计算步骤均相同，可按下列步骤进行。

(1)列车往返一次所需要的时间：

$$T = \frac{1000L}{60v_{zp}} + \frac{1000L}{60v_{kp}} + \theta \qquad (2-86)$$

式中：L 为加权平均运输距离，km；v_{zp} 为重列车平均运行速度，m/s；v_{kp} 为空列车平均运行速度，m/s；θ 为列车往返一次的调车和休止时间，min。

(2)一台电机车在一个班内可能往返的次数：

$$n = 60t_b/T \qquad (2-87)$$

式中：t_b 为电机车每班工作小时数，一般取 6~6.5 h。

式(2-87)计算结果取接近的较小整数。

(3)电机车完成每班运输量需要的往返次数：

$$m_1 = \frac{CA_b}{ZG} \qquad (2-88)$$

式中：A_b 为矿井每班运输量，t/班；C 为运输不均衡系数，取 1.2~1.3；G 为矿车的有效载重，t；Z 为矿车数。

式(2-88)计算结果取接近的较大整数。

(4)每班运输废石、人员、材料设备等所需的往返次数 m_2，可按各个矿山具体情况决定。

①需要的工作电机车台数：

$$N_0 = \frac{m_1 + m_2}{n} \qquad (2-89)$$

②需要的电机车总数为：

$$N = N_0 + N_b \qquad (2-90)$$

式中：N_b 为备用电机车台数，工作电机车在5台以内时备用1台，6台以上时备用2台。如果电机车通过井筒极不方便时，应在各主要生产中段分别考虑备用电机车。对于不同的运输中段，电机车能牵引的矿车数量和工作的电机车数量，应分别计算。

此外，还需要计算引变流所的负荷及整流设备的过负荷能力，具体计算可参见相关设计手册和规范。

2.4　轨道运输设备的选型计算实例

2.4.1　基本条件

某地下矿山主运输中段有 2 个装车站,其中装车站 Z_1 距井底车场 $L_1 = 1400$ m,每班矿石量为 550 t;装车站 Z_2 距井底车场 $L_2 = 1000$ m,每班矿石量为 500 t。主运输平巷平均坡度为 3‰,拟选用 ZK7 – 6/250 型架线式电机车,配置 YGC1.2 – 6 型固定矿车(自重 0.72 t,装载矿石量 2.25 t),试确定矿车组成及电机车台数。

2.4.2　计算过程

(1)确定电机车牵引的矿车数。

①电机车的每班运输量及加权平均运输距离:

$$A_b = A_1 + A_2 = 550 + 500 = 1050 \ (\text{t})$$

$$L = \frac{A_1 L_1 + A_2 L_2}{A_1 + A_2} = \frac{550 \times 1400 + 500 \times 1000}{1050} \approx 1210 \ (\text{m})$$

②按电机车启动条件计算牵引重量:

$$
\begin{aligned}
Q_z &\leqslant \frac{P_n g \psi}{(w_z' + i_p)g + 1.075a} - P \\
&= \frac{7 \times 9.8 \times 0.2}{(0.0135 + 0.003) \times 9.8 + 1.075 \times 0.04} - 7 \approx 60 \ (\text{t})
\end{aligned}
$$

③按电机车温升条件计算牵引重量:

查表(2 – 13)可知,机车长时牵引力 $F_{ch} = 3240$ N,长时速度 $v_{ch} = 16$ km/h,重车运行阻力 $\omega_z = 0.009$,等阻坡度 $i_d = 0.002$,调车系数 $\alpha = 1.25$,休止时间 $\theta = 20$ min。

可得列车运行总时间:

$$T_y = \frac{2 \times 60 \times L}{0.75 v_p} = \frac{2 \times 60 \times 1.21}{0.75 \times 16} = 12.1 \ (\text{min})$$

$$\tau = \frac{T_y}{T_y + \theta} \approx 0.377$$

$$Q_z \leqslant \frac{F_{ch}}{1000 \alpha \sqrt{\tau}(\omega_z - i_d)g} - P = \frac{3240}{1000 \times 1.25 \times \sqrt{0.377} \times (0.009 - 0.002) \times 9.8} - 7 \approx 54.5 \ (\text{t})$$

④按电机车的制动条件计算牵引重量:

$$b = \left(\frac{v_{ch}}{3.6}\right)^2 \frac{1}{2 l_z} = \frac{\left(16 \times \frac{5}{18}\right)^2}{2 \times 40} \approx 0.247 \ (\text{m/s})$$

$$
\begin{aligned}
Q_z &\leqslant \frac{P_z g \psi}{(i_p - \omega_z)g + 1.075b} - P \\
&= \frac{7 \times 9.8 \times 0.17}{(0.003 - 0.009) \times 9.8 + 1.075 \times 0.247} - 7 \approx 49.4 \ (\text{t})
\end{aligned}
$$

以最小的牵引重量 Q_z，即 $Q_z = 49.4$ t 计算电机车牵引的矿车数：

$$Z = \frac{Q_z}{G_0 + G} = \frac{49.4}{0.72 + 2.25} \approx 16.63$$

Z 取 16 辆，则列车有效重量为：

$$Q = ZG = 16 \times 2.25 = 36 \text{（t）}$$

⑤验算实际电动机温升。

首先，计算出牵引重列车和空列车达到全速稳态时电机车的牵引力：

$$F_z = 1000[P + Z(G + G_0)](\omega_z - i_p)g$$
$$= 1000 \times [7 + 16 \times (2.25 + 0.72)] \times (0.009 - 0.003) \times 9.8 \approx 3206 \text{（N）}$$

$$F_k = 1000(P + ZG_0)(\omega_k + i_p)g$$
$$= 1000 \times (7 + 16 \times 0.72) \times (0.009 + 0.003) \times 9.8 \approx 2178 \text{（N）}$$

每台牵引电动机的牵引力：

$$F'_z = \frac{F_z}{n_d} = \frac{3206}{2} = 1603 \text{（N）}$$

$$F'_k = \frac{F_k}{n_d} = \frac{2178}{2} = 1089 \text{（N）}$$

由电动机特性曲线查得重列车、空列车运行时的电动机电流、速度，并计算平均运行速度为：

$$I_z \approx 32 \text{ A}; \ v_z \approx 17 \text{ km/h}; \ v_{zp} = 0.75v_z = \frac{0.75 \times 17}{3.6} \approx 3.542 \text{（m/s）}$$

$$I_k \approx 30 \text{ A}; \ v_k \approx 17.5 \text{ km/h}; \ v_{kp} = 0.75v_k = \frac{0.75 \times 17.5}{3.6} \approx 3.646 \text{（m/s）}$$

重列车、空列车以其平均运行速度在最长的运输距离上的运行时间为：

$$t_z = \frac{L_{max}}{60v_{zp}} = \frac{1400}{60 \times 3.542} \approx 6.59 \text{（min）}$$

$$t_k = \frac{L_{max}}{60v_{kp}} = \frac{1400}{60 \times 3.646} \approx 6.4 \text{（min）}$$

一个运行循环中牵引电动机的等值电流为：

$$I_d = a\sqrt{\frac{I_z^2 t_z + I_h^2 t_k}{t_z + t_k + \theta}} = 1.25 \times \sqrt{\frac{32^2 \times 6.59 + 30^2 \times 6.4}{6.59 + 6.4 + 20}} \approx 24.34 \text{（A）}$$

查表(2-13)得出牵引电动机的长时电流 $I_{ch} = 34$ A。因 $I_d < I_{ch}$，所以电动机的等值电流不会超过它的允许温升。

⑥验算制动距离：

$$L_z = \frac{0.055v_{ch}^2[P + Z(G + G_0)]}{P_z\psi + [P + Z(G + G_0)](\omega_z - i_p)}$$

$$= \frac{0.055 \times \left(\frac{16}{3.6}\right)^2 \times [7 + 16 \times (2.25 + 0.72)]}{7 \times 0.17 + [7 + 16 \times (2.25 + 0.72)] \times (0.009 - 0.003)} = 39 \text{（m）}$$

制动距离小于 40 m，符合要求。

故 ZK7-6/250 型架线式电机车可以拖动 YGC1.2-6 型固定矿车。

（2）电机车总台数。

①列车往返一次所需要的时间：

$$T = \frac{1000L}{60v_{zp}} + \frac{1000L}{60v_{kp}} + \theta = \frac{1210}{60 \times 3.542} + \frac{1210}{60 \times 3.646} + 20 \approx 31.22 （min）$$

②一台电机车在一个班内可能往返的次数：

$$n = \frac{60t_b}{T} = \frac{60 \times 6.5}{31.22} \approx 12.49 \quad 取 n = 12 （次/班）$$

③电机车完成每班运输量需要的往返次数：

$$m_{\downarrow} = \frac{CA_b}{ZG} = \frac{1.2 \times 1050}{16 \times 2.25} = 35 （次）$$

④需要的电机车工作台数：

$$N_0 = \frac{m_1}{n} = \frac{35}{12} \approx 2.92 \quad 取 N_0 = 3 （台）$$

⑤电机车总台数：

$$N = N_0 + N_b = 3 + 1 = 4 （台）$$

（3）矿车总数。

$$Z_{总} = K_1 K_2 N_0 Z = 1.1 \times 1.3 \times 3 \times 16 = 68.64 \quad 取 Z_{总} = 69 （辆）$$

式中：K_1，K_2 分别为矿车检修和备用系数，$K_1 = 1.1$，$K_2 = 1.3$。

2.5 无人驾驶电机车运输技术

随着系统优化与人工智能理论和技术的不断发展，加上国家对矿山环保和安全要求的不断提高，井下有轨运输系统的智能调度和无人运行技术已经初见端倪，无人驾驶电机车运输技术将在未来矿山的运营中发挥重要作用。

2.5.1 无人驾驶电机车关键技术

无人驾驶电机车运输是采矿、机械、电子电工、通信、计算机以及控制等多学科交叉的综合性技术，目前仍处于快速发展阶段，尚未形成统一的技术标准，但总的来看，要实现电机车无人驾驶，至少需要在以下关键技术上取得突破。

2.5.1.1 机车精准变频控制驱动技术

传统井下电机车运输中，操作人员可以根据现场情况随时调整电机车的运动状态，对机车驱动技术要求相对较低，一般以斩波调速电机驱动为主。但是，在无人驾驶电机车中，斩波调速难以实现对电机车的精准控制，必须要引入变频器驱动电机车以实现精准控制。

目前，适用于井下电机车驱动的变频调速技术正在快速发展之中，相关产品已经在矿山实际生产中取得了很好的效果。

2.5.1.2 机车智能控制技术

与传统井下运输机车人员操控相比，无人驾驶电机车以自动运行为主、特殊环节人工干预为辅的方法确保运行过程的安全、顺畅和高效。因此，机车智能控制是实现电机车无人驾驶的关键。

目前，无人驾驶电机车的智能化发展主要体现在：

（1）自动行驶：电机车接到调度指令后，依据预设程序行使，按照运行中的道路状况自行调整运行状态如加速、减速、制动和驻车等行为，并实现自动升降、装卸、鸣笛与停车等程序。

（2）自动保护：电机车在运行过程中，可按照运输线路道路状况，自动调整运行状态，避免追尾、碰撞和翻车等事故发生。

（3）智能同步控制：电机车矿石运输一般采用前后 2 台电机车牵引进行运输，因此 2 台电机车必须保持同步操作功能。

（4）快速事故响应：发生事故后，能立即报警并自主判断事故发生原因和级别，提供参考处理方案，并可实现人员远程操纵设备进行处理。

2.5.1.3 机车精确定位与自主导航技术

井下巷道狭窄、环境复杂，地形感知困难，加上机车本身质量大、惯性大及转向延迟大的特点，地表上常用的无线电导航、卫星导航等技术不能使用，导致机车的定位和导航难以实现。但是，如果不能实现电机车的准确定位、获取机车运行状态，提供实时导航，就不能实现真正意义的无人驾驶。因此，在井下电机车自主定位与导航技术方面，技术人员正在积极进行研究，获得了很多有价值的成果。

（1）基于 WLAN 和实时监测的井下定位和导航技术。

这种技术通过在井下布设多个无线网络基站，形成一套完整的 WLAN 系统，通过获取井下机车的位置和运动状态，并结合实时监测方法如视频监控等感知实际运行环境，然后借助于人工或预设智能算法指令对井下机车进行导航。这是目前应用较为广泛的井下定位与导航技术。

（2）基于惯性测量和激光扫描的井下定位与导航技术。

惯性测量系统一般由陀螺仪和加速度计组成，惯性导航是一种自主导航方式，其导航完全依赖于自身的传感器，但仍需要借助通信系统传递信息。同时，为了实现对井下地形环境的精确感知，要求借助激光扫描或测距定位等技术以保障电机车的安全运行。

（3）基于 ArcGIS Mobile 与 RFID 的井下定位与导航技术。

ArcGIS Mobile 是一个基于 ArcGIS 的移动产品。RFID（Radio Frequency Identification）技术，又称无线射频识别，可以通过无线电讯号识别特定目标并读写相关数据，而无需识别系统与特定目标之间建立机械或者光学接触。这种导航技术就是将这两种技术和产品相结合，借助于事先建立好的井下电子地图，实现对电机车的井下定位与导航。

需要指出的是，电子地图或具有电子地图功能的三维矿山模型不仅是实现井下定位与导航的基础条件，在其他技术中也是不可或缺的。

（4）基于工业互联网和无线视频监控技术的井下定位与导航技术。

这种技术首先要构建以光纤环网和无线接入网络相结合的井下工业互联网通信系统，然后依赖于某些特定定位算法获取电机车实时的位置和运动状态，并按照事先的路径规划对电机车进行导航。在电机车运行过程中，采用无线视频技术对电机车的运行状态和周边作业环境进行监控。

除了这些技术以外，其他技术如激光雷达、红外测量与电磁导航等技术也正在被引入到井下定位导航的应用之中，但是，总体来看，目前井下无人机车定位与导航技术的大规模应用还存在一些困难，尚需开展更深入和全面的研究。

2.5.1.4 可靠的井下通信技术

井下是一个复杂多变的特殊信号传播区域，井下无人驾驶电机车的顺利运行需要可靠的井下通信技术提供保障。总的来说对无人驾驶电机车通信，弯道多、无线信号衰减大、噪声与多径效应影响突出、控制系统对无线通信实时性要求高以及某些矿石(如赤铁矿)干扰显著等问题都需要解决。

在该技术领域，目前主要是以有线与无线网络技术相结合，形成一个"信集闭"的井下电机车无人驾驶系统，以保障信息和指令在机车与控制中心的顺畅传递。在这一系统中，对网络集成和冗余度要求较高，实现通信、定位、自控和视频等信息合而为一，同时科学实施井下无线基站布设，并采用软硬件相结合的方法克服信号衰减和干扰。

同时，完全采用无线网络构建井下机车无人驾驶通信系统的技术也逐渐得到应用。这种技术通常基于信标同步与信道预测的无线网络切换机制，结合多站点信息共享，克服井下无线局域网中车载节点在移动过程中的切换时延问题，并通过定向天线减少干扰和衰减，实现井下机车无人驾驶的实时双向通信。

2.5.2 无人驾驶电机车运输技术应用现状及展望

目前，无人驾驶电机车运输技术在国内外一些矿山已经开始应用，以下简要介绍无人驾驶电机车运输技术应用比较成功的矿山案例。

2.5.2.1 杏山铁矿井下电机车无人驾驶及自动运行系统

杏山铁矿隶属于首钢矿业公司，位于迁安木厂口镇，是一个露天转地下矿山，目前生产能力为320万t/a。矿山采用主副井与斜坡道联合开拓，采矿方法为无底柱分段崩落法。

在井下 -330 m 水平，采用4台电机车运输矿石，平均运距为3760 m。电机车为IGBT斩波调速控制，人工手动操作，电机车受电弓采用人工手拉式升降，刹车采用脚踏式气动刹车。为了进一步提升生产效率，保障生产安全，杏山铁矿决定研发无人驾驶电机车进行替代。

经过调查，在杏山铁矿要改用无人驾驶电机车技术面临以下技术难题：

(1)缺乏井下稳定可靠的无线通信系统。

(2)电机车基础差，不具有变频调速能力。

(3)为单牵引机车，机车供电不连续，存在断点。

(4)井下电机车缺乏定位系统，无法实现精确定位。

(5)缺少对电机车的各种安全保护。

对上述需求和技术难题分析后，杏山铁矿最终采用的井下电机车无人驾驶及自动运行系统构成如下：

(1)数字化配矿系统、派车系统。

(2)井下电机车运输系统。

(3)电机车自动保护系统。

(4)井下窄轨"信集闭"控制系统。

(5)地面操作台系统。

(6)无线、有线通信系统。

(7)电机车不间断电源系统。

（8）溜井远程装矿系统。

（9）溜井远程装矿视频监控系统。

（10）自动卸矿系统。

（11）卸矿自动清扫系统。

其系统构架如图 2 - 31 所示。

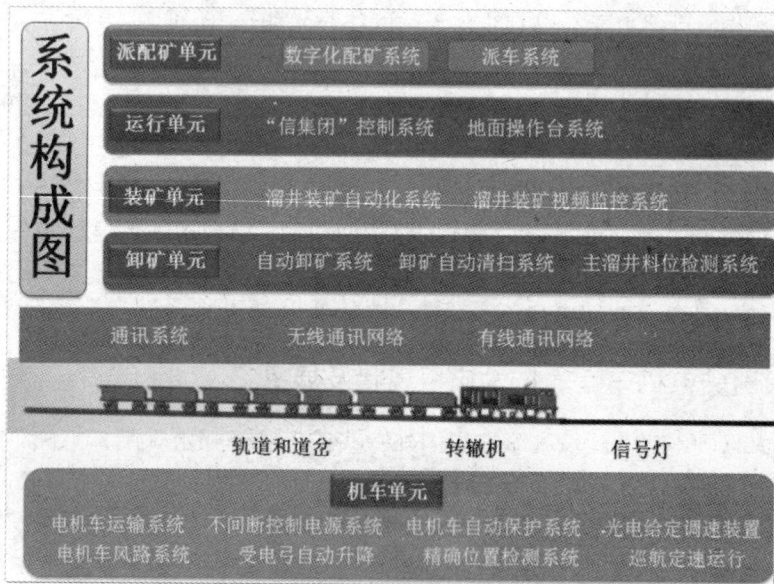

图 2 -31　杏山铁矿无人驾驶及自动运行系统构架

与原有的运输系统相比，新的电机车无人驾驶及自动运行系统启用后取得了很好的效果：

（1）改善了岗位工作环境，提高了运输生产效率。

（2）提高了运输生产自动化信息化水平，促进了管理进步与变革。

（3）消除了安全隐患，电机车运行更加规范高效顺稳。

2.5.2.2　赞比亚谦比希铜矿 500 m 中段无人驾驶电机车运输系统

2017 年，中国恩菲工程技术有限公司（恩菲公司）开始进行中色非洲矿业有限公司赞比亚谦比希铜矿 500 m 中段的无人驾驶电机车运输系统建设，是我国无人驾驶电机车运输技术首次在海外的实施应用。

恩菲公司的无人驾驶电机车运输系统是基于其地下矿自动化系统融合集成的，由电机车自动运行控制系统（ATO）、电机车运行保护系统（ATP）、电机车编组调度指挥系统（ATS）、巷道无线通信系统及辅助系统等多个子系统构成，其系统框架如图 2 -32 所示。

这一系统包括以下 9 个主要控制单元：

（1）以溜井料位为指导的平衡矿石运输管控单元。

（2）地表和地下远程遥控运输和装矿单元。

（3）电机车控制系统单元。

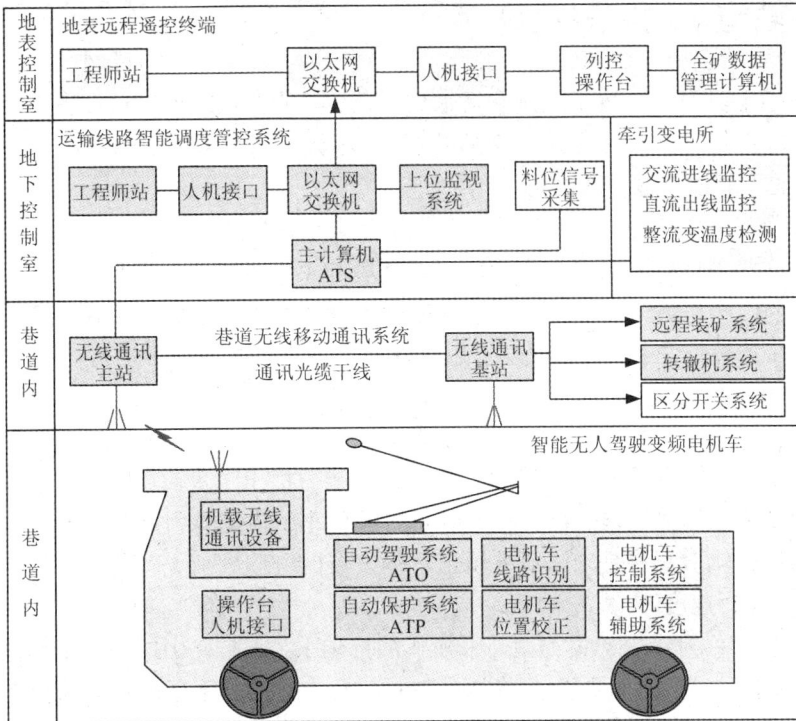

图 2-32　中国恩菲工程技术有限公司无人驾驶电机车运输控制系统

（4）无人驾驶运输通信系统单元。

（5）无人驾驶运输系统管理调度系统单元。

（6）轨道控制和信号单元。

（7）牵引变电所与架空线分区开关远程遥控和检测单元。

（8）自动卸矿单元。

（9）视频系统单元。

从实际应用来看，恩菲公司的无人驾驶电机车运输电控系统适用于多列编组、多机传动、多弯道岔道等复杂工况条件，工作效率比传统运输方式至少提高了25%，实现了设备预维护，大量减少了岗位工人和技术员，降低了人员伤害风险，做到了运输环节人员的本质安全，该技术对大型矿山，特别是大水、高岩爆、高海拔的特殊矿山地下开采具有十分重要的意义。

2.5.2.3　无人驾驶电机车运输技术展望

无人驾驶电机车的使用可极大地减少井下工作人员数量，提升电机车运行效率，增加真实工作时间，降低生产成本，改善工作条件，提高电机车适应性，获取更好的经济效益。

但是，目前井下无人驾驶电机车技术应用还处在初级阶段，智能化程度还有很大的提升空间，很多环节都需要人为监督或人为干预，还不能视为真正的无人驾驶。随着人工智能、深度学习、大数据、云计算和传感器等各种新兴技术的引入，未来的研究热点主要集中在提高电机车运行的可靠性和系统安全性，增强其环境感知能力、行为控制能力和通信能力，推动其根据回采条件变化而实时自主规划运行路径和状态水平等方面。

2.6 矿井轨道运输发展趋势

矿井轨道运输具有不受运距限制和运输成本低的特点，在现代机械设备新理念和新技术的推动下，必将不断快速向前发展，其基本的发展趋势可归结为以下四点：

（1）更高的可靠性和适应能力。

随着浅部及易采矿产资源不断减少，深部及复杂矿产的开采将成为常态，矿井轨道运输设备将不得不面临着更恶劣和复杂多变的自然环境和工作条件。在这种情况下，机车和矿车整体系统、各个构件和调度信号都要求具有更高的可靠度；同时还要控制列车运行时的振动效应，提升其在各种条件下的适应能力，以保证在复杂条件下的正常运行。

（2）更大的载重能力。

在新的经济形势下，为了获取更好的经济效益，矿山的产能不断增大，年产1000万吨以上的超大型地下矿山不断出现，这就对矿山的运输能力提出了更高的要求。可以预见，为了满足超大型地下矿山运输需求，牵引能力更大的电机车，装载能力更强的矿车，更好的线路条件和更重的运输轨道都将是未来矿井轨道运输发展的方向。

（3）更快的运行速度。

在以"区域矿山"为代表的集约型开采模式的推动下，未来矿山的有效工作面积将越来越大，人员、材料和矿废的运输距离也将越来越长，而传统的井下运输设备速度较低，将导致大量的时间被浪费在运输环节。因此，为了提高运输效率，增加有效工时，未来具有更快运行速度的窄轨甚至准轨井下运输列车都将在地下矿山得到应用。

（4）调度智能化和运行无人化。

采用智能调度与无人运行方式，可以减少设备数量和减小设备尺寸，适当放宽各种限制，有利于减少井巷开拓量，减少矿山建设投资，获取更高的收益，并有利于减少员工劳动强度，改善员工劳动条件，提高运输系统作业安全。

参考文献

[1]《采矿设计手册》编写委员会. 采矿设计手册矿山机械卷[M]. 北京：中国建筑工业出版社，1988.

[2] 庄严. 矿山运输与提升[M]. 北京：中国矿业大学出版社，2009.

[3] 王运敏. 中国采矿设备手册（上册）[M]. 北京：科学出版社，2007.

[4] 钟春晖，丁元春. 矿井运输与提升[M]. 北京：化学工业出版社，2013.

[5] 黎佩坤. 矿山运输及提升[M]. 北京：冶金工业出版社，1984.

[6] 胡杏保，郭进平. 矿山企业设计原理与技术[M]. 北京：冶金工业出版社，2013.

[7] 张世雄. 固体矿物资源开发工程[M]. 武汉：武汉理工大学出版社，2010.

[8] Howard L Hartman, Jan M Mutmansky. Introductory Mining Engineering[M]. Colorado：John Wiley and Sons，2002.

[9] 姜汉军. 矿井辅助运输设备[M]. 徐州：中国矿业大学出版社，2008.

[10] 吴立新，汪云甲，丁恩杰，等. 三论数字矿山——借力物联网保障矿山安全与智能采矿[J]. 煤炭学报，2012，37（3）：357 – 365.

[11] 张毅力，汪令辉，黄寿元. 地下矿无人驾驶电机车运输关键技术方案研究[J]. 金属矿山，2013（5）：

117－120.

[12] 郭令. 矿井机车移动通信网络快速切换方法研究[D]. 合肥：合肥工业大学, 2015.

[13] 张彦禄, 高英, 樊运平, 等. 煤矿井下辅助运输的现状与展望[J]. 矿山机械, 2011, 39(10)：6－9.

[14] 宁永芳, 高广军. 矿用载人快速轨道车设计及动力学分析[J]. 铁道科学与工程学报, 2014, 11(2)：21－24.

[15] 王占楼, 王会杰. 井下有轨运输远程放矿的设计及应用[J]. 采矿技术, 2017, 17(5)：74－75.

第3章 矿井无轨设备运输

20 世纪 60 年代,世界采矿业的国际竞争加剧,西方工业发达国家纷纷将先进的露天矿开采技术与装备运用到井下矿山生产中。1963 年美国瓦格纳(Wagner)公司在 Grandview 矿试验成功了世界上第一台 ST - 5 型井下铲运机。从此以后,井下铲运机在西方工业发达国家的井下矿山得到了广泛应用,形成了以井下铲运机(Load - Haul - Dump Unit, LHD)、井下矿用自卸卡车等无轨装运设备为核心的井下矿山无轨开采技术,使井下矿山生产工艺发生了一场"革命",生产效率大幅度提高,并改善了矿山安全环卫条件。

井下矿山无轨采矿设备,是指不需固定轨道的自行式(轮胎和履带行走机构)设备。与有轨运输方式相比,井下矿山无轨采矿设备具有如下优势:

①矿山坑道和采场使用这种设备,不需铺设轨道和架设牵引导线;

②可采用旋线斜巷开拓方案,缩短矿山的投产建设时间;

③无轨设备出矿,能够简化采准巷道布置和采场底部结构,减少运输巷道和溜井的数量;

④无轨自行设备机动灵活,一机多能,从而减少采、装、运设备的总数,提高了设备利用率,减少了维修工作量和备品配件的库存;

⑤无轨设备系统易于实现采掘作业的全面机械化,生产效率高,作业人员少,并改善了生产安全条件。

目前,国外 2/3 以上的地下矿山采用无轨开采技术,全世界拥有的 LHD 设备总数达约 30000 台,产品型号多达 240 多种,铲斗斗容为 0.3 ~ 10.7 m^3,运输能力为 0.6 ~ 17.69 t,装备功率为 30 ~ 400 HP(马力)。

3.1 我国无轨井下运输设备现状

无轨机械化采矿技术于 20 世纪 70 年代末引入我国矿山,1975 年寿王坟铜矿从波兰引进了斗容为 2 m^3 的 LK - 1 型井下铲运机,由此拉开了我国井下矿山无轨开采技术变革的序幕。国内第一个使用无轨开采技术的矿山为 1979 年建成投产的小寺沟铜矿,其采矿场使用井下铲运机进行矿石铲装、矿石与废石运输使用井下矿用自卸卡车从溜井经平硐直接运输到选矿厂和废石场。经过几十年的不断改进,目前无轨开采技术已经成为一项十分成熟的采矿工艺技术。

进入 21 世纪,随着我国市场经济的迅猛发展,提高矿山的生产效率已经成为矿山经济发展的重大问题,这使得高效率的无轨开采技术得到了普遍的运用。同时,由于资源观念的根本变化,低品位、复杂难采资源的大规模开发成为矿山生存与持续发展的必然选择,高效率无轨开采必将成为支撑矿山规模化开采的基本手段。无轨采矿也是数字化矿山的一个基本组成部分,目前国内许多井下矿山都已经走上了无轨开采之路,如凡口铅锌矿、金川二矿区、冬瓜山铜矿、紫金矿业、大红山铜矿、梅山铁矿、开阳磷矿等。安全、高效开采是矿山的追求，而高效率又是无轨开采的特点，因此，高效率无轨开采工艺技术已成为当今世界矿业开发水平的一个重要标志。

无轨采矿所使用的主体设备包括井下铲运机和井下矿用自卸卡车(又称为地下汽车，井下卡车)。井下铲运机主要用于矿石装载，可兼作运输距离小于 500 m 的运输设备，矿石长距离(运输距离大于 500 m)运输主体设备为井下矿用自卸卡车，井下铲运机如图 3 - 1 所示，井下矿用自卸卡车如图 3 - 2 所示。

图 3 - 1 装岩作业的井下铲运机

图 3 - 2 井下矿用自卸卡车(地下汽车)

以井下铲运机(LHD)为核心的井下无轨采矿设备包括:

(1)用于凿岩的凿岩台车。

(2)用于铲装作业的井下铲运机。

(3)井下矿用自卸卡车。

(4)相对于凿岩、装载、运输三大主体生产设备以外的无轨辅助车辆。如装药、撬毛、喷锚支护、二次破碎、运送人员与物料、铺设管道与电缆，以及加油和维修等作业的车辆。

3.2 井下无轨运输设备的主要类型

井下无轨运输方式有两类：一类是井下矿用自卸卡车运输；另一类是胶带运输，胶带运输如图3-3所示。

图3-3 井下胶带运输

井下无轨运输设备的分类如下。

(1)按功能用途分类。

无轨运输设备按功能用途分为用于矿石铲装的主体运输设备和辅助运输车辆两大类，具体分类见表3-1。

表3-1 井下无轨运输设备按功能用途分类

按功能用途分类	设备类型
主体设备	井下铲运机、井下矿用自卸卡车、胶带运输机
辅助设备	装药、撬毛、喷锚支护、二次破碎、运送人员与物料、铺设管道与电缆，加油和维修等作业车辆

(2)按动力装置分类。

无轨运输设备按动力装置分为柴油机、电动、蓄电池和混合动力新能源等，如柴油井下铲运机、井下电动井下铲运机、混合动力井下运矿卡车等，具体情况见表3-2。

表3-2 井下无轨运输设备按动力装置分类

按动力装置分类	设备类型
内燃型	柴油井下铲运机、柴油井下矿用自卸卡车等
电动型	电动井下铲运机、架线式电动矿用自卸卡车等
蓄电池型	蓄电池型井下运输车、蓄电池型电动井下铲运机等
新能源型	混合动力井下运输车、混合动力井下铲运机等

（3）按动力传动方式分类。

井下无轨运输设备按其动力传动方式可分为机械传动、液力机械传动、液压传动、电传动等几类，具体分类见表3-3。

表3-3 井下无轨运输设备按动力传递方式分类

按动力装置分类	设备类型
机械传动型	机械传动的各类辅助运输车辆
液力机械传动型	柴油(电动)井下铲运机、井下矿用自卸卡车等
液压传动型	各类全液压驱动辅助车辆等
电传动型	混合动力井下矿用自卸卡车、电动井下铲运机、架线式电动矿用自卸卡车等

（4）按车体结构型式分类。

无轨运输设备按其车体结构型式可分为整体式无轨运输设备和铰接式无轨运输设备两类，具体分类见表3-4。

表3-4 井下无轨运输设备按车体结构型式分类

按车体结构型式分类	设备类型
整体式车架	各类整体式车架辅助车辆
铰接式车架	常见的井下铲运机、井下矿用自卸卡车

井下无轨运输设备既有主体设备，还有种类更多的辅助无轨运输设备，由于篇幅限制，本章主要就井下无轨主体运输设备进行论述，井下胶(皮)带运输机在第6章进行专门论述，以下仅就井下铲运机和井下矿用自卸卡车进行论述。

3.3 井下无轨设备的使用条件

3.3.1 无轨运输设备对巷道的要求

井下无轨运输车辆运输巷道的布置如图3-4所示。

当设置人行道时，巷道宽度 B 为：

$$B = a + A + b \qquad (3-1)$$

式中：B 为巷道宽度，mm；a 为人行道宽度，mm；A 为行车道宽度，mm；b 为行车道边缘至巷道壁的最小距离（水沟一侧），mm。

水沟设在人行道下面，可以减小巷道尺寸，此时：

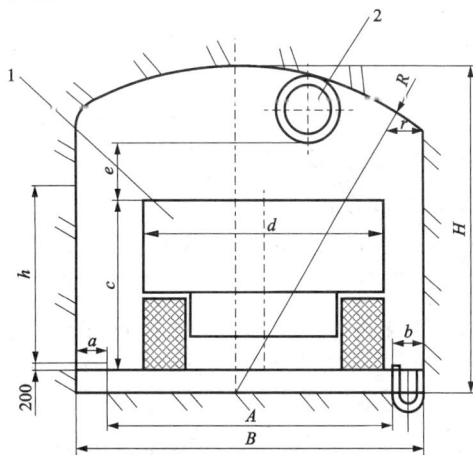

图3-4 井下无轨运输巷道图

1—无轨车辆；2—通风管；r—拱顶小半径；

R—拱顶大半径；h—垂直巷道壁高度；

e—井下无轨设备与悬挂物突出部分的最小距离

$$B = A + 2b \tag{3-2}$$

行车道宽度 A，一般按车型宽度每侧加宽 $0.3 \sim 1.0$ m，也可按经验公式(3-3)计算：

$$A = d + 1.66\delta + 12v \tag{3-3}$$

式中：d 为无轨运输车辆宽度，mm；δ 为轮胎宽度，mm；v 为无轨运输车辆行驶最高车速，km/h。

在行车道转弯处应根据无轨车辆的结构参数，将巷道加宽 ΔB

$$\Delta B = (R_1 - R_2) - d \tag{3-4}$$

式中：ΔB 为巷道加宽，mm；R_1、R_2 为设备转弯时的最大外半径与最小内半径，mm。

在计算的基础上，行车道转弯时还要求加宽 $300 \sim 500$ mm。

在确定巷道高度时，应考虑设备行驶时的垂直跳动高度，在无轨车辆顶部与上面悬挂物最小间距 e(图 3-8)，可根据行驶速度和道路路面质量综合考虑，但不得小于 300 mm。

3.3.2　井下铲运机的使用条件

(1)设备下井方法。

井下铲运机作为一种无轨采矿关键设备，必须从地面下放到工作面，下井的方法有：

①拆成几个大部件，一般从中央铰接处解体，拆成前车体和后车体两大部分，有的还须将铲斗和轮胎拆下，装在专用平板车上，推到辅助罐笼内放下，然后在井下重新组装。此法多用于有轨开采局部改为无轨开采的老矿山，一般只能下放小型井下铲运机(斗容小于 2.0 m³)。

②利用辅助井的罐笼或专用提升井，将大部件或整台设备下放到工作中段。其缺点是有的井口建筑物需要临时拆除，利用绞车下放速度慢，且下放时难以保持设备不转动。

③利用主要或辅助的斜坡道，井下铲运机可以从地表直接开到工作面，且可开回地面进行检修，这是最为方便的方法。

(2)斜坡道、主巷道、联络道的规格及其布置。

主巷道和主斜坡道按巷道工程设计规范计算确定，坡度 $\leqslant 15\%$，人行道宽度 $\geqslant 1.2$ m。

联络道规格尺寸也可按巷道工程设计规范计算确定，坡度 $\geqslant 20\%$。

各巷道的连接处要求平缓过渡，避免 $90°$ 的拐角，交叉口巷道的最大圆半径应比井下铲运机的外转弯半径大 $0.3 \sim 0.5$ m，最小圆半径应比井下铲运机的内转弯半径小 $0.3 \sim 0.5$ m。

每个中段的斜坡道之间要有一段平坡，并考虑会车位置等。

(3)运行道路。

运行道路的好坏直接影响井下无轨设备的使用效率、人身设备安全、设备寿命、轮胎与油料消耗、作业成本，故有"修车不如修路"的说法。对井下铲运机运行道路总的要求是平整干燥、无坑洼不平及积水。为了实现这个要求，在平巷道路的一侧要有约 300 mm $\times 400$ mm 水沟。主要运行道路路面一般铺设 $200 \sim 300$ mm 厚的混凝土路面，并要有专人维修。

(4)井下维修硐室。

井下维修硐室和车库应设足够的台位，其建设材料应采用非燃性建材，具有平整的水泥地面，良好的排水、照明条件，严格的防火设施和独立的通风系统。硐室内配备起吊设备、检修地沟、钳工台、电焊机、气割设备、清洗设备、工具柜和常用零件库等设施。

(5)地下油库。

矿山若无井下运油车时，井下应设置油库以满足井下无轨设备使用。井下油库应设置在通风良好、安全坚固、照明良好的硐室，配备专用通迅和报警系统，有足够的灭火器材。油库贮油时以三天用油量为最大限度，油库内各种油料贮罐应有明显标志，有测油尺，加油工具，确保无泄漏。地下油库应有专人管理，在库内作业应严格遵守本岗位的安全操作和防火、动火规定。

向井下运送燃油、润滑油及液压油，应使用专用的油罐车或油桶，不渗漏且防火、防静电。

油车向油罐卸油时，油管应伸至油罐内，防止溅油；放油时要严格控制加油速度(0.7 ~ 1 m/s)，以防止油蒸气和漏电引起爆炸；注意观察测油尺油面高度，防止卸油过量，发生跑油事故。

(6)其他。

包括溜矿井布置合理，胶结充填采场的充填面要求平整，胶结面压强达必须到392 Pa (40 kg·f/m²)以上，以免破坏充填底板造成井下铲运机轮胎下陷，而导致铲矿困难，甚至无法作业等问题。

(7)合理运距。

井下铲运机合理的运输距离应小于500 m。

3.3.3　井下矿用自卸卡车的使用条件

(1)井下矿用自卸卡车适用于有斜坡道的矿山，它可将矿(岩)石从工作面运往溜井口或运送到地面，斜坡道及主巷道规格按无轨运输设备对巷道的要求确定。

(2)在无轨开采井下矿山，井下矿用自卸卡车可作为阶段运输主要运输设备，构成无轨采矿运输系统，以提高采矿强度。

(3)井下矿用自卸卡车经济合理运距为500 ~ 4000 m，载重量大时取大值。

(4)使用的运输线路坡度为10% ~ 20%。

(5)井下矿用自卸卡车驾驶员安全技术操作规程：

①严格遵守国家有关道路交通安全的法律法规。严格遵守管理部门下发的《斜坡道行车及道路养护管理制度》规定。

②车辆驾驶员必须经过训练，经管理部门考试合格发给执照，方可独立驾驶车辆。实习驾驶员除持有实习驾驶证外，应有正式司机随车驾驶；严禁无照开车。

③开车前严禁饮酒，严禁疲劳驾驶车辆。行车、加油时不准吸烟、饮食和闲谈，驾驶室不准超额坐人。

④行车前必须检查刹车、方向盘、喇叭、照明、信号灯等主要装置是否齐全完好，严禁带"病"出车和开"病"车，车辆上必须配备灭火器。

⑤车辆在起步，倒车、调头、拐弯、过十字路口、井下各巷道口等时，应鸣号、减速、靠右行；通过交叉路口时，应"一慢、二看、三通过"；交会车时，要做到礼让"三先"(先让、先慢、先停)。

⑥车辆进出硐口时速度不超过5 km/h；下斜坡道时时速不得超过15 km/h。在井下行驶时，要密切注意周围环境和人员动向。并应鸣号，低速慢行，随时做好停车准备。

⑦严禁超重、超长(车前后2 m)、超宽(车身左右0.2 m)、超高(从地面算起4 m)装运。装载物品须捆绑稳固牢靠，载物汽车不搭乘无关人员。

⑧停车时要选择适当地点，不准乱停乱放。停车后应将钥匙取下，拉紧手刹制动器。

⑨货车载人时，严禁超过规定人数。汽车开动时，应待人员上下稳定，关门起步。严禁抢上抢下。脚踏板、保险杠严禁站人。

⑩装物料时，司机必须离开驾驶室，不准在此时检查、修理车辆。

⑪司机必须服从爆破警戒人员的指挥，不得擅闯警戒区。

⑫下井车辆驾驶员必须在井口登记，并穿戴好劳动保护用品。

3.4 井下矿用自卸卡车

3.4.1 井下矿用自卸卡车的主要类型

（1）按卸载方式分类。

按卸载方式不同，井下矿用自卸卡车可分为后卸式、推卸式、侧卸式三类。

后卸式的卸载方式为井下矿用自卸卡车的主要卸载形式，它是用液压油缸将车厢前端顶起，使矿岩从车厢后端靠自溜而卸载。后卸式汽车的主要缺点是卸载空间较大，在井下卸载时，需在卸载处开凿卸载硐室。与推卸式汽车相比，后卸式汽车成本低，自重较轻，速度较快，运量较大，维修保养费用也较低。图3－5为ATLAS COPCO公司MT－2010型后卸式井下矿用自卸卡车。

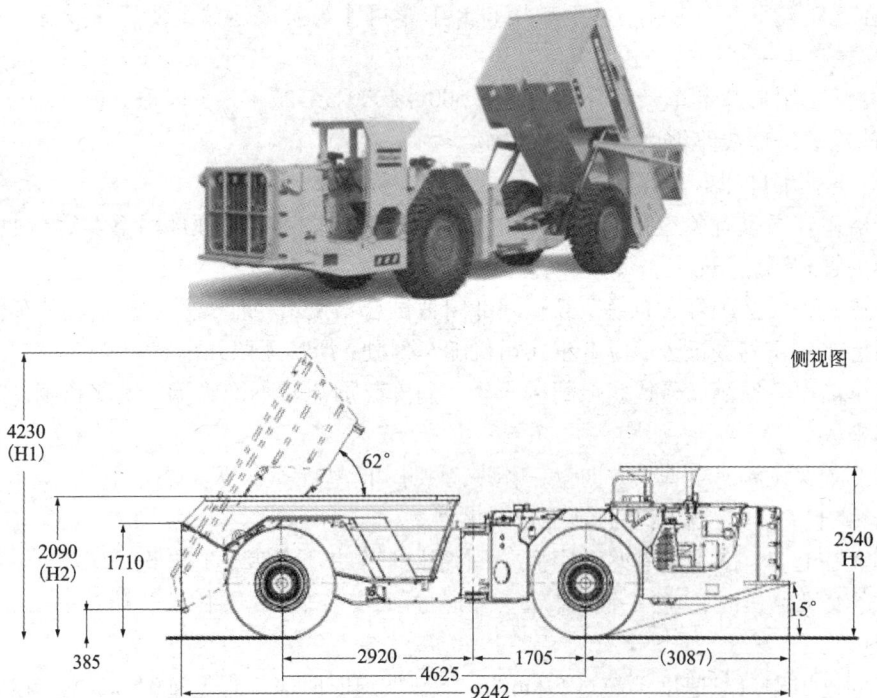

图3－5　MT－2010后卸式井下矿用卡车

推卸式井下矿用自卸卡车车厢内的矿岩是被液压油缸驱动的卸载推板推出车厢后端而卸载，其卸载高度较低。如美国卡特彼勒（CATERPILLAR）公司生产730CEJ0矿用卡车就采用了这种推卸式卸载方式，如图3-6所示。

图3-6　730CEJ0推卸式矿用卡车

少量型号的井下矿用自卸卡车采用侧卸式卸载方式，如山特维克（SANDVICK）TH680井下矿用自卸卡车和澳大利亚POWERTRANS公司开发的T930井下矿用自卸卡车，如图3-7所示。

图3-7　POWERTRANS T930侧卸式井下矿用自卸卡车

（2）按轮轴配置数分类。

按轮轴配置数分为双轴式、三轴式和多轴式。

在20世纪80年代初，国外井下矿用自卸卡车有94%为双轴式。多轴式井下矿用自卸卡车见图3-8。

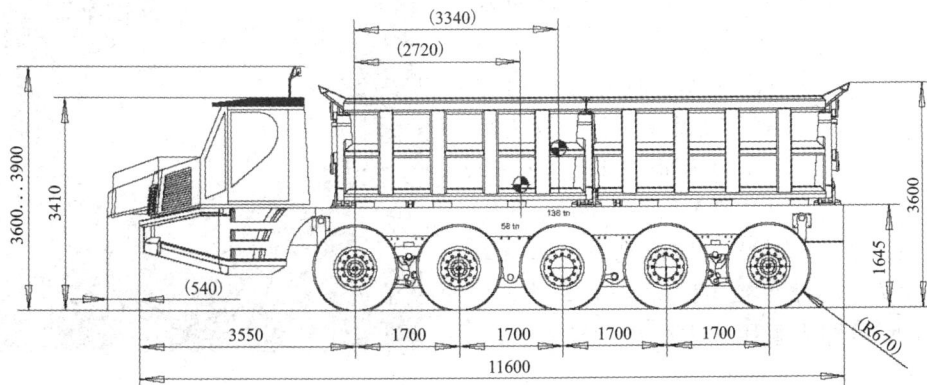

图3-8　SANDVIK TH680多轴式井下矿用自卸卡车

（3）按车架结构型式分类。

按车架结构型式不同，井下矿用自卸卡车分为铰接式车架和整体式车架两类。

国内外大部分井下矿用自卸卡车采用铰接式车架，如图3-9所示，只有少数几种井下矿用自卸卡车采用整体式车架，如图3-10所示。

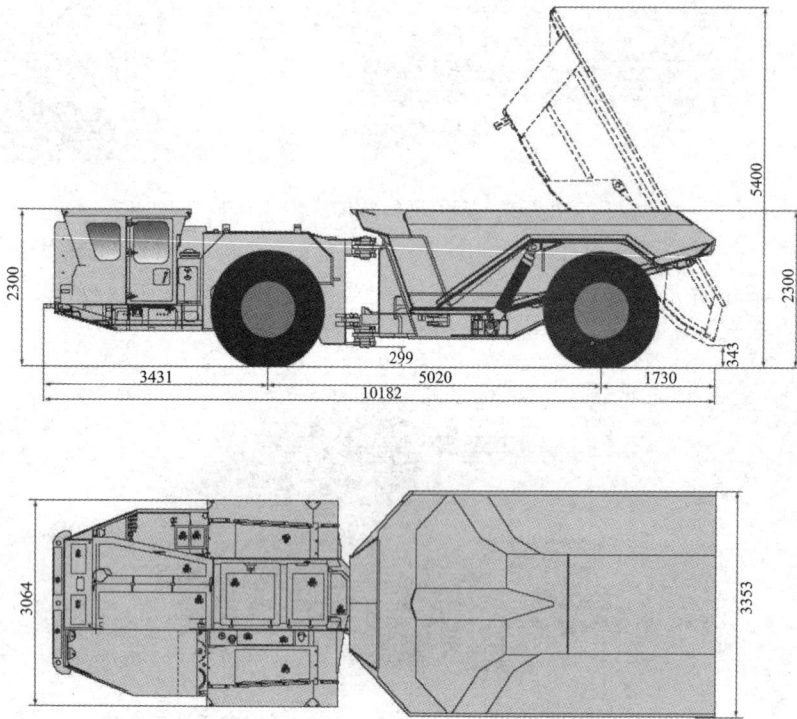

图3-9　SANDVIK TH320铰接式（车架）井下矿用自卸卡车

（4）按传动方式分类。

按传动方式，井下矿用自卸卡车分为液力机械传动、机械传动、电力驱动、混合动力四类。

阿特拉斯科普柯（ATLAS COPCO）公司生产的MT2010型井下矿用自卸卡车传动系统就采用了柴油机（美国 CUMMINS QSK19 - C760 Tire3）、变矩器（美国 DANA CL - 8000）、变速器（美国 DANA 5000）和驱动桥（ROCK TOUGH 457）传动部件的液力机械传动方式，图3-11所示即为采用液力机械传动方式的MT2010型井下矿用自卸卡车。

阿特拉斯科普柯公司生产的MT6020型井

图3-10　SANDVIK TH660整体式（车架）井下矿用自卸卡车

图 3 - 11　MT2010 型液力机械传动井下矿用自卸卡车

下矿用自卸卡车采用柴油机(CUMMINS QSK19 - C760 Tire1)、阿里逊(ALLISON M6610AR 型)行星 6 档前进/2 档后退自动变速箱与锁止变矩器集成、KESSLER 111 型驱动桥传动部件,当变矩器锁止时,传动系统就成为机械传动方式,图 3 - 12 即为 MT6020 型井下矿用自卸卡车,图 3 - 13 为卡特彼勒 CAT 745C 型井下矿用卡车。

图 3 - 12　MT6020 型井下矿用自卸卡车

图 3 - 13　CAT 745C 机械传动井下矿用自卸卡车

　　阿特拉斯科普柯公司生产的 EMT35 型电动井下矿用自卸卡车为全电传动,前后桥各用一个电机驱动,使之成为全电卡车。驱动电机是专为牵引车辆配备的新型号电机,变频器为 ABB 公司的大功率可控硅变频器,集电系统和架空线是专门为适应井下环境而设计的。除此之外,该电动井下矿用自卸卡车还装备有一柴油发电机组,使其能在没有安装架空线的地方也可完成相应装载、运输和卸载作业,图 3 - 14 为 EMT35 型电动井下矿用自卸卡车。

　　阿特拉斯科普柯公司生产的 EMT50 型电动井下矿用自卸卡车是一款以电力驱动为主的新型双动力井下矿用自卸卡车,采用以电力和柴油双驱动,柴油发动机为 904 Mercedes,107 kW。该公司同级别的 MT5020 型普通井下矿用自卸卡车采用的柴油发动机为 Cummins QSB19 C700 4.5 TIER III,功率为 522 kW,这种高效的电机直接驱动轴,将传动能耗降至很低的水平。加上该车装备有制动再生能量回收系统,双动力井下矿用自卸卡车的能耗将减少约 30%,图 3 - 15 为这种型号双动力井下矿用自卸卡车。

　　(5)按动力源的冷却方式分类。

　　按动力源的冷却方式,井下矿用自卸卡车分为水冷和风冷柴油机驱动两类。

图 3-14 EMT35 型电动井下矿用自卸卡车

图 3-15 EMT50 型双动力井下矿用自卸卡车

目前井下矿用自卸卡车主要以水冷发动机为主，但德国 GHH 公司生产的井下矿用自卸卡车发动机有风冷和水冷两种，风冷 MK-A20 型井下矿用自卸卡车动力源采用道依茨（Deutz）风冷 F10L413FW 柴油机，功率为 170 kW（2300 r/min），图 3-16 为 MK-A20 型风冷柴油井下矿用自卸卡车。而水冷 MK-A20 型井下矿用自卸卡车动力源采用康明斯（Cummins）QSB6.7 型水冷柴油机，功率为 194 kW（2300 r/min），图 3-17 为 MK-A20 型水冷柴油井下矿用自卸卡车。从图 3-16 和图 3-17 可以看出：MK-A20 型柴油井下矿用自卸卡车由于动力装备采用了风冷和水冷两种不同冷却方式的柴油机，同样是装载量为 20 t 的井下矿用自卸卡车，它们的外形尺寸却存在较大差异，所要求的巷道转弯半径也就不同，水冷

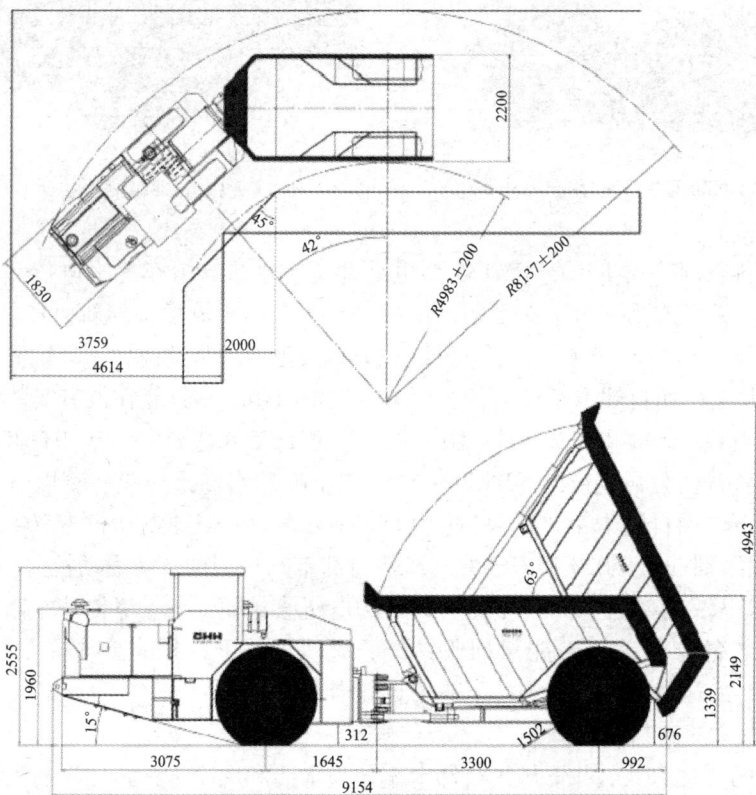

图 3-16 MK-A20 型风冷柴油井下矿用自卸卡车

型柴油井下矿用自卸卡车变得更长、更宽。因此，在选择不同冷却方式动力源的井下矿用自卸卡车时需特别注意这一点。

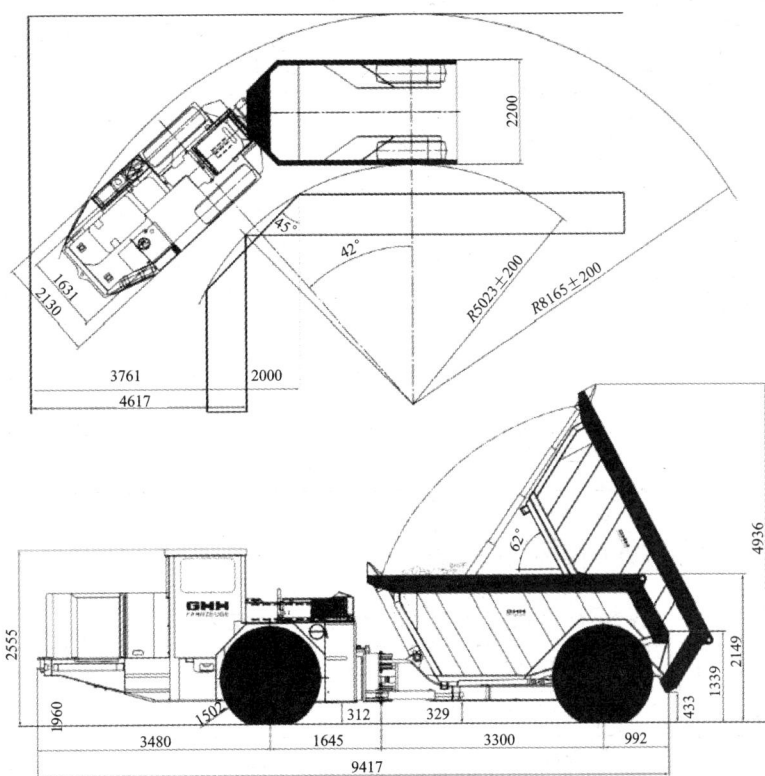

图 3－17　MK－A20 型水冷柴油井下矿用自卸卡车

3.4.2　井下矿用自卸卡车主要生产厂家和产品技术性能参数

3.4.2.1　国内主要生产厂家和产品主要技术性能参数

（1）金川集团机械制造有限公司（金川金格矿业车辆制造有限公司）（金川机械公司）。

表 3－5　金川机械公司井下矿用自卸卡车主要技术参数

型　号	JKQ－10	JKQ－25
额定容积/m³	5.5	15
发动机	F6L413FW	F10L413FWB
变矩器	Clark C272	Clark C5472
变速箱	Clark R28000	Clark R36420
驱动桥	SOMA－C103	19D2748
额定载荷/kg	10000	25000

续表

型号		JKQ-10	JKQ-25
额定功率/kW		104	170
最大牵引力/kN		197	231
车速 /(km·h⁻¹)	Ⅰ档	0~3.5	0~5.4
	Ⅱ档	0~7.0	0~11.4
	Ⅲ档	0~13.0	0~19.5
	Ⅳ档	0~23.0	0~31.5
最大转向角/(°)		40	42
转弯半径 /mm	内	4820	5234
	外	7290	9200
外形尺寸(长×宽×高)/(mm×mm×mm)		7760×1780×2284	9200×2950×2300
整机质量/kg		11000	25500

(2)安徽铜冠机械股份有限公司(铜冠公司)。

表3-6 铜冠公司井下矿用自卸卡车主要技术参数

型号		UK-10/12	UK-15	UK-20
额定容积/m³		5.0/6.0	7.5	9.28
卸载高度/mm		3900	4065	4480
发动机		BF6L914	BF6L914C	BF6M1023EC
变矩器		C273	C273	C5000
变速箱		R32000	R32000	R36000
驱动桥		徐州美池150系列	16D	Kessler D81
额定载荷/kg		10000/12000	15000	20000
额定功率/kW		112	150	223
车速 /(km·h⁻¹)	Ⅰ档	0~4.9	0~5.0	0~5.5
	Ⅱ档	0~9.3	0~9.5	0~11.0
	Ⅲ档	0~15.0	0~15.0	0~19.0
	Ⅳ档	0~19.5	0~19.5	0~28.0
爬坡能力/(°)		14	14	14
转弯半径/mm	内	4950	3500	4900
	外	7100	6000	7500
外形尺寸 (长×宽×高) /(mm×mm×mm)		7960×2150×1840	7450×2045×2350	9150×2300×2600

（3）北京安期生技术有限公司（安期生公司）。

表3-7 安期生公司生产的井下矿用自卸卡车主要技术参数

型号		AJK-10	AJK-12	AJK-15	AJK-20	AJK-25
额定容积/m³		5.0	6.0	7.5	10	12.5
发动机		BF4M1013EC	BF4M1013EC	BF6M1013EC	CUMMINS QSl9	CUMMINS QSM11
变矩器		Clark C272	DANA C270	DANA C270	DANA CL5000	DANA CL5000
变速箱		Clark R28000	DANA R32000	DANA R32000	DANA R36000	DANA R36000
驱动桥		美池 C201	美池 C201	KESSLER D8	KESSLER D81	KESSLER D91
额定载荷/kg		10000	12000	15000	20000	25000
额定功率/kW		107	107	148	224	250
最大牵引力/kN		150	160	180	221.3	235
车速 /(km·h⁻¹)	Ⅰ档	0~3.5	0~4.8	0~5.1	0~5.0	0~4.7
	Ⅱ档	0~7.0	0~9.6	0~10.1	0~11.6	0~11.0
	Ⅲ档	0~13.0	0~19.2	0~20.0	0~19.9	0~18.9
	Ⅳ档	0~23.0	—	—	0~33.8	0~31.0
最大转向角/(°)		40	40	40	42	42
转弯半径/mm	内	4820	4772	4700	5466	5247
	外	7290	7290	7500	8944	9209
整机质量/kg		10000	13000	13000	19000	23300

（4）中钢集团衡阳重机有限公司（中钢衡重公司）。

表3-8 中钢衡重公司生产的井下矿用自卸卡车主要技术参数

型号	CA-5	CA-8	CA-10	CA-12	CA-15	UK-20
额定容积 /m³	2.5	4.0	5.0	6.0	7.5	9.28
发动机	F6L912W	BF4M1012EC	BF4FM1012C	F6L413FW	F8L413FW	BF6M1015C
传动方式	液力机械	液力机械	液力机械	液力机械	液力机械	液力机械
排气净化 方式	催化箱+ 消声器	催化箱+ 消声器	催化箱+ 消声器	催化箱+ 消声器	催化箱+ 消声器	催化箱+ 消声器
额定载荷 /kg	5000	8000	10000	12000	15000	20000
额定功率 /kW	60	75	88	102	136	212
车速 /(km·h⁻¹)	0~25	0~24.8	0~24.8	0~24.8	0~20	0~25

续表

型号	CA – 5	CA – 8	CA – 10	CA – 12	CA – 15	UK – 20
爬坡能力 /(°)	14	14	14	14	14	14
转弯半径 /mm 内	3700	4500	4500	4450	4550	6500
转弯半径 /mm 外	5950	6950	6950	7000	7570	9500
外形尺寸（长×宽×高）/（mm×mm×mm）	6153×1880×2000	7116×1820×2300	7400×1820×2300	7400×1850×2300	7400×2100×2500	9000×2300×2500
整机质量 /kg	7200	10300	10500	11500	15500	19500

（5）南昌凯马有限公司。

表3-9　南昌凯马有限公司生产的井下矿用自卸卡车主要技术参数

型号		KU – 4	KU – 12	KU – 15	KU – 20
额定容积/m³		3.0	5.0	7.5	8.8
发动机		DEUTZ BF4L2011	DEUTZ BF4M1013C	CAT C6.6 或 TCD914	DEUTZ F10L413FW
行车制动		钳盘式	多盘湿式	多盘湿式	4480
变矩器		变量泵 ACA39/EATON	C270/DANA	C273/DANA	C5000
变速箱		马达 ACA54/EATON	R32000/	R32000	R36000 DANA
驱动桥		ZL20F（国产）	CY – 2JD/E	DANA 19D	DANA 19D
额定载荷/kg		4000	12000	15000	20000
额定功率/kW		53	112	156/130	170
轮胎		10.00 – 20	14.00 – 24	14.00 – 24	18.00R25
车速 /(km·h⁻¹)	Ⅰ档	0 ~ 10.0	0 ~ 6.5	0 ~ 24.0	0 ~ 5.2
	Ⅱ档		0 ~ 13		0 ~ 11.3
	Ⅲ档		0 ~ 20.0		0 ~ 19.5
	Ⅳ档				0 ~ 28.0
爬坡能力/%		30	30	30	30
转弯半径 /mm	内	3650	4030	4300	4100
	外	6060	6520	7500	7400
外形尺寸(长×宽×高) /（mm×mm×mm）		7200×1800×1700	7447×1900×1900	7500×1950×2300	9100×2210×2450

3.4.2.2　国外主要生产厂家和产品主要技术性能参数

（1）阿特拉斯科普柯公司。

阿特拉斯科普柯公司生产的井下矿用自卸卡车有 10 余种不同规格，载重量从 20 t 至 85 t，并且还有两款 EMT30 和 EMT50（双动力）电动井下矿用自卸卡车，其产品的主要技术参数见表 3 - 10 所示。

表 3 - 10　阿特拉斯科普柯公司生产的井下矿用自卸卡车主要技术参数

型号	MT2010	MT431B	MT436B	MT42	MT5020	MT60
容积/m³	10	16.8	18.5	19.0	25.5	29.7
发动机	QSK19 - C7	DD60	DDECIV	QSX15	QSK19 - C700	QSK19 EPA Tier2
变矩器	DANA CL80000	DANA CL80000	DANA CL80000	DANA CL80000	ALLISONM 6620AR 前 6 后 2 与锁止变矩器集成	ALLISONM6620AR 前 6 后 2 与锁止变矩器集成
变速箱	DANA5000	DANA6000	DANA6000	DANA8822H 前 8		
驱动桥	ROCK457	ROCK508	ROCK508	KESSLER102	KESSLER106	KESSLER D111
额定载荷/kg	20000	28000	32.6	42000	50000	65000
额定功率/kW	224	298	298	388	522	567
最大爬坡度/%	20	20	20	20	20	20
车速/(km·h⁻¹) Ⅰ档	0 ~ 4.5	0 ~ 5.7	0 ~ 5.0	0 ~ 5.8	0 ~ 6.9	—
Ⅱ档	0 ~ 8.0	0 ~ 10.2	0 ~ 8.9	0 ~ 7.6	0 ~ 10.2	
Ⅲ档	0 ~ 14.0	0 ~ 18.1	0 ~ 15.8	0 ~ 10.3	0 ~ 13.6	
Ⅳ档	0 ~ 25.1	0 ~ 32.0	0 ~ 28.1	0 ~ 13.6	0 ~ 19.8	
最大转向角/(°)	45	42.5	42.5	45	44	44
转弯半径/mm 内	4820	4650	4515	4650	4945	—
外	7290	8570	8570	8890	9390	—
外形尺寸(长×宽×高)/(mm×mm×mm)	9146×2210×2444	10180×2795×2740	10184×3084×2678	10900×3050×2705	11227×3440×2829	11021×3500×2985
机重/t	1.025	1.0	0.937	0.82	0.84	0.73

注：QSK 为 CUMMINS 系列柴油机，DDEC 为 DETROIT 系列柴油机。

（2）卡特彼勒公司

卡特彼勒（Caterpillar）公司是全球第一工程机械制造商，该公司主要利用 CAT 公司的露天工程机械技术生产 AD 型井下矿用自卸卡车，载重量从 30 t 至 60 t，其产品的主要技术参数见表 3 - 11 所示。

表3-11 卡特彼勒公司生产的井下矿用自卸卡车主要技术参数

型号		AD30	AD45B	AD60
容积/m³		11.3	25.1	33.8
发动机		CAT C15	CAT C18	CAT C27
变矩器		锁止变矩器	锁止变矩器	锁止变矩器
变速箱		4档行星动力换挡	7档行星动力换挡	7档行星动力换挡
驱动桥		刚性驱动桥	可装油气悬挂的驱动桥	可装油气悬挂的驱动桥
额定载荷/kg		30000	45000	60000
额定功率/kW		304	438	579
最大爬坡度/%		20	20	20
车速 /(km·h⁻¹)	Ⅰ档	6.8	8.0	6.6
	Ⅱ档	12.3	10.9	9.3
	Ⅲ档	22.3	15.1	12.5
	Ⅳ档	40.8	20.6	16.8
最大转向角/(°)		42.5	42.5	42.5
转弯半径 /mm	内	5030	5310	5540
	外	8570	9290	10005
外形尺寸(长×宽×高) /(mm×mm×mm)		10743×2690×2600	11194×3200×3181	12222×3480×3556
机重/t		1.0	1.0	0.92

（3）盖哈哈公司。

德国盖哈哈公司成立于1964年，主要从事用于井下运输和隧道建设的井下铲运机和卡车，以及机场用飞机拖车的研发、设计和生产。生产的MK系列井下矿用自卸卡车有7种不同规格，载重量从15 t至55 t，其产品主要性能参数见表3-12所示。

表3-12 盖哈哈公司生产的井下矿用自卸卡车主要技术参数

型号	MK-A15	MK-A20	MK-A30	MK-A35	MK-A40	MK-A50/55
容积/m³	7.5	10	20	23	24	24/28
发动机	F8L413FW	F10L413FW	F12L413FW	TCD2015V06	BF8M1015	BF8M1015
变速箱	DANA R32000	DANA R32000	DANA5000	DANA6000	DANA8000	DANA6000
驱动桥	KESSLED81	KESSLED81	KESSLED91	KESSLER D91PL408	KESSLER D101	KESSLE D102PL341/528
额定载荷/kg	15000	20000	30000	35000	40000	50000/55000
额定功率/kW	136	170	204	300	320	400

续表

型号	MK－A15	MK－A20	MK－A30	MK－A35	MK－A40	MK－A50/55
最大爬坡度/%	25	25	25	25	25	25
车速 /(km·h⁻¹) Ⅰ档	0～4.2	0～4.8	0～5.0	0～5.8	0～6.9	0～20
车速 /(km·h⁻¹) Ⅱ档	0～8.5	0～10.0	0～8.9	0～7.6	0～10.2	
车速 /(km·h⁻¹) Ⅲ档	0～15.0	0～17.5	0～15.8	0～10.3	0～13.6	
车速 /(km·h⁻¹) Ⅳ档	0～25.0	0～29.5	0～28.1	0～13.6	0～19.8	
最大转向角/(°)	42	42	42	42	42	42
转弯半径 /mm 内	4900	4983	4515	4650	4945	5098
转弯半径 /mm 外	7600	8137	8570	8890	9390	11103
外形尺寸(长×宽×高)/(mm×mm×mm)	8318×1830×2555	9154×2200×2555	9690×3200×2870	10535×3500×2870	10625×3300×3330	10625×3300×3327
机重/t	0.94	0.76	0.9	0.82	0.84	0.67/0.63

（4）山特维克公司。

山特维克（SANDVIK）矿山和建筑公司生产的井下矿用自卸卡车整合的原 TORO 和 EJC 两大系列，现统一为 TH×××，其主要规格及参数见表 3 – 13 所示。

表 3 – 13 山特维克公司生产的井下矿用自卸卡车主要技术参数

型号	TH315	TH320	TH430	TH540	TH550	TH663i	TH680	TH230L
容积/m³	7.5	10.2	14	17.6	20	36	48	10.7
发动机	CUMMINS QSB6.7	MERCEDES OM926LA	MERCEDES OM926LA	VOLVO TAD 1364VE	VOLVO TAD 1660VE	VOLVO TAD 1643VE－B	DETROIT S60	MERCEDES OM926L
变矩器	DANA LHMR32000	DANA C8000	DANA C8000	DANA CL9672	DANA CL9672	AILISON 6625	AILISON 4000ORS	DANA CL8572
变速箱	DANA LHMR32000	DANA 6000	DANA 6000	DANA 8821	DANA 8821	AILISON 6625	AILISON 4000ORS	DANA 6422
驱动桥	KESSLED81	DANA 19D2748	KESSLER D91	DANA 21D3847	DANA 53R300	KESSLER D111	驱动桥2 非驱动桥3	DANA 19D4354
额定载荷/kg	15000	20000	30000	40000	50000	60000	80000	30000
额定功率/kW	164	240	293	375	405	565	317	240
车速 /(km·h⁻¹) Ⅰ档	0～5.2	0～6.6	0～6.6	0～6.4	0～5.9	0～5.4	30	0～5.1
车速 /(km·h⁻¹) Ⅱ档	0～10.6	0～12.0	0～11.7	0～8.6	0～7.8	0～8.0		0～9.4
车速 /(km·h⁻¹) Ⅲ档	0～18.4	0～21.1	0～20.5	0～11.6	0～10.6	0～10.6		0～16.5
车速 /(km·h⁻¹) Ⅳ档	0～31.4	0～38.0	0～36.6	0～15.3	0～13.8	0～15.7		0～30.0

续表

型号		TH315	TH320	TH430	TH540	TH550	TH663i	TH680	TH230L
转弯半径/mm	内	3126	4013	4543	5088	5015	4905	9200	4451
	外	6041	7391	8503	9132	9132	9351	14200	86
外形尺寸 (长×宽×高)/ (mm×mm×mm)		7710× 2274× 2395	9093× 2108× 2438	10259× 2648× 2635	10682× 2996× 2850	10484× 2996× 2720	11583× 3120× 2901	11600× 3900× 3600	9633× 23467× 1962
机重/t		1.22	1.11	0.96	0.87	0.72	0.808	0.92	0.847

3.4.3 井下矿用自卸卡车的特点

井下矿用自卸卡车是实现井下矿山无轨采矿的主要运输车辆,具有机动、灵活、高效、经济的特点。在国外已广泛应用于条件适合的井下矿山矿(岩)石的运输,可大幅度提高矿山的生产能力和劳动生产率,促进了生产规模的扩大,促进了地下矿山回采工艺和运输系统的改进,井下矿用自卸卡车特点分述如下。

(1)动力装置。

目前井下矿用自卸卡车的动力装置大部分采用德国道依茨(DEUTZ)、美国底特律(DETROIT)、美国卡特彼勒(CATERPILLAR)、德国梅赛德斯(MERCEDES)、美国康明斯(CUMINS)及瑞典沃尔沃(VOLVO)等世界知名公司的发动机,并且井下矿用自卸卡车动力装置大部分为风冷或水冷柴油机,这些发动机具有动力性好,抗过载能力强的特点,适合井下矿山长距离重载爬坡要求,最大坡度可达30%,同时还具有工作可靠、维修量小、工作寿命长的优势。

(2)动力传动系统。

动力传动技术是井下无轨运输车辆的核心技术,动力传动的主要形式为液力机械传动,这种传动方式适合井下矿山运输,除动力源采用世界知名品牌外,其他主要三大传动部件如变矩器、变速箱、驱动桥大部分采用美国 DANA(原 CLARK)公司产品,图 3-18 为美国

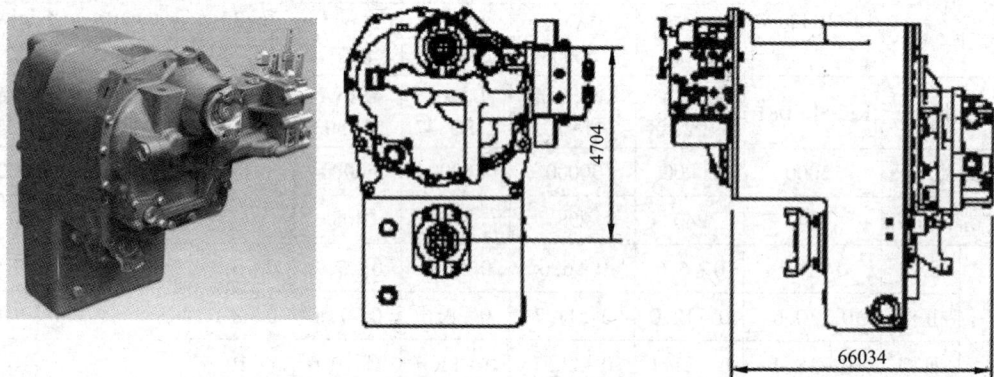

图 3-18 一体化的变矩器和变速箱(DANA 公司)

DANA 公司生产的井下矿用自卸卡车用一体化的变矩器与变速箱。变速箱的换挡方式为动力换挡，一般具有四挡以上的挡位，驱动桥大部分为全封闭多盘湿式制动器的驱动桥，图 3－19 为美国 DANA 公司生产的井下矿用自卸卡车用全封闭多盘湿式制动器的驱动桥。

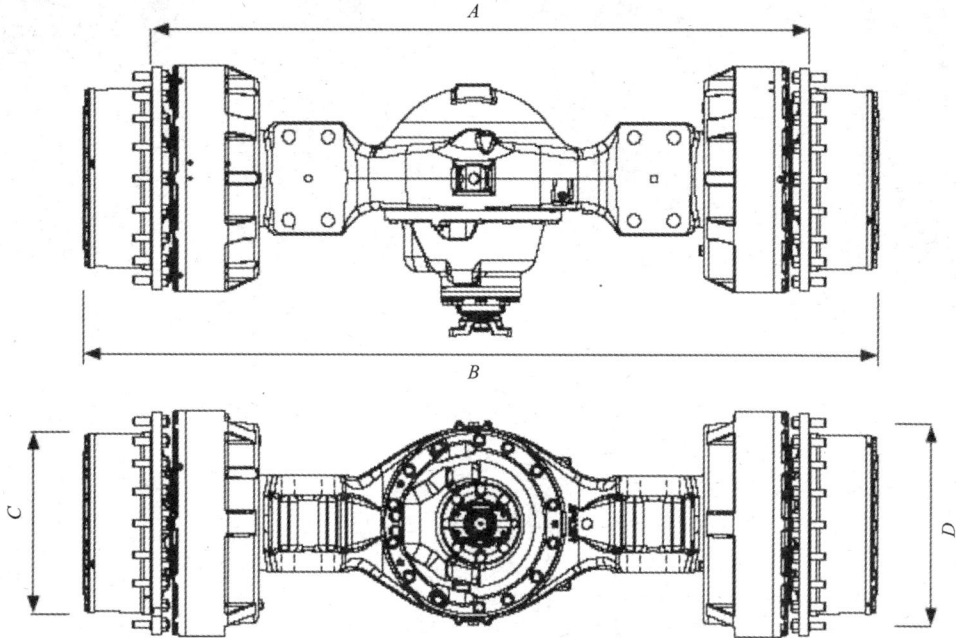

图 3－19　全封闭多盘湿式制动器的驱动桥(DANA 公司)

（3）总体布置。

①轴数。井下矿用自卸卡车的轴数要根据车辆总体布置需求、总质量、使用条件和轮胎负荷等因素来确定，40 t 以下的井下矿用自卸卡车一般采用两轴。

②驱动型式。井下矿用自卸卡车由于运行环境和工况条件较恶劣，巷道路面条件差，弯道多，且要求爬坡能力强，多采用 4×4 和 6×4 驱动型式。

③司机侧坐。井下矿用自卸卡车的驾驶室与发动机一般布置在车辆前部，并且驾驶室偏置，司机侧坐，这有利于井下矿用自卸卡车的双向驾驶。同时井下矿用自卸卡车驾驶室采用人机工程学方法来设计，采用全封闭结构，具有较好的隔热、隔音降噪功能，大大地改善了司机的操作环境。

④车架结构。大部分井下矿用自卸卡车采用前后车架铰接结构，仅有少数井下矿用自卸卡车采用整体式车架。此外，许多井下矿用自卸卡车除采用铰接车架外，在中央铰接部位还装有中间回转支承，可实现前后车体相对摆转，使车辆前后四轮（多轮）始终着地（图 3－20），提高了车辆的附着性能，转弯半径小，特别适合井下矿山巷道路面条件，但这种结构整车刚性较整体式差，图 3－21 为中央回转支承铰接架。

图 3 – 20　井下卡车多轮着地

图 3 – 21　中央回转支承铰接架

⑤举升卸载机构。井下矿用自卸卡车大部分采用后倾翻式液压驱动的双油缸卸载举升机构,油缸布置在车箱两侧。

⑥柴油机废气净化技术。由于井下矿用自卸卡车长期在通风条件相对较差的井下环境运行,目前的井下矿用自卸卡车大部分采用柴油机作为其动力源,除采用低污染柴油机外,井下矿用自卸卡车一般还装有机外净化装置,使用较多的净化装置主要为两种:催化净化装置和水洗净化装置。

采用铂金催化剂的氧化催化净化装置较多,这种铂金催化净化装置以颗粒状陶瓷小球、蜂窝状陶瓷或以金属为载体,具有净化效果好、工作可靠、使用寿命长、体积小、易于布置、维修方便等优点。

水洗净化装置的特点有:结构简单、成本低、寿命长,这种净化装置对废气中颗粒污染物较为有效,但对需要催化转化的 CO、NO_x 等有害气体无任何效果。

3.5　井下矿用自卸卡车的选型计算

3.5.1　选型原则

(1)满足井下矿山使用条件。

井下矿用自卸卡车的选择主要是根据矿岩运输量、装车设备、运输距离、卸载要求以及矿山服务年限等条件来确定。巷道断面尺寸根据井下矿用自卸卡车的外形尺寸确定,同时还应考虑能耗、备件供应、维修能力、环境保护以及管理水平等因素,通过技术经济比较后选择合理的车型。此外,确定井下矿用自卸卡车的装载量和不同装载量的车型时,还应考虑矿山的生产能力发展需求。

(2)规格型号尽量少。

一般要求在同一企业所选用的井下矿用自卸卡车型号尽可能少,尽量选择同一型号的汽车,便于操作、维修、备件供应和调度管理。

（3）尾气排放符合要求。

井下矿用自卸卡车采用柴油机驱动，废气排放应符合国家规定的标准。目前，多数国家均采用污染物排放浓度评定柴油机废气的排放值。表 3 - 14 为欧美国家认可的井下污染物浓度标准，国家环境保护部于 2014 年 5 月 16 日发布了非道路移动机械用柴油机排气污染物排放限制及测量方法（中国第三、第四阶段）（GB 20891—2014），取代原标准 GB 20891—2007，并且规定 2015 年 10 月 1 日起实施第三阶段标准，2017 年 10 月 1 日起实施第四阶段标准，表 3 - 15 为我国井下柴油机污染物排放标准。

表 3 - 14　欧美国家认可的井下污染物浓度标准

柴油机排放物有害成分	TWA[①]		STEL[②]	
	$\times 10^{-6}$	mg/m^3	$\times 10^{-6}$	mg/m^3
CO	25	29	—	—
NO	25	31	—	—
NO_2	3	5.6	5	9.4
甲醛[③]	0.3[④]	0.37[④]	—	—
SO_2	2	—	5	13
H_2SO_4	—	1	—	2
PM		0.15[⑤]		

注：①每天正常工作 8 h 的时间加权平均浓度值（对人体无任何影响）；②15 min 加权平均浓度（短时间暴露极限）；③可能使人致癌；④临界极限值的最高限度；⑤美国政府工业卫生学家会议 1995—1996 年预定变化的通知，可能使人致癌。

表 3 - 15　我国井下柴油机污染物排放标准　　　　　　　　　　g/（kW·h）

阶段	额定净功率 P_{max}/kW	CO	HC	NO_x	HC + NO_x	PM
第三阶段	$P_{max} > 560$	3.5	—	—	6.4	0.20
	$130 \leqslant P_{max} \leqslant 560$	3.5	—	—	4.0	0.20
	$75 \leqslant P_{max} < 130$	5.0	—	—	4.0	0.30
	$37 \leqslant P_{max} < 75$	5.0	—	—	4.7	0.40
	$P_{max} < 37$	5.5	—	—	7.5	0.60
第四阶段	$P_{max} > 560$	3.5	0.40	3.5, 6.7[①]	—	0.10
	$130 \leqslant P_{max} \leqslant 560$	3.5	0.19	2.0	—	0.025
	$75 \leqslant P_{max} < 130$	5.0	0.19	3.3	—	0.025
	$56 \leqslant P_{max} < 130$	5.0	0.19	3.3	—	0.025
	$37 \leqslant P_{max} < 56$	5.0	—	—	4.7	0.025
	$P_{max} < 37$	5.5	—	—	7.5	0.60

注：①适用于可移动式发电组 $P_{max} > 900$ kW 柴油机。

3.5.2 选型设计计算

（1）井下矿用自卸卡车台班运输能力 W：

$$W = \frac{60GT}{t}K_1K_2 \qquad (3-5)$$

式中：W 为井下矿用自卸卡车台班运输能力，t/（台·班）；G 为井下矿用自卸卡车额定载重量，t；T 为每班工作时间，h；t 为井下矿用自卸卡车往返一次所需的时间，min。

$$t = t_1 + t_2 + t_3 + t_4 \qquad (3-6)$$

式中：t_1 为井下铲运机或溜井漏斗口装满一辆井下矿用自卸卡车料仓的时间，min；t_2 为井下矿用自卸卡车行驶时间，min。

$$t_2 = 120\frac{L}{v} \qquad (3-7)$$

式中：L 为运输距离，km；v 为平均行驶速度，km/h，它与运行条件、路面质量、汽车性能以及行驶区间的坡度和长短等有关；t_3 为井下矿用自卸卡车的卸车时间，min，在正常情况下，取 $t_3 = 0.5 \sim 1\,min$；t_4 为调车等待停歇时间，min，它与装卸地点的布置形式，尺寸大小有关。调车时间一般取 1 min，等待停歇时间包括在装卸点等待装载、等待卸载和难以预见的停歇时间，其影响因素很多，应根据井下矿山具体情况决定。一般取 $t_4 = 2 \sim 4\,min$；K_1 为井下矿用自卸卡车载重量利用系数，一般取 $K_1 = 0.9$，K_2 为井下矿用自卸卡车工作时间利用系数，每日一班工作时，$K_2 = 0.9$；每日两班工作时，$K_2 = 0.8$；每日三班工作时，$K_2 = 0.8$。

（2）井下矿用自卸卡车台数 N_K：

$$N_K = \frac{CQK_4}{WK_3} \qquad (3-8)$$

式中：C 为运输不均衡系数，C 为 1.05～1.15；Q 为按年运输量计算的班输量，t/班

$$Q = \frac{\text{全年运输总量}}{\text{全年工作日数} \times \text{每日工作班数}} \qquad (3-9)$$

式中：W 为矿用汽车台班运输能力，t/（台·班），按公式（3-5 计算）；K_3 为井下矿用自卸卡车出勤率，$K_3 = 0.50 \sim 0.75$；K_4 为井下矿用自卸卡车备用系数。由于井下装运地点分散，且台数较少，K_4 一般可取 1.5～2。

为了提高井下矿用自卸卡车的出勤率和保证安全生产，在运输距离较长的情况下，可采用编组运输的方案，即在装矿和卸矿时，利用调车道等进行调车；重车和空车行驶时，则按编组运输方案进行。

3.6 井下铲运机

井下矿山的开采包括开拓、采准、回采三个步骤，这三个步骤是整个地下采矿的重要环节。其中装载工序工作最繁重，耗时最多，对采矿生产效率影响很大。统计表明，在掘进工作循环中，这一工序上的劳动量消耗占总工序循环时间的 30%～40%。在井下回采出矿中，装载作业也同样占很大比重。

据报道,西方国家约 85% 以上的井下矿山采用了井下铲运机(或称井下装载机),图 3-22 为工作中的井下柴油铲运机。柴油或电动井下铲运机的构成如图 3-23 所示。

图 3-22 工作中的井下柴油铲运机

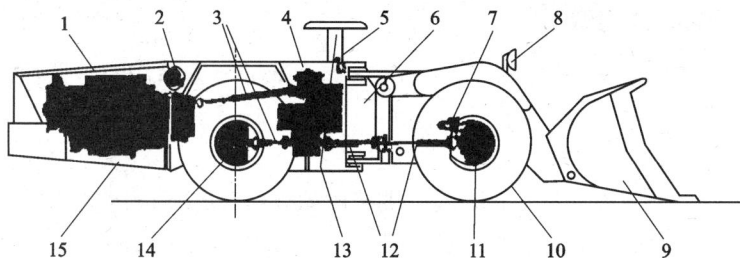

图 3-23 井下铲运机的构成

1—柴油机(电动机);2—变矩器;3—传动轴;4—变速箱;5—液压系统;6—前车架;7—制动器;8—电气系统;9—工作装置;10—行走系统;11—前驱动桥;12—传动轴;13—驾驶室;14—后驱动桥;15—后车架

3.6.1 井下铲运机的主要类型

目前井下铲运机分类方法大致有如下几种:

(1)按额定斗容 V_H 分类。

按额定斗容分为微型、小型、中型和大型井下铲运机,具体分类标准如下:

微型井下铲运机:$V_H \leqslant 0.4$ m^3

小型井下铲运机:V_H 为 $0.75 \sim 1.5$ m^3

中型井下铲运机:V_H 为 $2 \sim 5$ m^3

大型井下铲运机:$V_H \geqslant 6$ m^3

(2)按铲斗额定载重量 Q_H 分类。

按铲斗额定载重量分为微型、小型、中型和大型井下铲运机,具体分类标准如下:

微型井下铲运机:$Q_H \leqslant 1$ t

小型井下铲运机:$Q_H = 1 \sim 3$ t

中型井下铲运机:$Q_H \leqslant 4 \sim 10$ t

大型井下铲运机：$Q_H > 10$ t

（3）按动力源分类。

井下铲运机的动力源有电动机、柴油机、蓄电池、燃料电池、混合动力、架线式电动6种，它们分别称为电动井下铲运机、柴油井下铲运机、蓄电池井下铲运机、燃料电池井下铲运机、混合动力井下铲运机、架线式电动井下铲运机。目前井下铲运机动力主要以柴油机和电动机为主，图3－24为尾部带拖拽电缆的GHH井下电动铲运机。

图3－25为阿特拉斯科普柯公司生产的Scooptram ST7 Battery蓄电池型井下电动铲运机。该电动铲运机装备有630 V容量为165 kW·h的ARTISAN LifeP04蓄电池和功率108 kW（峰值功率149 kW），电压630 V的ARTISAN 1200系列交流电动机。

图3－24　GHH井下电动铲运机　　　图3－25　Scooptram ST7 Battery蓄电池型井下电动铲运机

（4）按传动形式分类。

按传动形式分为液力机械传动、液压＋机械传动等两种井下铲运机。图3－26为南昌凯马有限公司生产的WJD－1型液压＋机械传动井下电动铲运机，其动力传动系统为：电动机（Y225M－4，45 kW）＋变量油泵（萨奥PV22）＋变速箱（萨奥MV23）＋驱动桥（分宜桥PC15）＋轮胎（10.00－20－14）。

（5）按铲斗卸载方式分类。

按铲斗卸载方式分为前卸式、侧卸式、推板式、底卸式等四种井下铲运机，大部分井下铲运机的卸载方式为前卸式，少量井下铲运机采用其他几种卸载方式，如图3－27为山东招远华丰机械设备有限公司生产的WJD－1C侧翻井下电动铲运机。

图3－26　WJD－1型液压＋机械传动井下电动铲运机　　　图3－27　WJD－1C侧翻井下电动铲运机

（6）按整机高度分类。

按整机高度分为标准型井下铲运机、低矮型井下铲运机、超低矮型井下铲运机。图3－28为德国GHH公司生产的斗容2.5 m³装载量为5 t的标准型（高度2200 mm）、低矮型（高度1700 mm）、超低矮型（高度1539 mm）三种井下铲运机。

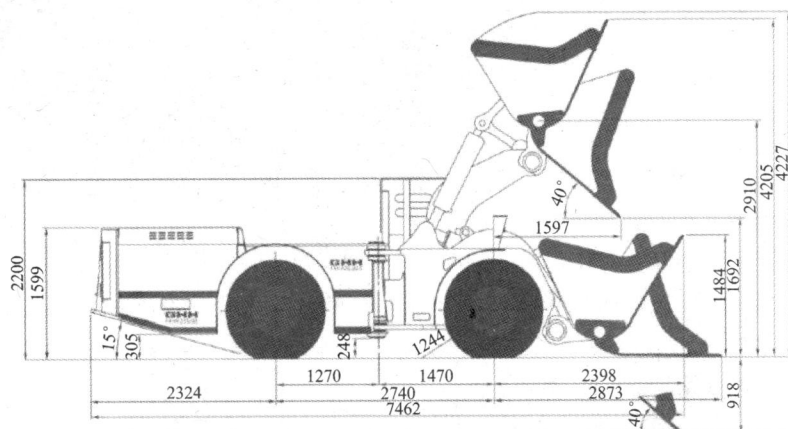

(a)标准型

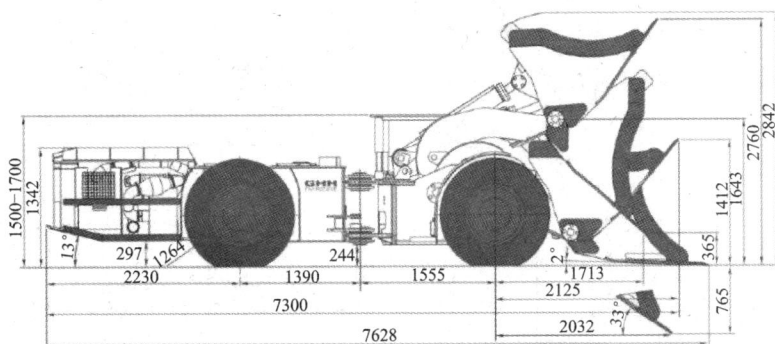

(b)低矮型

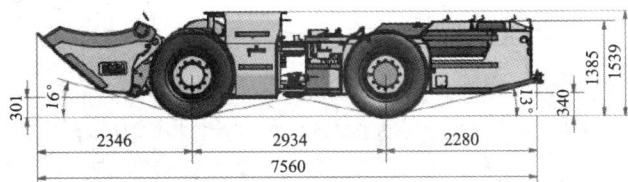

(c)超低矮型

图3－28　GHH标准型、低矮型和超低矮型井下柴油铲运机

（7）按控制方式分类。

按控制方式分为人工控制井下铲运机、遥控井下铲运机、远程遥控井下铲运机、半自主井下铲运机、自主（智能型）井下铲运机。目前以人工控制和遥控控制为主，未来将向半自主和自主（智能型）方向发展。

在有岩石冒落危险的采场及操作区域，井下遥控铲运机提供了一种有效的操作方法。操作员站在远离设备(视距范围内)的安全区域便能进行设备操作,直至采场铲装工作结束,从而能够确保人员安全,并尽可能多地回收矿石。图 3-29 为ATLAS COPCO 遥控井下铲运机在矿井中工作。

图 3-29　视距遥控井下铲运机

3.6.2　井下铲运机的特点

井下铲运机不同于露天装载机,它是专门为井下作业而设计的一种矮车身、中央铰接、前端装载的装、运、卸联合作业设备。它既可以用于采场出矿、出渣,又可以向低水平的溜井卸矿,也能向较高的运输车或矿车卸矿,还可以用铲斗运送设备、辅助材料、修路、铺路。除应用于矿山工程外,井下铲运机也可在铁路、公路的隧道工程施工中使用,用途十分广泛。图 3-30 为 ZL50 露天装载机和 CY3 井下铲运机在外形尺寸上的差异,可见井下装载机外形尺寸与露天装载机锯开尺寸差别是相当大的。

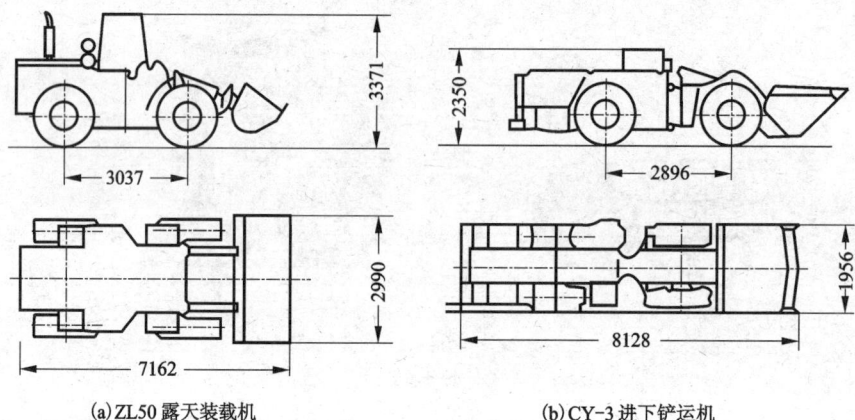

(a)ZL50 露天装载机　　　　(b)CY-3 进下铲运机

图 3-30　ZL50 露天装载机和 CY3 井下铲运机

井下铲运机与其他的井下装载设备比较具有以下优点:

(1)生产能力大,效率高。根据相关统计,2 m³ 的井下铲运机的生产率比同等条件下的电耙生产效率高出 1~2 倍,且出矿成本也较低。在矿井建设方面,采用无轨设备,能加快矿山的开拓掘进速度,从而加快了矿山建设进度。

(2)机动灵活,活动范围很广。以柴油为动力的井下铲运机,摆脱了弯道、风管或电缆的束缚,使机器具有更高的机动性。井下铲运机由于采用铰接车架,转弯半径小,适合于狭小的矿山巷道和场地的作业条件。又由于牵引力大,可爬很陡的坡,因此很适合复杂的井下作业条件。

(3)大大改善了司机的作业条件。司机室都是按照人机工程学原理设计的,操作更舒适更安全。特别是大量的电子技术、计算机技术在井下铲运机中得到了广泛使用,自动化程度愈来愈高,大大减轻了司机的工作强度,改善了作业环境,从而提高了生产率。

井下铲运机的缺点是：轮胎磨损比较严重，废气净化问题需进一步解决，维修费用比较高，对工人与管理人员的素质要求高等。

3.6.3 井下铲运机主要生产厂家和产品技术性能参数

3.6.3.1 国内主要生产厂家和产品主要技术性能参数

（1）金川集团机械厂。

金川集团机械厂生产的井下铲运机主要有四种型号，其主要性能参数见表3-16所示。

表3-16 金川集团机械厂井下铲运机技术性能参数表

型号		JCCY-2	JCCY-4	DCY-4	JCCY-6
额定载荷/kg		4000	8000	8000	12000
标准斗容/m³		2	4	4	6
最大铲取力/kN		110	178	180	350
最大牵引力/kN		104	199	170	330
铲斗举升时间/s		4.5	6~7	7	6
倾翻时间/s		4	6~7	4.5	5.1
铲斗下降时间/s		2.8	4.5	3.5	3.2
行驶速度 /(km·h⁻¹)	1挡	0~3.6	0~5.0	0~3.2	0~5
	2挡	0~7.6	0~11.7	0~7.4	0~9
	3挡	0~12.5	0~18.4	0~12.6	0~16
	4挡	0~20	0~25	—	0~26
爬坡能力/(km·h⁻¹)		14%/3.5, 34%/2.2	14%/4.0	14%/3.85	14%/4.0
整机长度(铲斗放平)/mm		7.60	9070	9250	11067
车体宽度/mm		1768	2360	2360	2602
铲斗宽度/mm		1880	2400	2400	2714
整机高度(带顶棚)/mm		1880	2200	2120	2498
最大卸载高度/mm		1830	2100	1900	1885
卸载距离/mm		900	900	900	1060
卸载角/(°)		42.2	42	42	42
轴距/mm		2540	3300	3300	3860
最大转角/(°)		40	42	42	42
角转向半径 /mm	内侧	2800	3578	3148	3770
	外侧	5100	6125	6181	7250
整体操作质量/kg		12500	23000	24000	31875
整机质量/kg		16500	31000	32000	43875

（2）安徽铜冠机械股份有限公司。

铜冠机械股份有限公司生产的井下铲运机主要有三种型号，其主要性能参数见表3-17所示。

表 3-17　铜冠公司井下地下装载机主要技术性能参数

型号		TCY-2	TCY-3	TCY-4
堆装斗容/m³		2	3	4
额定载重量/t		4.0	6.2	10.0
机重/t		12.5	16.6	26.5
柴油机	型号	Deutz-F6912W	Deutz-BF4M1013C	Cummins QSL9 C250
	额定功率/kW	63	112	186
	额定转速/(r·min⁻¹)	2500	2300	2000
变矩器		DANA-C272-300	DANA-C273	DANA-C5502
变速箱		DANA-R28421-69	DANA-R32420	DANA-R36420
最大转角/(°)		±42	±40	±42
最小转弯半径 /mm	铲斗外侧	4800±250	6060	6650
	铲斗内侧	2500±150	3270	3370
外形尺寸 /mm	机长(运输位置)	6820	9000	9690
	机高(司机顶棚)	2100	2275	2395
	铲斗宽	1770	2200	2550
轴距/mm		2525	3150	3500

（3）北京安期生技术有限公司。

北京安期生技术有限公司生产的四种型号井下铲运机，其主要性能参数见表3-18所示。

表 3-18　北京安期生技术有限公司铲运机主要技术性能参数表

型号		ACY-2	ACY-3	ACY-4	ACY-6
额定载重量/t		4.5	6.5	8.0	14.0
额定斗容/m³		2.0	3.0	4.0	6
铲取力(机)/kN		66.9	132	175	298
发动机或 电动机参数	额定功率/kW	63	102	136	204
	额定转速/(r·min⁻¹)	2300	2300	2300	2300
	型号	F6L912W	F6L413FW	F8L413FW	F12L413FW
变速箱型号		R28000	R28000	R36000	R36000
变矩器型号		C270	C270	C270	C8000
桥型号		QY150	16D	D91PL408	21D

续表

型号		ACY－2	ACY－3	ACY－4	ACY－6
转弯半径 /mm	内侧	2460	3062	3383	3960
	外侧	4772	5511	6354	7220
外形尺寸 /mm	长	6816	8225	9160	7220
	宽	1634	1990	2345	2600
	高	2090	1970	2430	2400
操作质量/t		12.5	16.93	23.0	34.45

(4)中钢集团衡阳重机有限公司。

中钢集团衡阳重机有限公司井下铲运机事业部目前生产的井下铲运机品种较全,其井下柴油铲运机主要性能参数见表3－19所示,井下电动铲运机见表3－20所示。

表3－19 中钢衡重公司井下柴油铲运机主要技术参数

型号		WJ－1	WJ－1.5	WJ－2	WJ－3	WJ－4	WJ－6
额定斗容/m³		1	1.73	2	3	4	6
发动机		DEUTZ F4L912W	DEUTZ BF4M1013C	DEUTZ BF4M1013C	DEUTZ F8L413FW	DEUTZ F10L413FW	DEUTZ BF6M1015C
变矩器		液压泵	DANAC270	DANAC270	DANAC5400	DANAC5400	DANAC8400
变速箱		液压马达	DANA R20000	DANA R32000	DANA R32000	DANA R32000	DANA RT5400
驱动桥		PC15A	中钢衡重 LDQ－1.5	中钢衡重 LDQ－2	DANA 16D	DANA 19D	DANA 53R300
额定载荷/kg		2000	3600	4000	6000	9500	13000
额定功率/kW		42	80	90	136	170	240
最大卸载高度/mm		978	1430	1798	1837	1600	1850
最大铲取力/kN		45	95	110	128	185	230
车速 /(km·h⁻¹)	Ⅰ档	0～8	4.8	4.8	5.3	5.2	5.3
	Ⅱ档		8.9	9.8	10.6	10.7	9.4
	Ⅲ档		19	18.7	17.6	17.7	15.9
	Ⅳ档				28.8	28.7	22.5
最大转向/(°)		±38	±37	±37	±42	±38	±42
转弯半径 /mm	内	2100	2928	3324	3175	4150	4200
	外	3990	5000	5778	5360	6900	7185
外形尺寸 (长×宽×高) /mm×mm×mm		5990×1400 ×2000	6960×1524 ×2150	7682×1750 ×2250	8270×1970 ×2250	9682×2235 ×2470	10080×2807 ×2540
整机质量/t		7.2	10.5	13.0	17.5	22.5	33.5

表 3-20 中钢衡重公司井下电动铲运机主要技术参数

型号	WJD-1	WJD-1.5	WJD-2	WJD-3	WJD-4	WJD-6
额定斗容/m³	1	1.73	2	3	4	6
电动机	Y225M	Y250M-4	Y280S-4	Y2280M-4	Y2280MB-4	YQ315L-4
变矩器	液压泵	DANAC270	DANAC270	DANAC270	DANAC5000	DANAC8000
变速箱	液压马达	DANA R20000	DANA R32000	DANA R32000	DANA R32000	DANA 6000
驱动桥	PC15A	中钢衡重 LDQ-1.5	中钢衡重 LDQ-2	DANA 16D	DANA 19D	KESSLER D106
额定载荷/kg	2000	3600	4000	6000	9500	13000
额定功率/kW	45	55	75	90	132	185
最大卸载高度/mm	978	1240	1780	1837	1600	1670
最大铲取力/kN	45	70	86	104	156	221
车速/(km·h⁻¹) Ⅰ档	0~7.2	2.3	2.6	2.2	3.0	3.5
车速/(km·h⁻¹) Ⅱ档	0~7.2	4.5	5.5	4.3	6.1	5.9
车速/(km·h⁻¹) Ⅲ档	0~7.2	12	9.3	11.4	10.3	10.1
车速/(km·h⁻¹) Ⅳ档						17.1
转向角/(°)	+38	+36	+37	+39	+42	+42
转弯半径/mm 内	2100	3128	3360	3600	3450	3220
转弯半径/mm 外	3990	5316	5800	5900	6400	6850
外形尺寸(长×宽×高)/(mm×mm×mm)	5945×1400×2000	7060×1524×2032	7850×1800×2250	8430×1970×2250	9780×2270×2400	10750×2770×2590
整机质量/kg	7000	10700	13300	17800	22800	38000

(5)南昌凯马有限公司。

南昌凯马有限公司生产的井下铲运机主要性能参数见表 3-21 所示。

表 3-21 南昌凯马井下铲运机主要性能参数

参数名称		WJD/WJ-0.4	WJD/WJ-0.75	WJD/WJ-1	WJD/WJ-1.5	WJD/WJ-2	WJD/WJ-3	WJD/WJ-4
斗容(堆装)/m³		0.4	0.75	1	1.5	2	3	4
额定载重量/t		0.8	1.5	2	3	4	6	8
铲取力/kN	WJD 电动	16	39	45	52	65	77	110
	WJ 柴油	16	36	45	50	65	77	110

续表

参数名称		WJD/ WJ-0.4	WJD/ WJ-0.75	WJD/ WJ-1	WJD/ WJ-1.5	WJD/ WJ-2	WJD/ WJ-3	WJD/ WJ-4
牵引力 /kN	WJD 电动	18	41	50	62	90	115	140
	WJ 柴油	18	40	50	70	90	115	140
卸载高度/mm		870	1080	1100	1460	1780	1670	1600
铲斗举升/mm		2060	3650	3120	3630	4000	4000	4270
爬坡能力/(°)		≥12	≥12	≥12	≥12	≥12	≥12	≥12
离地间隙/mm		≥150	165	190	220	250	280	300
转变半径(外侧)/mm		3500	4500	4500	5000	6500	6500	7000
功率 /kW	WJD 电动	22	37	45	55	75	90	132
	WJ 柴油	—	42	49	63.2	86	102	
机重 /t	WJD 电动	3.5	6.7	7	10.5	14.5	17	24
	WJ 柴油	—	6.3	6.5	9.5	14	17	
外形 尺寸 /mm	长	4350	5900	5900	7000	7740	8720	9620
	宽	900	1260	1270	1600	1850	2090	2230
	高	2000	1900	1950	2100	2000	2240	2440

3.6.3.2　国外主要生产厂家和产品主要技术性能参数

（1）阿特拉斯科普柯公司。

阿特拉斯科普柯公司生产的井下铲运机型号较多，其产品主要性能参数见表 3-22 所示。

表 3-22　阿特拉斯科普柯公司井下铲运机技术性能参数表（一）

型号		ST-2D	ST-2G	ST-3 1/2	ST-600LP	ST-710	ST-1020
额定载重量/t		3.6	3.6	6.0	6.0	6.5	10
额定斗容/m³		1.9	1.9	3.1	2.7	3.2	5.0
铲取力(液)/kN		88.79	88.79	97.6	93	139.2	146.59
铲取力(机)/kN		58.2	58.2	77.91	86	101.33	311.1
速度/ (km·h⁻¹)	1 挡	3.4	4.5	4.7	4.7	4.7	5.1
	2 挡	6.9	9.1	9.7	9.6	7.8	8.9
	3 挡	11.4	15	18.9	18.4	15.0	15.3
	4 挡	19.5	25.4	—	—	—	—

续表

型号		ST - 2D	ST - 2G	ST - 3 1/2	ST - 600LP	ST - 710	ST - 1020
铲斗运动时间/s	提升	3.7	3.7	4.7	4.7	6.1	7.9
	下降	3.0	3.0	5.0	5.0	4.6	7.1
	倾翻	6.4	6.4	3.6	3.6	1.3	2.7
发动机或电动机参数	额定功率/kW	63	87	136	136	149	186
	额定转速/(r·min⁻¹)	2300	2300	2300	2300	2300	2100
	型号	F6L912W	BF4M1013FC	F8L413FW	BF6M1013E	BF6M1013FC	DetroitS - 50
变速箱型号		RT28000	RT28000	R28000	R32000	DF150	DF250
变矩器型号		C270	C270	C270	C270	与变速箱集成	与变速箱集成
桥型号		14D	14D	406S	406S	406S	19D
转弯半径/mm	内	2635	2635	2561	2240	3230	3416
	外	4797	4797	56388	5430	5970	6610
外形尺寸/mm	长	6712	7080	8458	7726	8824	9745
	宽	1651	1651	1827	1896	1924	2259
	高	2086	2066	2247	1560	2104	2355
卸载高度/mm		1467	1467	1313	1496	1693	1670
卸载距离/mm		1070	1070	812	645	1518	1920
举升高度/mm		3782	3782	3172	3923	4345	5060
操作质量/t		11.54	12.736	17.510	17.33	18.20	26.3

表 3 - 23 阿特拉斯科普柯公司井下铲运机技术性能参数表(二)

型号		ST - 7.5	ST - 8B	ST - 8C	ST - 1520	ST - 1810	EST - 2D	EST - 3.5
额定载重量/t		12.24	13.6	14.5	15.0	17.5	3.629	6.0
额定斗容/m³		5.7	6.5	6.9	7.5	8	1.9	3.1
铲取力(液)/kN		—	227.1	227.1	250.9	307.3	91.3	97.61
铲取力(机)/kN		—	227.1	—	201	287.8	58.8	78.53
速度/(km·h⁻¹)	1挡	4.3	4.8	5.5	5.5	4.6	0 ~ 9.8	0 ~ 9.7
	2挡	7.4	8.2	8.6	10.7	8.8	—	—
	3挡	12.4	13.7	16.1	18.1	14.8	—	—
	4挡	20.0	22.3	27.0	29.2	24.5		

续表

型号		ST－7.5	ST－8B	ST－8C	ST－1520	ST－1810	EST－2D	EST－3.5
铲斗运动时间 /s	提升	8.0	6.8	6.8	7.3	—	3.7	6.8
	下降	6.0	8.0	8.0	5.0	—	2.4	6.0
	倾翻	3.0	7.0	7.0	7.3	—	4.0	4.0
发动机或电动机参数	额定功率/kW	213	207	242	298	317	56	74.6
	额定转速/(r·min^{-1})	2100	2300	2100	2100	2100	1500	1500
	型号	DetroitS60	Deutz F12L413FW	DetroitS60	Detroit S60DDEC	Detroit S60DDEC	VAC MOTOR	VAC MOTOR
变速箱型号		5000	5000	5000	DANA 40000 带变矩器	DANA 40000 带变矩器	13.7MHR 28000	13MHR 28000
变矩器型号		C8000	C8000	C8000				
桥型号		Wagner508	Wagner508	21D4354	53R	Wagner595	15D	Wagner406S
转弯半径 /mm	内侧	3153	3523	3850	4550	3792	2677	2743
	外侧	6687	7010	7451	8470	7874	4699	5537
外形尺寸 /mm	长	10514	10287	10978	11320	11607	6833	8636
	宽	2457	2489	2147	2648	3054	1549	1803
	高	2492	2591	2771	2650	2869	2086	2247
卸载高度/mm		2235	1807	2097	2365	2836	1524	1245
卸载距离/mm		1895	1854	1849	2070	1477	762	813
举升高度/mm		5520	5080	5206	6000	6583	3609	3886
操作质量/t		35.6	36.75	39.2	41.3	52.345	11.382	17.01

（2）卡特彼勒公司。

卡特彼勒公司生产的井下铲运主要有五种型号，其主要性能参数见表3－24所示。

表3－24 卡特彼勒公司的铲运机技术性能参数

型号	R1300G	R1600G	R1700G	R2900G	R2900GXTRA
额定载重量/t	6.8	10.2	14	17.0	17.2
额定斗容/m^3	3.1	4.8	5.7	7.2	8.9

续表

型号		R1300G	R1600G	R1700G	R2900G	R2900GXTRA
速度 /(km·h⁻¹)	1 挡	5.0/4.0	5.2/5.8	5.15/5.9	5.1/6.4	5.1/6.4
	2 挡	9.0/8.0	9.2/10.5	9.1/10.3	9.2/11.2	9.2/11.2
	3 挡	15/14	16.4/18.5	15.8/17.9	15.7/19.3	15.7/19.3
	4 挡	22/21	28.6/31.8	27.1/30.7	26.7/32.5	26.7/32.5
铲斗运动 时间/s	提升	5	7.6	6.8	6.7	7.6
	下降	2.9	2.0	2.4	2.4	2.4
	倾翻	2.0	1.6	2.9	2.8	2.8
发动机或 电动机 参数	额定功率 /kW	123	201	231	282/306	306
	额定转速 /(r·min⁻¹)	2200	2100	2100	2100	2100
	型号	Cat3306 DITA	Cat3176 CEUIDITA	Cat3176 CEUIDITA	Cat3406 EEUIDITA	Cat3406 EEUIDITA
变速箱型号		950F	814B	814	843B/988F	843B/988F
变矩器型号		重型单 级单相	重型自 锁离合器	814	825C	825C
桥型号		950F	970F	980G	988F	988F
转弯半径 /mm	内侧	2914	3291	3229	3383	5289
	外侧	5471	6638	6828	7269	7511
外形尺寸 /mm	长	8700	9707	10589	10946	11080
	宽	2221	2644	2872	3010	3454
	高	2100	2400	2557	2886	2988
卸载高度/mm		1572	2213	2511	2854	—
卸载距离/mm		1569	1416	1693	1625	—
举升高度/mm		4120	5180	5549	6110	—
操作质量/t		20.95	29.8	38.5	50.1	56

(3)盖哈哈公司。

盖哈哈公司(GHH)生产的井下铲运机主要性能参数见表3-25所示。

表3-25 盖哈哈公司井下铲运机技术性能参数

型号	LF-3	LF-4.5	LF-6.3	LF-9.3	LF-12.3	LF-17.2
额定载重量/t	3.5	4.5	6.0	9.5	14.0	17.0
额定斗容/m³	1.5	2.4	3.0	4.5	7.0	9.5
铲取力(机械)/kN	63	101	115	190	195	200

续表

型号		LF－3	LF－4.5	LF－6.3	LF－9.3	LF－12.3	LF－17.2
最大速度/(km·h⁻¹)		17	21	26.0	35	30.8	28
发动机	额定功率/kW	70	102	136	170	204	320
	额定转速/(r·min⁻¹)	2300	2300	2300	2300	2300	2300
	型号	F6L914	F6L413FW	F8L413FW	F10L413FW	F12L413FW	BF8M1015C
变速箱型号		DANART 20000	R32000	R32000	R32000	5000	8000
变矩器型号		DANA C270	C270	C270	C8000	C8000	C8000
桥型号			KESSLER D81	DANA16D	KESSLER D102	KESSLER d106	KESSLER D112
转弯半径/mm	内	2967	2780	3110	3450	3730	4440
	外	5105	5100	5840	6500	7220	8860
外形尺寸/mm	长	7442	7362	8765	9448	10600	12491
	宽	1588	2200	2040	2625	2185	3700
	高	1605	2200	2200	2350	2795	2875
卸载高度/mm		788	1484	1570	1858	1955	1955
卸载距离/mm		1754	1597	1560		1944	1944
举升高度/mm		1934	4205	4080	4986	5180	5180
整机质量/t		10.0	13.6	16.9	21.7	34.4	34.4

3.7 井下铲运机的选型计算

3.7.1 选型原则

(1)运输距离。

运输距离是选择井下铲运机的主要条件。据国内外矿山生产实践,柴油井下铲运机的经济合理单程运距为 150～200 m,电动井下铲运机为 100～150 m。在经济合理的单程运距内,还要结合矿山及采场的生产能力等因素进行设备选型。有条件的选用大型井下铲运机,产量小、运距较短的选用小型井下铲运机。

(2)柴油井下铲运机和电动井下铲运机。

柴油井下铲运机的有效运距长、机动灵活、适用范围广,其缺点是废气净化效果不理想,若增大井下通风风量则导致通风费用比较高,而且比电动井下铲运机的维修量大。电动井下铲运机没有废气排放问题,噪声低,发热量少、过载能力大,相对而言结构简单、维修费用低、操作运营成本低,但灵活性差,转移作业地点困难,电缆昂贵且易受损,存在漏电危险,主要用于通风不良、运距不长、不需频繁调换的工作面。

（3）出矿（岩）量。

设备选型必须与矿山的生产能力相适应，巷道掘进中的每次爆破量有限，一次出渣量少，一般不宜采用大、中型设备。但一些基建期矿山，为了减少设备台数或管理方便，往往使用生产期的设备，选择采用中型设备。就生产矿山而言，采场出矿等主要作业一般采用大、中型设备，辅助作业一般采用中、小型设备。

（4）作业场地空间。

作业场地空间较大时采用大、中型设备，狭小时采用小型设备。

（5）矿山地理位置、气温和标高。

由于内燃井下铲运机的动力采用柴油机，它的功率一般是按基准条件设计的，即海拔1000 m以下，环境温度为25℃。如果基准条件发生变化，发动机的性能也就会发生变化。例如，随着温度或海拔的增加，发动机的额定功率就会降低，从而也降低了生产率。因此，为了保证井下铲运机的性能，就必须选与之相适应的井下铲运机或采取相应的措施。

（6）经济因素。

机械设备装运费用的一般规律是大型设备比小型设备更经济、经营成本更低。如加拿大的萨德伯里矿每吨矿石井下铲运机的装运费用：ST-2A 为 0.92 美元，ST-6 为 0.49 美元，ST-8 为 0.31 美元。因此，选择设备型号和规格时还要通过经济因素，进行经济比较分析后确定。

3.7.2 选型步骤

1）确认井下铲运机的出矿方式和井下铲运机的出矿结构。

（1）井下铲运机出矿方式。

根据井下铲运机所在的作业地点不同，可分为下列 3 种出矿方式：

①井下铲运机在采场底部结构中长时间固定在一条或几条装运巷道铲装和运输矿石，如留矿法、分段法、阶段矿房法、有底柱分段崩落法、阶段崩落法等采矿方法的回采出矿。

②井下铲运机在采场进路中铲装和运输矿石，如无底柱分段崩落法、分层崩落法、进路式上向水平分层充填法、下向水平分层充填法等采矿方法的回采出矿。

③井下铲运机在采场内多点不固定的铲装和运输矿石，如全面法、房柱法、上向水平分层充填法等采矿方法的回采出矿。

（2）井下铲运机出矿结构。

根据井下铲运机的不同出矿方式，井下铲运机出矿结构分为以下几种情况：

①井下铲运机在有采场底部结构中的出矿结构。这种出矿结构由集矿堑沟、出矿巷道、装矿进路、运输平巷、出矿溜井等构成。

（a）集矿堑沟为连接装矿进路与上部采场的受矿结构且平行于出矿巷道。集矿堑沟在采场中的条数应根据采场宽度来确定，当采场宽度小于 20 m 时，采用单堑沟；当采场宽度大于20 m 时，采用双堑沟。集矿堑沟的斜面倾角一般采用 45°~55°。

（b）出矿巷道为平行于集矿堑沟与装矿进路连接的巷道。当采场垂直矿体走向布置时，该巷道为穿脉巷道，且位于间柱中。当采场沿矿体走向布置时，该巷道沿矿体走向布置于矿体下盘或上盘围岩中。

(c)装矿进路是连接出矿巷道与集矿堑沟的巷道。该巷道的布置与采场尺寸、井下铲运机的外形尺寸、矿岩的稳固程度和运输巷道的布置有关。

装矿进路与出矿巷道的连接，可斜交，交角一般为45°~50°。装矿进路间距一般为10~15 m。间距过小，不能保证出矿结构的稳定性；间距过大，进路间难于装运出的三角矿堆损失过大。因此，装矿进路支护后可以采场底部暴露面积不超过采场水平面积的40%为参考。装矿进路布置形式与采场宽度有关，当采场宽度小于12 m时，采用单堑沟单侧装矿进路的布置形式；当采场宽度为12~20 m时，采用单堑沟双侧装矿进路的布置形式，一般两侧进路错开布置；当采场宽度大于20 m时，采用双堑沟双侧装矿进路的布置形式，两侧进路可对称布置，也可错开布置。

井下铲运机在直线位置上铲装效率高，机械磨损小。因此，装矿进路的长度一般不小于设备长度与矿堆占用长度之和。

(d)运输平巷为与出矿巷道连接的巷道。当采场垂直矿体走向布置时，该巷道沿矿体走向布置于上、下盘围岩或矿体中；当采场沿矿体走向布置时，该巷道与出矿巷道合二为一。

(e)出矿溜井可沿运输平巷或出矿巷道布置，当沿出矿巷道布置时，一个采场设置一条；当沿运输平巷布置时，几个采场设置一条。其间距根据井下铲运机经济合理单程运距确定。

随着遥控井下铲运机的出现，产生了一种平底结构遥控井下铲运机出矿方式，它与出矿结构相似，装矿进路可单侧布置，也可双侧布置。但采场底部不开堑沟，而是按采场全宽拉底。一般在采场出矿到最后阶段，遥控井下铲运机从装矿进路进入采场空区中进行三角矿堆的装运。这种方式不仅简化了底部结构，且大幅度的降低矿石损失率。

②井下铲运机在采场进路中的出矿结构。由回采进路、分段(分层)平巷和出矿溜井等构成，且位于分段(分层)的底部水平。

(a)分段(分层)平巷是与回采进路连接的巷道，一般沿矿体走向布置于靠下盘或靠上盘的矿体中；在矿体极不稳固时，可布置在上盘或下盘的围岩中。当回采进路沿矿体走向布置时，分段(分层)平巷与回采进路合二为一。一般分段高度为10~15 m，分层高度为2.8~3.5 m。上下分段(分层)平巷应错开布置。

(b)出矿溜井沿分段(分层)平巷布置，且位于下盘或上盘围岩中，一般1~2个采场布置一条。

③井下铲运机在采场内多点出矿的出矿结构。

(a)全面法和房柱法的出矿结构。井下铲运机可自由出入采场，出矿结构由出矿斜巷或平巷、运输平巷和出矿溜井等构成。

出矿斜巷(平巷)一般位于矿体内，当矿体倾角小于5°时，该巷道布置呈现与矿体倾向一致的直斜巷(平巷)。当矿体倾角大于6°时，该巷道布置呈现与矿体倾斜的直斜巷或折返斜巷。作为矿石、人员、设备和材料的运输通道，当矿体厚度较大时，斜巷也可位于矿体下盘围岩中，用分层横巷与采场连接。

(b)上向水平分层法的出矿结构。该出矿结构由斜巷、分段平巷、出矿进路(采场联络道)和出矿溜井等构成。

斜巷一般位于矿体下盘围岩中，当矿体下盘围岩不稳固时，也可布置在矿体上盘围岩或矿体中，作为矿石、人员、设备和材料的运输通道。

分段平巷的布置为：当采场垂直矿体走向布置时，分段平巷一般沿矿体走向布置在下盘围岩中。当矿体下盘围岩不稳固时，可布置在上盘围岩或矿体中，且与斜巷连接。分段高度一般为2~3个分层高度，分层高度一般为3~5 m，分段高度为6~10 m至9~15 m。当采场沿矿体走向布置时，无需布置分段平巷，自斜巷每分层开凿联络道通向采场。

采场联络道的布置为：当采场沿矿体走向布置时，每分层自斜巷布置联络道通向采场。当采场垂直矿体走向布置时，自分段平巷布置联络道通向采场，该巷道可自分段平巷布置2条(一条上坡，一条下坡)平面上错开的巷道通向采场。也可自分段平巷布置一条上坡的巷道通向采场，随分层的上采，将进路挑顶，由重车上坡逐渐变为重车下坡。

出矿溜井可布置在采场填充体内，一个采场至少一对。但由于支护工作复杂，劳动强度大，效率低，且难以维护。因此，目前广泛布置在矿体下盘的分段平巷中，几个采场共用一条出矿溜井。

2)采用计算或类比法确定生产能力。

(1)据采矿工艺要求的出矿方式和回采确定的出矿结构，计算出井下铲运机生产能力。

①井下铲运机小时生产能力。

(a)完成一次装运卸循环时间。

$$t_h = t_{h1} + t_{h2} + t_{h3} + t_{h4} + t_{h5} \qquad (3-10)$$

式中：t_h 为装运卸一次作业循环时间，s；t_{h1} 为装载时间，一般定点装矿取20~30 s，非定点装矿取60~80 s；t_{h2} 为卸载时间，卸入矿仓或溜井一般取10~20 s；t_{h3} 为掉头时间，因井下铲运机为前装前卸式，装运卸一次作业循环有两次掉头时间，一般共取30~40 s；t_{h4} 为其他影响时间，一般取20 s；t_{h5} 为空重车运行时间，s，按下式计算

$$t_{h5} = \frac{2L_h}{v_h} \qquad (3-11)$$

式中：$2L_h$ 为装运卸一次作业循环往返运输距离，m；v_h 为井下铲运机运行速度，m/s，与巷道状况(如照明、巷道宽度、路面性质、转弯多少及坡度等)有关，特别是路面性质不同，运行速度存在数倍的差异，可参考表3-26选取。

表3-26 井下铲运机运行速度参考依据

路面性质	差(无路面或很差的碎石路面)	较好(较好的碎石路面)	好(混凝土路面)	很好(沥青混凝土路面)
运行速度/(km·h⁻¹)	<6	6~8	8~12	12

(b)小时装运卸作业循环次数。

$$n = \frac{3600}{t_h} \qquad (3-12)$$

式中：n 为小时装运卸作业循环次数，次/h。

(c)小时生产能力。

$$Q_h = KnV_h\gamma \qquad (3-13)$$

式中：Q_h 为井下铲运机小时生产能力，t/h；K 为铲斗装满系数，一般取0.75~0.8；V_h 为井下铲运机铲斗容积，m³；γ 为装运物料的松散体重，t/m³。

(d)小时运输量曲线图。根据上述计算和下列数据，计算出3.8 m³ 井下铲运机的运距、速度和小时运输量关系曲线，见图3-31。

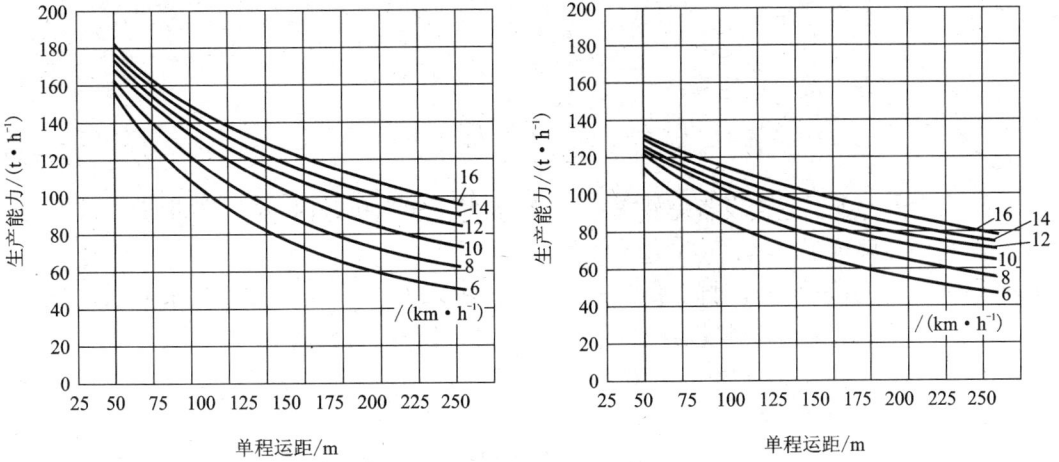

图3-31　3.8 m³ 井下铲运机装矿小时运输量曲线图

计算数据如下：

装运物料松散体重：	2000 kg/m³
铲斗载重：	6080 kg
装载时间：	非点装矿30 s，非定点装矿80 s
卸载时间：	20 s
掉头时间（两次）：	40 s
其他时间：	20 s

铲斗装满系数：从图3-35可按不同的运行速度和不同的单程运距查得3.8 m³ 井下铲运机的小时生产能力。若需求得其他型号井下铲运机的小时生产能力，则需按井下铲运机斗容校正系数进行校正，见表3-27所示。

表3-27　井下铲运机斗容校正系数

井下铲运机	ST-1	ST-1⅓	ST-2	ST-3	ST-4	ST-5	ST-8	ST-11
铲斗容积/m³	0.765	1.15	1.53	2.30	3.06	3.80	5.60	8.50
校正系数	0.201	0.303	0.403	0.605	0.805	1.00	1.474	2.237

图3-35是按装运物料容量为2000 kg/m³ 设计的，如需求得装运其他物料容重的小时生产能力，则再需按物料容重校正系数进行校正，见表3-28。

表3-28　物料容重校正系数

物料松散容重/(t·m⁻³)	1.3	1.4	1.5	1.6	1.7	1.8	1.9	2.0
校正系数	0.65	0.70	0.75	0.80	0.85	0.90	0.95	1.00
物料松散容重/(t·m⁻³)	2.1	2.2	2.3	2.4	2.5	2.6	2.7	2.8
校正系数	1.05	1.10	1.15	1.20	1.25	1.30	1.35	1.40

②台班生产能力确定。

（a）班有效工作时间。

班内设备完好率按下式计算：

$$q_1 = \frac{T_1 - T_2}{T_1} \qquad (3-14)$$

式中：q_1 为班内井下铲运机设备完好率，%；T_1 为井下铲运机班内实际工作时间，h；T_2 为井下铲运机班内故障停工时间，h。

井下铲运机的故障处理时间随设备使用时间的增长而增加。据英国采矿杂志编辑部 1974 年对世界各国的函调资料统计，50 多个矿山井下铲运机设备完好率为 14.4% ~ 95%，平均 73%。国内生产矿山为 30% ~ 76%。

工时利用率用下式计算：

$$q_2 = T_3 / T \qquad (3-15)$$

式中：q_2 为工时利用率，%；T_3 为井下铲运机班实际工作时间，h；T 为班法定工作时间，h。

井下铲运机的班实际工作时间，还受作业条件（如溜井、通风条件、大块率、悬顶、供气、供水、供电等）和生产管理、设备利用程度等因素的影响。故工时利用率既包括了设备完好率，又包括了设备利用率、生产管理和作业条件。国外生产矿山的工时利用率一般为 40% ~ 70%，国内生产矿山一般为 30% ~ 50%。

班有效工作时间按下式计算：

$$T_3 = T q_2 \qquad (3-16)$$

（b）台班生产能力。在求得班有效工作时间后，按下式计算：

$$q_b = Q_h T_3 \qquad (3-17)$$

式中：q_b 为井下铲运机台班生产能力，t。

（c）台年生产能力确定。年工作班数一般取 500 ~ 600 台·班。台年生产能力可按下式计算：

$$Q_a = n_h q_b \qquad (3-18)$$

式中：Q_a 为井下铲运机台年生产能力，t；n_h 为井下铲运机台年工作班数，台·班。

用上述方法计算井下铲运机生产能力的过程比较繁琐，且影响因素多而复杂，计算的结果准确率不高。

（2）类比法。在矿山规划设计中，根据采矿工艺的出矿方式和回采的出矿结构、要求的生产能力、井下铲运机经济的有效运输距离、作业场地和条件、投资和成本费用等因素进行综合分析，并对比类似生产矿山的实际指标进行选取。采用类比法简单、实用。

3）综合分析。

井下铲运机规格型号的选择既要满足生产能力要求，还要满足经济运距，适合巷道断面规格等要求，最后通过综合分析进行确定。

矿山可参考井下铲运机的应用条件进行选取，见表 3-29。

在满足以上 3 个前提条件下，尽量选择大型号的井下铲运机。但有时若只需一台大型设备可以完成的工作，最好选择 2 台较小的设备。因为当 1 台设备出故障时，另 1 台可以备用，避免了 1 台设备出故障就停工停产的情况发生。

表 3 − 29　井下铲运机的应用条件

基本参数	用途	应用条件
斗容 1 ~ 2.5 m³ 机宽 1.2 ~ 2 m	掘进撑子面(截面积为 6 ~ 10 m²)和回采时搬运矿石;与载重量为 5 ~ 10 t 自卸卡车配套	采用填充法、溜矿法、房柱法开采厚度小的矿体,运输距离 < 150 m
斗容 3 ~ 4 m³ 机宽 2.2 ~ 2.5 m	掘进撑子面(截面积为 8 ~ 18 m²)和回采时搬运矿石;与载重量为 20 ~ 25 t 自卸卡车配套	采用房柱法、分段崩落法、分层填充法、矿房法开采厚度中等和很厚的矿床,运输距离 < 250 m
斗容 5 ~ 6 m³ 机宽 2.5 ~ 2.7 m	回采运输矿石;与载重量为 25 ~ 45 t 自卸卡车配套	采用房柱法、连续采矿法、矿房法、分段崩落法及其他采矿方法开采很厚的矿床,运输距离 < 400 m

在井下铲运机出矿方案确定之后,选择合适容量的铲斗也是一项很重要的工作,选择铲斗的一个原则是使铲斗容量与矿石松散度乘积接近井下铲运机的额定载重量。

国外使用井下铲运机最多的是 4 m³ 左右的机型,约占总销售量的 30%;1.5 ~ 3 m³ 机型,约占 22%;0.75 ~ 1.5 m³ 机型,约占 15%。国内目前使用的主要是 4 m³ 以下的机型,使用最多的是 0.75 ~ 2 m³ 井下铲运机。

4)设备数量。

工作设备数量可按下式计算:

$$N_1 = Q/Q_a \tag{3 − 19}$$

式中:N_1 为井下铲运机工作数量,台;Q 为年出矿总量,t/a;Q_a 为井下铲运机生产效率,t/(a·台)。

备用设备数量:

$$N_2 = K_h N_1 \tag{3 − 20}$$

式中:N_2 为井下铲运机备用数量,台;N_1 为井下铲运机工作数量,台;K_h 为设备备用系数,$K_h = 0.5 ~ 1.0$。

备用井下铲运机的作用:①生产班中顶替出故障的设备;②顶替计划检修中的设备。

井下铲运机备用数量与设备出矿工作制度和检修制度有关。当出矿工作制为每天三班时,备用设备数量要取大值;当出矿工作制为每天两班时,备用设备数量可取小值。井下铲运机备用系数可按下列条件选取:

①设备计划检修所需备用系数。据国外矿山生产资料,设备工作小时数与计划检修小时数的比为 5:1,设备计划检修所需备用系数至少为 20%;

②设备大修所需备用系数。据国外生产资料,估算设备大修时间为运输时间的 10%,设备大修所需备用系数为 10%;

③设备故障所需备用系数可按设备完好率计算,设备完好率建议取 60% ~ 70%,设备故障所需备用系数为 30% ~ 40%。

上述三者合计可得井下铲运机备用系数为 60% ~ 70%。考虑矿山的管理和维修水平以及井下铲运机用于不同工艺利用率的变化,井下铲运机的备用系数可根据具体条件取 50% ~ 100%。

通常两班制出矿,设备利用率不高的条件下可取下限,三班工作且设备利用率较高时取上限。

井下铲运机设备总数量为工作 + 备用设备数量之和，即

$$N = N_1 + N_2 \qquad\qquad (3-21)$$

3.8 井下无轨装运设备的选型计算

3.8.1 井下无轨装运设备的选型基本原则

无轨装运设备的选型对井下金属矿山的生产能力、经济效益和安全生产有着举足轻重的作用，在进行井下矿山无轨装运设备选型时必须选择技术先进、经济合理、安全可靠、操作维修方便的成熟产品，主要遵循以下原则：

(1)技术先进，经济合理。

井下矿山无轨设备选型应优先考虑装运设备技术的先进性和经济上的合理性，新建矿山提倡全球采购策略，在世界范围内对无轨装运设备进行选择，这样可以充分发挥设备的效能，获得较好的经济效益。

只有技术先进、经济合理，井下矿山装运设备选型才有意义。一般来说，技术先进和经济合理是统一的，世界范围内技术先进的井下无轨装运设备表现为产品质量好，设备完好率高，但同时也对井下矿山的设备管理、维修和操作水平提出了更高的要求。若先进设备得不到相应的维护和使用，设备的效能发挥不出来，高投入也不会有高产出，这就要求选择技术先进的装运设备时必须综合考虑国情和矿情。

(2)设备安全、可靠、节能和环保。

井下铲运机和井下矿用自卸卡车等无轨采矿工艺的关键设备，首先必须保证其绝对安全，因为这类设备一旦发生事故，对职工生命安全和矿山企业造成的损失将是无法估量的。

无轨装运设备的可靠性也是非常重要的，关键设备若经常发生故障，井下矿山的生产能力将受到很大影响，进而影响矿山的经济效益。因此，必须选择运转平稳可靠、故障率低的装运设备。

良好的工作环境有利于调动职工的劳动积极性，提高其劳动生产率，因此选择无轨装运设备时一定要检验其噪声和废气排放是否达到国家或行业标准。

在地下矿山，无轨装运设备的能源消耗在矿石生产成本中占的比重一般比较大，因此在选择井下铲运机和井下矿用自卸卡车时一定要考虑其使用成本。

(3)操作方便。

选用技术先进的井下铲运机和井下矿用自卸卡车还应注意设备的可操作性和可维护性，要求设备操作简单、配件互换性好。另外，还应考虑井下矿山的实际情况，若操作与维修水平跟不上，技术先进的设备可能由于工人操作水平不够或维修水平不高，造成设备投资过大，设备使用率过低，给企业造成损失。

(4)配套性要好。

在井下铲运机和井下矿用自卸卡车选择时必须和井下矿山的生产工艺相结合，由于地下矿山地质条件复杂多变，即使采用同一生产工艺，各个矿山具体的工艺布置也可能不尽相同。因此，在井下铲运机和井下矿用自卸卡车选择时必须结合井下矿山的特点，选择与生产工艺、巷道规格、通风条件等井下矿山生产条件相配套的井下铲运机和井下矿用自卸卡车。

(5)宜大不宜小。

在选择井下铲运机和井下矿用自卸卡车时，在矿山生产条件允许的情况下，应尽可能选择铲斗斗容大、载重量大的井下铲运机和井下矿用自卸卡车。其原因主要有：①在运输距离和其他条件相同时，斗容大、载重量大的井下铲运机和井下矿用自卸卡车更能发挥效能；②在同等生产规模下，选用大斗容、载重量大的井下铲运机和井下矿用自卸卡车，能减少无轨设备配备数量，大大减少了井下矿山初期投资，同时也降低单位重量矿石的运输成本，可提高井下矿山的经济效益。

3.8.2 井下矿山铲运机选型设计实例

3.8.2.1 凡口铅锌矿

凡口铅锌矿全称深圳市中金岭南有色金属股份有限公司凡口铅锌矿，位于广东省韶关市北48 km，仁化县城西北16 km。凡口铅锌矿于1958年建矿，1968年投产，投产后随着采矿技术的进步，劳动效率的提高，矿山生产规模也逐步扩大，现已形成年采选矿石量168万t、年产铅锌金属18万t的综合生产能力。凡口铅锌矿采用中央竖井、斜坡道开拓，开拓深度目前已达882 m，斜坡道长度达8000 m。

(1)井下铲运机使用环境。

凡口铅锌矿目前的采矿方法为普通分层充填采矿法、盘区分层充填采矿法和大直径深孔崩矿采矿法三种。

盘区分层充填采矿法一般由3~5个矿块组成，采、出、充交替作业，脉外布置有盘区斜坡道，每隔8 m标高设分段平巷与盘区斜坡道相连接。无轨设备经斜坡道、分段平巷和采场联络道进行出矿作业，图3-32为盘区机械化分层充填采矿法布置图。该采矿法完全由井下铲运机出矿。

井下铲运机作业制度：两班制，早班为8时到14时，中班为16时至21时。矿山生产规模120万t/年，300 t/(班·天·台)。

(2)井下铲运机的选型。

(a)铲斗斗容计算。

铲斗完成装卸一次的循环时间 t_h 为：

$$t_h = t_{h1} + t_{h2} + t_{h3} + t_{h4} + t_{h5} = 30 + 15 + 35 + 20 + \frac{600}{5} = 220 \text{ s}$$

每班工作时间取平均值 $T_1 = 6$ h，铲斗装满系数 $K = 0.75$，井下铲运机铲装铅锌矿松散容重 $\gamma = 2.06$ r/m³，将以上数据代入下式可得出井下铲运机铲斗斗容的初值为：

$$V_h = \frac{Q_h}{3600 KT_1\gamma} t_h = \frac{300 \times 220}{3600 \times 0.75 \times 6 \times 2.06} \approx 1.98 \text{ m}^3$$

经过初步选型计算后，确定凡口铅锌矿的井下铲运机斗容为2.0 m³以上。下一步是验证2.0 m³井下铲运机的外形尺寸是否满足巷道规格要求，若满足才能确定井下铲运机数量，否则就要选择较小斗容的井下铲运机。若采用较小斗容的井下铲运机，在采场设计时就要注意必须施工更多的装、卸矿点，这样出矿能力才能满足设计要求。

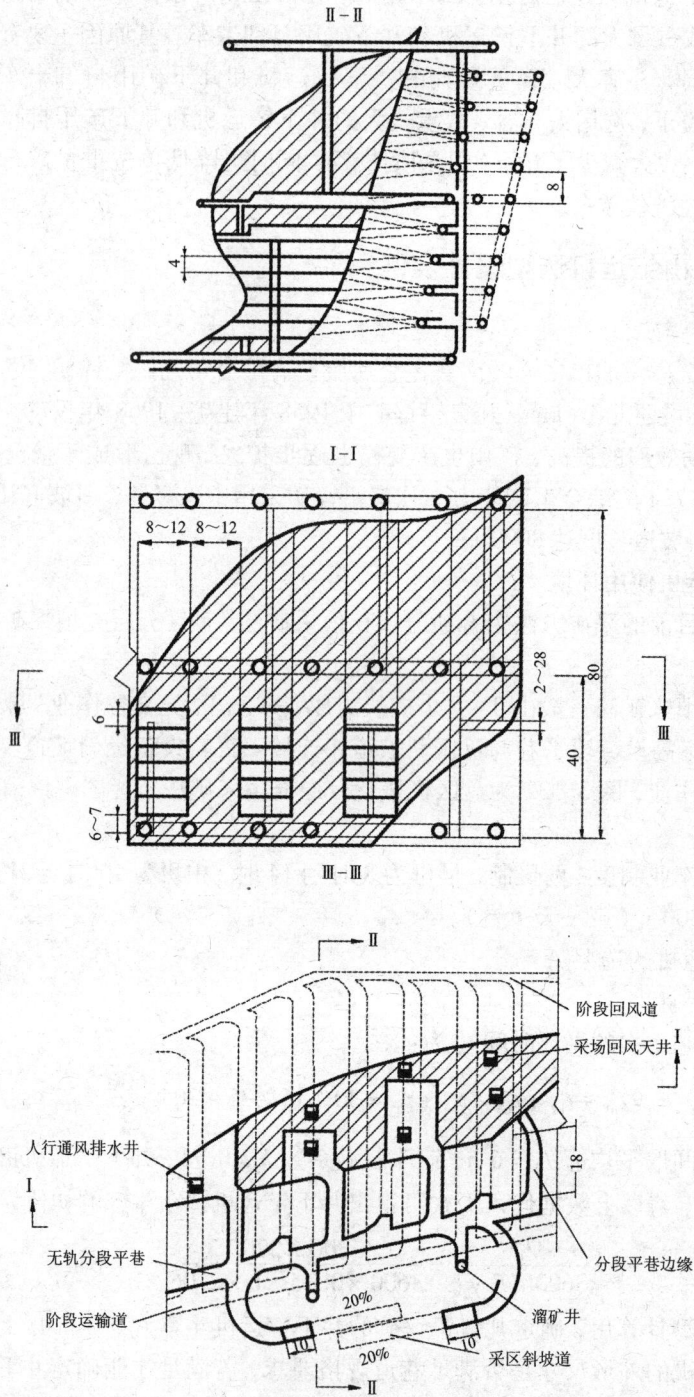

II - II

I - I

III - III

II

阶段回风道

采场回风天井

人行通风排水井

无轨分段平巷

阶段运输道

分段平巷边缘

溜矿井

采区斜坡道

20%

20%

图 3 - 32　盘区机械化分层充填采矿布置图

（b）井下铲运机数量计算。

①井下铲运机技术生产能力的计算。

井下铲运机技术生产能力是指在一定生产条件下，正确选择生产过程和掌握先进的操作方法时，每小时所能完成的可能铲装运输量。

$$Q_R = \frac{3600 V_H}{t_h} K \tag{3-22}$$

将前面的相关参数代入，额定斗容 V_H 取 2.0 m³，得

$$Q_R = \frac{3600 \times 2.0}{220} \times 0.75 = 24.55 \ (\text{m}^3/\text{h})$$

②井下铲运机实际生产能力的计算。

井下铲运机实际生产能力是指在具体的生产条件下，考虑井下铲运机在工作过程适当的停顿时间，井下铲运机在单位时间内实际达到的生产量，按公式（3-21）计算：

$$Q = T_1 Q_R = 6 \times 24.55 = 147.3 \ (\text{m}^3/\text{班})$$

若井下铲运机年工作天数为 230 d，凡口铅锌矿矿石密度为 2.06 t/m³，则该井下铲运机年出矿能力为：

$$Q_a = Q \times 2 \times 350 = 147.3 \ \text{m}^3/\text{班} \times 2 \ \text{班}/\text{天} \times \frac{230 \ \text{天}}{\text{年}} \times 2.06 \ \text{t/m}^3 = 139581.48 \ [\text{t}/(\text{年} \cdot \text{台})]$$

③井下铲运机工作台数。

根据公式（3-18），井下铲运机工作台数为：

$$N_1 = Q/Q_a = \frac{1200000}{139581.48} = 8.6 \ (\text{台})$$

④井下铲运机备用数量。

根据公式（3-19），井下铲运机备用台数为

$$N_2 = K_h N_1 = 0.8 \times 8.6 = 6.88 \ (\text{台})$$

⑤井下铲运机总数量。

根据公式（3-20），井下铲运机总台数为：

$$N = N_1 + N_2 = 8.6 + 6.88 = 15.48，\text{取} \ N = 16 \ (\text{台})$$

从上面的计算结果可知，凡口铅锌矿宜选用斗容为 2.0 m³ 以上的井下铲运机 16 台。实际生产中，该矿使用了斗容为 1.6 m³ ST-2D 井下铲运机 11 台，2.5 m³ST-3.5 井下铲运机 13 台，2.7 m³ TORO300D 井下铲运机 7 台和 2.6 m³ 的 CTX5N 型井下铲运机 3 台，四种型号井下铲运机共 34 台。

3.8.2.2 宝钢集团梅山铁矿

梅山铁矿位于江苏省南京市西南郊，距市中心 13 km，距安徽马鞍山市 47 km，梅山矿于 1957 年因地磁场不正常而被发现，并于 1958—1965 年开始地质勘探工作，1965—1975 年展开矿山基建开拓工作，自 1975 年开始进行采矿生产，但至 1987 年才达到重新核定的 150 万 t/a 的生产能力。为确保三级矿量平衡，从 1986 年开始一期延深工程，至 1993 年完成，一期延深后的生产能力为 250 万 t/年；从 1994 年开始展开了二期工程，生产能力应达到 400 万 t/年，2004 年实现这一目标。

（1）井下铲运机使用环境。

梅山铁矿采矿方法为无底柱分段崩落法，采准巷道掘进废石和回采出矿均采用铲运机来完成，平均运距 100 m，巷道路面为矿体路面，井下工人 8 小时工作制，两班/天，300 t/（班·天·台）。

（2）井下铲运机选型。

（a）铲斗斗容计算。

梅山铁矿井下铲运机作业循环为：铲装—重车行驶—倒矿—空车行驶四个工作段，完成铲斗装卸一次的循环时间分别为铲装 28 s、重车行驶 60 s、卸载时间 10 s、倒车 10 s 和空车行驶 40 s，则一个工作循环时间为：

$$t_h = t_{h1} + t_{h2} + t_{h3} + t_{h4} + t_{h5} = 18 + 60 + 10 + 10 + 40 = 148 \text{（s）}$$

每班工作时间取平均值 $T_1 = 5$ h，铲斗装满系数 $K_g = 0.75$，井下铲运机铲装矿石松散容重 $\gamma = 2.6$ t/m^3。将上述参数代入公式（3-20）得出梅山铁矿井下铲运机铲斗斗容的初值为：

$$V_H = \frac{Q_n t_n}{3600 K T_1 \gamma} = \frac{300 \times 148}{3600 \times 0.75 \times 5 \times 2.6} = 1.26 \text{（m}^3\text{）}$$

经过初步选型计算后，确定梅山矿井下铲运机斗容为 1.5 m^3 以上，下一步是验证 1.5 m^3 井下铲运机的外形尺寸是否满足巷道规格要求。

（b）井下铲运机数量计算。

①井下铲运机技术生产能力的计算。

井下铲运机技术生产能力是指在一定生产条件下，正确选择生产过程和掌握先进的操作方法时，每小时所能完成的可能铲装运输量。

$$Q_R = \frac{3600 V_H}{t_h} K \qquad (3-23)$$

将前面的相关参数代入，在这时额定斗容 V_H 取 1.5 m^3，得：

$$Q_R = \frac{3600 \times 1.5}{148} \times 0.75 = 27.36 \text{（m}^3\text{/h）}$$

②井下铲运机实际生产能力的计算。

井下铲运机实际生产能力是指在具体的生产条件下，考虑井下铲运机在工作过程适当的停顿时间，井下铲运机在单位时间内实际达到的生产量，按公式（3-22）计算：

$$Q = T_1 Q_R = \frac{3600 V_H}{t_h} K T_1 \gamma = \frac{3600 \times 1.5 \times 0.75 \times 5 \times 2.6}{148} = 136.82 \text{（m}^3\text{/班）}$$

若井下铲运机年工作天数为 230 天，凡口矿的矿石容重为 2 t/m^3，每天 3 个班，出矿 3 次，则该井下铲运机年出矿能力为：

$$Q_a = Q \times 3 \times 230 \times 2 = 136.82 \times 3 \times 230 \times 2 = 188811.6 \text{ [t/（年·台）]}$$

③井下铲运机工作台数。

根据公式（3-19），确定井下铲运机工作台数为：

$$N_1 = Q/Q_a = \frac{2500000}{188811.6} = 13.24 \text{（台）}$$

④井下铲运机备用数量。

根据公式（3-20），井下铲运机备用台数为：

$$N_2 = K_h N_1 = 0.8 \times 13.24 = 10.59 \text{（台）}$$

⑤井下铲运机总数量。

根据公式(3-21),梅山铁矿井下铲运机总台数为:

$$N = N_1 + N_2 = 13.24 + 10.59 = 23.84, \text{取} N = 24（台）$$

从上面的计算可知,梅山铁矿宜选用斗容为 1.5 m³ 以上的井下铲运机约 24 台。实际生产中,该矿在 250 万 t/年生产规模时,使用斗容为 1.75 m³ ST-2D 井下铲运机、2.0 m³ LK-1 井下铲运机、3.0 m³ TORO300D 井下铲运机和 4.0 m³ 的 TORO400E 型井下铲运机,四种型号井下铲运机共 51 台。

3.8.2.3 新城金矿

新城金矿属于山东省黄金矿业公司,地处山东渤海湾畔,位于山东省莱州市金城镇。矿石储量为 8885452 t,平均品位 8.18 g/t,金属量为 71066 kg,矿体集中,品位稳定,矿脉埋藏浅,易采易选。1998 年达到 1250 t/d 的设计生产能力,新城金矿的开拓系统见图 3-33 所示。

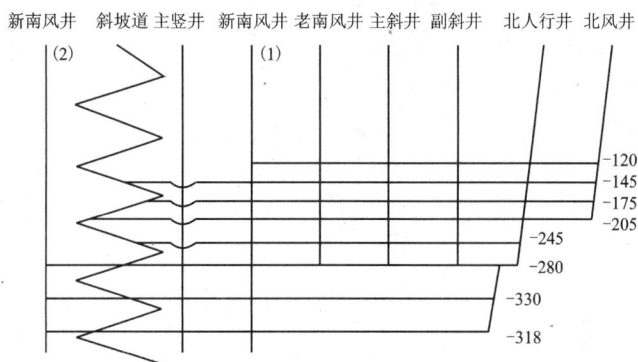

图 3-33 新城金矿开拓系统图

(1)井下铲运机使用条件。

采矿方法:盘区上向高分段连续回采充填采矿法。

井下铲运机使用环境:井下铲运机与井下矿用自卸卡车配套时运输距离为 15～100 m,采场至溜井口的运距为 200 m。路面为采矿经过清底后的矿石路面,有时夹杂一些充填灰浆料的混合路面,在有的采掘区域也有短距离的斜坡道。井下铲运机每班工作约 7 h,三班制,每天出矿约 1250 t。

(2)井下铲运机的选型计算。

(a)铲斗斗容计算。

完成铲斗装卸一次的循环时间 t_h 为:

$$t_h = t_{h1} + t_{h2} + t_{h3} + t_{h4} + t_{h5} = 25 + 10 + 20 + 25 + \frac{400}{5} = 120（s）$$

每班工作时间取平均值 $T_1 = 7$ h,铲斗装满系数 $K = 0.75$,井下铲运机铲装矿石松散容重 $\gamma = 2$ t/m³ 代入公式(3-20)得出井下铲运机铲斗斗容的初选值为:

$$V_H = \frac{Q_h}{3600 K_g T_1 \gamma} t_h = \frac{\frac{1250}{3} \times 120}{3600 \times 0.75 \times 7 \times 2} = 1.32（m³）$$

计算后,初步选用 1.5 m³ 以上的井下铲运机。

（b）井下铲运机数量。

①井下铲运机技术生产能力的计算。

井下铲运机技术生产能力是指在一定生产条件下，正确选择生产过程和掌握先进的操作方法时，每小时所能完成的可能铲装运输量。

$$Q_R = \frac{3600 V_H}{t_h} K$$

将前面的相关参数代入，此时额定斗容 V_H 取 1.5 m³，得：

$$Q_R = \frac{3600 \times 1.5}{120} \times 0.75 = 33.75 \ (\text{m}^3/\text{h})$$

②井下铲运机实际生产能力的计算。

井下铲运机实际生产能力是指在具体的生产条件下，考虑井下铲运机在工作过程适当的停顿时间，井下铲运机在单位时间内实际达到的生产量，按公式（3-21）计算

$$Q = T_1 Q_R = 7 \times 33.75 = 236.25 \ (\text{m}^3/\text{班})$$

若井下铲运机年工作天数为 230 天，矿石容重按 2 t/m³ 计算，则该井下铲运机年出矿能力为：

$$Q_a = Q \times 3 \times 230 \times 2 = 236.25 \times 3 \times 230 \times 2.0 \ \text{t/m}^3 = 326025 \ [\text{t/（年·台）}]$$

③井下铲运机工作台数。

根据公式（3-18），井下铲运机工作台数为：

$$N_1 = Q/Q_a = \frac{2500000}{326025} = 7.67 \ (\text{台})$$

④井下铲运机备用数量。

根据公式（3-19），井下铲运机备用台数为：

$$N_2 = K_h N_1 = 0.8 \times 67 \approx 6.14 \ (\text{台})$$

⑤井下铲运机总数量。

根据公式（3-20），井下铲运机总台数为

$$N = N_1 + N_2 = 7.67 + 6.14 = 13.81, \ \text{取} \ N = 14 \ (\text{台})$$

从上面的计算可知，新城金矿宜选用斗容为 1.5 m³ 左右的井下铲运机约 14 台。矿山实际生产中，该矿三期工程前使用斗容为 0.76 m³ HST-1A（6 台）、2.7 m³ TORO 250BD 型（4 台）、3.3 m³ TORO300D 型（7 台）和 2.0 m³ ST-2D 型（1 台）四种主力井下铲运机共 18 台，300 t/（班·天·台）。

3.8.2.4 铁山铁矿

铁山铁矿属于河南安阳钢铁集团舞阳矿业公司，矿山位于舞钢市朱兰，长 1300~1400 m，矿体平均倾角 36°。矿山设计规模为 400 万 t/a，采用以井下铲运机为中心的无轨开采技术，图 3-34 为该矿采场底部结构示意图。

（1）井下铲运机运行环境。

铁山铁矿 -385~-340 m 水平之间矿体西部全部为厚大矿体，采用阶段深孔崩矿嗣后充填采矿法，阶段高度为 45 m。首采矿房完成后，进行全尾砂胶结充填，充填体养护达到设计要求后再进行相邻矿房回采。溜井到各采场端部的距离为 137~250 m。采用三班 8 h 工作制，井下铲运机的作业时间与生产作业同步循环进行。

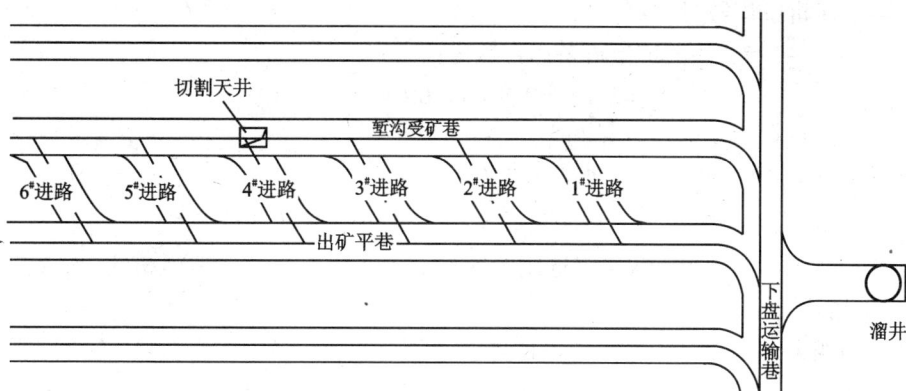

图 3 – 34 铁山铁矿采场底部结构示意图

（2）井下铲运机的选型计算。

（a）铲斗斗容计算。

完成铲斗装卸一次的循环时间 t 为：

$$t_h = t_{h1} + t_{h2} + t_{h3} + t_{h4} + t_{h5} = 25 + 10 + 20 + 25 + \frac{400}{5} = 160 \ (s)$$

每班工作时间取平均值 $T_1 = 6 \ h$，铲斗装满系数 $K = 0.75$，井下铲运机铲装矿石松散容重 $\gamma = 20 \ t/m^3$，以上参数代入公式（3 – 20），得出铁山铁矿井下铲运机铲斗斗容的初选值为：

$$V_H = \frac{Q_h}{3600 K T_1 \gamma} t_h = \frac{200 \times 160}{3600 \times 0.75 \times 6 \times 2} \approx 1.48 \ (m^3)$$

考虑该矿山的生产技术条件，根据计算结果，初步选择 1.5 m^3 以上井下铲运机。

（b）井下铲运机数量计算。

①井下铲运机技术生产能力的计算。

井下铲运机技术生产能力是指在一定生产条件下，正确选择生产过程和掌握先进的操作方法时，每小时所能完成的可能铲装运输量。

将前面的相关参数代入，在这时额定斗容 V_h 取 1.5 m^3，得：

$$Q_R = \frac{3600 \times 1.5}{160} \times 0.75 = 25.31 \ (m^3/h)$$

②井下铲运机实际生产能力的计算

井下铲运机实际生产能力是指在具体的生产条件下，考虑井下铲运机在工作过程适当的停顿时间，井下铲运机在单位时间内实际达到的生产量，按公式（3 – 21）计算

$$Q = T_1 Q_R = 6 \times 25.31 = 151.86 \ (m^3/班)$$

若井下铲运机年工作天数为 230 天，矿石容重按 2 t/m^3 计算，则该井下铲运机年出矿能力为：

$$Q_a = Q \times 3 \times 230 \times 2 = 151.86 \times 3 \times 230 \times 2 = 209566.8 \ [t/(年·台)]$$

③井下铲运机工作台数。

根据公式（3 – 18），井下铲运机工作台数为：

$$N_1 = Q/Q_a = \frac{4000000}{209566.8} \approx 19.09 \ (台)$$

④井下铲运机备用数量。

根据公式(3-19)，井下铲运机备用台数为：

$$N_2 = K_h N_1 = 0.8 \times 19.09 \approx 15.27 \text{（台）}$$

⑤井下铲运机总数量。

根据公式(3-20)，井下铲运机总台数为：

$$N = N_1 + N_2 = 19.09 + 15.27 = 34.36，取 N = 34 \text{（台）}$$

根据计算结果可知，铁山铁矿宜选用斗容为 1.5 m^3 左右的井下铲运机约 35 台。

3.8.2.5 小结

从以上的四个矿山井下铲运机选型计算理论值与实际配备值可以看出，它们之间存在较大差异，其原因主要有：

①在井下无轨设备选型计算时，相关系数的选择过大或过小。

②井下无轨设备在生产实际过程中的装载、卸载、等待时间差异较大，难以取得准确值。

③井下无轨设备运输距离值与实际值存在较大差异，无轨装运设备在井下的装、卸料点随采场推进而变化。

④井下无轨设备运行速度计算值与实际值存在较大差异，不同操作人员车辆行驶速度也不一样，难以取得准确的数据。

⑤井下无轨装运设备选型计算时，未考虑巷道掘进等井下掘进工程产生的废石运输量。

⑥井下矿山生产任务往往根据市场需要进行调整，矿废石运输量也随之发生变化。

正是由于各种难以准确确定的影响因素，使得井下无轨设备选配数量计算值仅作为设计之初参考值，矿山实际的设备配备类型与数量必须根据生产实际确定。

参考文献

[1] 汪德强. 基于遗传算法的井下金属矿山设备选型与配套[D]. 昆明：昆明理工大学，2012.

[2] 《采矿手册》编辑委员会. 采矿手册第5卷[M]. 北京：冶金工业出版社，1991.

[3] 张栋林. 地下井下铲运机[M]. 北京：冶金工业出版社，2002.

[4] 高梦熊. 国外地下汽车的现状与发展[J]. 现代矿业，2014(1)：1-6.

[5] 高梦熊. 国外地下汽车的现状与发展(续)[J]. 现代矿业，2014(2)：1-8.

[6] 高梦熊. 国外地下汽车的现状与发展(续)[J]. 现代矿业，2014(3)：1-4.

[7] 赵昱东. 金属矿山用井下汽车发展现状和趋势(一)[J]. 现代矿业，2009(8)：47-49.

[8] 赵昱东. 金属矿山用井下汽车发展现状和趋势(二)[J]. 现代矿业，2009(9)：53-56.

[9] 战凯. 国内外地下汽车研究现状评述及今后发展趋势[J]. 采矿技术，2007(12)：51-57.

[10] 高梦熊. 井下装载机——结构、设计与使用[M]. 北京：冶金工业出版社，2002.

[11] 高梦熊. 地下装载机[M]. 北京：冶金工业出版社，2011.

[12] 王琴现，齐悦刚，孙电生. 地下金属矿山设备选型的原则和方法[J]. 金属矿山，2002，311(5)：43-45.

[13] 王聚永. 铁山矿电动铲运机出矿可行性研究[J]. 有色金属(矿山部分)，2016，68(2)：21-23.

[14] 张钦礼，朱永刚，王新民，等. 大型无轨设备在新桥矿地下开采中的配套应用研究[J]. 矿业研究与开发，2006，11：113-115.

第4章 竖井提升运输

4.1 概述

矿井提升设备是矿井运输系统中的咽喉部位，是井下与地面联系的主要工具。其用途是把井下的矿石和废石经井筒提升到地面、下放材料、在地面与井底之间升降人员与设备等。矿井提升设备主要有：提升容器、提升钢丝绳、提升机天轮和井架以及装卸载附属装置等。

4.1.1 矿井提升设备的分类

矿井提升设备的分类如下：

①按用途分主井提升设备和副井提升设备，前者专门提升矿石，后者提升废石、升降人员、运送材料和设备等。

②按提升机类型分单绳提升设备和多绳提升设备。

③按井筒倾角分竖井提升设备和斜井提升设备。

④按提升容器分罐笼提升设备和箕斗提升设备。

⑤按拖动装置分交流提升设备和直流提升设备。

⑥按提升系统的平衡分不平衡提升设备和平衡提升设备。

4.1.2 矿井提升设备的技术改造与发展趋势

为了使矿井提升设备不断适应生产发展的需要，一方面应对现有提升设备进行技术改造，挖掘潜力；另一方面，应分析研究提升设备的发展趋势，设计并制造更加现代化的新型提升设备。

(1)矿井提升设备的技术改造。

对现有提升设备进行技术改造，国内外均有丰富的实践经验。例如，以钢丝绳罐道或金属组合罐道代替木质或钢轨罐道；提升容器以轻金属代替部分钢结构；提高提升速度；加长箕斗尺寸。

对现有提升设备技术改造的方案是将单绳缠绕式提升系统改为双绳缠绕式提升系统。它是把原来的每个卷筒均用隔板分成两部分，每部分都缠一根钢丝绳，双绳经平衡装置接到一个容器上。改装后，应检验原提升机的最大静张力和最大静张力差是否符合要求。

矿井提升设备总的发展趋势是多绳摩擦式提升设备，并向体积小、重量轻、结构简单与高度自动化方向发展。

(2)矿井提升设备的发展趋势。

国内大型矿山经过多年开采，露天矿床逐渐进入深凹开采，地下矿床进入深部开采。随着开采水平的不断下降，矿井提升高度不断增加，采矿工业对矿井提升作业提出了更高的技术要求。为保证矿井建设工作的安全有效运行，需要进一步研发新型高效的矿井提升设备。未来矿井提升设备的发展趋势主要集中于以下3个方面：

（1）智能化。随着卫星无线通信技术和微电子技术的飞速发展，采矿设备在开发和应用方面逐步开始了智能化进程。可以说，目前采矿设备的智能化已经取得了实质性的进步，无论在露天矿还是在地下矿，无人驾驶程式化控制和集中控制的采矿设备，已经进入实际研发与应用阶段。未来，完善的智能化控制技术将会在采矿设备中得到更广泛的应用。

（2）自动化。近年来发达国家的采矿设备发展迅猛，已经研发出大量的矿山自动化设备，并投入使用，主要有凿岩自动化、装药自动化、矿石破碎自动化、遥控铲运机、采矿自动化调度、通风自动化、远距离自动化通信、露天矿边坡自动监测、选矿过程控制、矿井提升机在线自动控制等。

（3）信息化。信息、定位、通信等技术的迅速发展和应用，深刻地影响和改变着传统的采矿工艺，无人工作面、遥控采矿甚至是无人矿井等已在瑞典、加拿大、美国、澳大利亚等矿业发达国家成为现实。目前，加拿大英科公司已经通过地下通信、地下定位与信息快速处理及过程监控系统，实现了对地下开采装备乃至整个矿山开采系统的遥控操作。

4.2 提升容器

提升容器供装运货物、人员、材料和设备用。金属矿山采用的提升容器有罐笼、箕斗、矿车、吊桶四种。竖井提升常用罐笼和箕斗，斜井提升常用矿车串车和箕斗，而吊桶则仅用于竖井开凿和井筒延伸。

4.2.1 罐笼

罐笼可供提升矿石、废石、人员、材料和设备用，它既可用于主井提升，也可用于副井提升。罐笼有单层的和双层的。我国金属矿山广泛采用单层罐笼，有时也采用双层罐笼。

罐笼按其所装矿车的名义装载量确定罐笼的吨位，分为1 t、1.5 t和3 t罐笼。每种罐笼又有单层和多层之分。1 t、1.5 t双层普通罐笼用于主井提升时，每层可装一辆矿车；当用于副井提升时，上层罐笼可不装阻车器；3 t普通罐笼只考虑作为副井提升容器。竖井单绳普通罐笼和竖井多绳普通罐笼的技术规格见表4-1和表4-2。新建、改建、扩建的金属非金属地下矿山一律禁止使用非定型竖井罐笼。

4.2.1.1 罐笼结构

图4-1所示为单绳单层普通罐笼结构。它由罐体、悬挂装置、导向装置和安全装置等主要部分组成。

如图4-1所示，罐体是由横梁及立柱组成的并用槽钢或角钢焊接或铆接的金属框架，其两侧焊有带孔钢板，上面设有扶手，两端装有罐门或罐帘，以保证提升人员的安全；罐底焊有花纹钢板并铺设轨道，供推入矿车之用。为避免提升过程中矿车在罐内移动，在罐底还装有阻车器（罐挡）及自动开闭锁装置。罐笼顶部设半圆弧形的淋水棚和可打开的罐盖，以便下放尺寸较长的材料。

表4-1 竖井单绳普通罐笼的技术规格

单绳罐笼型号			罐笼断面尺寸/mm×mm	罐笼高度(近似值)/mm	装载矿车			允许乘人数/人	罐笼装载量/kg	罐笼质量(估计)/kg	最小井筒直径/mm	
					型号	名义载重	车数				有梯子间	无梯子间
GLS-1×1/1	钢丝绳	同侧进出车	2550×1020	4200	MG1.1-6A	1	1	12	2395	2218	4900	4100
GLSY-1×1/1	罐道	异侧进出车								2088	4900	4100
GLG-1×1/1	刚性	同侧进出车								2878	4800	3800
GLGY-1×1/1	罐道	异侧进出车								2748	4800	3800
GLS-1×2/2	钢丝绳	同侧进出车		6680			2	24	3235	3247	5000	4300
GLSY-1×2/2	罐道	异侧进出车								3000	5000	4300
GLG-1×2/2	刚性	同侧进出车								3907	4800	3800
GLGY-1×2/2	罐道	异侧进出车								3667	4800	3800
GLS-1.5×1/1	钢丝绳	同侧进出车	3000×1200	4850	MG1.7-6A	1.5	1	17	3420	2790	5600	4800
GLSY-1.5×1/1	罐道	异侧进出车								2650	5600	4800
GLG-1.5×1/1	刚性	同侧进出车								3450	5400	4500
GLGY-1.5×1/1	罐道	异侧进出车								3310	5400	4500
GLS-1.5×2/2	钢丝绳	同侧进出车		7250			2	34	4610	4070	5800	5100
GLSY-1.5×2/2	罐道	异侧进出车								3790	5800	5100
GLG-1.5×2/2	刚性	同侧进出车								4670	5400	4500
GLGY-1.5×2/2	罐道	异侧进出车								4390	5400	4500
GLS-3×1/1	钢丝绳	同侧进出车	4000×1470	4820	MG3.3-9B	3	1	29	6720	4670	6800	6000
GLSY-2×1/1	罐道	异侧进出车								4500	6800	6000
GLG-3×1/1	刚性	同侧进出车								5050	6400	5500
GLGY-3×1/1	罐道	异侧进出车								4880	6400	5500
GLS-3×1/2	钢丝绳	同侧进出车		7170				58		6480	6900	6100
GLSY-3×1/2	罐道	异侧进出车								6310	6900	6100
GLG-3×1/2	刚性	同侧进出车								6950	6400	5500
GLGY-3×1/2	罐道	异侧进出车								6780	6400	5500

表 4 - 2　竖井多绳普通罐笼的技术规格

多绳罐笼型号		装载矿车		乘车人数/人	罐笼装载量/kN	罐笼质量/t	最大终端载荷/kN	提升首绳		尾绳根数
刚性罐笼	钢丝绳罐笼	型号	车数					数量	直径/mm	
GDG1/6/1/2	GDS1/6/1/2	MG 1.1-6	2	23	4.37	4.65	157/279	4	22/28	2
GDG1/6/1/2K	GDS1/6/1/2K			38		5.80	275		28	
GDG1/6/2/2	GDS1/6/2/2			20		4.28	158/267		22/28	
GDG1/6/2/2K	GDS1/6/2/2K			28		4.91	275		28	
GDG1/6/2/4	GDS1/6/2/4	MG 1.1-6A	4	46	8.74	7.96	282/381/559		28/32/39.5	
GDG1/6/2/4K	GDS1/6/2/4K			76		9.28	276/378/547			
GDG1.5/6/2/2	—	MG 1.7-6	2	32	6.84	6.36	280	6/4	24/28	3/2
GDG1.5/6/2/2K	—			44		7.58	290		32/39	
GDG1.5/6/2/4	—		4	61	13.68	10.78	550		32/39.5	
GDG1.5/6/2/4K	—			84		11.91	560			
GDG1.5/9/2/4	—	MGC 1.7-9	4	61	14.68	10.93	570/560	6/4	33/39.5	3/2
GDG1.5/9/2/4K	—			84		11.88	580/570			
GDG1.5/6/3/4	—	MGC 1.7-6	4	90	13.68	12.57	580/570	6	34.5	3
GDG1.5/6/3/4K	—			126		13.93	610			
GDG1.5/9/3/4	—	MGC 1.7-9	4	96	14.68	12.77	610	6	34.5	3
GDG1.5/9/3/4K	—			126		13.98	620			
GDG3/9/1/1	—	MGC 3.3-9	1	33	6.62	8.35/8.41	354.4/386.9	4/6	32/28	2
GDG3/9/2/2	—		2	66	13.23	11.35/11.37	554.3/567.8		39.5/33	
GDG3/9/3/2	—		2	99		13.45/13.47	574.9/588.4			
GDG3/9/1/1K	—		1	38	11.00	8.70/8.75	560.0/481.0		36.5/31	
GDG3/9/2/2K	—		2	76	13.23	12.14/12.16	590.9/594.4		14/34.5	
GDG3/9/3/2K	—		2	114		14.35/14.37	583.7/597.2		39.5/33	

　　悬挂装置的用途是将罐笼与钢丝绳连接起来。如图 4 - 1 所示，它由主拉杆、桃形环、绳卡(压板)和两根保险链组成。钢丝绳的尾端绕过桃形环后，用不少于 5 个绳卡与钢丝绳的工作端箍紧。桃形环的形状应为不对称的，使所有负荷均由钢丝绳的工作端承受。为方便检查连接装置在运行过程中是否有松脱现象，在最后两绳卡之间留一弧形段(绳端侧)，如弧段伸直或缩小时则说明绳卡已松动。

　　提升容器与钢丝绳的连接最好采用楔形绳卡，楔形绳卡的两块侧板用螺栓连在一起，钢丝绳绕装在楔块上，当钢丝绳拉紧时，楔块挤进由梯形铁与侧板构成的楔壳内，将钢丝绳两边卡紧。这种悬挂装置安全可靠，对钢丝绳也无损害。吊环和调整孔是调整钢丝绳长度时用的。限位板在拉紧钢丝绳后用螺栓拧紧，以防止楔块松脱。

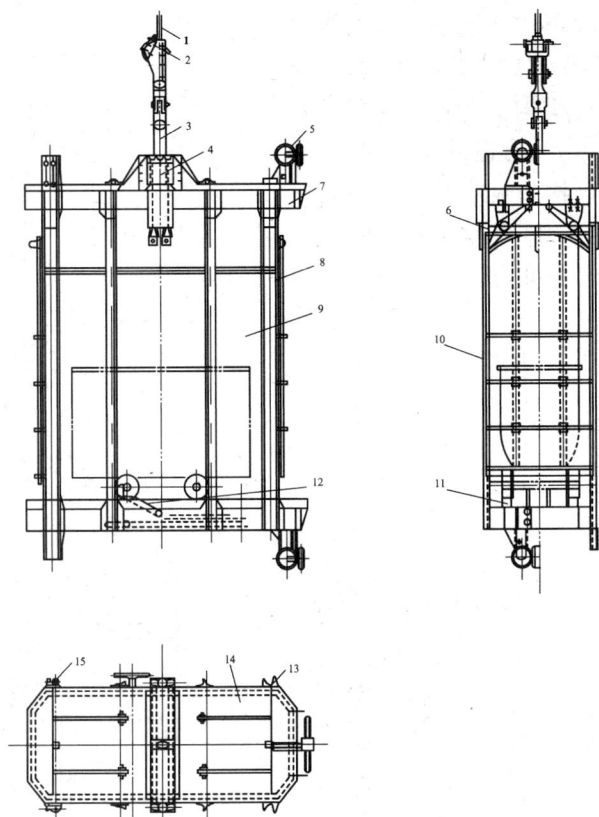

图4-1 单绳普通罐笼结构图

1—提升钢丝绳；2—双面夹紧楔形环；3—主拉杆；4—防坠器；5—橡胶滚轮罐耳；
6—淋水棚；7—横梁；8—立柱；9—钢板；10—罐门；11—轨道；12—阻车器；
13—稳罐罐耳；14—罐盖；15—套管罐耳(用于绳罐道)

　　罐笼的导向装置又称为罐耳。罐笼借助罐耳沿着装在井筒中的罐道运行。罐道有木质、钢轨和型钢组合及钢丝绳三种。升降人员的罐笼一般用木罐道，箕斗提升多用钢轨和型钢组合罐道。钢丝绳罐道具有结构简单、节省钢材、通风阻力小、便于安装、磨损轻和寿命长等优点，已经获得越来越广泛的使用。但钢丝绳罐道的拉紧装置增加井架负荷，井筒断面亦稍增加。罐耳分为滑动和滚动两种，滑动罐耳与罐道间应留有规定的间隙，滑动罐耳与罐道间有运行冲击现象，且二者磨损较大。滚轮罐耳运行平稳性好，阻力小，罐道磨损亦小。滚轮罐耳一般用橡胶或铸铁制成。采用钢丝绳罐道时，提升容器上除设沿绳道滑动的导向套(每根绳罐道设两个)外，还应设滑动罐耳，以适应井口换车时稳罐的需要，或过卷进入楔形罐道起安全作用。

　　国家安全规程规定，提人或提人和物料的罐笼，必须安设动作可靠的断绳保险器(防坠器)。防坠器是竖井提升罐笼的一种重要安全保证设备。在提升过程中，由于某种原因，提升钢丝绳断绳或连接装置断裂，它能自动抓住制动绳，使罐笼平稳停住，不致坠入井底，从而保证人员的安全和提升设备不致损坏。

竖井用防坠器一般由开动机构、传动机构、抓捕机构和缓冲机构四个部分组成。其工作过程是：提升过程中发生断绳时，开动机构动作，通过传动机构传动抓捕机构，抓捕机构把罐笼支承到井筒中的支承物上(罐道或制动绳)，罐笼下坠的动能由缓冲机构来吸收。一般开动机构和传动机构连在一起，抓捕和缓冲有的联合作用，有的设有专门缓冲机构以限制制动力的大小。

根据防坠器的使用条件和工作原理，防坠器可以分为木罐道切割式防坠器、钢轨罐道摩擦式防坠器和制动绳摩擦式防坠器。前两种罐道既是罐道运行的导向装置，又是断绳时防坠的支承物。由于这两种防坠器的制动不易控制，除在老矿山有应用外，现在已不再推广使用。目前我国新设计的防坠器均为钢绳制动防坠器，因为它设有专用的制动钢丝绳，所以可以用任何形式的罐道。实践证明，这种防坠器克服了以前的 FS 型、GS 型及 JS 型等系列防坠器的缺点，具有体积小、质量轻、动作灵活、抓捕可靠、复位容易、适应性强等优点，将作为标准防坠器(BF)加以推广。

BF-152 型防坠器是标准防坠器的一种，其布置如图 4-2 所示，制动绳的上端通过连接器与缓冲绳相连，缓冲绳通过装于天轮平台上的缓冲器，再绕过圆木，而自由地悬垂在井架的另一边，绳端用合金浇铸成锥形杯，以防缓冲绳

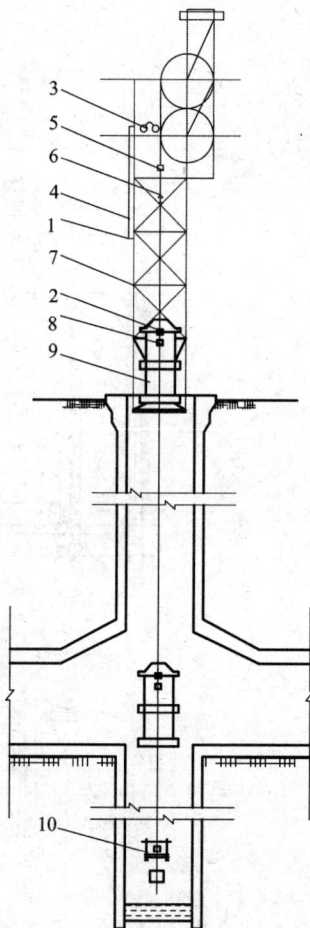

图 4-2 BF-152 型防坠器系统布置图
1—锥形杯；2—导向套；3—圆木；4—缓冲绳；5—缓冲器；6—连接器；7—制动绳；8—抓捕器；9—罐笼；10—拉紧装置

从缓冲器中全部拔出。制动绳的另一端穿过罐笼上的抓捕器伸到井底，用拉紧装置固定在井底水窝的梁上。

图 4-3 所示是防坠器抓捕机构示意图，抓捕器的开动机构为弹簧，正常提升时，提升钢丝绳拉起主拉杆，通过传动横梁和连板，使两个拔杆的外伸端处于最低位置，滑楔则在最下端位置。发生断绳时，主拉杆下降，在弹簧的作用下，拔杆的外伸端抬起，使滑楔与制动绳接触，并挤压制动绳实现定点抓捕，把下坠的罐笼支承在制动绳上；制动绳在罐笼动能作用下拉动缓冲绳，靠缓冲绳在缓冲器中的弯曲变形和摩擦阻力产生制动力，吸收罐笼下坠的能量，迫使罐笼停住。每个罐笼有两根制动绳，视制动力大小每根制动绳可以与一根或两根缓冲绳相连接，通过调节缓冲绳在缓冲器中的弯曲程度来改变制动力的大小。

图 4-4 所示是缓冲器示意图。缓冲绳在缓冲器中的弯曲程度通过螺杆和螺母来调节。

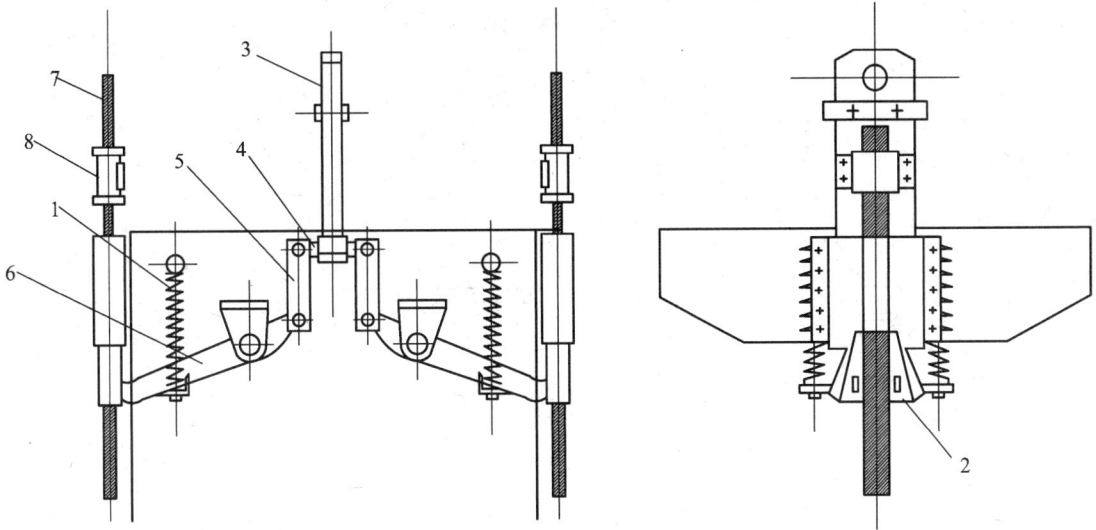

图4-3 BF系列防坠器抓捕机构示意图

1—弹簧；2—滑楔；3—主拉杆；4—横梁；5—连板；6—拨杆；7—制动绳；8—导向套

4.2.1.2 罐笼的承接装置

在井底、井口车场及中段车场，为了便于矿车出入罐笼，需设置罐笼的承接装置。承接装置可分为下列三种形式：

①承接梁是一种最简单的承接装置。仅用于井底车场，且亦发生蹾罐事故，不宜用于升降人员。

②托台是一种利用其活动托爪承接罐笼的机构，平时靠平衡锤使托爪处于打开位置，操纵手柄（气动或液动）可使托爪伸出；停罐时，要求罐笼先高于正常停罐位置，伸出托爪，再将罐笼下放至托爪上。当下放罐笼时，要求先将罐笼提至某一位置，收回托爪，然后继续下放。

使用托台能使罐笼停车位置准确，便于矿车出入，推入矿车时产生的冲击负荷由托爪承受，钢丝绳不承受。但当操作失误或其他意外情况致使托台伸出时，将会造成蹾罐和撞罐事故，因此提升人员时不准使用托台。

③摇台由能绕轴转动的两个钢臂组成，如图4-5所示。摇台安装在通向罐笼的进出口处，平时摇臂是抬起的，当罐笼停于卸载位置时，动力缸中的压缩空气排出，装有轨道的钢臂

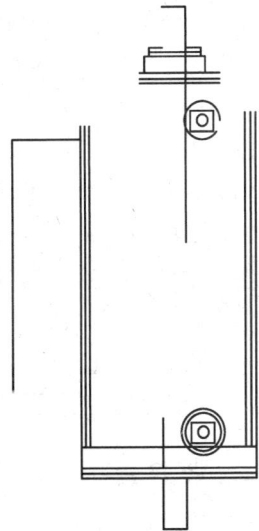

图4-4 缓冲器

1—螺杆；2—螺母；3—缓冲绳；
4—密封盖；5—小轴；6—滑块

靠自重绕轴转动，下落并搭在罐笼底座上，将罐笼内轨道与车场的轨道连接起来。固定在轴上的摆杆用销子与活套在轴上的摆杆套相连，摆杆套前部装有滚子矿车进入罐笼后，压缩空气进入动力缸，推动滑车。滑车推动摆杆套前的滚子，致使轴转动而使钢臂抬起。当动力缸发生故障或因其他原因不能动作时，也可以临时用手把进行人工操作，此时要将销子去掉，并使配重部分的重力大于钢臂部分的重力。这时钢臂的下落靠手把转动轴，抬起靠配重实现。

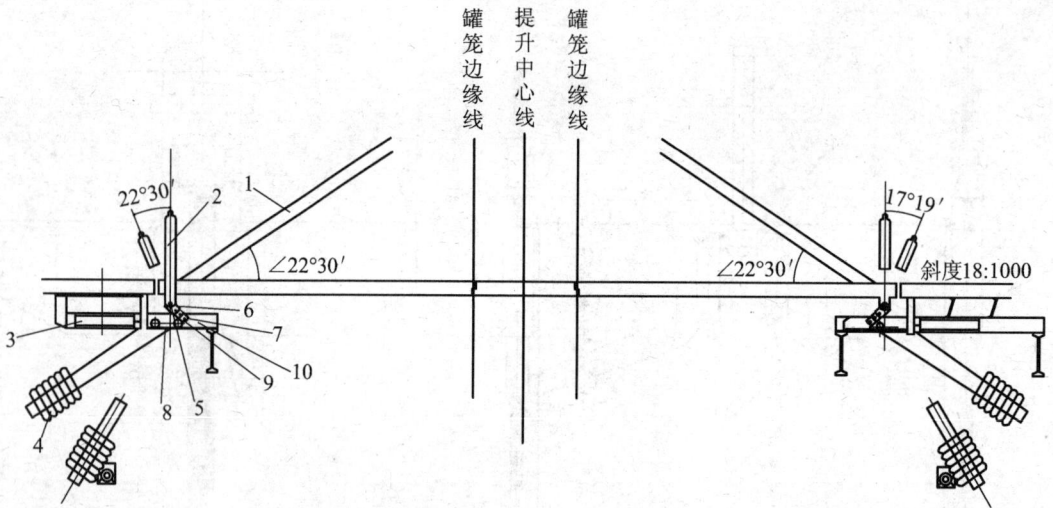

图 4 – 5 摇台

1—钢臂；2—把手；3—动力缸；4—配重；5—轴；6—摆杆；7—销子；8—滑车；9—摆杆套；10—滚子

使用摇台可使停罐作业时间短、提升过程较简单，由于有活动的轨尖，一旦因意外原因摇台落下时，轨尖被打翻而不会影响罐笼安全通过，不会造成蹾罐事故。因此摇台的应用范围广，井底、井口及中段车场都可以使用，特别是多绳摩擦提升必须使用摇台。由于摇台的调节高度受摇臂长度的限制，因此对停罐准确性要求较高，这也是摇台的不足之处。

过去设计的矿井，一般井口用罐座，井底用承接梁，中间中段用摇台，新设计的矿井中不采用罐座和承接梁，而直接采用摇台。

4.2.1.3 稳罐设备

使用钢丝绳罐道的罐笼，用摇台作承接装置时，为防止罐笼由于进出时的冲击摆动过大，在井口和井底需专设一段刚性罐道，利用罐笼上的罐耳进行稳罐。在中间中段因不能安设刚性罐道，必须设置中间中段的稳罐装置。稳罐装置可采用气动或液动专门设备，当罐笼停于中间中段时，稳罐装置可自动伸出凸块将罐笼抱稳。

4.2.2 竖井箕斗

4.2.2.1 箕斗分类及其优缺点

箕斗是提升矿石或废石的单一容器。箕斗按卸载方式分为底卸式、翻转式和侧卸式。竖井提升主要采用底卸式和翻转式，其中多绳提升一般采用底卸式，单绳提升可采用底卸式，也可采用翻转式。

与罐笼提升相比，箕斗的优点有：

①自重小，使提升机尺寸和电动机功率减小，效率高。

②井筒断面小，无需增大井筒断面就能在井下使用大尺寸矿车。

③箕斗装卸时间短，生产能力大，容易实现自动化，劳动强度较低。

所以一般日产量 1000 t 以上、井深超过 200 m 的矿山，大都在主井采用箕斗提升。

箕斗的缺点有：

①必须在井下设置破碎系统，在井口设置矿仓，井下、井口设装卸载装置。

②井架高度增加，投资增大。

③若需同时提升多种矿石时，不易分类提升。

④箕斗不能运送人员，必须另设提升人员的副井。

⑤箕斗井不能作为进风井。

4.2.2.2 箕斗结构

（1）翻转式箕斗。

翻转式箕斗的构造与卸载过程如图 4-6 所示。它主要由沿罐道运动的框架与斗箱组成 [图 4-6(a)]。框架用槽钢或角钢焊成，罐耳和连接装置都固定在框架上。斗箱用钢板铆成，外面用角钢、槽钢或带钢加固，以增加其强度和刚度。箕斗底部和前后部斗壁容易压坏，常敷以衬板，磨损后可以更换。

翻转式箕斗卸载过程如图 4-6(b) 所示，框架下部的底座上固定有旋转轴，斗箱两侧各安一卸载滚轮，斗箱上部设有角板，供箕斗翻转 135° 卸载时，支持在井架支撑轮上。当箕斗进入卸载位置时，滚轮进入卸载曲轨，并使斗箱向着贮矿仓方向倾倒，借旋转轴作支点转动，直到斗箱翻转 135° 时，框架停止运行，矿石靠自重卸入贮矿仓。翻转箕斗在卸载过程中，由于斗箱一部分重量被卸载曲轨支撑，因而产生自重不平衡现象。

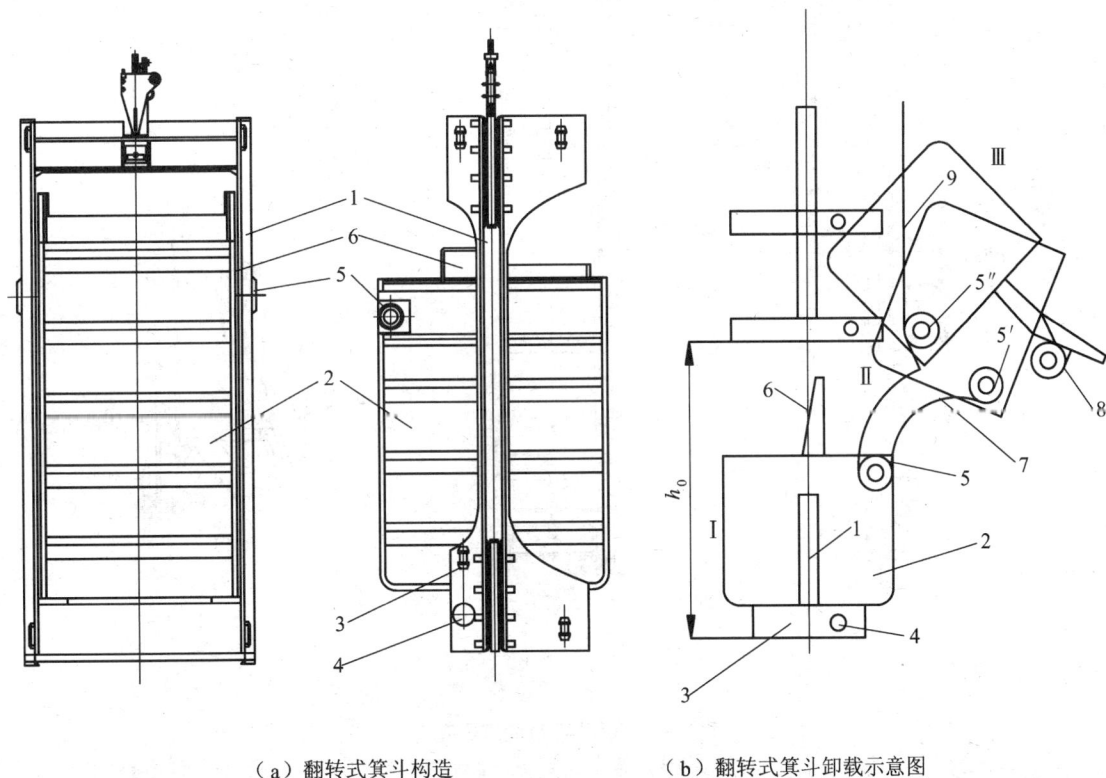

（a）翻转式箕斗构造　　　（b）翻转式箕斗卸载示意图

图 4-6 翻转式箕斗

1—框架；2—斗箱；3—底座；4—旋转轴；5—卸载滚轮；6—角板；7—卸载曲轨；
8—托轮；9—过卷曲轨；Ⅰ—箕斗卸载前位置；Ⅱ—卸载位置；Ⅲ—过卷位置

当箕斗过卷时，斗箱上部的角板就被支撑在卸载曲轨下面的两个支撑轮上，并使箕斗的重量转到轮上来，滚轮失去支撑，框架继续运行，滚轮上升并转到过卷曲轨上，斗箱沿曲轨进行，但转角不会继续增加，避免造成事故。

当箕斗下放时，斗箱从曲轨中退出，沿曲轨回到原来垂直状态。

（2）底卸式箕斗。

活动底卸式箕斗的结构和卸载过程如图4－7所示。箕斗在装载和提升过程中，依靠装在斗箱下部两侧的导轮挂钩钩住焊在框架下部两内侧的掣子，以保持位置的准确，当箕斗进入卸载点时，框架立柱顶端进入楔形罐道，下部卸载导轨槽嵌入卸载导轨，使框架保持横向稳定。与此同时，装在斗箱上导轮挂钩的导轮垂直进入安装在井塔上的活动卸载直轨［图4－7（b）］。卸载直轨通过导轮使钩子绕自身的支点转动，钩子与框架上的掣子脱开。当箕斗继续上升，框架上部的行程开关曲轨作用于固定在井塔上的开关，使箕斗停止运行。这时，通过电磁气控阀，使活动卸载直轨上的气缸动作，气缸通过卸载直轨将拉力作用在钩子的支承轴上，拉动斗箱往外倾斜。箕斗底的托轮则沿着框架底部的托轮曲轨移动，箕斗底打开，开始卸载。随着气缸的拉动，斗箱摆动至最外边时箕斗底的倾角为50°。

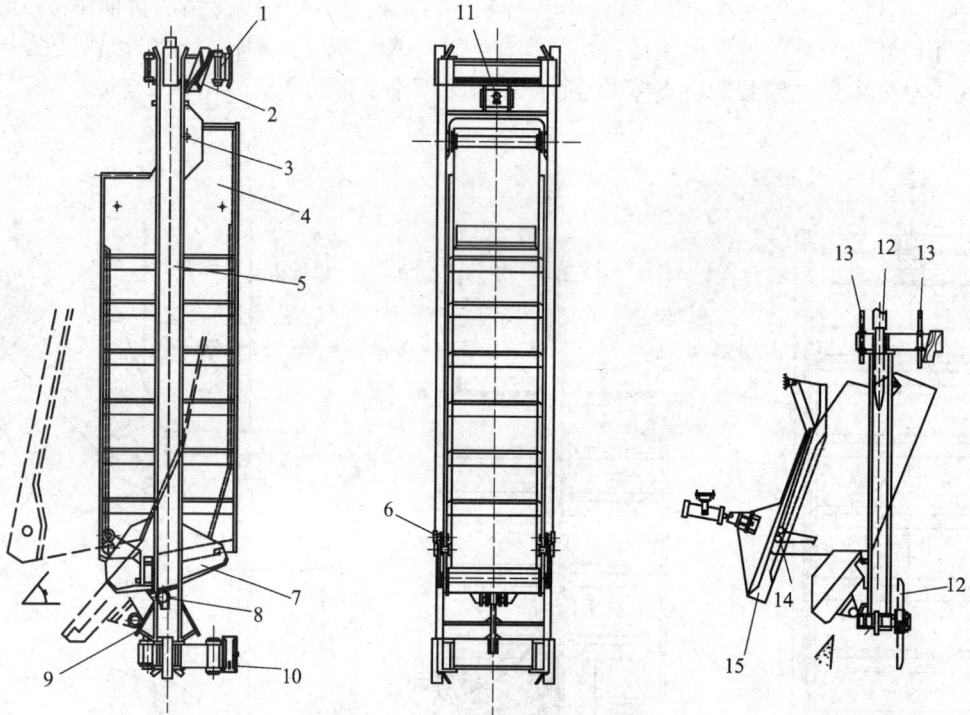

（a）活动直轨底卸式箕斗构造   （b）活动直轨底

图4－7 活动直轨底卸式箕斗

1—罐耳；2—行程开关曲轨；3—斗箱旋转轴；4—斗箱；5—框架；6—导轮挂钩；7—箕斗底；8—托轮；
9—托轮曲轨；10—导轨槽；11—悬吊轴；12—楔形罐道及导轨；13—钢绳罐道；14—导轮挂钩；15—卸载直轨

卸载后，电磁气控阀反向，气缸推动活动直轨复位，使斗箱和箕斗底也恢复到关闭位置。此时，箕斗可以低速下放。在导轮挂钩的导轮离开卸载直轨后，钩子在自重的作用下回转，钩住框架上的掣子，使斗箱与框架保持相对固定。

4.2.2.3 箕斗的装载设备

箕斗的装矿装置一般都采用计量装矿装置，分为两种，一种是定容式装载装置，另一种是定量式装矿装置。

(1)定容式装载装置。

矿石自矿车中经翻笼卸入矿仓、再经量矿斗装入箕斗中。如图4-8所示，在矿仓的下部有扇形闸门，可将溜矿口关闭和打开。下部有一量矿斗，这个量矿斗的容积和箕斗的容积相同。向箕斗装载时打开闸板，经溜槽将量矿斗中的全部矿石一次装入箕斗中。

(2)定量式装载装置。

定量式装载装置是利用压磁主件计量的箕斗装载的一种设备。如图4-9所示，该装置的定量斗箱的装矿量靠其下部的压磁测重装置控制。当箕斗到达井底装矿位置时，通过控制阀门开动控制气缸、拉杆，便将阀门打开，定量矿斗内的全部矿石就沿着溜槽进入箕斗中。

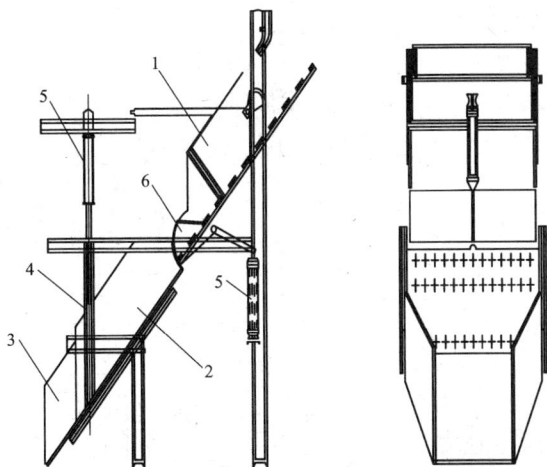

图4-8 箕斗装载装置

1—矿仓；2—量矿斗；3—溜槽；
4—闸板；5—气缸；6—扇形闸门

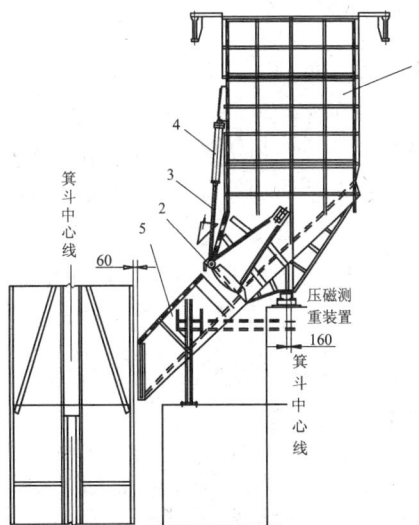

图4-9 利用压磁元件计量的箕斗装载设备

1—定量仓；2—控制气缸；3—拉杆；
4—扇形闸门；5—溜槽

在井底水平，利用箕斗的装载装置装载。对箕斗的装载装置的要求是：使提升设备均衡工作，而与井下运输无关，有装载储备容量，保证箕斗的装载量为常量，以提高提升效率，防止提升电动机过负荷，为提升的自动化创造条件，在规定的最短时间内自动装载。

装载设备中矿仓的容积等于箕斗的容积时，称为小容量矿仓。当矿仓容积大于箕斗容积时，称为大容量矿仓。大容量矿仓的优点是在运输工作量不平衡时，对提升工作没有影响，但造价较高。

卸载装置与箕斗卸载方式有关。采用翻转式箕斗时，用固定式曲轨卸载；采用底卸式箕斗时，多用由气缸或液压缸带动的活动直轨卸载。翻转式箕斗在卸载时，斗箱旋转150°，以便卸出矿石，这种卸载过程在井架上产生大的反作用力，且所需行程较长，约为箕斗长的两倍。由于翻转式箕斗存在以上缺点，大部分矿山都用底卸式箕斗。

4.2.2.4 常用箕斗类型

部分常用箕斗类型见表4-3。

表4-3 部分常用箕斗类型

型号	容积/m³	断面/mm×mm	卸载方式	自重/t	载重/t
DJD1/2-3.2	3.2	1346×1214	底卸式	7.65	7
DJS1/2-5	5	1646×1204	底卸式	10.3	11
DJS2/3-9 I	9	1800×1388	底卸式	15.08	19
DJD2/3-11 II	11	1620×1808	底卸式	17.75	23.5
FTD2(4)	2	1100×1000	翻转式	—	4
FTD4(8.5)	4	1400×1100	翻转式	—	8.5

4.2.3 罐笼箕斗

罐笼箕斗(也称箕斗罐笼)是一种实用、新型防坠箕斗,是一种带防坠器的罐笼和箕斗的双功能竖井提升容器,只需一套提升容器即可完成小矿山的提升、人员升降和其他辅助提升工作。该设备包括防坠器、罐笼两侧板、罐笼两活动底板和侧底卸扇形闸门。罐笼两活动底板抬起固定后作为箕斗提升时的斗箱侧板,箕斗提升时采用侧底卸扇形闸门曲轨自动卸载。整个设备结构合理,运行安全可靠。

箕斗罐笼的优点是把箕斗和罐笼二者合二为一,具有箕斗和罐笼二者的功能;缺点是自重大,结构复杂,设计困难,运行自动化程度低,因此很少采用。

4.2.4 平衡锤

平衡锤在竖井提升中主要用于单罐笼或单箕斗提升系统中,有时在斜井双钩提升中也有应用,其作用是平衡提升载荷,减小卷筒上提升钢绳的静张力差,以减小电动机容量。平衡单容器提升的优点是井筒断面小,井底及井口设备简单,便于多中段提升。其缺点是提升效率低,要达到与双容器相同的提升能力,必须加大提升量,这样钢丝绳直径和机械设备的尺寸也随之增大。

由于平衡锤单容器提升工作灵活性大,适合于多中段提升。因此,冶金矿山的辅助提升多采用这种方式。目前在国内外的多绳摩擦提升中,这一提升方式也得到了应用,因为它还可以减小钢丝绳的滑动,并扩大其应用范围。

平衡锤的结构如图4-10所示,它由框架和重块组成。框架由型钢焊接而成,重块则为铸铁铸造件,每块质量一般为100~150 kg。

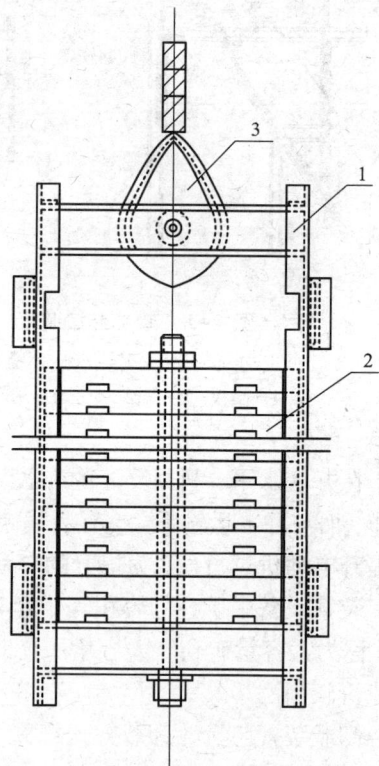

图4-10 平衡锤
1—框架;2—重块;3—桃形环

4.3 提升钢丝绳

4.3.1 提升钢丝绳的选用条件和应用范围

提升钢丝绳的作用是悬吊提升容器并传递提升机运转时的动力，使容器沿井筒做上下直线运动。钢丝绳是矿山提升设备的一个重要组成部分，它对矿井提升的安全和经济运转起着重要作用。

提升钢丝绳是一种易损部件和消耗性材料，直接关系到生产安全。因此，钢丝绳的选用应首先考虑产品的使用寿命、安全性和可靠性。为了确保上述特性的实现，应注意以下几点：一是应根据不同的用途、设备和使用环境条件，科学合理地选择钢丝绳的品种和结构，即正确选型；二是应选择综合力学性能优良和捻制质量优异的产品，确保其抗拉强度均匀、韧性值高、柔韧性好、润滑剂性能优、捻制均匀、尺寸稳定等；三是应正确装卸和储存钢丝绳，确保装卸过程中不损伤钢丝绳，储存期间不造成润滑剂变质或钢丝绳性能下降；四是应正确安装、使用和维护钢丝绳。

20世纪末就已全面推广应用线接触和面接触提升钢丝绳，普通点接触低强度钢丝绳已经基本退出市场。新品种钢丝绳的应用提高了生产效率、降低了消耗、增强了生产安全。世界知名的钢丝绳制造企业生产的特殊结构和品种的钢丝绳，在我国一些关键的提升领域都有应用。

4.3.2 钢丝绳的构成

矿井提升用钢丝绳是由一定数量的细钢丝捻成股，再用若干股捻成绳，绳中间夹有浸过防腐防锈油的纤维绳芯。

（1）钢丝。

钢丝是构成绳芯、绳股乃至钢丝绳的最基本元件，由原料（盘条）经冷拉（或轧制）制成。按截面形状可分为圆形钢丝和异型钢丝；按表面状态可分为光面钢丝及镀锌钢丝；按钢丝绳性能要求可分为重要用途和一般用途钢丝。其强度分为1570 MPa、1670 MPa、1770 MPa、1870 MPa、1960 MPa等强度等级。

（2）股。

股是由钢丝围绕股芯按照一定的规则捻制而成的螺旋状结构，是构成钢丝绳的单元元件。股芯一般由钢丝、天然纤维或合成纤维构成，按股的截面形状可分为圆形股和异型股。

（3）绳芯。

绳芯是构成钢丝绳的中心部分，分为金属芯（绳式芯IWR、股式芯IWS）、纤维芯FC（合成纤维SF、天然纤维NF）及固态聚合物芯（SPC）。绳芯主要具有减小股间压力和支撑的作用，纤维绳芯还具有润滑、防腐和储油的作用。

（4）油脂。

油脂对钢丝绳起润滑、防腐保护作用，有麻芯脂、表面脂及适合其他工况的特殊表面脂，如摩擦提升主绳专用油脂，摩擦提升尾绳专用耐腐蚀油脂等。钢丝绳的涂绳方式可分为丝涂油、股涂油和绳涂油。

4.3.3 钢丝绳的参数

（1）钢丝绳的捻距。

捻距是指钢丝绳股绕绳芯螺旋一周时所产生的移动距离。

（2）钢丝绳的捻法。

捻法是指捻制时螺旋线的走向，钢丝绳的捻法通常分为右交互捻、左交互捻、右同向捻、左同向捻四种。

（3）钢丝绳表面状态。

钢丝绳按表面状态分光面钢丝绳和镀锌钢丝绳，其中镀锌钢丝绳按镀锌层的质量分为 B级、AB 级和 A 级。

（4）钢丝绳的抗拉强度。

钢丝绳的抗拉强度一般分为 1570 MPa、1670 MPa、1770 MPa、1870 MPa、1960 MPa。

（5）钢丝绳最小破断拉力。

计算公式为：

$$F = K' \times D^2 \times R_n / 1000 \tag{4-1}$$

式中：F 为钢丝绳最小破断拉力，kN；R_n 为钢丝绳中钢丝公称抗拉强度，MPa；D 为钢丝绳公称直径，mm；K' 为钢丝绳最小破断拉力系数。

（6）钢丝绳中最小钢丝破断拉力总和。

计算公式为：

$$F_n = K \times F \tag{4-2}$$

式中：F_n 为钢丝绳中最小钢丝破断拉力总和，kN；K 为钢丝绳中最小钢丝破断拉力总和与钢丝绳最小破断拉力换算系数。

（7）钢丝绳的弹性模量。

弹性模量因钢丝绳的结构不同而不同，弹性模量会随着钢丝绳金属断面积的增加而增加。常见的结构钢丝绳弹性模量参考表4-4。如需要精确的弹性模量数据，建议用实物样品做弹性模量测试。

表 4-4　常见结构钢丝绳弹性模量

钢丝绳种类	绳芯	弹性模量/MPa	钢丝绳种类	绳芯	弹性模量/MPa
6 股钢丝绳	纤维芯	90000～120000	三角股钢丝绳	纤维芯	95000～125000
	钢芯	100000～130000		钢芯	100000～130000
8 股钢丝绳	纤维芯	80000～110000	CFRC 钢丝绳	钢芯	105000～135000
	钢芯	90000～120000	4 股钢丝绳	纤维芯	85000～115000
	钢芯	100000～130000	密封钢丝绳	钢芯	115000～140000

4.3.3.8 钢丝绳的质量

钢丝绳的质量是钢丝、纤维绳芯及油脂的质量之和，一般以 kg/100 m 表示，计算公式如下：

$$M = K \times D^2 \tag{4-3}$$

式中：M 为某一结构钢丝绳百米参考质量，kg/100 m；D 为钢丝绳公称直径，mm；K 为某一结构钢丝绳质量系数。

4.3.4 钢丝绳的分类及捻制类型和捻制方向标记

4.3.4.1 钢丝绳分类

钢丝绳按产品单元划分为通用钢丝绳和专用钢丝绳，见表 4 − 5。

表 4 − 5 钢丝绳产品单元划分

产品单元	产品品种	产品标准
通用钢丝绳	重要用途钢丝绳	GB 8918—2006
	一般用途钢丝绳	GB/T 20118—2006
	粗直径钢丝绳	GB/T 20067—2006
专用钢丝绳	电梯用钢丝绳	GB 8903—2005
	输送带用钢丝绳	GB/T 12753—2002
	操纵用钢丝绳	GB/T 14451—1993
	平衡用扁钢丝绳	GB/T 20119—2006
	航空用钢丝绳	YB/T 5197—2005

按照国家标准《钢丝绳术语、标记和分类》（GB/T 8706—2006），钢丝绳分为单层钢丝绳（包括圆股和异形股钢丝绳）、阻旋转钢丝绳、扁钢丝绳、密封钢丝绳、平行捻密实钢丝绳、缆式钢丝绳和单股钢丝绳等。钢丝绳分类及用途见表 4 −6。

表 4 −6 钢丝绳分类及用途

分类方法	分类	应用	备注
按钢丝绳捻法	同向捻	在两端固定的场合较为适用，在需要克服旋转的场合通常右向捻和左向捻成对使用	
	交互捻	广泛应用于矿井中	
	混合捻	应用少	
按钢丝绳钢丝接触状态	点接触	淘汰	
	线接触	应用领域广泛，优先选用	
	面接触	性能优异，具有推广应用价值	压实型
	包裹、充填		
按股截面形状	圆形股	应用广泛	
	异形股	应用领域非常广泛，可较大范围替代圆股钢丝绳	
按绳芯类型	纤维芯	应用广泛	
	钢芯	适用于受挤压、受冲击载荷和高温环境条件下	
	固态聚合物芯	应用少	

4.3.4.2 钢丝绳捻制类型和捻制方向标记

常用钢丝绳的标记符号如表 4 – 7 所示，其中交互捻和同向捻类型中的第一个字母表示钢丝在股中的捻制方向，第二个字母表示股在钢丝绳中的捻制方向；混合捻类型的第二个字母表示股在钢丝绳中的捻制方向。

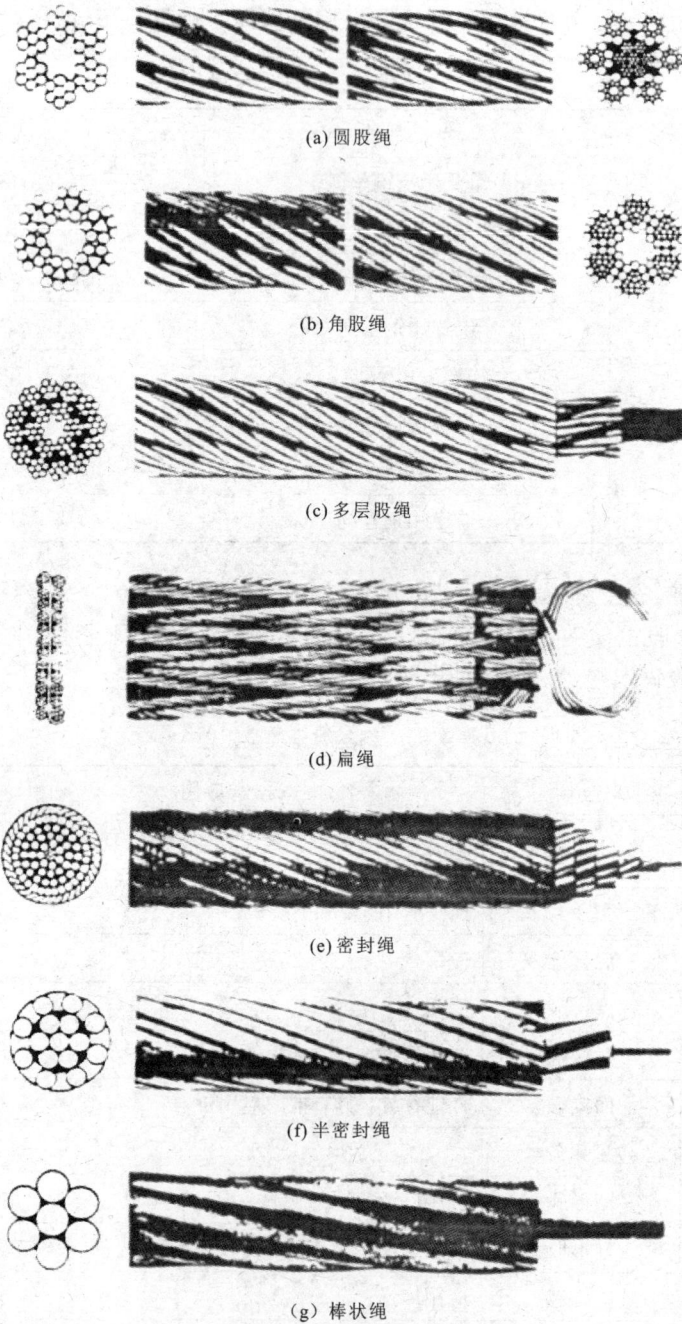

(a) 圆股绳

(b) 角股绳

(c) 多层股绳

(d) 扁绳

(e) 密封绳

(f) 半密封绳

（g）棒状绳

图 4 – 11 不同类型的提升钢丝绳

表4-7 钢丝绳捻制类型和捻制方向标记

标记符号	捻制类型与方向	备注	标记符号	捻制类型与方向	备注
Z	右捻	—	zZ	右同向捻	GB/T 8707—88 为 ZZ
S	左捻	—	Ss	左同向捻	GB/T 8707—88 为 SS
sZ	右交互捻	GB/T 8707—88 为 ZS	aZ	右混合捻	—
zS	左交互捻	GB/T 8707—88 为 SZ	aS	左混合捻	—

4.3.5 提升钢丝绳选择与计算

4.3.5.1 按使用条件选择钢丝绳

国家标准《冶金矿山采矿设计规范》(GB 50830—2013)中对提升钢丝绳的选择有下列规定:

(1)单绳提升钢丝绳悬挂时的安全系数如表4-8所示。

表4-8 竖井单绳提升钢丝绳安全系数

使用条件		安全系数
专作升降人员用		≥9
升降人员和物料用	升降人员用时	≥9
	升降物料用时	≥7.5
专作升降物料用		≥6.5

(2)多绳提升钢丝绳悬挂时的安全系数如表4-9所示。

表4-9 竖井多绳提升钢丝绳安全系数

使用条件		安全系数
专作升降人员用		≥8
升降人员和物料用	升降人员用时	≥8
	升降物料用时	≥7.5
专作升降物料用		≥7
作罐道或防撞绳用		≥6

①缠绕式提升钢丝绳宜选用圆股线接触同向捻钢丝绳,采用钢丝绳罐道时,提升绳应采用不旋转钢丝绳;多绳摩擦提升高度小于1000 m时,首绳宜采用三角股钢丝绳,且左、右捻应各一半。

②平衡尾绳宜采用不旋转圆股钢丝绳;采用普通圆股钢丝绳时,在容器底部应装设尾绳旋转装置。

③平衡尾绳根数宜取首绳数的1/2,但不应少于2根。

④钢丝绳罐道应选用密闭式钢丝绳；每根罐道绳的最小刚性系数不应小于 500 N/m；各罐道绳张紧力应相差 5% ~ 10%，内侧张紧力应大于外侧张紧力。

⑤罐道绳拉紧可采用重锤拉紧或液压拉紧，且井底应设罐道绳的定位装置。采用重锤拉紧时，拉紧重锤的最低位置到井底水窝最高水位的距离应不小于 5 m。

⑥采用多绳提升机，粉矿仓设在尾绳之下时粉矿顶面距离尾绳最低位置应不小于 5 m；穿过粉矿仓时，应用隔离套筒保护。

⑦罐道绳应有 20 ~ 30 m 的备用长度。

4.3.5.2 单绳提升钢丝绳参数计算

（1）钢丝绳的选择。

提升钢丝绳在使用过程中强度下降的主要因素是磨损、锈蚀和疲劳断丝，但由于金属矿山竖井的具体条件不同，其主要作用的因素也不同，因此按其使用条件不同进行选择。

①当竖井淋水大、酸碱度高和作为出风井的井筒时，为减少锈蚀，以选用镀锌钢丝绳为宜；

②在钢丝绳磨损严重的矿井中，以选用线接触、异形股外丝粗，或面接触钢丝绳为好；

③以疲劳断丝为其损坏的主要原因时，应优先选用异形股钢丝绳或线接触钢丝绳（其中以充填式为好）；

④从钢丝绳的结构特点、受力状态和使用条件来分析，竖井提升以选用顺捻钢丝绳为好；

⑤凿井提升用绳，应选用多层股不旋转钢丝绳，如挤压严重，可选用金属绳芯钢丝绳或面接触钢丝绳；

⑥温度很高或有明火的废石场等处的提升绳，可选用带金属绳芯的钢丝绳。

⑦选用钢丝绳的捻向应与其在滚筒上缠绕的螺旋线方向一致，使其在缠绕时不致松劲。

（2）钢丝绳每米质量计算。

钢丝绳每米质量计算如下：

$$P_s = \frac{Q_d}{1.1 \times 10^{-5} \dfrac{\delta}{m} - H_0} \tag{4-4}$$

式中：P_s 为钢丝绳每米质量，kg/m；δ 为钢丝绳的抗拉强度，Pa；Q_d 为钢丝绳终端悬挂质量，kg；H_0 为钢丝绳最大悬垂长度，m；m 为钢丝绳安全系数，按表 4-8 选取。

箕斗提升时：

$$Q_d = Q_j + Q; \quad H_0 = H + H_z + H_j \tag{4-5}$$

罐笼提升时：

$$Q_d = Q_g + Q_k + Q; \quad H_0 = H + H_j \tag{4-6}$$

式中：Q_j 为箕斗质量，kg；Q_g 为罐笼质量，kg；Q_k 为矿车质量，kg；Q 为有效装载量，kg；H 为提升高度，m；H_j 为井架高度，m；H_z 为箕斗井下装载高度，m。

根据计算的 P_s，选取钢丝绳。

（3）钢丝绳安全系数验算。

钢丝绳安全系数验算如下：

$$m' = \frac{Q_p}{(Q_d + P_s H_0)g} \tag{4-7}$$

式中：m' 为钢丝绳实际安全系数；Q_p 为钢丝绳中钢丝破断拉力总和，N；g 为重力加速度，m/s^2。

4.3.5.3 多绳提升钢丝绳参数计算

（1）钢丝绳的选择。

提升钢丝绳（首绳）宜选用镀锌三角股钢丝绳（使用寿命约 2 年），其根数多为偶数，一般为 2、4、6、8、10。实践表明，增加提升钢丝绳数将使悬挂平衡装置、挂结和更换钢丝绳更加复杂和困难。为减少容器的扭转，提升钢丝绳中一半采用左捻，另一半采用右捻，并互相交错排列。

平衡绳（尾绳）一般采用不旋转镀锌圆股钢丝绳或扁钢丝绳（使用寿命约 4 年），平衡绳应不少于 2 根。圆股钢丝绳是机械编捻，其缺点是平衡绳悬挂装置需装有旋转装置，以消除由轴向拉力引起的旋转力，以防平衡绳绞结。扁钢丝绳运行平稳，其缺点是在井筒中易受坠落物料冲击或黏结。

钢丝绳罐道是一种金属罐道，沿竖井井筒敷设，使提升容器沿罐道平稳运动。罐道钢丝绳的上端固定在井塔（架）上，其下端在井底以重锤拉紧（也有在上端用液压拉紧）。钢丝绳罐道在我国已获得较广泛的应用，实践证明比较经济而且安全可靠。钢丝绳罐道通常选用密封或半密封钢丝绳。

（2）钢丝绳每米质量计算。

当所用提升钢丝绳每米质量与所用平衡绳每米质量相等时，提升钢丝绳根数为 n，则每根提升钢丝绳每米质量：

$$P' = \frac{Q_d}{n\left(\dfrac{\delta}{\rho_0}gm - H_0\right)} \tag{4-8}$$

$$Q_d = Q + Q_r \tag{4-9}$$

$$H_0 = H + H_j + H_w \tag{4-10}$$

式中：P' 为提升钢丝绳每米质量，kg/m；Q_d 为提升钢丝绳终端负荷的质量，kg；Q 为有效装载量，kg；Q_r 为提升容器质量（对于罐笼提升，应为罐笼和空矿车的质量之和），kg；n 为提升钢丝绳根数，多为偶数；δ 为钢丝绳抗拉强度，一般不低于 1470×10^6 N/m^2；ρ_0 为钢丝绳的假定密度，平均值为 9000 kg/m^3；g 为重力加速度，m/s^2；H_0 为钢丝绳悬垂长度，m；H 为提升高度，m；H_j 为井架高度，m；H_w 为最低阶段到尾绳环底端的高度，m；m 为钢丝绳安全系数。升降人员或升降人员及物料时，取 $m = 8$，升降物料时，取 $m = 7$。

（3）钢丝绳安全系数验算。

根据式（4-8）至式（4-10）计算的 P' 选择标准提升钢丝绳，所选择的标准提升钢丝绳的实际安全系数 m' 必须满足下式要求：

$$m' = \frac{nQ_p}{(Q_d + npH_0)g} \geq m \tag{4-11}$$

式中：Q_p 为根标准钢丝绳所有钢丝破断力总和，N；p 为根标准钢丝绳每米质量，kg/m。

若平衡绳根数为 n'，则每根平衡绳的每米质量 $q = \dfrac{n}{n'}p$，平衡绳的抗拉强度应不低于 1370 N/mm^2。

4.4 矿井提升机及天轮

4.4.1 矿井提升机的类型

根据矿井提升机的工作原理和结构，可分为缠绕式提升机和摩擦式提升机两大类。

缠绕式提升机目前使用最为广泛，根据其滚筒上的缠绳多少，又分为单绳缠绕式提升机和多绳缠绕式提升机。

单绳缠绕式提升机是较早出现的一种，根据滚筒的个数和结构有单滚筒、双滚筒和可分离滚筒三种型式，它工作可靠，结构简单，但仅适用于浅井及中等深度的矿井，且终端载荷不能太大。对于深井且终端载荷较大时，提升钢丝绳绳径和提升机滚筒的直径很大，从而造成体积庞大，重力猛增，使得提升钢丝绳和提升机在制造、运输和使用过程中存有诸多不便。因此在一定程度上限制了单绳缠绕式提升机在深井条件下的使用。

多绳缠绕式提升机是一种新式提升机，又称为布雷尔式提升机。多绳缠绕式提升机的作用原理与单绳缠绕式不同的是，几根提升钢丝绳同时缠绕在一个分段的滚筒上，它属于多绳多层缠绕式，主要用于深井和超深井中，目前在我国使用较少，但随着深部开采活动逐渐增多，其应用将会越来越广泛。

摩擦式提升机根据其摩擦绳的多少可分为多绳摩擦式提升机、单绳摩擦式提升机和内装式提升机几种类型。提升设备的布置方式有塔式和落地式两类。摩擦提升机的出现及其发展，在一定程度上解决了单绳缠绕式提升机在深井条件下所存在的问题。摩擦提升一般均采用尾绳平衡，以减小两端张力差，提高运行的可靠性。因此，在容器与提升钢丝绳连接处的钢丝绳断面上，静应力将随容器位置变化而变化。当容器位于井口卸载位置时，尾绳的全部重力及容器的重力均作用在该断面上；当容器抵达井底装载位置前，该断面仅承受容器的重力。也就是说，在整个提升过程中，与容器连接处的提升钢丝绳断面中要承受一个应力波动幅值为：

$$\delta_j = \frac{qH}{S_0} \qquad (4-12)$$

式中：q 为尾绳的每米重力；H 为提升高度；S_0 为提升钢丝绳横截面积。

一些国家的使用经验证明，为了保证提升钢丝绳的必要使用寿命，在提升钢丝绳任意断面处的应力波动值一般不应大于 165 MPa，否则会影响其使用寿命。

由此可知，矿井越深，应力的波动值越大，其许用极限值为 $\delta = 165$ MPa。因此，摩擦提升在深井的使用亦受到一定的限制。而缠绕式提升机一般不设平衡尾绳，故在提升钢丝绳与容器连接处断面的应力波动值要比摩擦提升机小，为此，Robert Blair 设计出了一种多绳缠绕式提升机(布雷尔式提升机)，有效解决了上述难题。

4.4.2 矿井提升机的主要组成、作用及原理

4.4.2.1 主要组成

矿井提升机作为一个大型的机械—电气机组，它的主要组成有：工作机构(包括主轴装置及主轴承)、滞动系统(包括制动器和制动器控制装置)、机械传动装置(包括减速器、离合

器和联轴器)、润滑系统(包括润滑油泵站和管路)、检测及操纵系统(包括操纵台、深度指示器及传动装置和测速发电装置)、拖动、控制和自动保护系统(包括主电动机、电气控制系统、自动保护系统和信号系统)以及辅助部分(包括机座、机架、护罩、导向轮装置和车槽装置)等。

4.4.2.2 主要组成部分的作用

(1)工作机构的作用(包括主轴装置及主轴承)。

①缠绕或搭放提升钢丝绳;

②承受各种正常载荷(包括固定静载荷和工作载荷),并将此载荷经过轴承传给基础;

③承受在各种紧急制动情况下所造成的非常载荷,且在非常载荷作用下,主轴装置的各部分不应有残余变形;

④当更换提升水平时,能调节钢丝绳的长度(仅限于单绳缠绕式双滚筒提升机)。

(2)制动系统(包括制动器和液压传动装置)。

①制动器的作用

a)在提升机停止工作时,能可靠地闸住滚筒;

b)在减速阶段及下放重物时,参与提升机的控制;

c)紧急制动情况时,能使提升机安全制动,迅速停车;

d)双滚筒提升机在调节钢丝绳的长度时,应能制动住提升机的游动滚筒。

②制动器控制装置的作用

a)调节制动力矩;

b)在任何事故状态下进行紧急制动(即安全制动);

c)为单绳双滚筒提升机调绳装置的调绳离合器油缸提供所需的压力油。

(3)机械传动系统。

机械传动系统包括减速器和联轴器:

①减速器的作用:根据提升速度的要求,提升机主轴的转速一般为 20~60 r/min,而拖动提升机的电动机转速,通常为 480~960 r/min。因此,除采用低速直流电机拖动外,不能把电动机与主轴直接连接,必须经过减速器减速,因而减速器的作用是减速和传递动力。

②联轴器的作用:主要是用来连接提升机的旋转部分,并起传递动力的作用。

(4)润滑系统的作用。

在提升机工作时,不间断地向主轴承、减速器轴承和啮合齿面压送润滑油,以保证轴承和齿轮能良好工作。润滑系统必须与自动保护系统和主电动机联锁,即润滑系统失灵时(如润滑油压力过高或过低、轴承温升过高等),主电动机断电,提升机进行安全制动。启动主电动机之前,必须先开动润滑油泵,以确保提升机在充分润滑的条件下工作。

(5)检测及操纵系统(包括操纵台、深度指示器及传动装置和测速发电装置)。

①操纵台的作用

a)操纵台上装有各种手把和开关,是操纵提升机完成提升、下放及各种动作的操纵装置;

b)操纵台上装有各种仪表,向司机反映提升机的运行情况及设备的工作状况。

②深度指示器的作用

a）指示提升容器的运行位置；

b）容器接近井口卸载位置和井底停车场时，发出减速信号；

c）当提升机超速和过卷时，进行限速和过速保护；

d）对于多绳摩擦式提升机，深度指示器还能自动调零，以消除由于钢丝绳在主导轮摩擦衬垫上的滑动、蠕动和自然伸长等造成的指示误差。

③测速发电装置的作用

a）通过设在操纵台上的电压表向司机指示提升机的实际运行速度；

b）参与等速运行和减速阶段的超速保护。

（6）拖动、控制和自动保护系统。

拖动、控制和自动保护系统包括主电动机、电气控制系统、自动保护系统和信号系统。

主拖动电动机可采用交流绕线型感应电动机或直流他激电动机。直流拖动与交流拖动相比较其优点是：调速性能好，且与负荷大小无关；从一种工作方式向另一种工作方式转换方便；低速特性硬；调速时电能消耗小以及容易实现自动化等。但是直流拖动需要增加一套整流装置，特别是采用变流机组时，需要增加两个与主电机同等大小的大型电机。交流拖动虽然没有直流拖动的优点，但在采用了双电机拖动、动力制动、低频制动和微机拖动等措施之后，在技术性能上基本满足了提升机的要求，因而获得了广泛的应用。目前我国因受高压换向器和交流接触器容量的限制，单机 1000 kW 以上，双机 2×1000 kW 以上时才使用直流拖动。但是随着电子工业的发展，直流拖动的应用范围将有所扩大。今后在大容量的副井提升和多绳摩擦提升上，控制的拖动方式将会得到更加广泛的应用。

电动机的型号为：交流低压电动机为 JR 型，交流高压电动机为 JR、JRQ、JRZ 或 YR 型。直流电动机为 ZD 型或 ZJD 型。

自动保护系统的作用是在司机不参与的情况下，提升系统发生故障时能自动将主电动机断电并同时进行安全制动而实现对系统的保护。

4.4.2.3　工作原理

目前我国广泛使用的提升机可分为两大类：单绳缠绕式和多绳摩擦式。

单绳缠绕式提升机的工作原理是：把钢丝绳的一端缠绕在提升机滚筒上，另一端绕过天轮悬挂提升容器，这样，利用滚筒转动方向的不同，将钢丝绳缠上或放松，以完成提升或下放提升容器的任务。目前这种提升机在我国矿山应用比较广泛。

多绳摩擦式提升机的工作原理是把钢丝绳搭放在主导轮（摩擦轮）上，两端各悬挂一个提升容器（也可一端悬挂平衡锤）。当电动机带动主导轮转动时，借助于安装在主导轮的衬垫与钢丝绳之间的摩擦力传动钢丝绳，完成提升和下放重物的任务。这种提升机体积小、质量轻、提升能力大，适用于中等深度和比较深的矿井（不超过 1700 m），是提升机发展的方向。

4.4.2.4　单绳缠绕式提升机的组成

单绳缠绕式提升机是较早出现的一种圆柱形卷筒提升机，根据卷筒的数目不同，可分为双卷筒和单卷筒两种。

单卷筒提升机只有一个卷筒，一般仅用作单钩提升。如果单卷筒提升机用作双钩提升，则要在一个卷筒上固定两根缠绕方向相反的提升钢丝绳。提升机运行时，一根钢丝绳向卷筒上缠绕，同时，另一根钢丝绳自卷筒上松放。

双卷筒提升机的两个卷筒在与轴的连接方式上有所不同：其中一个卷筒通过楔键或热装与主轴固接在一起，称为固定卷筒，又称为死卷筒；另一个卷筒滑装在主轴上，通过离合器与主轴连接，故称之为游动卷筒，又称为活卷筒。采用这种结构的目的是考虑到在矿井生产过程中提升钢丝绳在终端载荷作用下产生弹性伸长，或在多水平提升中提升水平的转换，需要两个卷筒之间能够相对转动，以调节绳长，使得两个容器分别对准井口和井底水平。

（1）工作系统。

工作系统主要是指主轴装置、主轴承和卷筒等，它的作用是缠绕或搭挂提升钢丝绳，承受各种正常载荷（包括固定载荷和工作载荷），并将此载荷经过轴承传给基础，承受各种紧急事故情况下所造成的非常载荷，调节丝绳长度。

（2）传动系统。

在用一般交流感应电动机或高速直流电动机拖动时，其传动系统主要包括减速器和联轴器。在用直流低速电动机拖动时，其传动系统不需要减速器和联轴器（如采用直流低速直联悬挂式电动机）或仅需要一个联轴器（如采用一般通用低速流电动机）。减速器的作用是减速和传递动力，联轴器的作用是连接两个旋转运动的部分，并通过其传递动力。

（3）制动系统。

制动系统包括制动器和制动器控制装置两部分。制动器的作用是：①在提升机停车时能可靠地闸住机器；②在减速阶段及重物下放时，参与提升机速度控制；③起安全保护作用或紧急事故情况下使提升机迅速停车，以避免事故发生；④对单绳缠绕式双筒提升机，在节约钢丝绳长度或更换水平时，应能闸住游动卷筒，松开固定卷筒。

控制装置的作用是调节制动力矩，在任何事故状态下进行紧急制动（即安全制动），为单绳双筒提升调绳装置提供调绳离合器油缸所需的压力油（用盘形制动器的提升机）。

（4）控制系统。

该系统主要由深度指示器，深度指示器传动装置和操纵台组成。

深度指示器有牌坊式、圆盘式、小丝杠式三种形式。它的传动装置有牌坊式深度指示器传动装置、圆盘深度指示器传动装置、监控器。

深度指示器传动装置或监控器的作用是根据提升设备的位置及状态对提升系统进行控制，保证提升系统的安全。

操纵台有斜面操纵台、组合式操纵台。操纵台上装设的各种手把和开关用来操纵提升机完成提升、下放及各种动作；操纵台上装设的各种仪表用来向司机反映提升机的运行情况及设备工作状况。

（5）保护系统。

保护系统主要包括测速发电机装置、护板、护栅、护罩等。其中测速发电机装置的作用是通过设在操纵台上的电压表向司机指示提升机的实际运行速度，参与等速运和减速阶段的超速保护。

4.4.2.5 多绳摩擦式提升机的组成

摩擦式提升机是利用提升钢丝绳与摩擦轮摩擦衬垫之间的摩擦力传递动力，使重载侧钢丝绳上升，空载侧钢丝绳下放。

摩擦式最初使用的是单绳摩擦式提升机，后来随着矿井深度和产量的增加，提升钢丝绳的直径越来越大，不但制造困难和悬挂不便，而且使提升机的有关尺寸也随之增大，因此在单绳摩擦式提升机的基础上制造出了以几根钢丝绳来代替一根钢丝绳的多绳摩擦提升机。

多绳摩擦式提升机具有安全性高、钢丝绳直径细、主导轮直径小、设备重量轻、耗电少、价格便宜等优点，发展很快。除用于深竖井提升外，还可用于浅竖井和斜井提升。钢丝绳搭放在提升机的主导轮(摩擦轮)上，两端悬挂提升容器或一端挂平衡重(锤)。运转时，利用主导轮的摩擦衬垫与钢丝绳间的摩擦力，带动钢丝绳完成容器的升降。钢丝绳一般为 2～10 根。

多绳摩擦式提升机又可分为井塔式多绳摩擦式提升机和落地式多绳摩擦式提升机两类。

井塔式提升机的机房设在井塔顶层，与井塔合成一体，节省场地；钢丝绳不暴露在外，不受雨雪的侵蚀，但井塔的重量大、基建时间长、造价高。

落地式提升机的机房直接设在地面上，井架低，投资小，抗震性能好；缺点是钢丝绳暴露在外，弯曲次数多，影响钢丝绳的工作条件及使用寿命。

多绳摩擦式提升机主要由主轴装置、制动器装置、液压站、减速器、电动机、深度指示器系统、操纵台、导向轮装置(落地式为天轮装置)、车槽装置(落地式带有拨绳装置)、弹性联轴器、齿化联轴器等部件组成。主导轮表面装有带绳槽的摩擦衬垫。衬垫应具有较高的摩擦系数和耐磨、耐压性能，其材质的优劣直接影响提升机的生产能力、工作安全性及应用范围。目前使用较多的衬垫材料有聚氯乙烯或聚氨基甲酸乙酯橡胶等。由于钢丝绳与主导轮衬垫间不可避免的蠕动和滑动，停车时深度指示器偏离零位，故应设自动调零装置，在每次停车期间使指针自动指向零位。车槽装置用于车削绳槽，保持直径一致，有利于每根钢丝绳张力均匀。为了减少震动，可采用弹簧机座减速器。

4.4.3 天轮

天轮安设在井架上，供引导钢丝绳转向之用。根据结构形式不同可分为两类：铸造辐条式天轮、型钢装配式天轮(图 4-12)。

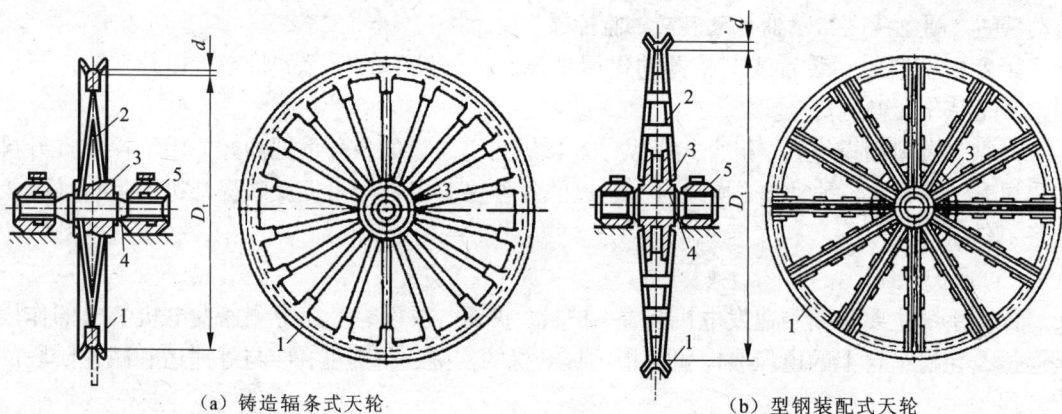

(a)铸造辐条式天轮　　　　　　　　　(b)型钢装配式天轮

图 4-12　天轮

1—轮缘；2—轮辐；3—轮毂；4—轴；5—轴承

4.5 提升机与井筒相对位置

4.5.1 缠绕式提升机与井筒相对位置

图4-13所示为影响缠绕式提升机安装位置的主要参数关系图。可以看出，为了完成卸载任务，井架必须有一定高度，那么地面至天轮中心线的距离称为井架高度 H_j，提升机卷筒轮缘至天轮轮缘的距离称为弦长 L_x，弦长 L_x 与井架高度 H_j 及井筒提升中心至提升机卷筒中心线距离 L_s 成一定的几何关系。在绳弦所在平面内，从天轮轮缘作垂线使之垂直于卷筒中心线，则绳弦与垂线所形成的角度称为偏角，下绳弦与水平线形成仰角 β。矿山安全规程对偏角、弦长等有严格的限制，一些提升机对仰角也有一定的要求，对 H_j 及 L_s 虽然无严格规定，但也有经济、合理的问题。

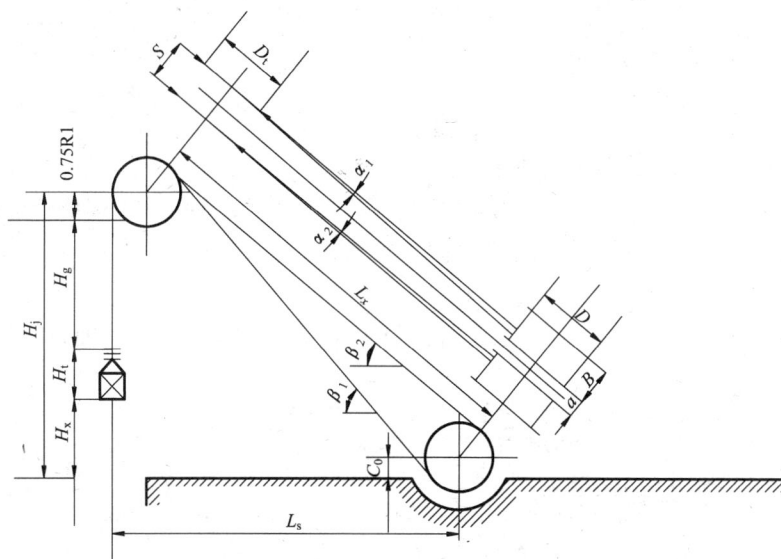

图4-13 影响缠绕式提升机安装位置的主要参数关系图

4.5.1.1 钢丝绳弦长及偏角

在提升过程中，弦长、偏角是变化的，且相互制约。为了防止运转时钢丝绳跳出天轮轮缘，L_x 不宜过大。L_x 过大时，绳的振动幅度也增大，因此将弦长 L_x 限制在60 m以内。由图4-13可以看出，上、下两条绳弦长度不相等，但在计算中，近似地认为卷筒中心至天轮中心的距离即为弦长。

由图4-13可见，当右钩提升即将开始时，右钩钢丝绳形成最大外偏角 α_1，左钩钢丝绳形成最大内偏角 α_2，当左钩提升即将开始时，左钩钢丝绳形成最大外偏角 α_1，右钩形成最大内偏角 α_2。

限制偏角的原因及具体规定是：

(1)偏角过大将加剧钢丝绳与天轮轮缘的磨损，降低钢丝绳的使用寿命，严重时，有可能发生断绳事故。因此，安全规程规定，内外偏角均应小于 $1°30'$。

（2）某些情况下，当钢丝绳缠向卷筒时，会发生"咬绳"现象，加剧了钢丝绳的磨损，如图 4-14 所示。若内偏角过大，绳弦的脱离段与邻圈钢丝绳不是相离而是相交，如图中 A 点所示，这就是"咬绳"现象。有时，虽然内偏角并不很大，但由于卷筒上绳圈间隙 ε 较小、钢丝绳直径 d 较大或卷筒直径 D 较大，也会发生"咬绳"现象。

在提升过程中，弦长和偏角是变化的，且相互制约。

由图 4-13 可以看出，外偏角与弦长 L_x 的关系式为：

$$\alpha_1 = \arctan \frac{\left(B - \dfrac{S-a}{2}\right) - 3(d+\varepsilon)}{L_x}$$

$$(4-13)$$

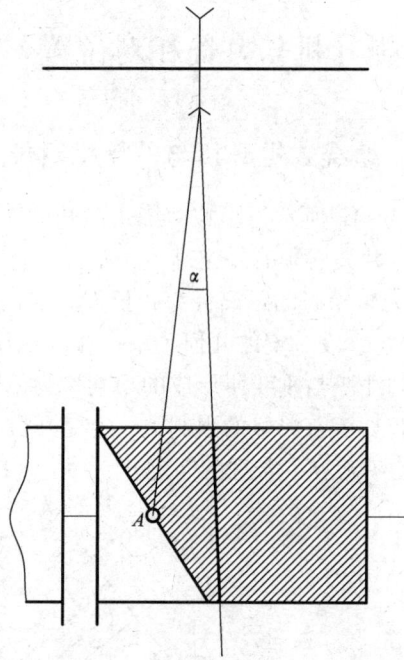

图 4-14　钢丝绳在卷筒上缠绕时"咬绳"示意图

式中：B 为卷筒宽度，m；S 为两天轮中心距，取决于容器形式及其在井筒中的布置方式，与井筒所用罐道形式也有关系，m；a 为两卷筒之间距离，m，不同形式的提升机，a 不同。

将偏角最大允许值 1°30′代入式（4-13），求出相应的最小弦长 $L'_{x\min}$ 即：

$$L'_{x\min} \geqslant \frac{\left(B - \dfrac{S-a}{2}\right) - 3(d+\varepsilon)}{\tan\alpha_{1\cdot\max}}$$

$$(4-14)$$

内偏角 α_2 与弦长 L_x 的关系为：

$$\alpha_2 = \arctan \frac{\dfrac{S-a}{2} - \left[B - \left(\dfrac{H+30}{\pi D} + 3\right)(d+\varepsilon)\right]}{L_x}$$

$$(4-15)$$

式中：H 为提升高度；30 为钢丝绳试验长度，m；3 为摩擦圈数。

式（4-15）分子中括弧一项代表提升终了时，卷筒表面未缠绳部分的宽度。同理，以最大允许角度 $\alpha_{2\cdot\max}$ 代入上式，可求出相应的 $L''_{x\min}$ 即：

$$L''_{x\min} \geqslant \frac{\dfrac{S-a}{2} - \left[B - \left(\dfrac{H+30}{\pi D} + 3\right)(d+\varepsilon)\right]}{\tan\alpha_{2\cdot\max}}$$

$$(4-16)$$

要特别指出的是，上式应同时满足前述两个规定。

选择 $L'_{x\min}$ 和 $L''_{x\min}$ 中的大值，定为最小弦长 L_x。若求出的 L_x 不超过 60 m，则所定偏角、弦长均合理；若超过 60 m，应设法解决，如在地面适当地方加设托绳轮以减少绳弦振动。若仅由于"咬绳"致使 ε 过小以至于 L_x 过大时，可根据具体情况，适当增大 ε，以降低 L_x，或采取其他措施。

显然，式（4-16）是适用于单层缠绕的提升机。对于双层或多层缠绕的提升机，由于层与层之间已加剧了钢丝绳的磨损，故一般不再考虑"咬绳"问题。多层缠绕时，L''_{xmin}的计算式应为：

$$L''_{xmin} = \frac{S-a}{2\tan\alpha_{2\cdot max}} \tag{4-17}$$

其中 $\alpha_{2\cdot max}=1°30'$。

4.5.1.2　井架高度及井筒提升中心线至卷筒中心线距离

在 L_{xmin} 已知的情况下，为了求出 L_{smin}，可先计算井架高度 H_j。由图 4-13 可知，H_j 应由下列各部分组成：

$$H_j = H_x + H_r + H_g + 0.25D_t \tag{4-18}$$

式中：H_x 为卸载高度，指井口水平至卸载位置的容器底座的距离：对于罐笼提升，若在井口装卸载，$H_x=0$，对于箕斗提升，地面要装设矿仓，可取 $H_x=18\sim25$ m。H_r 为容器全高，指容器底部至连接装置最上面一个绳卡的距离，其值可从容器规格表中查得。H_g 为过卷高度，指容器从正常的卸载位置自由地提升到容器连接装置上绳头、同天轮轮缘相接触的一段距离，m；D_t 为天轮直径，m，$0.25D_t$ 是一段附加距离，因为从容器连接装置上绳头与天轮轮缘的接触点到天轮中心约为 $0.25D_t$。

一般均将按式(4-18)的计算值取整数值。

井筒提升中心线至卷筒中心线距离 L_s 应按下式确定：

$$L_{smin} = \sqrt{L_{smin}^2 - (H_j - C_0)^2} + R_t \tag{4-19}$$

式中：C_0 为卷筒中心线至井口水平的高度，m，一般取 $C_0=1.5\sim2$ m。

对于需要在井筒与提升机房之间安装井架斜撑的矿井，对上述 L_{smin} 值要按下式检验

$$L_{smin} \geq 0.6H_j + 3.5 + D \tag{4-20}$$

一般来说，根据式(4-19)所确定的 L_{smin} 值能够满足要求。若有特殊情况，可按照式(4-20)加大 L_{smin}，这时偏角将稍有降低。

4.5.1.3　下绳弦与水平线夹角

仰角的大小影响着提升机主轴受力情况。JK 型提升机主轴设计时，是以下出绳角为 15° 考虑的，若 $\beta<15°$，钢丝绳有可能与提升机基础接触，增大了钢丝绳的磨损。对于 JK 型提升机，应按下式计算出 β：

$$\beta = \arctan\frac{H_j - C_0}{L_{smin} - R_t} + \arcsin\frac{D_t + D}{2L_{xmin}} \tag{4-21}$$

4.5.1.4　计算实例

某副井，提升高度 $H=315$ m，井架高度 $H_j=15$ m，钢丝绳直径 $d=34$ mm。采用 2JK-3/20 型缠绕式提升机，提升机主轴高出井口水平的高度 $C_0=1.5$ m，天轮直径 $D_t=3$ m，两天轮中心距 $S=1.92$ m。试确定与提升机安装有关的五个参数的数值。

解：(1)确定偏角和弦长。

方案一：先按式(4-14)计算的最小弦长 L'_{xmin}。

$$L'_{xmin} \geq \frac{\left(B - \frac{S-a}{2}\right) - 3(d+\varepsilon)}{\tan\alpha_{1\cdot max}}$$

$$= \frac{1.5 - \frac{1.92 - 0.14}{2} - 3 \times (0.034 + 0.002)}{\tan 1°30'}$$

$$= 19.17 \text{ m}$$

查表得卷筒宽度 $B = 1.5$ m；查得该提升机两卷轴中心距为 1.64 m，故 $a = 1.64 - 1.5 = 0.14$ m；卷筒上绳圈间隙 ε，暂取 0.002 m。

其次，查得 $D = 3$ m，$d = 0.034$ m，$\varepsilon = 0.002$ m 的不"咬绳"允许内偏角为 52′。利用式 (4-17) 求出内偏角符合要求的最小弦长 L''_{xmin}：

$$L''_{xmin} \geqslant \frac{\frac{S-a}{2} - \left[B - \left(\frac{H+30}{\pi D} + 3 \right)(d + \varepsilon) \right]}{\tan \alpha_{2 \cdot max}}$$

$$= \frac{\frac{1.92 - 0.14}{2} - \left[1.5 - \left(\frac{315 + 30}{3\pi} + 3 \right) \times (0.034 + 0.002) \right]}{\tan 52'}$$

$$= 53.97 \text{ m}$$

$L''_{xmin} > L'_{xmin}$，应该取弦长为 54 m。这一方案，偏角满足要求，且弦长也小于 60 m，符合前述要求。但是，由于 L_x 较长，除增加了钢丝绳总长度外，也会使 L_s 过大，这将使地面工业广场布置得不够紧凑。

方案二：由方案一可以看出，L_x 之所以较大，是由于上述条件的内偏角允许角度 52′ 过小。若将 ε 提高到 3.5 mm，对本系统的特定条件，查得不"咬绳"的内偏角允许值为 1°25′，满足矿山安全规程的要求。现利用式 (4-17) 计算符合要求的最小弦长 L''_{xmin}：

$$L''_{xmin} = \frac{\frac{1.92 - 0.14}{2} - \left[1.5 - \left(\frac{315 + 30}{3\pi} + 3 \right) \times (0.034 + 0.002) \right]}{\tan 1°25'} = 33.01 \text{ m}$$

取 $L = 34$ m，经计算，实际的外偏角 $\alpha_1 = 47.5'$，内偏角 $\alpha_2 = 1°25'$，且可实现单层缠绕。由以上计算可以决定采用方案二的数值。

(2) 计算井筒提升中心线至卷筒中心线的距离 L_{smin}。

根据式 (4-19) 计算 L_{smin}

$$L_{smin} = \sqrt{L^2_{xmin} - (H_j - C_0)^2} + R_t = \sqrt{34^2 - (15 - 1.5)^2} + 1.5 = 32.70 \text{ m}$$

(3) 计算仰角 β。

$$\beta = \text{acrtan} \frac{H_j - C_0}{L_{smin} - R_t} + \arcsin \frac{D + D_t}{2L_{xmin}} = \text{acrtan} \frac{15 - 1.5}{32.70 - 1.5} + \arcsin \frac{3 + 3}{2 \times 34} = 28.5° > 15°$$

符合要求。

4.5.2 塔式布置多绳摩擦提升机与井筒相对位置

4.5.2.1 井塔高度

由图 4-15 可见，式 (4-18) 只相当于计算了井口到导向轮中心的一段距离。井塔高度 H_j，还应包括多绳摩擦轮中心高出导向轮中心的高度 H_t。常取 $D_t = D + (1.5 \sim 2)$ m，井塔高度 H_j 应为：

$$H_j = H_x + H_r + H_g + 0.75r + H_t \tag{4-22}$$

4.5.2.2 围包角

由图 4-15 可知，$\alpha = \pi + \theta$。多绳摩擦轮与导向轮水平中心距 OA 为：

$$OA = S + r - R \qquad (4-23)$$

式中：S 为两容器中心距；r 为导向轮半径；R 为摩擦轮半径。

两轮轴心连线 OO_1 为：

$$OO_1 = \sqrt{OA^2 + O_1A^2} \qquad (4-24)$$

图 4-15 中 BC 段钢丝绳为两轮的公切线。延长 OB 至 D 点，并令 $BD = r$，则 $\angle OO_1D = \arcsin \dfrac{R+r}{OO_1}$。因 $\triangle OAE \backsim \triangle EDO_1$，故 $\theta = \angle AO_1D$。

在直角三角形 OAO_1 中，有下列关系：$\angle OO_1A = \arctan \dfrac{OA}{AO_1}$。由图 4-15 可知：

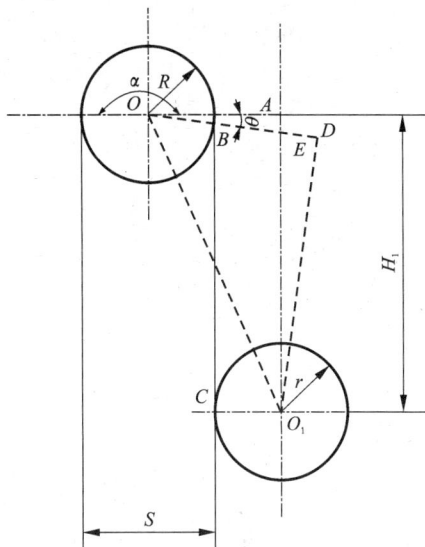

图 4-15 塔式多绳摩擦提升系统示意图

$$\theta = \angle OO_1D - \angle OO_1A$$

将相应关系代入上式得：

$$\theta = \arcsin \frac{r+R}{\sqrt{H_t^2 + (S+r-R)^2}} - \arctan \frac{S+r-R}{H_t}$$

则围包角 α 为：

$$\alpha = \pi + \arcsin \frac{r+R}{\sqrt{H_t^2 + (S+r-R)^2}} - \arctan \frac{S+r-R}{H_t} \qquad (4-25)$$

4.5.3 落地式布置多绳摩擦提升机与井筒的相对位置

图 4-16 所示为落地式多绳摩擦提升系统示意图。

4.5.3.1 井架高度

落地式多绳摩擦提升系统，井架高度 H_j 还应包括上、下天轮中心垂直距离 H_t。常取 $H_t = D_t + (1 \sim 2)$ m，故井架高度 H_j 应为：

$$H_j = H_x + H_r + H_g + 0.75R_t + H_t \qquad (4-26)$$

式中：R_t，R_{t2} 与 D_t，D_{t2} 分别为下、上天轮半径与直径。

4.5.3.2 下绳仰角

图 4-16 可见，下绳仰角 $\beta_1 = \beta_1' + \gamma$。

$$\beta_1' = \arctan \frac{H_{j2} - C}{L_b - \dfrac{D_{t1}}{2}} \qquad \gamma = \arcsin \frac{D}{\sqrt{(H_{j2} - C)^2 + \left(L_b - \dfrac{D_{t1}}{2}\right)^2}}$$

式中：β_1' 为主导轮与下天轮连心线与水平线的夹角；γ 为 L_1 与 L_1' 之间的夹角；L_1 为下部钢丝绳弦长；L_1' 为主导轮与下天轮连心线的距离；H_{j2} 为下天轮中心与地面之间的高度；D 为主导轮直径；D_{t1} 为下天轮直径；L_b 为主导轮中心与下天轮钢丝绳水平距离；C 为主导轮中心与井

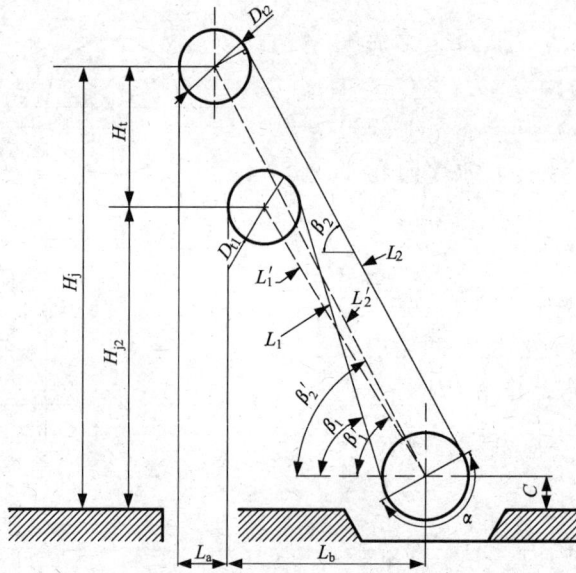

图 4 - 16   落地式多绳摩擦提升系统示意图

口垂直距离。

从而下绳仰角为：

$$\beta_1 = \arctan \frac{H_{j2} - C}{L_b - \dfrac{D_{t1}}{2}} + \arcsin \frac{D}{\sqrt{(H_{j2} - C)^2 + \left(L_b - \dfrac{D}{2}\right)^2}} \qquad (4-27)$$

式中：主导轮与天轮直径取 $D = D_{t1} = D_{t2}$

4.5.3.3   上绳仰角

由图 4 - 16 可知，当 $D = D_{t1} = D_{t2}$ 时，上绳仰角为：

$$\beta_2 = \beta_2' = \arctan \frac{H_{j2} + H_t - C}{L_b + L_a - \dfrac{D_{t1}}{2}} = \arctan \frac{H_{j2} + H_t - C}{L_b + L_a - \dfrac{D}{2}} \qquad (4-28)$$

式中：β_2' 为主导轮与上天轮连心线与水平线的夹角；L_a 为两组钢丝绳间距。

4.5.3.4   上钢丝绳弦与下天轮之间的最小距离

上钢丝绳弦与下天轮之间的最小距离为：

$$S = L_1' \times \sin(\beta_2' - \beta_1') = \sqrt{(H_{j2} - C)^2 - \left(L_b - \frac{D}{2}\right)^2} \times \sin\left(\arctan \frac{H_{j2} + H_t - C}{L_b + L_a - \dfrac{D}{2}} - \arctan \frac{H_{j2} - C}{L_b - \dfrac{D}{2}}\right)$$

4.5.3.5   摩擦轮围包角

由图 4 - 16 可知，围包角 α 为：

$$\alpha = \pi + \beta_1 - \beta_2 = \pi + \text{tarctan} \frac{H_{j2} - C}{L_b - \dfrac{D_{t1}}{2}} + \arcsin \frac{D}{\sqrt{(H_{j2} - C)^2 + \left(L_b - \dfrac{D}{2}\right)^2}} - \arctan \frac{H_{j2} + H_t - C}{L_b + L_a - \dfrac{D}{2}}$$

$$(4-29)$$

4.6　提升电动机容量计算和校核

4.6.1　矿井提升运动学

4.6.1.1　提升速度图

（1）罐笼提升速度图。

罐笼提升一般采用三阶段梯形速度图，如图 4 - 17 所示。图中 t_1 为加速运行时间，t_2 为等速运行时间，t_3 为减速运行时间，T_1 为一次提升运行时间，T 为一次提升全时间，v_m 为最大提升速度。

当采用等加速度 a_1 和等减速度 a_3 时，加速和减速阶段中速度按直线变化，并与时间轴成 β_1 和 β_2 角，故三阶段速度图为梯形。交流电动机拖动的罐笼提升设备采用这种速度图。

（2）箕斗提升速度图。

箕斗提升在开始阶段，下放的空箕斗在卸载曲轨内运行，为了减小曲轨和井架所受的动负荷，其运行速度及加速度受到限制。当提升将近终了时，上升重箕斗进入卸载曲轨，其速度及减速度同样受到限制。但在曲轨外箕斗则可以较大的速度和加减速度运行，故单绳提升非翻转箕斗一般采用对称五阶段速度图（见图 4 - 18）。翻转式箕斗因卸载距离较大，为了加快箕斗的卸载而增加一个等速（爬行）阶段，这样翻转式卸载时用六阶段速度图（见图 4 - 19）。对于多绳提升底卸式箕斗当用固定曲轨卸载时用六阶段速度图，当用气缸带动的活动直轨卸载时可采用非对称五阶段速度图（见图 4 - 20）。

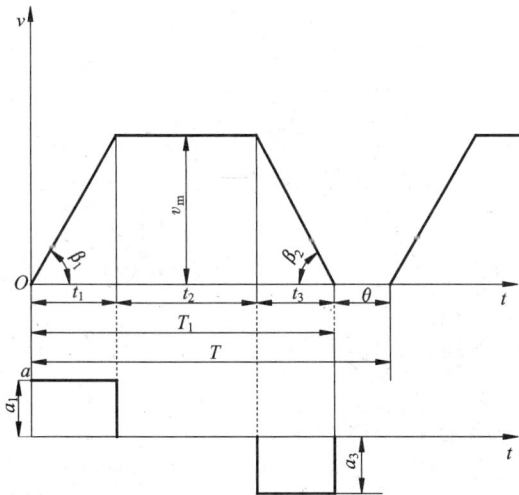

图 4 - 17　三阶段梯形速度图

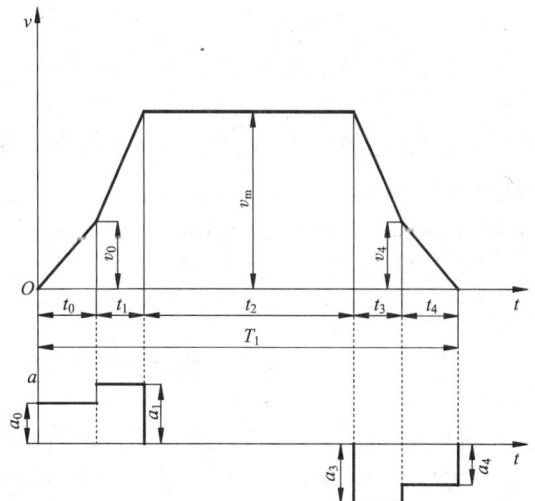

图 4 - 18　对称五阶段速度图

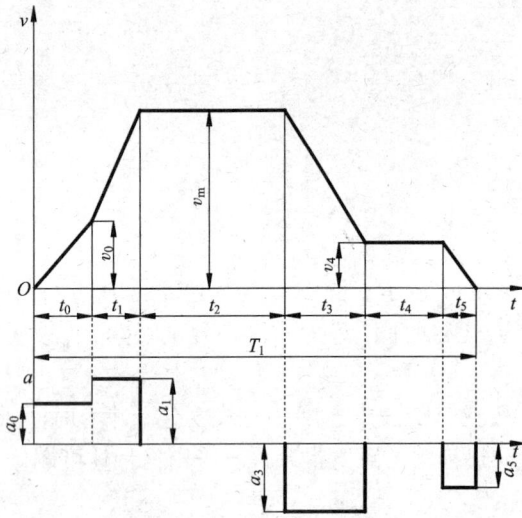

图 4 – 19　六阶段速度图

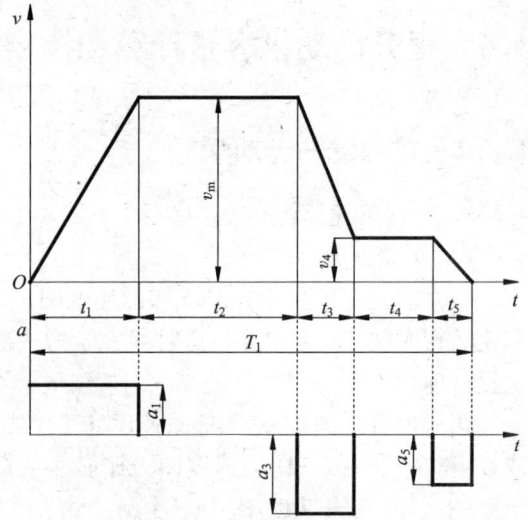

图 4 – 20　非对称五阶段速度图

对于罐笼提升，为了补偿容器在减速阶段的误差，增加停车的准确性，也需要有一个低速爬行阶段，故目前罐笼提升特别是自动化罐笼提升多采用非对称五阶段速度图。此外，对于采用钢绳罐道的提升设备，为了保证容器在提升终了时以较低的速度由钢绳罐道平稳地进入刚性罐道，也需要有一个低速爬行阶段，在此情况下，罐笼提升也应采用非对称五阶段速度图。

4.6.1.2　提升参数的计算

速度图表达了提升容器在一个提升循环内的运动规律，现以箕斗提升图 4 – 19 为例简述如下：

初加速度阶段 t_0：提升循环开始，处于井底装载处的箕斗被提起，而处于井口卸载位置的箕斗则沿卸载曲轨下行，为了减少容器通过卸载曲轨时对井架的冲击，对初加速度 a_0 及容器在卸载曲轨内的运行速度 v_0 要加以限制，一般取 $v_0 \leqslant 1.5$ m/s。

主加速阶段 t_1：当箕斗离开曲轨时，应以较大的加速度 a_1 运行，直至达到最大提升速度 v_m，以减少加速阶段的运行时间，提高提升效率。

等速阶段 t_2：箕斗在此阶段以最大提升速度 v_m 运行，直至重箕斗接近井口开始减速时为止。

减速阶段 t_3：重箕斗将要接近井口时，开始以减速度 a_3 运行，实现减速。

爬行阶段 t_4：重箕斗将要进入卸载曲轨时，为了减轻重箕斗对井架的冲击以及有利于准确停车，重箕斗应以 v_4 低速爬行。一般取 $v_4 = 0.4 \sim 0.5$ m/s，爬行距离 $h_4 = 2.5 \sim 5$ m。

停车休止阶段 t_5：当重箕斗运行至终点时，提升机施闸停车。处于井底的箕斗进行装载，处于井口的箕斗卸载。

（1）提升速度的计算。

从提升机最大速度与电动机额定转速的角度分析，最大提升速度：

$$v_m = \frac{\pi D n_e}{60 i}$$

（4 – 30）

从缩短提升时间、增大提升能力的角度分析，最大提升速度：

$$v_\mathrm{m} = \sqrt{aH} \qquad (4-31)$$

式中：a 为提升加速度或提升减速度，$\mathrm{m/s^2}$；i 为减速器传动比；n_e 为电动机额定转速，$\mathrm{r/min}$。

通过对提升电动机的容量、效率，提升有效载重量，卷筒直径的分析，使其均处在比较合理的状态，可以得出经济合理的提升速度：

$$v_\mathrm{m} = 0.4\sqrt{aH} \sim 0.5\sqrt{aH} \qquad (4-32)$$

但是，安全规程规定竖井中升降物料时，提升容器最大速度不得超过式（4-33）算出的数值。

$$v_\mathrm{m} \leqslant 0.6\sqrt{H} \qquad (4-33)$$

竖井中用罐笼升降人员的最大速度不得超过式（4-34）算出的数值，且最大不得超过16 m/s。

$$v_\mathrm{m} \leqslant 0.5\sqrt{H} \qquad (4-34)$$

（2）提升加速度和减速度的计算。

当进行提升运动学计算时，即计算速度图各参数时，应已知提升高度及最大速度。同时还应该已知加速度 a_1 及减速度 a_3，通常加速度及减速度是根据矿井提升设备在最有利的运转方式下求出，减速度在比较各种减速方式之后确定。当不作精确计算时，加速度及减速度可以在下列范围内选定：罐笼提升人员时不能大于 0.75 $\mathrm{m/s^2}$；提升货载时不宜大于 1 $\mathrm{m/s^2}$。一般对较深矿井采用较大的加减速度，浅井采用较小的数值。箕斗提升一般不得大于 1.2 $\mathrm{m/s^2}$，斜井提升不得大于 0.5 $\mathrm{m/s^2}$。

（3）提升时间和距离的计算。

罐笼提升（见图 4-17）各段时间和距离计算如下：

加速运行时间 t_1 和距离 h_1：

$$t_1 = \frac{v_\mathrm{m}}{a_1}; \quad h_1 = \frac{1}{2}v_\mathrm{m}t_1$$

减速运行时间 t_3 和距离 h_3：

$$t_3 = \frac{v_\mathrm{m}}{a_3}; \quad h_3 = \frac{1}{2}v_\mathrm{m}t_3$$

等速运行时间 t_2 和距离 h_2：

$$t_2 = \frac{h_2}{v_\mathrm{m}}; \quad h_2 = H - h_1 - h_3$$

一次提升运行时间 T_1：

$$T_1 = t_1 + t_2 + t_3$$

一次提升全部时间 T：

$$T = T_1 + \theta$$

箕斗提升各段时间和距离计算如下：

初加速阶段运行时间 t_0 和初加速度 a_0：

$$t_0 = \frac{2h_0}{v_0}; \quad a_0 = \frac{v_0}{t_0}$$

式中：h_0 为卸载高度，一般取 2.35 m；v_0 为箕斗在卸载曲轨段运行的最大速度，一般取 1.5 m/s。

主加速阶段运行时间 t_1 和运行距离 h_1：

$$t_1 = \frac{v_m - v_0}{a_1}; \ h_1 = \frac{v_m + v_0}{2}t_1$$

减速阶段运行时间 t_3 和运行距离 h_3：

$$t_3 = \frac{v_m - v_4}{a_3}; \ h_3 = \frac{v_m + v_4}{2}t_3$$

式中：v_4 为爬行速度，一般取 0.4~0.5 m/s。

爬行阶段运行时间 t_4：

$$t_4 = \frac{h_4}{v_4}$$

式中：h_4 为爬行阶段运行距离，一般取 2.5~5 m，自动控制取小值，手动控制取大值。

等速运行阶段距离 h_2 和时间 t_2：

$$h_2 = H - h_0 - h_1 - h_3 - h_4$$

$$t_2 = \frac{h_2}{v_m}$$

抱闸停车阶段减速度 a_5 和距离 h_5：

$$a_5 = \frac{v_4}{t_5}; \ h_5 = \frac{v_4}{2}t_5$$

式中：t_5 为抱闸停车时间，取 1 s，距离 h_5 在计算中忽略不计。

一次提升时间：

$$T = t_0 + t_1 + t_2 + t_3 + t_4 + t_5$$

4.6.2 矿井提升动力学

图 4-21 所示为矿井的提升系统。

提升电动机必须给出合适的拖动力，系统才能按设计速度图运转。速度及加速度代表着提升容器、钢丝绳的速度和加速度，也就是卷筒圆周处的线速度和线加速度。这就使研究电动机作用在卷筒圆周处的拖动力较为简便。

电动机作用在卷筒圆周处的拖动力 F，应能克服提升系统的静阻力和惯性力。其表达式为：

$$F = F_j + F_d$$

$$F_d = \sum ma$$

式中：F_j 为提升系统静阻力，N；F_d 为提升系统各运动部分作用在卷筒圆周处的惯性力之和，N；$\sum m$ 为提升系统所有运动部分变位到

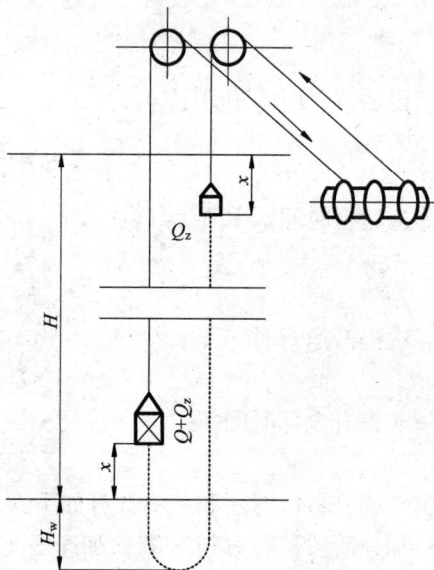

图 4-21 矿井提升系统

卷筒圆周处的总变位质量，kg；a 为卷筒圆周处的线加速度，m/s^2。

（1）提升系统静阻力

提升系统静阻力是由容器内有益载荷、容器自重、钢丝绳重以及矿井阻力等组成的。矿井阻力是指提升容器在井筒中运行时，气流对容器的阻力、容器罐耳与罐道的摩擦阻力以及提升机卷筒、天轮的轴承阻力等，经过分析和简化计算：

$$F_j = kQg + (p - q)(H - 2x) \qquad (4-35)$$

式中：Q 为次提升量，kg；p 为钢丝绳单位长度的重力，N/m；q 为尾绳单位长度的重力，N/m；H 为提升高度，m；x 为提升开始到某瞬间的距离，m；k 为矿井阻力系数，罐笼提升 $k = 1.2$，箕斗提升 $k = 1.15$。

从式（4-35）可以看出 F_j 是 x 的线性函数，当选用 $q = 0$（无尾绳提升）的静力不平衡提升系统，提升开始时的 F_j 最大。若矿井很深，H 的增大也导致 p 增大，这时提升开始所需拖动力必定很大，只能选择大容量的电动机。但在提升接近终了时，由于 F_j 很小，再计入惯性力，提升机必须产生较大的制动力矩才能安全停车，这是静力不平衡提升系统的缺点。

目前，大产量或较深矿井均优先选择多绳摩擦提升系统。为了防止摩擦提升机与提升钢丝绳产生滑动，均带有尾绳，同时克服了静力不平衡系统的缺点。选择多绳摩擦提升系统时，应优先考虑选用 $p = q$ 的系统，有特殊需要时才选用重尾绳系统。采用尾绳时，增加了井筒开拓量和尾绳费用，同时也增加了各项维修工作量。此外，由于是有尾绳系统，所以多绳摩擦提升系统不能应用于多水平同时提升的矿井，解决的办法之一是采用单容器平衡锤提升系统。显然，与双钩提升系统比较，这种系统生产率较低。在金属矿山，目前这种系统还应用较为普遍。

尾绳一般多选用不旋转钢丝绳或扁钢丝绳。利用悬挂装置，将尾绳两端分别接在两个容器的底部。为了防止尾绳扭结，可在绳环处安装挡板或挡梁。

（2）变位重量

提升设备在工作时，提升容器及其所装荷载、未缠在卷筒上的钢丝绳做直线运动，它们的速度和加速度都相等；而卷筒及缠于其上的钢丝绳、减速齿轮、电动机转子和天轮作旋转运动，它们的旋转速度和旋转半径各不相同，因此提升设备是一个复杂的运动系统。为了简化提升系统惯性力的计算，用集中在卷筒圆周（缠绕圆周）上的质量来代替提升系统所有运动部分的质量，该集中质量的动能等于提升系统所有运动部分的动能之和。这种集中的代替质量称为提升系统的变位重量。

提升系统运行时，一些设备做直线运动，一些设备做旋转运动。做直线运动的设备有提升容器、容器内有益载荷、提升钢丝绳和尾绳，它们运动时的加速度就是卷筒圆周处的加速度，因此，这些部分无需变位。做旋转运动的设备有天轮、提升机中的卷筒及减速器齿轮、电动机转子等，它们需要计算变位重量。

变位重量的计算是非常复杂的，一般设备的变位重量可以直接从设备的技术性能表查出。电动机转子的计算，原则是保持变位前后的动能相等，经分析推导得：

$$G_d = \frac{(GD^2)_d i^2}{D^2}$$

式中：G_d 为电动机转子的变位重力，N；$(GD^2)_d$ 为电动机的回转力矩，N·m^2；D 为卷筒直径，m；i 为减速比。

通常，$(GD^2)_d$ 与电动机的结构及形式有关，可以从电动机规格表中查到，所以需要初选电动机。提升系统其他旋转部分的变位重量虽也可以利用上述方法计算，但提升机制造厂、天轮制造厂都已给出这些设备变位到卷筒圆周处的变位重量。

多绳摩擦提升系统需要计算变位重量时，必须根据多绳提升的布置方式（塔式或落地式）、有无导向轮、主绳和尾绳根数及长度等具体情况决定。

各种设备（罐笼、箕斗）提升时的各个阶段拖动力的变化规律和计算方法可以参考设计手册或其他书籍。

4.6.3 电动机容量计算与校核

从提升系统的速度图、受力图可以看出，一个提升循环中，速度 v 及拖动力 F 都是变化的，这时，显然不能只根据某一阶段的速度和负载选择电动机。选择电动机容量的依据是电机线圈的发热量。若电动机以变速度和变力矩运转时产生的热量与此电动机以额定转速和固定力矩运转时产生的热量相等，就可以根据该固定力矩和额定转速来计算和选择电动机的容量，通常称此固定力矩为等效力矩。

已知电机产生的热量 Q 为：

$$Q = k_1 \int_0^T F^2 \mathrm{d}t \tag{4-36}$$

式中：Q 为电机线圈产生的热量，J；I 为通过的电流，A；T 为次提升时间，s；k_1 为比例常数。

式中积分上限采用 T 而不是 T_x，这是因为：研究的虽是一个提升循环，但在提升机休止时间 θ 内，电动机并不运转。

可以认为，电动机的拖动力矩 M 与电流 I 成正比：

$$M = k_2 I \tag{4-37}$$

式中：k_2 为比例常数。

已知电动机拖动力矩 M 与卷筒圆周拖动力 F 的关系为：

$$M = \frac{FR}{I\eta_j} \tag{4-38}$$

式中：R 为卷筒半径；F 为卷筒圆周拖动力；I 为减速器传动比；η_j 为减速器传动效率。

联立式（4-36）、式（4-37）及式（4-38），可得：

$$Q = k \int_0^T F^2 \mathrm{d}t \tag{4-39}$$

要注意，式（4-39）中 F 为变化的拖动力。式（4-39）的物理意义是电动机以变化力矩和变化速度运转时线圈的发热量。

当上述电动机以固定等效力矩、额定转速运转，电动机仍产生热量 Q 时，可写出下式：

$$Q = kF_d^2 T_d \tag{4-40}$$

式中：F_d 为卷筒圆周的等效力；T_d 为 1 个提升循环的等效时间。

若无特殊通风设备，由于电动机在低速和休止时间内散热不良，式（4-40）中的等效时间 T_d 就不等于一次运转时间 T，而应按下式计算：

$$T_d = \alpha(t_0 + t_1 + t_2 + t_3 + t_4 + t_5) + t_2 + \beta\theta \tag{4-41}$$

式中：α 为电机低速转动时，散热不良系数，取 $\alpha = 1/2$；β 为电机休止时间散热不良系数，取 $\beta = 1/3$。

令式(4-39)与式(4-40)相等,求出等效力 F_d:

$$F_d = \sqrt{\frac{\int_0^T F^2 \mathrm{d}t}{T_d}}$$ (4-42)

由上式也能进一步理解 T_d 的物理意义:由于电机散热不良,适当增大了 F_d,从而适当增大了电动机的容量。

式(4-42)中 $\int_0^T F^2 \mathrm{d}t$ 一项决定于拖动力的变化规律。由力图已知,拖动力是不连续的曲线,因此,要分段积分。

已知,电动机的等效功率 P_d 应按下式计算:

$$P_d = \frac{M_d \omega_e}{1000}$$ (4-43)

式中:M_d 为电动机的等效力矩,$N \cdot m$;ω_e 为电动机的额定角速度,rad/s。

仿照式(4-38),得出:

$$M_d = \frac{F_d R}{i \eta_j}$$ (4-44)

考虑 n_e 与 ω_e 的关系后,可求出 v_m 与 ω_e 的关系式:

$$v_m = \frac{R \omega_e}{i}$$ (4-45)

将式(4-44)、(4-45)代入式(4-43),得出 P_d 为:

$$P_d = \frac{v_m}{1000 \eta_j} \sqrt{\frac{\int_0^T F^2 \mathrm{d}t}{T_d}}$$ (4-46)

要注意,上式中拖动力 F 的单位为 N,最大速度 v_m 的单位为 m/s,等效时间 T_d 的单位为 s。

计算出电动机等效功率 P_d 后,应根据下面三个条件验算前面计算变位质量 $\sum m$ 而预选的电动机容量 P_e。

(1)按电动机发热量验算:

$$P_e \geqslant P_d$$ (4-47)

(2)验算正常运行时,电动机过负荷能力:

$$\frac{F_{max}}{F_e} \leqslant 0.75\lambda$$ (4-48)

式中:F_{max} 为力图中最大拖动力,N;λ 为电动机的过负荷系数,可由所选的标准电动机规格表中查到;F_e 为预选电动机作用在卷筒圆周的额定力。

依据式(4-46),F_e 可用下式确定:

$$F_e = \frac{1000 P_e \eta_j}{v_m}$$ (4-49)

考虑到电网电压稍有降低或启动切换力矩瞬间增大时,电动机仍能安全运转,所以将式(4-48)的正常过载能力限制在 0.75λ 的范围内。这样做,留有余地,提高了工作的可靠性。

(3)验算特殊情况运转时,电动机的过负荷能力:

$$\frac{F_t}{F_e} \leqslant 0.9\lambda$$ (4-50)

式中：F_t 为作用在卷筒圆周处的特殊力。在下列情况下产生：

①采用罐座的罐笼提升设备，当空罐位于井底罐座上，向上稍提起井口重罐时，两侧容器自重不能相互抵消，此时 F_t 为：

$$F_t = \mu[Qg + Q_z g + (q - p)H] \tag{4-51}$$

式中：Q 为一次提升量，kg；Q_z 为容器质量，kg；p 为主绳每米重力，N/m；q 为尾绳每米重力，N/m；H 为提升高度，m；μ 为阻力及动力的影响系数，取 $\mu = 1.05 \sim 1.1$。

②更换水平或调节绳长需打开离合机构作单钩提升时：

$$F_t = \mu q(Q_z g + pH) \tag{4-52}$$

由于 F_t 不像 F_{max} 那样在每一提升循环内必须发生，又考虑到特殊作业时速度、加速度均可大大降低，所以将式（4-50）中的过载能力放宽到 0.9λ。

若预选电动机容量不能完全满足上述三个条件，则应重选容量较大的电动机，查出其回转力矩 GD^2，重新计算变位质量 $\sum m$ 及各点拖动力，计算等效力 F_d 直至满足条件为止。

如果仅仅是第①项不满足，可以采用摇台来代替罐座。

4.7　竖井提升设备的选择计算

4.7.1　提升容器的比较及其优缺点

竖井提升容器有罐笼、箕斗和罐笼－箕斗的组合形式等。罐笼能完成矿石、废石、人员、材料和设备的综合提升任务，灵活性大；其缺点是容器质量大，因而使提升机尺寸及电动机功率增大，效率也较低，换车作业机械化、自动化复杂，劳动定员多等。因此，在大中型矿山中，常把罐笼作为副提升容器，但在小型矿山中，罐笼就被用作主提升容器。

箕斗的优点是容器质量小，因而使提升机尺寸及电动机功率减小，提升能力大，井筒断面小，无需增加井筒断面就能在井下使用大型矿车，装卸载时间少，便于实现自动化；其缺点是只能提升矿石和废石，不能升降人员、材料和设备，井上、井下均需设置转载矿仓，还要设置粉矿回收设施，基建工程量大，基建时间长。

罐笼－箕斗的组合式容器，集中了前两者的优点，能较好的完成综合提升任务，但容器质量大，结构复杂，井上、井下都要相应地增加一些辅助设施。

4.7.2　竖井单绳提升容器的选择

4.7.2.1　小时提升量

$$A_s = \frac{C_F CA}{t_r t_s} \tag{4-53}$$

式中：A_s 为小时提升量，t/h；C 为提升不均衡系数，有矿仓时主井提升宜取1.15，无矿仓时主井提升宜取1.25；A 为年提升量，t/a；t_r 为年工作日，d/a；t_s 为日工作小时数，h/d。t_s 的选取如表4-10所示；C_F 为富裕系数，主井提升能力应有15%~30%的富裕量。

表4-10 日工作小时数

提升容器类型		日工作小时数/h	提升容器类型		日工作小时数/h
箕斗提升	单物料	19.5	罐笼提升	主提升	18
	多种物料	18		兼作主副提升	16.5

注：混合井提升有保护隔离措施时，按上面数据选取；若无保护隔离措施则箕斗或罐笼提升的时间均按单一竖井提升时减少1.5 h考虑。

4.7.2.2 提升速度

从提升机最大速度与电动机额定转速的角度分析，最大提升速度：

$$v_{max} = \frac{\pi D n_e}{60i} \quad (4-54)$$

式中：D 为电动机输出轴的直径，m；n_e 为电动机额定转速，r/min；i 为减速器传动比。

从缩短提升时间、增大提升能力的角度分析，最大提升速度：

$$v_{max} = \sqrt{aH}$$

式中：a 为提升加速度或减速度，m/s²；H 为提升高度，m。

通过对提升电动机容量、提升有效载重、卷筒直径等参数与提升速度之间关系的分析，得出最经济合理的提升速度为：

$$v = 0.4\sqrt{aH} \sim 0.5\sqrt{aH}$$

一般的提升加速度和减速度 $a = 0.6 \sim 1$ m/s²，故：

$$v = 0.3\sqrt{H} \sim 0.5\sqrt{H} \quad (4-55)$$

式中：0.3~0.5为系数，当 $H < 200$ m时取下限，当 $H > 600$ m时取上限，箕斗提升比罐笼提升的取值可适当增大。

根据算出的提升速度，选择与其接近的提升机标准速度，作为最大提升速度，但必须符合安全规程规定。

竖井用罐笼升降人员时，其最大速度不得超过 $v_{max} = 0.5\sqrt{H}$ 的计算值，且不得大于12 m/s；竖井升降物料时，提升容器的最大速度不得超过 $v_{max} = 0.6\sqrt{H}$ 的计算值。

矿井提升机通常要服务于多个阶段，各个阶段的提升高度不同，合理的提升速度也不相同，为计算简便，可采用加权平均高度的概念，并以此作为提升计算的依据。

$$H' = \frac{H_1 Q_1 + H_2 Q_2 + \cdots + H_n Q_n}{Q_1 + Q_2 + \cdots + Q_n} \quad (4-56)$$

式中：H' 为加权平均提升高度，m；H_n 为第 n 阶段的提升高度（对于箕斗提升则为第 n 装矿点的提升高度），m；Q_n 为第 n 阶段的阶段矿量（对于箕斗提升则为第 n 装矿点的矿量），t。

4.7.2.3 一次提升量计算

（1）主井提升。

双容器提升时：

$$V' = \frac{A_s}{3600\gamma C_m}(K_1\sqrt{H'} + u + \theta) \quad (4-57)$$

单容器提升时：

$$V' = \frac{A_s}{1800\gamma C_m}(K_1\sqrt{H'} + u + \theta) \qquad (4-58)$$

式中：V'为容器的容积，m^3；u为箕斗在曲轨上减速与爬行的附加时间，取$u = 10$ s；C_m为装满系数，取$0.85 \sim 0.9$；γ为松散矿石密度，t/m^3；K_1为系数，按表4-11选取；θ为休止时间（停歇时间），箕斗提升时见表4-12，罐笼提升时见表4-13。

表4-11 系数K_1

系数	提升速度/($m \cdot s^{-1}$)				
	$v = 0.3\sqrt{H'}$	$v = 0.35\sqrt{H'}$	$v = 0.4\sqrt{H'}$	$v = 0.45\sqrt{H'}$	$v = 0.5\sqrt{H'}$
K_1	3.73	3.327	3.03	2.82	2.665

表4-12 箕斗装载休止时间

箕斗容积/m^3	<3.1		3.1~5	5~8
漏斗类型	计量	不计量	计量	计量
休止时间/s	8	18	10	14

注：8 m^3以上箕斗每增加1 m^3休止时间增加1 s，靠外动力卸载的箕斗应增加5 s设备联动时间。

表4-13 罐笼进、出车的休止时间

罐笼形式		单层装车罐笼			双层装车罐笼			
进出车方式		两侧进、出车		同侧进、出车	两侧进、出车		两层同时进、出车	
每层矿车数/辆		1	2	1	1	2	1	2
矿车规格 /m^3	≤0.75	15	20	35	35	45	15	20
	1.2~1.6	18	25	41	41	55	18	25
	2~2.5	20	—	—	45	—	20	—

计算出V'后，再选定提升容器，然后计算一次有效提升量：

$$Q = C_m\gamma V \qquad (4-59)$$

式中：Q为一次有效提升量，t；V为提升容器的容积，m^3。

（2）副井提升。

所选的罐笼一般应考虑以下因素：提升废石使用的矿车应与罐笼配套，其计算方法与上述罐笼提升时的情况相同，只是在核算提升能力时，应按最大班提升量考虑；提升最大设备的外形尺寸和质量与罐笼相适应，尽可能考虑罐笼内能装载最大设备，特使情况下可考虑在罐笼底部吊装。

副井班提升能力计算应符合下列规定：最大班人员下井时间不应超过45 min；最大班作业时间应按5.5 h计算；计算罐笼升降人员次数时，每班升降生产人员数应按每班井下生产人员数1.5倍计算；每班升降其他人员时间应按井下生产人员数的20%计算，且每班升降次数不得少于5次；提升岩石应按日出岩石量的50%计算；下放支护材料应按日需求量的50%

计算;升降小型设备不应少于2次;其他非固定任务的提升次数,每班不应少于4次;提升设备应满足运送井下设备的最重部件需要,电机车宜整体运输。

罐笼升降人员休止时间应符合表4-14的规定;同侧进出车的材料车、平板车进、出罐笼的休止时间宜为60 s,两侧进出车宜为40 s;每种长材料直接装入或卸出罐笼的休止时间宜为25~30 min;装入或卸出爆破材料的休止时间宜为1 min。

表4-14 罐笼升降人员休止时间

罐笼	同侧进入/s	两侧进入/s
单层	$(n+10) \times 1.5$	$n+10$
双层	$2 \times (n+10) \times 1.5 + 5$	$2 \times (n+10) + 5$
双层(同时进入)	$(n+10) \times 1.5$	$n+10$

注:n 为每层乘罐人数。

一次循环提升时间:

$$T' = \frac{3600Q}{A_s} \tag{4-60}$$

式中:T' 为一次循环提升时间,s。

4.7.3 竖井多绳提升容器的选择

4.7.3.1 提升容器参数计算

提升工作时间、不均衡系数、罐笼装卸载时间、每班升降人员时间、其他辅助提升次数及休止时间、经济提升速度等参见竖井单绳提升部分。

多绳底卸式箕斗当采用活动直轨卸载时,其休止时间按其容积而定,如表4-15所示。

表4-15 多绳底卸式箕斗提升休止时间

箕斗容积/m³	≤9	11	14	17
休止时间/s	20	22	25	28

4.7.3.2 提升容器的选择

多绳提升容器的选择原则、方法、步骤、一次合理提升量的计算等与单绳提升相同。所不同的是,单绳提升多采用翻转式箕斗,而多绳提升则多采用底卸式箕斗和钢丝绳罐道。当然,这个区别并不是绝对的。在满足防滑要求的前提下,多绳提升也可采用翻转式箕斗;若将矿石块度控制在350 mm以下,单绳提升也可采用底卸式箕斗。

多绳提升装置采用双容器提升时,其优点是提升能力大,电能消耗少,经营费用低;其缺点是一套提升装置只能为一个生产水平服务,不适用于多水平提升。因此,在多水平生产的矿山,单容器带平衡锤提升获得了广泛的应用。

4.7.4 副井罐笼的选择

4.7.4.1 副井罐笼规格的选择

副井罐笼规格选择时应：

（1）根据井下运输使用的矿车名义载重量（主井为箕斗提升时按辅助运输矿车名义载重量）确定罐笼的吨位。

（2）根据运送最大班下井工人的时间不超过 40 min 或每班总作业时间是否超过 5 h 来确定罐笼的层数。一般应先考虑单层罐笼，不满足要求时再选择双层罐笼。

4.7.4.2 其他规定

其他规定有：

（1）升降工人的时间，按运送最大班下井工人时间的 1.5 倍计算。

（2）升降其他人员的时间，按升降工人时间的 20% 计算。

升降人员的休止时间按下列规定取值：单层罐笼每次升降 5 人及以下时，休止时间为 20 s，超过 5 人，每增加 1 人增加 1 s；双层罐笼升降人员，如两层同时进出人员，休止时间比单层增加 2 s 信号联系时间。当人员只从一个平台进出罐笼时，休止时间为单层的 2 倍，另外增加 6 s 换置罐笼时间。

（3）普通罐笼进出材料车和平板车休止时间为 40 ~ 60 s。

（4）最大班净作业时间为上述各项提升时间与休止时间之和，一般不得超过 5 h。

（5）能够运送井下设备的最大和最重部件。

对于混合提升设备，每班提升矿石和提升废石时间均应计入 1.25 不均衡系数，其提升能力不宜超过 5.5 h。

4.7.5 提升机选型计算

4.7.5.1 单绳缠绕式提升机的选择与计算

（1）卷筒参数的选取。

提升机卷筒直径是计算选择提升机的主要技术数据。选择卷筒直径的原则是钢丝绳在卷筒上缠绕时不产生过大的弯曲应力，以保证其承载能力和使用寿命。卷筒或天轮直径与钢丝绳直径的关系见表 4 – 16。

表 4 – 16 卷筒纸经与钢丝绳直径的关系

卷筒安装地点或用途	卷筒的最小直径与钢丝绳直径之比	卷筒最小直径与钢丝绳中最粗的钢丝直径之比
地表提升装置	≥80	≥1200
井下提升装置和凿井的提升装置	≥60	≥900
凿井升降物料的绞车或悬挂水泵、吊盘	≥20	≥300
排土场提升装置	≥50	

①双卷筒宽度的确定。

缠绕一层时：

$$B = \left(\frac{H + L_s}{\pi D_j} + n_m \right)(d_s + \varepsilon) \tag{4-61}$$

缠绕多层时：

$$B = \left(\frac{H + L_s + (n_m + 4)\pi D_j}{n'\pi D_p} \right)(d_s + \varepsilon) \tag{4-62}$$

②单卷筒作双端提升时卷筒宽度的确定。

$$B = \left(\frac{H + 2L_s}{\pi D_j} + 2n_m + 2n_j \right)(d_s + \varepsilon) \tag{4-63}$$

式中：B 为卷筒宽度，mm；H 为提升高度，m；L_s 为供试验用的钢丝绳长度，取 $20 \sim 30$ m；D_j 为卷筒直径，m；D_p 为多层缠绕时卷筒的平均直径，$D_p = D_j + (n'-1)d_s$，m；n' 为卷筒上缠绳的层数，层；n_m 为留在卷筒上的钢丝绳摩擦圈数，取 $n_m = 3$；n_j 为两提升绳之间的间隔圈数，取 2；4 为每月移动 0.25 圈绳长所需的备用圈数，圈；d_s 为钢丝绳直径，mm；ε 为钢丝绳两圈间的间隙，取 $2 \sim 3$ mm。

③计算钢丝绳最大静拉力和最大静拉力差。

钢丝绳最大静拉力 F_0：

$$F_0 = (Q + Q_r + P_s H_0)g \tag{4-64}$$

式中：F_0 为钢丝绳最大静拉力，N；Q 为有效装载量，kg；P_s 为钢丝绳每米质量，kg/m；H_0 为钢丝绳悬垂长度，m；Q_r 为提升容器质量，kg。

(2)钢丝绳最大静拉力差。

双容器：

$$F_j = (Q + P_s H)g \tag{4-65}$$

单容器带平衡锤：

$$F_j = (Q + Q_r + P_s H - Q_c)g \tag{4-66}$$

式中：F_j 为最大静拉力差，N；H 为提升高度，m；Q_c 为平衡锤质量，kg。

(3)确定提升机的标准速度。

依据生产能力所需的提升速度及滚筒直径、最大静拉力、最大静拉力差等参数选出提升机型号，然后在提升机规格表中选出提升机的标准速度。

(4)电动机预选。

矿井提升机的电力拖动形式采用交流或直流拖动，应进行方案的技术经济比较后确定，以下的计算是按照交流拖动考虑的。可按罐笼提升电动机近似功率曲线和双箕斗提升电动机近似功率曲线查出电动机近似功率，或者按照下列公式计算后，选取标准电动机。

$$N' = \frac{KF_j v}{1000\eta \rho} \tag{4-67}$$

式中：N' 为预选电动机功率，kW；K 为井筒阻力系数，箕斗井提升宜取 $1.05 \sim 1.15$；罐笼井提升宜取 $1.1 \sim 1.25$；v 为最大提升速度，m/s；ρ 为电动机功率储备系数，宜按 $1.05 \sim 1.10$ 选取；η 为减速器的传动效率，按生产厂家给定值选取，在无厂家给定值时，直联宜取 1，行星齿轮减速器宜取 0.95，平行轴减速器宜取 0.90。

(5)井架和提升机房配置。

①井架高度。

罐笼和箕斗提升的井架高度计算公式如下：

$$H_j = h_x + h_j + h_{ch} + h_{gj} + 0.25D_t \qquad (4-68)$$

式中：H_j 为井架高度，m；h_{gj} 为过卷扬高度，m；D_t 为天轮直径，m；$0.25D_t$ 为附加距离，因为从容器连接装置上绳头与天轮轮缘的接触点到天轮中心约为 $0.25D_t$，m；h_x 为箕斗卸载高度，指井口水平至卸载位置的容器底座的距离，m；对于罐笼提升，若在井口装卸载，$h_x = 0$，对于箕斗提升，地面要装设矿仓，可根据实际取值；h_{ch} 为箕斗卸矿时，斗箱对矿仓顶的超高，m；对于罐笼提升，若在井口装卸载，$h_{ch} = 0$，对于箕斗提升，取值见表 4-17。

表 4-17　翻转式箕斗卸载时斗箱对矿仓顶的超高 h_{ch}

箕斗容积/m^3	1.2	1.6	2	2.5	3.2	4
h_{ch}/m	2.5	3	3	3.5	3.5	4

竖井提升速度小于 3 m/s 时，过卷高度不小于 4 m；提升速度在 3~6 m/s 以下时，过卷高度不小于 6 m；提升速度在 6~10 m/s 以上时，过卷高度不小于最大提升速度时的值；提升速度大于 10 m/s 时，过卷高度不小于 10 m。

对某些矿山，在确定井架高度时，还应考虑提升长材料及大型设备的可能性。

②卷筒中心至提升容器中心距离一般取 20~40 m，其最小值 b_{min} 近似计算：

$$b_{min} \geqslant 0.6H_j + 3.5 + D_j \qquad (4-69)$$

式中：$0.6H_j$ 为考虑井架斜撑基础与卷筒中心距离，m。

③钢丝绳弦长。

钢丝绳弦长公式如下：

$$L_{xi} = \sqrt{\left(b - \frac{D_t}{2}\right)^2 + (H_j - C)^2} \qquad (4-70)$$

式中：b 为卷筒中心至提升容器中心距离，m；L_{xi} 为钢丝绳弦长，m；C 为卷筒中心线与井口水平的高差，m。

一般 L_{xi} 不宜超过 50~60 m，以免钢丝绳颤动。超过 60 m 后，应加设支撑托辊。

4.7.5.2　多绳摩擦式提升机的选择与计算

多绳摩擦式提升机和单绳缠绕式提升机相比，具有适于深井重载提升，钢丝绳直径小，设备质量轻，投资省，耗电少，安全可靠等优点，因而获得广泛的应用。

多绳摩擦式提升机有塔式和落地式两种，目前使用塔式较多，但落地式也日益发展完善。在某些具体条件下，采用落地式还是采用塔式应通过经济比较确定。在一般情况下，竖井只装一台提升机时，采用落地式较为经济。若竖井安装两台提升机，则采用塔式较为经济。落地式多绳提升机的设计计算与塔式提升机相同，仅在井口布置方面具有和单绳缠绕式提升机相似的特点。由于没有钢丝绳偏角的限制，提升机可以尽量靠近井筒，钢丝绳仰角可达 50°~90°，使井口布置更为紧凑。

通常应根据提升载荷和提升高度选择提升机。

(1) 主导轮直径。

多绳提升机主导轮直径 D_j 与提升钢丝绳直径 d_s 之比应符合表 4-18 要求。导向轮直径与提升钢丝绳直径之比，塔式不小于 80，落地式不小于 100。

表4-18 多绳提升机主导轮直径与提升钢丝绳直径之比

提升机布置方式		主导轮直径与提升钢丝绳直径之比
塔式多绳提升机	有导向轮	$D_j/d_s \geq 100$
	无导向轮	$D_j/d_s \geq 80$
落地式多绳提升机		$D_j/d_s \geq 100$

（2）钢丝绳作用在主导轮上的最大静拉力和最大静拉力差。

主导轮重载侧和空载侧质量计算如表4-19 所示。

表4-19 主导轮重载侧和空载侧质量计算

名称	单罐笼提升/kg		双罐笼提升/kg		单箕斗提升/kg		双箕斗提升/kg	
	重载侧	空载侧	重载侧	空载侧	重载侧	空载侧	重载侧	空载侧
一侧钢丝绳	npH_0	$n'pH_0$	npH_0	$n'pH_0$	npH_0	$n'pH_0$	npH_0	$n'pH_0$
罐笼	Q_g	—	Q_g	Q_g	—	—	—	—
矿车	q_c	—	q_c	q_c	—	—	—	—
箕斗	—	—	—	—	Q_j	—	Q_j	Q_j
有效装载量	Q	—	Q	—	Q	—	Q	—
平衡锤	—	Q_c	—	—	—	Q_c	—	—
一侧钢丝绳	m_1	m_2	m_1	m_2	m_1	m_2	m_1	m_2

注：p 为首绳钢丝绳每米质量，kg/m；q 为尾绳钢丝绳每米质量，kg/m；n 为首绳钢丝绳根数，根；n' 为尾绳钢丝绳根数，根；H_0 为钢丝绳最大悬垂长度，m；Q 为提升容器有效装载量，kg；Q_j 为箕斗质量，kg；Q_g 为罐笼质量，kg；q_c 为矿车质量，kg；m_1 为一侧钢丝绳总质量。

钢丝绳作用在主导轮上的最大静拉力为：

$$S_1 = m_1 g \tag{4-71}$$

钢丝绳作用在主导轮上的最大静拉力差为：

$$S_c = S_1 - S_2 = (m_1 - m_2)g \tag{4-72}$$

式中：S_1 为钢丝绳作用在主导轮上的最大静拉力，N；S_2 为钢丝绳作用在主导轮上的最小静拉力，N；S_c 为钢丝绳作用在主导轮上的最大静拉力差，N。

（3）防滑计算。

实践表明，湿度、温度、钢丝绳表面状况及污染程度等因素都会影响摩擦系数，因此设计计算时要留有余地。

提升钢丝绳对衬垫的单位压力 q_0 不应超过制造厂提供的允许值，衬垫许用单位压力一般为1.96 N/mm²，并按下式校核：

$$q_0 = \frac{S_1 + S_2}{nD_j d_s} \tag{4-73}$$

对于摩擦提升设备必须满足钢丝绳沿主导轮不得发生滑动的条件:

$$\frac{S_{max}}{S_{min}} \leq e^{\mu\alpha} \tag{4-74}$$

式中: S_{max} 为围包主导轮一侧钢丝绳的最大拉力,N; S_{min} 为围包主导轮另一侧钢丝绳的最小拉力,N; e 为自然对数的底, e = 2.71828; μ 为钢丝绳和主导轮衬垫间的摩擦系数,不应超过制造厂所提供的允许值; α 为钢丝绳围包主导轮的角度,为减小钢丝绳的磨损,一般不大于195°。

对于静止和等速运动的提升系统,为安全工作,静防滑初算取:

$$\frac{S_1}{S_2} \leq (1.4 \sim 1.5) \tag{4-75}$$

对于摩擦提升系统的加速和减速运动状态,最易发生滑动现象。加速时主导轮可能沿钢丝绳滑动,减速时钢丝绳可能沿主导轮滑动。为防止滑动,应验算滑动极限加速度和减速度,校核下放重物时安全制动减速度。

增加防滑安全系数的措施主要有:增大围包角,可采用加设导向轮的方法来实现;增加钢丝绳与摩擦衬垫间的摩擦系数,采用具有高摩擦系数、耐磨的材料作衬垫,此外还可以对钢丝绳加以处理来增大摩擦系数;采用尾绳可以增大空载绳的张力;增大容器自重也可以增大空载绳的张力,对于浅井效果特别显著;采用平衡锤单容器提升;控制最大的加、减速度值以减小动载荷。

(4)提升机拖动方式的选择。

提升机拖动方式应满足提升负荷和运行速度的需要。拖动方式有交流拖动和直流拖动。交流拖动比较简单,设备和安装费用低,但调速性能较差;目前由于磁力控制站容量的限制,交流拖动可达 1000 kW(双机拖动可达 2000 kW)。而直流拖动,调速性能好,易于实现自动控制,但设备和安装费用高。对于深井和大型提升容器的提升宜采用直流拖动。但是交流控制技术日益进步,交流拖动将获得更广泛的应用。

若采用交流拖动,爬行阶段可考虑低频拖动或微拖动装置。箕斗提升爬行距离为 0.5 ~ 2 m,其爬行速度为 0.3 ~ 0.5 m/s;罐笼提升爬行阶段可忽略不计。

电动机的概算功率:

$$N' = \frac{K(S_1 - S_2)v}{1000\eta}\rho \tag{4-76}$$

式中: N' 为电动机的概算功率,kW; K 为井筒阻力系数,数值同式(4-67); η 为减速器的传动效率,数值同式(4-67); ρ 为电动机功率储备系数,数值同式(4-67); v 为最大提升速度,m/s。

提升电动机在运转过程中要产生大量热量,一般中小型电动机为自然通风,而功率 1000 kW 以上的直流电动机要考虑强迫风冷。

(5)多绳提升机的配置。

多绳提升机可以安装在井塔上,也可设置在地面上。井塔多为矩形,目前常用滑升模板浇注施工,施工进度快,造价低。若多绳提升机安装在地面,其机房建筑和基础同单绳缠绕式提升机相似。

井塔布置的项目包括提升机、导向轮、电动机及其控制装置、直流发电机组、通风装置、液压站、罐道及其支承结构、受料设施或井口换车设备、空气预热设施、起重机、电梯和卫生间等。为防止振动和噪声，直流发电机组宜布置在地面。在寒冷地区井塔要采暖；在炎热地区要考虑通风降温设施。特别是严寒地区，转运矿石、岩石的上部受车场可以布置在地面井口层之上，或者井口房与通廊采用环形布置。

4.7.5.3 天轮的选型计算

根据矿山安全规定，选择天轮的直径。

（1）对于地面设备。

若钢丝绳与天轮的围包角大于90°时：

$$D_1 \geqslant 80d \tag{4-77}$$

$$D_1 \geqslant 1200\delta \tag{4-78}$$

若钢丝绳与天轮的围包角小于90°时：

$$D_1 \geqslant 60d \tag{4-79}$$

$$D_1 \geqslant 900\delta \tag{4-80}$$

（2）对于井下设备。

若钢丝绳与天轮的围包角大于90°时

$$D_1 \geqslant 60d \tag{4-81}$$

$$D_1 \geqslant 900\delta \tag{4-82}$$

若钢丝绳与天轮的围包角小于90°时

$$D_1 \geqslant 40d \tag{4-83}$$

$$D_1 \geqslant 900\delta \tag{4-84}$$

式中：D_1 为天轮直径，mm；d 为钢丝绳直径，mm；δ 为钢丝绳中最粗钢丝直径，mm。

4.8 竖井提升设备的常见事故及技术措施

4.8.1 竖井提升设备的常见事故

竖井提升设备主要由机械、液压、电气三部分组成。从以往统计来看，故障主要出现在机械和电气部分，液压系统故障较少。严重的机械故障主要有：制动事故、过卷事故、断绳事故。电气部分故障主要包括回路过流、低压漏电、控制电源失效等。机械类故障多发生在润滑系统、主传动机构、液压制动装置三部分。据统计，造成较多损失和影响较大的事故主要有滑动事故、断绳事故、过卷事故、制动事故和井筒事故。

（1）滑动事故。

摩擦提升机通过钢丝绳与摩擦衬垫之间的摩擦力传递动力，容易发生滑动事故。造成滑动的原因主要有：①矿石超载导致提升力所需力矩大于钢丝绳与衬垫之间摩擦所产生的力矩；②衬垫或钢丝绳有油导致启动或制动过程容易滑动。

（2）断绳事故。

多绳摩擦提升机断绳事故主要源于产品结构、提升系统设计不合理，操作工人素质与管理水平的限制等，但是由于其多绳结构且定期检查，断绳事故较少发生。单绳缠绕式提升机发生断绳事故较多，但是单绳缠绕式提升机均配有防坠装置，因此恶性事故较少。

（3）过卷事故。

过卷事故是指在提升机驱动下，罐笼进入正常行程以外的区域。产生的主要原因有：制动系统故障，制动力不够；减速保护失灵，发生超速；摩擦式提升机制动失效、保护不起作用。

（4）制动事故。

制动装置是提升系统正常减速停车和在各种提升故障情况下实施紧急制动停车的最后手段，是保证提升机安全的最重要装置。制动力矩和制动器调整是否合理直接影响提升机的安全。制动失效主要有：制动力矩过大造成动张力引起的滑动；制动力矩小，造成制动不灵。

（5）井筒事故。

井筒事故是发生的井筒人员和设备损伤事故，主要有坠人事故、井筒坠物事故、提升容器伤害事故等。

4.8.2 常见事故的技术措施

（1）滑动事故的解决办法。

滑动事故主要是人为因素，所以必须加强安全管理，防止人为因素引发矿井提升机安全事故。主要方法有：避免超载；操作时避免突然提升或下降。

（2）断绳事故的解决办法。

①设置可靠的满仓保护装置，改造扇形门底卸式箕斗的结构，天气寒冷时，根据具体情况制定安全措施，防止箕斗冻住，加强对曲轨及箕斗的维护。

②提高松绳报警保护的可靠性。

③增设必要的闭锁和信号显示装置。

④加强对司机和信号工的安全培训，强化安全意识，提高处理突发情况的能力。

（3）过卷事故的解决办法。

①保证井架有一定的过卷高度。

井架必须要有一定的过卷高度，其要求如下：提升速度小于 3 m/s 时，过卷高度不得小于 4 m；提升速度为 3~6 m/s 时，过卷高度不得小于 6 m；提升速度为 6~10 m/s（不包括 6 m/s）时，过卷高度不小于最高提升速度下运行 1 s 的提升高度；凿井时期吊桶不得小于 4 m。

②设置深度指示器。

深度指示器可指示出提升容器在井筒中的位置。当提升容器接近井口时能发出减速警告信号，提醒司机注意，同时在深度指示器上安装有过卷保护开关、自动减速开关及限速凸轮板等器件。目前使用的深度指示器有牌坊式和圆盘式两种。

③限速保护装置。

限速保护装置是当提升速度超过最大速度的 15% 时，能使提升机自动停止运转，并实现安全制动的装置。限速保护装置有两个作用：一是防止提升机超速；二是降低提升容器到达井口时的速度，以防止过卷保护装置动作后，因速度高而使制动距离过大造成事故。为此，相关安全规程规定："当罐笼提升系统最大提升速度超过 4 m/s，箕斗提升系统速度 6 m/s 时，限速保护装置能控制提升容器接近井口时的速度不超过 2 m/s"。

（4）制动事故的解决办法。

针对提升机制动系统所存在的隐患，下面几种措施可以提高提升机制动系统的制动效果。

①把十字弹簧式电液调压装置替换成电液比例溢流阀调压装置。电液比例溢流阀由比例电磁铁、压力先导阀、安全阀等部件组成。电液比例溢流阀调压装置具有调压线性度好、跟随性强、调压稳定、体积小等特点。经测试，电液比例溢流阀的跟随性比原来的十字弹簧式电液调压装置提高了20%，可提高制动系统的可靠性。

②液压系统的电控部分换成PLC代替原来的控制系统，可用PLC的程式化设置残压过高等故障显示，维护十分方便。

③在系统中安装压力继电器(或电接点压力表)，当残压超过设定值时，自动执行制动命令。

④在系统中安装电磁阀故障监控系统，设置非接触电磁阀阀芯监测传感器，当电磁阀故障时，能够报警并显示发生故障的电磁阀，并可以直观地看到发生故障的电磁阀，从而方便制动系统的维护。

⑤液压系统要防止空气进入，发现阀泄露要及时更换或维修。

4.9　竖井提升的安全运行与监控技术

提升系统是地下矿山的咽喉工程之一，与工人的人身安全息息相关。竖井提升系统发生事故的主要因素包括跑罐、提升机制动装置失灵、钢丝绳断裂、防坠器失效、提升机过卷、信号设备发生错误、缓冲器故障、操作失误等。人的不安全行为及安全管理缺陷是导致竖井提升安全事故的主要原因，为此，应加强对司乘人员的安全教育，制定严格的管理制度，强化安全管理执行力度，提高提升设备的可靠性和司乘人员的职业道德与技术水平，以保证矿山的安全生产。

地下矿山的提升系统分为斜井提升和竖井提升两种类型，提升系统，尤其是竖井提升系统主要是在井筒内沿高度方向实现物流和人流的运输，因此一旦发生事故，就会对全矿山生产产生重大影响，甚至会造成财产损失和人员伤亡。因此，必须对提升事故进行科学分析，找出事故发生的主要原因，提出改进措施，运用科学的安全管理方法来减少甚至避免事故的发生。

矿山竖井提升设备主要包括提升容器、提升钢丝绳、提升机、天轮和井架以及装卸载附属装置等。竖井提升设备一般比较复杂而庞大，属周期性动作式输送设备，需要频繁地启动和停车，工作条件差。因此，影响提升安全性的因素众多。

4.9.1　竖井提升事故的主要危害因素辨识

竖井提升事故容易造成人员伤亡，设施和设备损坏。而事故的发生主要是由人的不安全行为、环境条件和设备的故障所造成的。竖井提升事故包括两大类：提升过程中，人员在上下罐笼或罐笼运行过程中由于人为失误和提升设备的故障而导致的事故，这类事故后果严重，除了会造成提升设备损害，给矿山生产带来经济损失外，严重时还会造成人员的重大伤亡；提升过程中，货物(设备、材料、矿石、废石等)在进出提升容器或提升容器运行过程中由于人为失误和提升设备的故障而导致的事故。常见的竖井提升事故有提升货物或人员坠落、过卷、卡罐、运行不畅、停罐不到位等。各类提升设备的事故调查结果表明，造成事故的主要因素有：设备的不安全状态、人的不安全行为、安全管理缺陷。

4.9.1.1　设备的不安全状态

设备的不安全状态有：

(1)钢丝绳强度不够。根据金属非金属矿山安全规程(GB 16423—2006)，提升钢丝绳安全系数升降人员时不小于9，升降物料时不小于7.6。应定期进行试验并每日进行检查。如果提升钢丝绳安全系数不够，产生严重扭曲或变形，则在出现过卷时，容易被拉断，引起坠罐。

(2)提升机制动装置失灵。

(3)设备的保护装置(如防坠器、提升机防过卷装置)存在缺陷。竖井提升中经常出现的过卷事故大多由于防过卷装置不符合要求导致的。

(4)连接装置不满足安全要求。

(5)深度指示器调零装置失灵。

4.9.1.2　人的不安全行为

人的不安全行为有：

(1)操作人员缺乏安全知识，司机工作失职，违章操作。

(2)乘罐人员缺乏安全知识，如擅自开启罐笼门防护链，未等罐笼停稳即上下罐笼等。

(3)井口及各中段司罐人员责任心不强，不及时关闭安全门、锁闭摇台或托台。

(4)信号工与卷扬司机在收发提升信号时，忽视相互确认。

4.9.1.3　安全管理缺陷

安全管理缺陷有：

(1)对有关提升系统的安全规章制度贯彻不够，如违规人货混运等。

(2)对设备使用管理不善，缺乏定期检查。

(3)监督系统不健全，如超载监督等。

4.9.2　竖井提升安全管理措施

1)全面检查，改进技术，提高设备的可靠性主要包括以下几方面：

(1)提升设备的设计、安装、制造应该符合有关的技术规范和安全规程的要求。

(2)提升容器、连接装置、防坠器、罐耳、罐道、阻车器(罐挡)、摇台、装卸设备、天轮、钢丝绳以及提升绞车，都必须按规定周期对其进行检查和维修，使设备处于完好状态，防止由于磨损、老化、腐蚀、疲劳等原因降低设备的安全性。

(3)提高矿井提升的机械化水平，尽可能使用先进可靠的设备。

(4)消除生产作业场所的不安全因素，创造安全的环境。

2)以人为本，开展各种形式的安全教育。

大部分事故都是由于人的不安全行为造成的，如工作态度不端正，缺乏安全意识，缺少经验，不良生理或心理健康状况等，因此必须坚持以人为本，加强培训与教育，以减少事故的发生。主要包括以下几方面：

(1)加强对全体人员的安全教育，抓好安全基础工作，牢固树立"安全第一，预防为主"综合治理的思想，把安全第一的方针落到实处，广泛深入地进行安全知识教育，认真开展反"三违"活动。

（2）加强提升卷扬工的职业道德教育和技能教育，提高人员素质。

（3）加强对信号员与卷扬司机的协作教育，信号员要准确无误地传发信号；卷扬司机收到信号准时开机启动。收到不明确、不规则或模糊信号，要同信号员联系，问明情况。否则，不要开机。

（4）了解提升卷扬人员的生理和心理健康状况，及时发现问题，有针对性地采取防范措施。

3）加强安全管理，完善规章制度。

主要包括以下几方面：

（1）加强安全生产责任制度，实行责任到人。

（2）加强安全规章制度的执行力度和违章时的处罚力度。

4.10　深井提升技术与设备

随着浅部矿产资源的逐年开发而日趋枯竭，深部资源的开发利用日益增多。深部开采的关键技术之一是深井大规模提升技术。近年来，我国就深井大规模提升技术进行了大量的研发工作，在提升设备及其自动化监控、工程设计及应用等多方面取得了重要成果，深井、超深井大规模提升技术正逐步得到开发、完善与应用。

4.10.1　深井提升简介

随着矿井深度的增加，提升高度增大，提升量增多，进而导致提升设备、提升方式的改变。在一定范围内，不同的矿井深度适用不同的提升设备和提升方式，需要不同的提升技术与装备。以矿石提升为例，在井深300 m以内、提升量30万t/a以下的小型金属矿山，竖井一般采用罐笼提升，斜井一般采用串车或箕斗提升；在井深超过300 m的大中型金属矿山，竖井一般采用箕斗提升，斜井一般采用胶带或箕斗提升。目前，国内外对金属矿山深井及深井提升还没有具体的定义和统一的标准，《采矿设计手册》深井开拓一节中介绍了国外深井划分情况. 南非把1500 m的矿井称为深井；苏联划分三级；300～1000 m为中深井，1000～1500 m深井，2500 m以上为超深井；我国将开采深度超过800 m的竖井作为深井进行设计。与深井提升相近的标准有深部开采，在《冶金矿山采矿术语标准》中，深部开采定义为地表下600～2000 m的矿床开采工作。深部开采出的矿石需要深井提升，因此可以理解深井提升的范围接近600～2000 m。为了确保深井开采的安全，国家安全生产监督管理总局于2012年9月提出了第一批安全科技"四个一批"项目，启动并实施了"超大规模超深井金属矿山开采安全关键技术研究项目"，完成了我国超大型金属地下矿山运输、提升、充填安全技术及关键装备研究，并明确了以1000万t/a、1200 m作为超大规模和超深井的界限。深井、超深井的大规模提升除了存在安全问题外，还有设备、效率、成本等诸多技术经济问题，深井、超深井的界限也将随着技术经济的发展而不断调整。

4.10.2　深井提升设备

地下矿山深井大规模提升设备主要有竖井箕斗和斜井胶带运输。竖井箕斗提升设备应用的矿山较多，提升设备的种类、规格也很多。提升深度较小时，常采用单绳缠绕式单箕斗带平衡锤、多绳摩擦式单箕斗带平衡锤提升系统；提升深度较大时，则可以采用单绳缠绕式双箕斗或多绳摩擦式双箕斗提升系统。对于单段提升来说，多绳摩擦式提升机的提升高度大于单绳缠绕式提升机，单绳缠绕式提升机一般用于深度小于 600 m 的竖井提升；多绳摩擦式提升机则用于深度 300 ~ 1400 m 的竖井提升。大规模提升的斜井胶带倾角一般不超过 14°，与提升高度相同的竖井箕斗相比，井筒工程量大，使用维护费较高，但因胶带运输设备结构较简单，易于实现自动化，而成为深井大规模提升的重要设备之一。深井大规模提升的胶带运输设备主要有钢绳芯带式输送机和钢绳牵引胶带输送机。钢绳芯带式输送机系统简单，近年来在金属矿山应用较多，较典型的是云南大红山铁矿和大红山铜矿。大红山铁矿一、二期工程 7 段胶带接力矿石提升运输系统提升总高度 783 m，倾角 0° ~ 14°，胶带机总长度 4890 m，由 13 个驱动单元同时运行，变频调速驱动，运量达 600 万 t/a。大红山铜矿胶带斜井的胶带运输机长 1475 m，倾角 14°，提升高度 375 m，运量 200 万 t/a。钢绳牵引胶带输送机采用胶带两侧的钢丝绳做牵引、输送距离长、功耗低，在国内外矿山的大规模提升中均有应用。如英国赛尔比矿山钢绳牵引胶带输送机输送距离超过 10000 m，提升高度 990 m；我国玉石洼铁矿主斜井钢绳牵引胶带输送机输送距离 640 m，提升高度 166 m。由于驱动装置和拉紧装置复杂、输送带成槽性差、载荷量较小、牵引钢绳易磨损等原因，钢绳牵引胶带输送机的应用受到一定限制。

4.10.3 深竖井施工将面临的技术问题

4.10.3.1 深竖井施工面临的设备问题

深竖井施工面临的设备问题如下：

(1)稳车。

由于井筒深度大，特别是当井筒直径大时，悬吊吊盘的稳车钢丝绳静张力要求大，目前我国最大为 40 t 缠绕式稳车，难以满足深大竖井的施工要求。

(2)钢丝绳。

随着竖井深度的增加，钢丝绳直径越来越大，钢丝绳自重所占终端载荷的比例越大。

目前我国生产的矿用钢丝绳最大直径为 60 mm，钢丝绳最大抗拉强度为 2180 MPa，基本能够满足深竖井施工的技术要求。

国外先进厂家生产的钢丝绳，在较大强度时的柔韧性、质量保证方面具有一些优势，但价格高。

(3)出渣问题。

由于采用大型提升机，当井筒在 800 m 以内时，可选用大吊桶提渣，理论计算的提升能力很大。但是，现在较普遍选用 HZ－6B 型中心回转抓岩机配 0.6 m³ 抓斗，其抓渣能力远小于提升能力，影响了出渣的效率。

4.10.3.2 关键工艺技术

关键工艺技术如下：

(1)高应力围岩下的凿岩爆破技术。

(2)液压伞钻、液压抓岩机、液压整体金属模板的液压系统共用技术。

(3)混合式通风技术。

(4)高扬程接力排水技术。

（5）高水压条件下的注浆技术。

（6）高压电直接下井的供电技术。

（7）快速、精准测量技术。

（8）远程监视及通信信号技术等。

4.10.3.3　关键安全技术

（1）提升系统的安全保证系统。因为负荷大，速度快，对安全保障系统要求更高。

（2）提升安全间距。因为负荷大，速度快，运行中的容器摆动幅度会更大。

（3）钢丝绳弹性变形。由于钢丝绳长度长，在外部因素造成突然停机时，钢丝绳上下跳动距离大，其中自由落体运动对钢丝绳的伤害大，带来安全隐患。

（4）减小岩爆的危害影响技术。

（5）减小高温的危害影响技术。

4.10.4　主井提升方案

采用斜井胶带和竖井箕斗提升设备的深井大规模主井提升方案可分为主斜井胶带提升、主竖井箕斗提升和联合提升 3 种主井提升方案。

4.10.4.1　主斜井胶带提升方案

主斜井胶带提升适应性强，提升能力大，不同的带宽、带速对应着不同的生产能力。深井大规模时，单条钢绳芯胶带输送机的输送能力可达 3000 万 t/a，可以满足目前特大型地下矿山的提升需求。为了适应不同的矿床开采技术条件，主斜井胶带提升系统可以适当增加，如在司家营铁矿三期南区（即田兴铁矿）开拓方案的比较中，提出了采用两条主斜井胶带提升方案，该方案分别提升同一水平不同采区的矿石，两条主斜井胶带提升系统相互独立。地下矿石破碎后经两条斜井中的两套胶带系统提升至 −386 m 水平，然后进入同一个转载硐室，最后转载至同一条斜井的两套胶带系统中，并被提升至地表。另外，在中国恩菲工程技术有限公司完成的西鞍山铁矿前期规划设计中，采用了两套主斜井胶带提升系统分别提升上、下不同采区的矿石，两套主斜井胶带提升系统布置在两条斜井中，相互独立。目前投入生产和规划设计的主斜井胶带提升系统的主斜井倾角都在 14°以下，工程长度长，为了集中布置在矿区附近，通常采用分段折返的布置形式，多段主斜井胶带接力提升可大幅延深矿岩的提升深度。深部主斜井胶带提升如图 4 − 22 所示。

4.10.4.2　主竖井箕斗提升方案

主竖井箕斗提升方案有单井多系统提升方案、多井单系统提升方案和多井多系统提升方案，深井大规模提升的主竖井箕斗普遍采用双箕斗提升方案，由于提升能力有限，单系统不能满足矿岩提升需要时，可以选用单井多系统提升方案。单井多系统提升方案是在工程地质条件较好的矿山，设大断面主井，一条主井内布置多个箕斗提升系统，总提升能力较单系统提升成倍增加。因单井多系统提升井的井筒断面较大，井塔和底部装卸载系统复杂，到目前为止，国内单井多系统提升方案是在一条主井内布置两套双箕斗提升系统，以沙坪沟钼矿为例，在设计中提出了单井双提升系统的提升方案，主井内设两套双箕斗提升系统，4 个箕斗在井筒内"田"字形布置。

多井单系统提升方案也是为了满足矿岩提升需求而设置多条主井的提升方案，该方案中的每一条主井中布置一套箕斗提升系统，根据主井的布置方式又分为主井分区提升方案、主

图 4 – 22 深部主斜井胶带提升

井集中布置独立井塔提升方案和主井集中布置共用提升大楼方案，其中前者应用较普遍，后两种提升方案属集中矿井群提升方案。目前，采用集中布置独立井塔提升方案的有安徽李楼铁矿、辽宁思山岭铁矿等特大型地下矿，提升矿石的主井 2 ~ 3 条；而采用主井集中布置共用提升大楼方案的有瑞典基律那铁矿、河北田兴铁矿等，提升矿石的主井可达 10 条以上，其提升系统共用一座提升大楼。多井多系统提升方案（或称多系统多井提升方案）是多个单井多提升系统提升矿岩，在辽宁大台沟铁矿一期设计中采用了多个单井多提升系统提升方案，该方案一期在矿体上下盘各建一条双箕斗双提升系统的主井，两条主井共 4 套双箕斗提升系统，总提升量为 3000 万 t/a。多段主竖井箕斗接力提升（即主竖井、盲主井接力提升）可大幅延深矿岩的提升深度。主竖井箕斗提升如图 4 – 23 所示。

图 4 – 23 主竖井箕斗提升

4.10.4.3 联合提升方案

联合提升方案是主斜井胶带和主竖井箕斗接力联合提升的矿井提升方案。当上部地层稳固性较差时，可采用上部主竖井箕斗、下部盲主斜井胶带联合提升方案，以降低上部工程的施工和维护费用；当上、下部地层均比较稳固时，为了充分发挥斜井胶带提升的优势，可采用上部主斜井胶带、下部盲主竖井箕斗联合提升方案。

4.10.5　深井提升设备发展趋势

目前地下矿山深井大规模提升的设备主要是竖井箕斗提升设备和斜井胶带提升设备。随着采矿工程的不断延伸和开采规模的不断扩大，深井大规模提升技术也将不断改进、完善、发展、提高。

目前深井提升可选用的提升机械主要为单绳缠绕式提升机（单筒和双筒）和多绳摩擦式提升机。根据国家标准《单绳缠绕式矿井提升机 GB/T 20961—2007》以及《多绳摩擦式矿井提升机 GB/T 10599—2010》，单筒缠绕式提升机规格最大的 JK－4.5X3 提升机，其提升高度为 1207 m，双筒缠绕式提升机规格最大的 2JK－6X2.5 提升机，其提升高度为 920 m。国内现有的多绳摩擦式提升机标准一般不推荐在深度超过 1200 m 的情况下使用，否则会因为钢丝绳中应力幅变化过大而影响钢丝绳的使用寿命。在提升高度为 1100 m 的冬瓜山铜矿使用的 JKM－4.5X6(Ⅲ)－(DGS)多绳摩擦式提升机，其钢丝绳寿命通常只有 3 个月左右。

我国目前已开展了满足 1500 m 提升高度的多绳摩擦式提升机和满足 2000 m 以上提升高度的多绳缠绕式提升机的研发工作。从机械设计角度考虑，影响我国深井提升机械发展的因素主要有：钢丝绳安全系数、公称抗拉强度、应力幅以及钢丝绳缠绕层数、容器系数等。

矿山的开采深度正逐年增加，深井提升的矿岩量、辅助提升的作业量也逐年增大，需要不断地改进和提高深井大规模提升技术，从发展趋势来看，未来的深井大规模提升机械面临诸多急需解决的技术难题，将在以下几方面有所改进或突破：

（1）提升设备将实现提升设备的自动化、智能化，将大幅降低提升成本，提高矿山企业的经济效益。

（2）单段经济合理提升深度将会提高。随着材料、设备制造工艺技术等方面的改进和提高，现有提升设备的单段经济合理提升深度将显著提高，从而降低深井提升的段数，减少井巷工程建设投资，也降低了倒段作业的运营成本。

（3）国外先进深井提升技术将推广应用。国外深井大规模提升技术发展较早，有较先进、成熟的技术可以推广应用。如多绳缠绕式布雷尔提升系统，有大规模提升 3000 m 深的实例，在超深井提升中将有所应用。

（4）其他深井大规模提升技术。矿岩管道提升技术、侧驱动胶带提升技术和自行式罐笼提升技术等其他深井大规模提升技术将在探索中开发应用。矿岩管道提升技术是破碎后的矿岩通过管道直接提升至地表，采用矿岩管道提升技术可以实现破碎后矿岩的连续提升；侧驱动胶带提升技术不是采用滚筒驱动胶带，而是采用驱动装置驱动胶带的侧边，从而带动胶带运输，采用侧驱动胶带提升技术将实现普通胶带大倾角及垂直提升；采用自带的齿轮齿条或直线电机驱动的自行式罐笼将实现无绳提升。

此外，未来在超千米深井提升中钢丝绳的安全系数、提升容器、钢丝绳的选型及状态监控、钢丝绳的平稳缠绕及过渡、超大扭矩传递能力的调绳离合器、多层缠绕钢丝绳的平稳层间过渡与圈间过渡，超长提升钢丝绳在卷筒上缠绕的动态应力分析等方面也会有所突破，以满足超千米深井的使用需要。

参考文献

[1] 朱嘉安. 采掘机械和运输[M]. 北京：冶金工业出版社，2007.

[2] 王运敏. 中国采矿设备手册[M]. 北京：科学出版社，2007.

[3] 编委会. 采矿设计手册矿山机械卷[M]. 北京：中国建筑工业出版社，1988.

[4] 编委会. 采矿设计手册矿床开采卷[M]. 北京：中国建筑工业出版社，1988.

[5] 编委会. 采矿手册[M]. 北京：冶金工业出版社，2007.

[6] 陈国山. 采矿概论[M]. 北京：冶金工业出版社，2008.

[7] 黎佩琨. 矿山运输及提升[M]. 北京：冶金工业出版社，1984.

[8] 于忠升，宋伟刚. 矿山运输提升[M]. 沈阳：东北工业大学出版社，1992.

[9] 李仪钰. 矿山机械[M]. 北京：冶金工业出版社，1980.

[10] 于润沧. 采矿工程师手册[M]. 北京：冶金工业出版社，2009.

[11] 张富民. 采矿设计手册矿山机械卷[M]. 北京：中国建筑工业出版社，1988.

[12] 编委会. 采矿手册[M]. 北京：冶金工业出版社，1990.

[13] 王运敏. 现代采矿手册[M]. 北京：冶金工业出版社，2011.

[14] 晋民杰，李自贵. 矿井提升机械[M]. 北京：机械工业出版社，2011.

[15] 蔡美峰. 中国金属矿山21世纪的发展前景评述[J]. 中国矿业，2001，10(1)：11-13.

[16] 陈宝智. 矿山安全工程[M]. 沈阳：东北大学出版社，1993.

[17] 黎佩琨. 矿山运输与提升[M]. 北京：冶金工业出版社，1987.

[18] 李世华. 矿井提升设备使用维修[M]. 北京：机械工业出版社，1991.

[19] 戴紫孔. 深井提升技术初探[J]. 中国矿山工程，2012，41(3)：59-61.

[20] 中华人民共和国国家质量监督检验检疫总局. 重要用途钢丝绳(GB 8918—2006)[S]. 北京：中国标准出版社，2006.

[21] 中华人民共和国国家质量监督检验检疫总局. 平衡用扁钢丝绳(GB/T 20119—2006)[S]. 北京：中国标准出版社，2006.

[22] 张绍飞. 矿井提升机控制技术研究现状与发展[J]. 山东工业技术，2017，38(7)：83.

[23] 高玉华. 矿井提升运输安全技术应用[J]. 黑龙江科技信息，2016，35(1)：156.

[24] 高智凤，刘倩倩. 矿井运输[J]. 能源与节能，2014，8(12)：184.

[25] 宋秀玲. 矿井提升系统的改造设计研究[J]. 煤炭技术，2014，33(12)：266-268.

[26] 张启伟，张峰. 矿井提升机远程监测与诊断系统[J]. 应用科技，2014，27(6)：129.

[27] 凌丽国. 提升矿井运输安全管理的有效途径[J]. 科技传播，2013，5(7)：66-67.

[28] 冯红占. 论矿井提升机系统故障分析与诊断[J]. 企业导报，2013，29(5)：279.

[29] 韩峰. 矿井提升运输环节的安全评价方法及应用研究[D]. 武汉：武汉科技大学，2012.

[30] Schoombee S, Hamer W, Rensburg J F V. Optimising gold ore transportation systems for electricity cost savings[C]. Industrial and Commercial Use of Energy. IEEE, 2016.

[31] Kumar E, Ajay K L. Optimization of pollution load due to iron ore transportation a case study[J]. Procedia Earth and Planetary Science, 2015, 11(6): 224-231.

[32] Ferreira V N, Mendonca G A, Rocha A V, et al. Mission critical analysis and design of IGBT-based power converters applied to mine hoist systems[J]. IEEE Transactions on Industry Applications, 2017, 96(99): 1.

[33] Yang X, Wen P, Xue Y, et al. Super capacitor energy storage based MMC for energy harvesting in mine hoist application[J]. Energies, 2017, 10(9): 14-28.

[34] Zhang J, Wang D, Zhang D, et al. Dynamic torsional characteristics of mine hoisting rope and its internal spiral components[J]. Tribology International, 2017, 109(8): 182-191.

第5章 斜井提升运输

斜井提升在我国中小型矿山中应用非常广泛。采用斜井开拓具有初期投资少、建井快、投产早、地面布置简单等优点。但一般斜井提升能力相对较小,钢丝绳磨损快,井筒维护费用较高。

5.1 斜井提升系统类型

斜井提升主要有斜井箕斗、斜井串车和斜井带式运输机三种提升方式。

5.1.1 斜井箕斗提升系统

斜井箕斗提升具有生产能力大、装卸载自动化等优点,但需安设装卸载设备和矿仓,故比串车提升投资大、设备安装时间长。此外,为解决材料、设备和人员的运送,还需设一套副井提升设备。因此,产量较小的斜井一般多采用串车提升。但年产量在30万~60万t的斜井,倾角在20°~35°时可考虑采用斜井箕斗提升。斜井箕斗提升多采用双钩提升系统。

5.1.2 斜井串车提升系统

斜井串车提升有单钩及双钩之分,按车场形式不同又可分为采用甩车场的串车提升及采用平车场的串车提升。

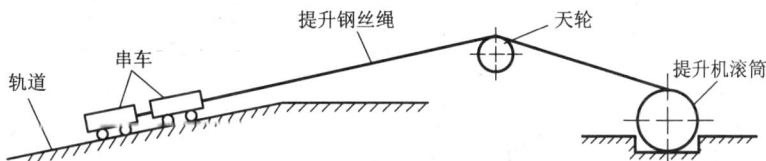

图5-1 斜井串车提升系统图

采用单钩串车提升时,井筒断面较小、建井工程量少,更能节约投资成本。但单钩串车提升能力较小,故年产量较大时(大于21万t),宜采用双钩串车提升。

5.1.2.1 采用甩车场的单钩串车提升

采用甩车场的单钩串车提升需要在井底及井口设甩车道。提升开始时,重车在井底车场沿重车甩车道运行。由于甩车道的坡度是变化的,且又是弯道,为防止矿车掉道,要求初始加速度 $a_0 \leqslant 0.3$ m/s², 速度 $v_{sc} \leqslant 1.5$ m/s。速度图如图5-2所示。当全部重车通过井底甩车场进入井筒后,加速至最大速度 v_m,并以最大速度 v_m 等速运行。在到达井口停车点前,重车以减速度 a_3 减速。全部重车经过岔道 A 后停车,提升机换向,重车以低速 v_{sc} 沿井口甩车场重车道运行。停车后重车摘钩并挂上空车。提升机把空车以低速 v_{sc} 沿井口甩车场提过岔道 A 后在栈桥停车。搬过岔道 A,提升机换向,下放空车到井底甩车场。空车停车后进行摘挂钩,挂上重车后开始下一提升循环。整个提升循环包括提升重车及下放空车两部分。采用甩车场单钩串车提升示意图如图 5 - 3 所示。

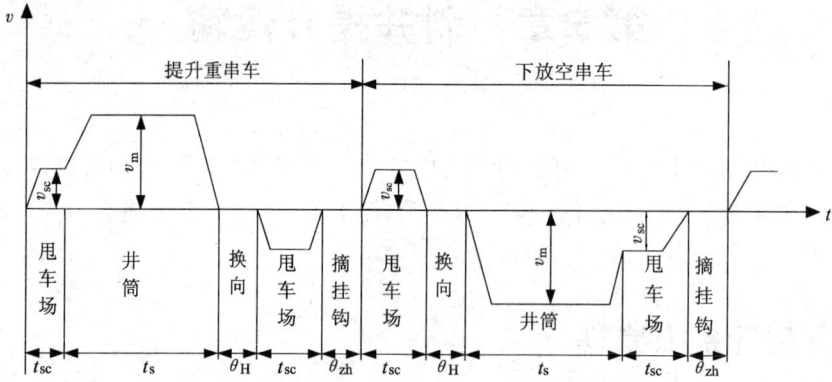

图 5 - 2 斜井甩车场单钩串车提升速度图

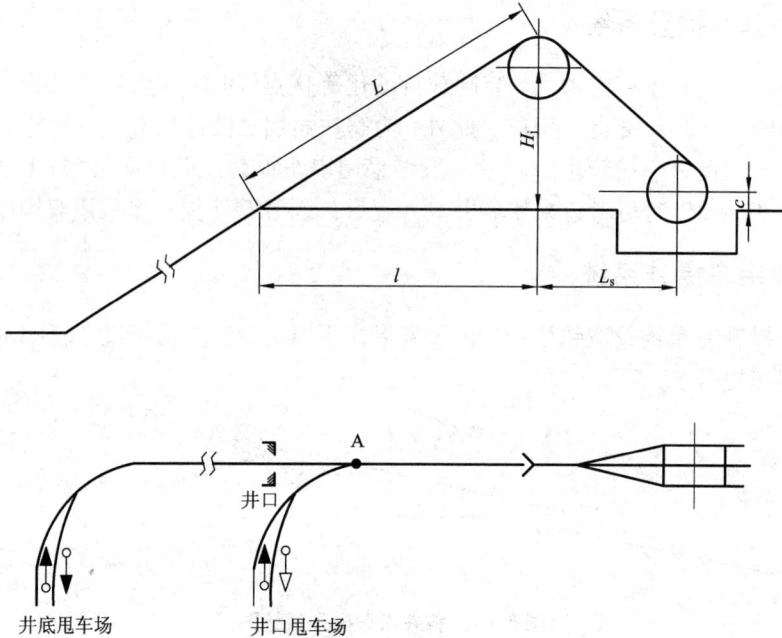

图 5 - 3 斜井甩车场单钩串车提升系统图

5.1.2.2 采用甩车场的双钩串车提升

采用甩车场的双钩串车提升系统与采用单钩形式的串车提升基本类似，所不同的是：提升重车和下放空车同时进行。速度图如图 5 - 4 所示。提升初始，空车停在井口栈桥停车点，当重车沿井底甩车场以低速 v_{sc} 运行时，空车沿井筒下放。重车进入井筒后以最大速度 v_m 运行。当空车到达井底甩车场前，提升机以减速度 a_3 减速到 v_{sc}，空车沿井底甩车场运行。重车通过岔道 A 后，在井口栈桥停车点停车，此时井底空车不摘钩。提升机换向重车沿井口甩车道下放，此时空车又沿井底甩车场向上运行。重车停在井口甩车场进行摘钩，挂上空车后，沿井口甩车场提升到井口栈桥提升点停车，此时井底空车又回到井底甩车场，停车后摘钩上重车，准备开始下一个提升循环。采用甩车场双钩串车提升示意图如图 5 - 5 所示。

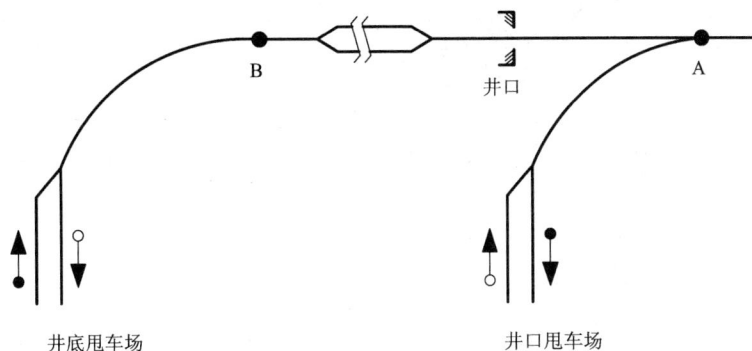

图 5－4 斜井甩车场双钩串车提升系统图

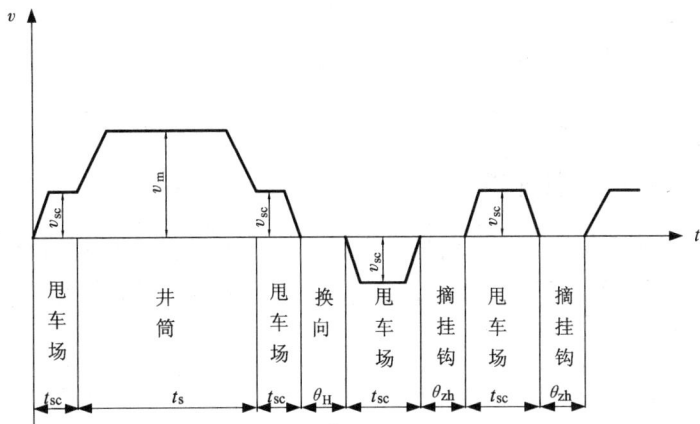

图 5－5 斜井甩车场双钩串车提升速度图

另外，井口可以采用两侧甩车，也可以采用单侧甩车。单侧甩车即左右两钩串车都甩向一侧甩车场。为防止矿车压绳，单侧甩车场应设置压绳道岔。

5.1.2.3 采用平车场的双钩串车提升

平车场一般多用于双钩提升，提升系统见图 5－6 所示。提升开始时，在井口平车场空车线上的空车由井口推车器向下推送。同时井底重车向上提升(与空车运行相适应)，此时加速度为 a_0，速度为 $v_{pc} \leqslant 1.0$ m/s。当全部重车进入井筒后，提升机加速到最大速度 v_m，并以 v_m 等速运行。重车运行至井口，而空车运行至井底时，提升速度减至 v_{pc}，空、重车以速度 v_{pc} 在井下和井上运行，最后减速停车。井口平车场内重车在重车线上借助惯性继续前进，当钩头行至摘钩位置时迅速将钩头摘下，并挂上空车。与此同时，井下也进行摘挂钩工作。提升速

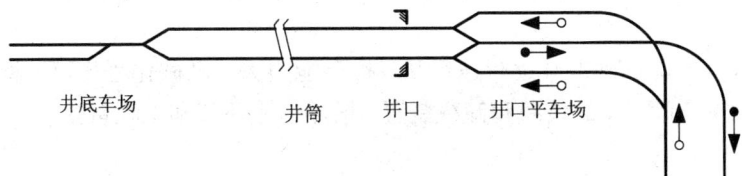

图 5－6 斜井平车场双钩串车提升系统图

度图见图 5 - 7。

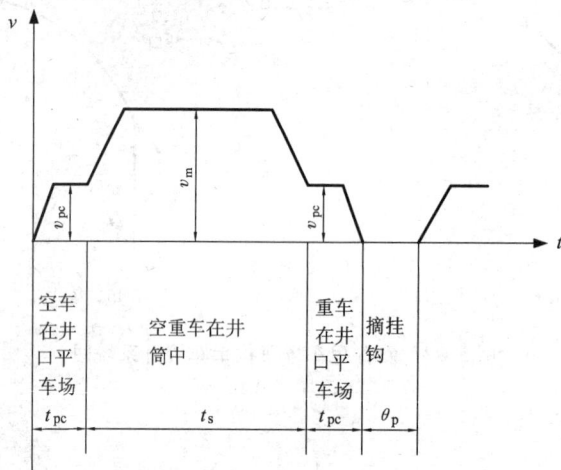

图 5 - 7　斜井平车场双钩串车提升速度图

5.1.3　斜井带式输送机提升系统

　　这种提升方式具有安全可靠,运输量大等优点,但初期投资较大、设备安装时间较长,并需装卸载等设备。年产量在 60 万 t 以上、倾角小于 18°的斜井,只要技术经济条件合理,可以选用带式输送机提升方式。

5.2　斜井提升设备选型计算

5.2.1　斜井提升容器

　　斜井提升所使用的提升容器种类较多,主要有斜井箕斗、串车、台车和人车等。串车提升可用于倾角小于 25°,最大不超过 30°的斜井。当倾角大于 30°时,应采用箕斗或台车提升。

5.2.1.1　斜井箕斗

　　斜井箕斗主要有前卸式[图 5 - 8(a)]、后卸式[图 5 - 8(b)]和底卸式[图 5 - 8(c)]三种。前卸式箕斗结构简单、坚固、设备质量小,适用于提升重载,地下矿山使用较多;但其卸载时动载荷大,存在自重不平衡现象,卸载曲轨较长,在斜井倾角较小时,装满系数较小。小型矿山斜井倾角较大时,通常采用前卸式箕斗。后卸式箕斗比前卸式箕斗适用范围广,卸载比较平稳,动载荷小,倾角较小时装满系数大;但其结构较复杂,设备质量大,卷扬道倾角过大卸载困难,因此通常在斜井倾角较小时选用后卸式箕斗。底卸式箕斗在斜井中很少使用。

　　斜井箕斗提升的优点是提升运行速度快,提升能力大,机械化程度高,稳定性好,安全性好,缺点是需要设置箕斗的装载和卸载装置,增加运输环节和工程量。

5.2.1.2　串车

　　串车的优点是系统环节少,基建工程量小,投资少,可减少粉尘和矿粉的产生;缺点是提升能力小,运行速度慢,易发生跑车或掉道事故,要求矿车组使用连接装置以保证安全性。

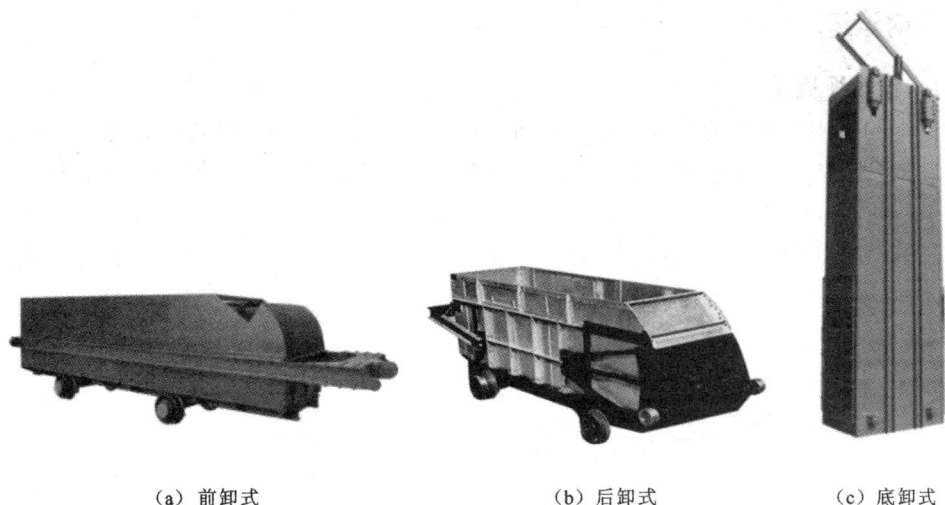

（a）前卸式　　　　　　　　（b）后卸式　　　　　　　　（c）底卸式

图 5 - 8　斜井箕斗

矿车组提升适用于提升量小，斜井倾角不超过 25°的矿山。考虑到空串车顺利下放，斜井倾角一般不小于 8°为宜，一般采用容积为 $0.5 \sim 1.2 \, m^3$ 的固定式（见图 5 - 9）或翻转式矿车。斜井串车提升分单钩提升和双钩提升：单钩串车提升斜井断面小，初期投资省，但提升能力小；提升能力需求大时，宜采用双钩串车提升。

5.2.1.3　台车

台车提升的优点是斜井倾角较大，阶段运输水平与斜井台车连接简单；缺点是提升能力小，一般是人工推矿车入台车。台车提升适用于斜井倾角在 30° ~ 40°，提升量在 200 t/d 以下的矿井。台车一般作为矿井、采区设备、材料的辅助提升设备。

5.2.1.4　人车

斜井人车用提升机直接牵引，完成斜井中运送人员的任务。通常由首车、挂车（见图 5 - 10）和尾车组成，安全装置（包括开动机构、制动机构和缓冲器等）均安设在首车上。当斜井倾角大于 30°、垂直深度超过 50 m 或倾角小于 30°、垂直深度超过 100 m 时，应安设人车升降人员，且斜井人车必须有可靠的保险装置。

图 5 - 9　固定式矿车

图 5 - 10　斜井人车（XRC10 - 6/6）

5.2.2　钢丝绳

5.2.2.1　钢丝绳概述

钢丝绳的作用是提升容器并传递提升机运转时的动力，使容器沿轨道做升降运动。钢丝绳是斜井提升设备的重要组成部分，它对矿井提升的安全和经济运转起着重要作用。

（1）钢丝绳的构成。

钢丝绳结构如图5-11所示，是由一定数量的细钢丝捻成股，再用若干股捻成绳，绳中间夹有浸过防腐防锈油的纤维绳芯制成。

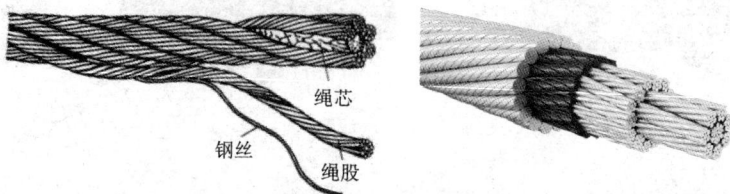

图5-11　钢丝绳结构图

①钢丝。钢丝是构成绳芯、绳股乃至钢丝绳的最基本原件，由原料（盘条）经冷拉（或压制）制成。按截面形状可分为圆形钢丝和异型钢丝；按表面状态可分为光面钢丝及镀锌钢丝；按钢丝绳性能要求可分为重要用途钢丝绳和一般用途钢丝绳。

②股。股是钢丝围绕股芯按照一定的规则捻制而成的螺旋状结构，是构成钢丝绳的单元原件。股芯一般是由钢丝绳、天然纤维构成，按股的截面形状可分为圆形股和异型股。

③绳芯。绳芯是构成钢丝绳的中心部分，分金属芯（绳式芯 IWR、股式芯 IWS）和纤维芯FC（合成纤维 SF、天然纤维 NF）及固态聚合芯（SPC）。绳芯主要具有减小股间压力和支撑的作用，纤维绳芯还具有润滑、防腐和储油的作用。

④油脂。油脂对钢丝绳起润滑、防腐保护的作用，有麻芯脂、表面脂及适合其他工况的特殊表面脂，如摩擦提升主绳专用油脂，摩擦提升尾绳专用耐腐蚀油脂等。钢丝绳的涂油方式可分为丝涂油、股涂油和绳涂油。

（2）钢丝绳的参数。

①钢丝绳的捻距。

捻距是指钢丝绳股绕绳芯螺旋一周所产生的移动距离。

②钢丝绳的捻法。

捻法是指捻制时螺旋线的走向。钢丝绳的捻法通常分为右交互捻、左交互捻、右同向捻和左同向捻四种。

③钢丝绳表面状态。

钢丝绳按表面状态分光面钢丝绳和镀锌钢丝绳，其中镀锌钢丝绳按镀锌层的质量分为 B 级、AB 级和 A 级。

④钢丝绳抗拉强度。

钢丝绳的抗拉强度一般分为 1570 MPa、1670 MPa、1770 MPa、1870 MPa、1960 MPa。

⑤钢丝绳最小破断拉力，计算公式为：

$$F = K' \times D^2 \times \frac{R_n}{1000} \qquad (5-1)$$

式中：F 为钢丝绳最小破断拉力，kN；R_n 为钢丝绳中钢丝公称抗拉强度，MPa；D 为钢丝绳公称直径，mm；K' 为钢丝绳最小破断拉力系数。

⑥钢丝绳中最小钢丝破断拉力总和，计算公式为：

$$F_n = K \times F \qquad (5-2)$$

式中：F_n 为钢丝绳中最小钢丝破断拉力总和，kN；K 为钢丝绳中最小钢丝破断拉力总和与钢丝绳最小破断拉力换算关系。

⑦钢丝绳的弹性模量。

弹性模量因钢丝绳的结构不同而不同，随钢丝绳金属断面积的增加而增加。常见的钢丝绳弹性模量可参考相关手册。如需精确的弹性模量数据，建议用实物样品做弹性模量测试。

⑧钢丝绳的质量。

钢丝绳的质量是钢丝、纤维绳芯及油脂的质量之和，一般以 kg/100 m 表示。计算公式：

$$M = K \times D^2 \qquad (5-3)$$

式中：M 为某一结构钢丝绳百米参考质量，kg/100 m；D 为钢丝绳公称直径，mm；K 为某一结构钢丝绳质量系数。

5.2.2.2 常用钢丝绳类型

(1)圆股钢丝绳。

提升用圆股钢丝绳的技术标准参考《重要用途钢丝绳》(GB 8918—2006)。圆股钢丝绳共有 6×7、6×19、6×37、8×19、8×37、18×7、18×19、34×7、35W×7 九种类型，各类型断面图及特征见表 5-1。

表 5-1 圆股钢丝绳断面类型及特征

断面类型	断面图	特征
6×7		6 个圆股，每股外层丝可到 7 根，中心丝(或无)外捻制 1~2 层钢丝，钢丝等捻距
6×19		6 个圆股，每股外层丝可到 8~12 根，中心丝外捻制 2~3 层钢丝，钢丝等捻距
6×37		6 个圆股，每股外层丝可到 14~18 根，中心丝外捻制 3~4 层钢丝，钢丝等捻距

续表

断面类型	断面图	特征
8×19		8个圆股,每股外层丝可到8~12根,中心丝外捻制2~3层钢丝,钢丝等捻距
8×37		8个圆股,每股外层丝可到14~18根,中心丝外捻制3~4层钢丝,钢丝等捻距
18×7		17或18个圆股,每股外层丝4~7根,在纤维芯或钢芯外捻制2层股
18×19		17或18个圆股,每股外层丝可到8~12根,钢丝等捻距,在纤维芯或钢芯外捻制3层股
34×7		34~36个圆股,每股外层丝可到7根,在纤维芯或钢芯外捻制3层股
35W×7		24~40个圆股,每股外层丝4~8根,在纤维芯或钢芯(钢丝)外捻制3层股

(2)异型股钢丝绳。

提升用异型股钢丝绳的技术标准参考为《重要用途钢丝绳》(GB 8918—2006)。异型股钢丝绳共有 6V×7、6V×19、6V×37、4V×39、6Q×19+6V×21 五种类型,各类型断面图及特征见表5-2。

表5-2 异型股钢丝绳断面类型及特征

断面类型	断面图	特征
6V×7		6个三角形股,每股外层丝可到7~9根,三角形股芯外捻制1层钢丝
6V×19		6个三角形股,每股外层丝可到10~14根,三角形股芯或纤维芯外捻制2层钢丝
6V×37		6个三角形股,每股外层丝可到15~18根,三角形股芯外捻制2层钢丝
4V×39		4个扇形股,每股外层丝可到15~18根,纤维股芯外捻制3层钢丝
6Q×19+6V×21		12~14个股,在6个三角股外,捻制6~8个椭圆股

(3)面接触钢丝绳。

面接触钢丝绳分为压实股、压实钢丝绳、压实股钢丝绳等,从结构上看它包括6T×7+FC、6T×19S+FC、6T×19W+FC和6T×25FI+FC四种。现行的技术标准为《面接触钢丝绳》(GB/T 16269—1996)。

①压实股:通过模拔、轧制或锻打等变形加工后,钢丝的形状和股的尺寸发生变化,而钢丝的金属横截面积保持不变。

②压实股钢丝绳:成绳之前,股经过模拔、轧制或锻打等压实加工的多股钢丝绳。

③压实(锻打)钢丝绳:成绳之后,经过压实(通常是锻打)加工使钢丝绳直径减小的多股钢丝绳。

(4)密封钢丝绳。

密封钢丝绳按结构分为点接触、点线接触和线接触三种;按钢丝表面状态分为光面和镀锌两种;按最外层钢丝捻向分为左捻(S)和右捻(Z)两种。现行的技术标准为《密封钢丝绳》(GB/T 352—2002)。

(5)平衡用扁钢丝绳。

平衡用扁钢丝绳的每条子绳由 4 股组成的单元钢丝绳制成。通常子绳为 6 条、8 条或 10 条,左向捻和右向捻交替并排排列,并用缝合线缝合或铆钉铆接。现行的技术标准为《平衡用扁钢丝绳》(GB/T 20119—2006)。GB/T 20119—2006 给出了 PD6×4×7、PD8×4×7、PD8 ×4×9、PD8×4×14 和 PD8×4×19 五种双纬绳缝合类型的扁钢丝绳。

(6)包覆和充填钢丝绳。

钢丝绳在制造、使用、维护等方面都完全满足标准或符合规范的条件下,无论是点接触、线接触还是面接触钢丝绳,其失效或报废的根本原因是钢丝绳的腐蚀、磨损和疲劳。

钢丝绳用固态聚合物包覆(涂)和充填。包覆和充填一方面能有效阻隔外界有害物质侵蚀金属,防止尘埃钻入,从而提高钢丝绳的抗腐蚀能力;另一方面,包覆和充填或衬垫材料能有效改变钢丝绳各组件的接触和摩擦状态,减小钢丝绳间的接触应力,减小钢丝绳间的挤压,提高钢丝绳的抗磨损、抗疲劳性能。另外,包覆和充填或衬垫钢丝绳还可以改善与绳轮的接触状态,提高钢丝绳的抗冲击能力、抗横向挤压性能,增加钢丝绳柔韧性,这些均有利于增加钢丝绳的使用寿命。

主要种类有:固态聚合物包覆钢丝绳、固态聚合物充填钢丝绳、固态聚合物包覆和充填钢丝绳、衬垫芯钢丝绳和衬垫钢丝绳。

5.2.2.3 提升钢丝绳的选择和计算

钢丝绳作为一种易损部件和消耗性材料,直接关系到矿山生产安全。因此,钢丝绳的选用首先应考虑产品的使用寿命、安全性和可靠性。为确保上述特性的实现,一是根据不同的用途、设备和使用环境条件,科学合理地选择钢丝绳的品种和结构,即正确选型;二是应选择综合力学性能优良和捻制质量优异的产品,确保抗拉强度均匀、韧性值高、柔韧性好、润滑剂性能优、捻制均匀、尺寸稳定等;三是应正确装卸和储存钢丝绳,确保装卸过程中不损伤钢丝绳,储存期间不造成润滑剂变质或钢丝绳性能下降;四是应正确安装、使用和维护钢丝绳。

(1)按使用条件选择钢丝绳。

国家标准《冶金矿山采矿设计规范》(GB 50830—2013)中对提升钢丝绳的选择有下列规定:

①竖井单绳提升钢丝绳悬挂安全系数如表 5-3 所示。

表 5-3 竖井单绳提升钢丝绳安全系数

使用条件		安全系数
专作升降人员用		≥9
升降人员和物料用	升降人员用时	≥9
	升降物料用时	≥7.5
专作升降物料用		≥6.5

②竖井多绳提升钢丝绳悬挂安全系数如表5-4所示。

表5-4 竖井多绳提升钢丝绳安全系数

使用条件		安全系数
专作升降人员用		≥8
升降人员和物料用	升降人员用时	≥8
	升降物料用时	≥7.5
专作升降物料用		≥7
作罐道或防撞绳用		≥6

③缠绕式提升钢丝绳宜选用圆股线接触同向捻钢丝绳,采用钢丝绳罐道时,提升绳应采用不旋转钢丝绳;多绳摩擦提升高度小于1000 m时,首绳宜采用三角股钢丝绳,且左、右捻应各一半。

④平衡尾绳宜采用不旋转圆股钢丝绳;采用普通圆股钢丝绳时,在容器底部应装设尾绳旋转装置。

⑤平衡尾绳根数宜取首绳数的1/2,但不应少于2根。

⑥钢丝绳罐道应选用密闭式钢丝绳;每根罐道绳的最小刚性系数不应小于500 N/m;各罐道绳张紧力应相差5%~10%,内侧张紧力应大于外侧张紧力。

⑦罐道绳拉紧可采用重锤拉紧或液压拉紧,且井底应设罐道绳的定位装置。采用重锤拉紧时,拉紧重锤的最低位置到井底水窝最高水位的距离不应小于5 m。

⑧采用多绳提升机,粉矿仓设在尾绳之下时,粉矿顶面距离尾绳最低位置不应小于5 m;穿过粉矿仓时,应用隔离套筒保护。

⑨罐道绳应有20~30 m的备用长度。

(2)提升钢丝绳参数计算。

斜井提升钢丝绳参数的计算过程与竖井提升类似,主要区别在于井筒倾角小于90°,因此钢丝绳终端负荷和绳重仅有一个分量作用在钢丝绳断面上。同时,斜井提升还需要考虑钢丝绳在轨道和地面上运动时的摩擦阻力。

斜井提升钢丝绳每米的质量计算公式:

$$P = \frac{m_0(\sin\beta + f_1\cos\beta)g}{\frac{\sigma_b}{n\rho_0} - L_0(\sin\beta + f_2\cos\beta)g} \quad (\text{kg/m}) \quad (5-4)$$

$$\rho_0 = \rho\beta_n \quad \text{kg/m}^3 \quad (5-5)$$

式中:ρ_0为钢丝绳假想密度;ρ为钢的密度,$\rho = 7300 \text{ km/m}^3$,对于标准钢丝绳$\rho_0 = 8300 \sim 9000 \text{ kg/m}^3$,通常取$\rho = 9000 \text{ kg/m}^3$;$\beta_n$为计入钢丝捻制成钢丝绳时(如1 m长,但实际钢丝是长于1 m)绳芯等影响系数;f_1为提升容器在轨道运行的阻力系数,滚动轴承$f_1 = 0.015$,滑动轴承$f_1 = 0.02$;f_2为钢丝绳运动时,与托滚或局部与底板间的摩擦系数,通常取$f_2 = 0.15 \sim 0.2$;β为井筒倾角;L_0为斜井提升长度,m。

斜井提升钢丝绳安全系数的验算:

$$n' = \frac{Q_d}{m_0(\sin\beta + f_1\cos\beta)\delta + PL_0(\sin\beta + f_2\cos\beta)} \geq n \qquad (5-6)$$

式中：Q_d 为钢丝绳中全部钢丝破断力之和，N。

悬重斜长 L_0 的计算：

①当用甩车场时

$$L_0 = L_D + L_T + L_k + L_g + R_T \qquad (5-7)$$

式中：L_D 为井底至井底停车点的运行距离，m；L_T 为井筒斜长，m；L_k 为井口至栈桥停车点的距离，m；L_g 为过卷斜长，最大提升速度小于 10 m/s 时，L_g 不小于速度值，最大提升速度大于 10 m/s 时，L_g 不小于 10 m。

②当用平车场时

$$L_0 = L_T + l_3 = L_T + \frac{l}{\cos\beta'} m \qquad (5-8)$$

式中：l_3 为井口至钢丝绳与天轮接触点的斜长，m；l 为井口至井架中心水平距离，一般为 50 m 左右；β' 为栈桥倾角，$\beta' \leq 8° \sim 12°$。

③箕斗提升时，由于其井架高度与矿仓容积及外部运输系统因素有关，井口至钢丝绳与天轮接触点的斜长必须根据井架高度来确定。同样，还要考虑过卷斜长。

5.2.3 斜井提升机及天轮

5.2.3.1 提升机选择计算

（1）单绳缠绕式提升机。

单绳缠绕式提升机主要用于提升或下放物料以及升降人员。其工作原理是：电动机通过减速器将动力传给缠绕钢丝绳的卷筒，实现容器的提升和下放；通过电气传动实现调速；盘形制动器由液压和电气控制进行制动；通过各种位置指示系统，实现容器的深度指示；通过各种传感器和控制元件组成的机、电、双联合控制系统实现整机的监控与保护；通过计算机和网络技术实现提升机内、外的信息传输。图 5-12 所

图 5-12　JK-3.0×2.2/2.5(P)系列矿井提升机

示为 JK-3.0×2.2/2.5(P)系列矿井提升机。

卷筒参数选取：选择卷筒直径的原则是钢丝绳在卷筒上缠绕时不产生过大的弯曲应力，以保证其承载能力和使用寿命。

双卷筒宽度的确定：

缠绕一层时：

$$B = \left(\frac{H + L_s}{\pi D_j} + n_m\right)(d_s + \varepsilon) \qquad (5-9)$$

缠绕多层时:

$$B = \left[\frac{H + L_S + (n_m + 4)\pi D_j}{n'\pi D_p} \right](d_s + \varepsilon) \tag{5-10}$$

单卷筒作双端提升时卷筒宽度的确定:

$$B = \left(\frac{H + 2L_s}{\pi D_j} + 2n_m + 2n_j \right)(d_s + \varepsilon) \tag{5-11}$$

式中:H 为提升高度,m;L_s 为供试验用的钢丝绳长度,取 20~30 m;D_j 为卷筒直径,m;D_p 为多层缠绕时卷筒的平均直径,$D_p = D_j + (n'-1)d_s$,m;n' 为卷筒上缠绳的层数,层;n_m 为留在卷筒上的钢丝绳摩擦圈数,取 $n_m = 3$;n_j 为两提升绳之间的间隔圈数,取 2;4 为每移动 0.25 圈绳长所需的备用圈数,圈;d_s 为钢丝绳直径,mm;ε 为钢丝绳两圈间的间隙,取 2~3 mm。

计算钢丝绳最大静拉力和最大静拉力差:

钢丝绳最大静拉力:

$$F_0 = (Q + Q_r + P_s H_0)g \tag{5-12}$$

式中:F_0 为钢丝绳最大静拉力,N;Q 为有效装载量,kg;P_s 为钢丝绳每米质量,kg/m;H_0 为钢丝绳悬垂长度,m;Q_r 为提升容器质量,kg。

钢丝绳最大静拉力差:

双容器时

$$F_j = (Q + P_s H)g \tag{5-13}$$

单容器带平衡锤时

$$F_j = (Q + Q_r + P_s H - Q_c)g \tag{5-14}$$

式中:F_j 为最大静拉力差,N;H 为提升高度,m;Q_c 为平衡锤质量,kg。

确定提升机的标准速度:根据生产能力所需的提升速度、滚筒直径、最大静拉力、最大静拉力差等参数选取提升机型号,进而确定提升机的标准速度。

电动机选型(预选):根据提升机功率曲线查出电动机功率;也可按公式(5-15)计算,选取标准电动机:

$$N' = \frac{KF_j v}{1000\eta}\rho \tag{5-15}$$

式中:N' 为预选电动机功率,kW;K 为井筒阻力系数,箕斗井提升宜取 1.05~1.15;罐笼井提升宜取 1.1~1.25;v 为最大提升速度,m/s;ρ 为电动机功率储备系数,宜按 1.05~1.10 选取;η 为减速器的传动效率,按生产厂家给定值选取,在无厂家给定值时,直联宜取 1,行星齿轮减速器宜取 0.95,平行轴减速器宜取 0.90。

(2)多绳摩擦式提升机

多绳摩擦式提升机采用柔性体摩擦传动原理。以电动机为动力源,通过减速器、主导轮装置等传动系统和工作系统,利用摩擦力实现提升机容器在井筒中的升降。采用盘式制动器、液压油组成的制动系统来控制提升机的减速和停车;用测速发电装置、离心限速器等来控制提升机的运行速度;用配置编码器、模拟柱状显示器、数显表示来反映提升机在井筒中的位置。通过一系列电气、机械、液压的控制、保护系统来保证机器安全运行。图 5-13 为 JKMD-2.8×4ZI 型多绳摩擦提升机。

图 5 – 13　JKMD – 2.8 × 4ZI 型

①主导轮直径

导向轮直径与提升钢丝绳直径之比(D_j/d_s)：塔式有导向轮时，大于 100；无导向轮时大于 80，落地式多绳提升机大于 100。

表 5 – 5　作用在主导轮上的最大静拉力和最大静拉力差

部件	单罐笼提升/kg		双罐笼提升/kg		单箕斗提升/kg		双箕斗提升/kg	
	重载侧	空载侧	重载侧	空载侧	重载侧	空载侧	重载侧	空载侧
钢丝绳	npH_0	$n'qH_0$	npH_0	$n'qH_0$	npH_0	$n'qH_0$	npH_0	$n'qH_0$
罐笼	Q_g	—	Q_g	Q_g	—	—	—	—
矿车	q_c	—	q_c	q_c	—	—	—	—
箕斗	—	—	—	—	Q_j	—	Q_j	Q_j
有效装载量	Q	—	Q	—	Q	—	Q	—
平衡锤	—	Q_c	—	—	—	Q_c	—	—
一侧钢丝绳总质量	m_1	m_2	m_1	m_2	m_1	m_2	m_1	m_2

注：p 为首绳钢丝绳每米质量，kg/m；q 为尾绳钢丝绳每米质量，kg/m；n 为首绳根数，根；n' 为尾绳根数，根；H_0 为钢丝绳最大悬垂长度，m；Q 为提升容器有效装载量，kg；Q_j 为箕斗质量，kg；Q_g 为罐笼质量，kg；q_c 为矿车质量，kg。

钢丝绳作用在主导轮上的最大静拉力：

$$S_1 = m_1 g \qquad (5-16)$$

钢丝绳作用在主导轮上的最大静拉力差为：

$$S_c = S_1 - S_2 = (m_1 - m_2)g \qquad (5-17)$$

式中：S_1 为钢丝绳作用在主导轮上的最大静拉力，N；S_2 为钢丝绳作用在主导轮上的最小静拉力，N；S_c 为钢丝绳作用在主导轮上的最大静拉力差，N。

②防滑计算。

湿度、温度、钢丝绳表面状况及污染程度等因素均影响钢丝绳与衬垫之间的摩擦系数，因此，在进行防滑计算时应予以考虑。

钢丝绳衬垫所受单位压力 q_0 不应超过制造厂提供的允许值，衬垫许用单位压力一般为

1.96 N/mm², 并按下式校核:

$$q_0 = \frac{S_1 + S_2}{n\,D_j\,d_s} \tag{5-18}$$

对于摩擦提升设备必须满足钢丝绳沿主导轮不得发生滑动的条件:

$$\frac{S_{\max}}{S_{\min}} \leqslant e^{\mu\alpha} \tag{5-19}$$

式中: $S_{\max}$ 为围包主导轮的一侧钢丝绳的最大拉力, N; $S_{\min}$ 为围包主导轮的另一侧钢丝绳的最小拉力, N; e 为自然对数的底, $e = 2.71828$; μ 为钢丝绳和主导轮衬垫间的摩擦系数, 不应超过制造厂所提供的容许值; α 为钢丝绳围包主导轮的角度, 为减小钢丝绳的磨损, 一般不大于195°。

对于静止和匀速运动的提升系统, 为安全工作, 静防滑初算值取:

$$\frac{S_1}{S_2} \leqslant (1.4 \sim 1.5) \tag{5-20}$$

对于摩擦提升系统的加速和减速状态, 最易发生滑动现象。加速时主导轮可能沿钢丝绳滑动, 减速时钢丝绳可能沿主导轮滑动。为防止滑动, 应验算滑动极限加速度和减速度, 校核下放重物时安全制动减速度。

目前, 增加防滑安全系数的措施主要有: 增大包围角, 可采用加设导向轮的方法来实现; 增加钢丝绳与摩擦衬垫间的摩擦系数, 采用具有较高摩擦系数、耐磨的材料作衬垫, 此外, 还可以对钢丝绳加以处理来增大摩擦系数; 采用尾绳可以增大空载绳的张力; 增大容器自重也可增大空载绳的张力, 对于浅井效果特别显著; 采用平衡锤单容器提升; 控制最大的加减速度值以减小动载荷。

③提升机拖动方式选择。

提升机拖动方式应满足提升负荷和运行速度的需要。拖动方式有交流拖动和直流拖动。交流拖动比较简单, 设备和安装费用低, 但调速性能比较差。直流拖动调速性能好, 易于实现自动控制, 但设备和安装费用高。对于深井和大型提升容器的提升宜采用直流拖动。但交流控制技术日益进步, 交流拖动将获得更广泛的应用。

5.2.3.2　天轮选择计算

天轮是矿井提升系统中的关键部件之一, 安装在井架之上, 起到支撑、引导钢丝绳转向作用。天轮按照固定方式和位置, 可分为三种: 井上固定天轮; 凿井及井下固定天轮; 游动天轮, 具体见图 5-14。

固定天轮只做旋转运动, 主要用于竖井提升及斜井箕斗提升。

游动天轮轮体则除做旋转运动外, 还可沿轴向移动, 主要用于斜井串车提升。

按结构形式, 天轮可分为整体铸钢结构、模压焊接结构、模压焊接及铆接结构。天轮直径不大于 3 m 时采用整体铸钢结构, 天轮直径等于 3.5 m 时采用模压焊接结构, 天轮直径不小于 4 m 时采用模压焊接及铆接结构。井下使用的天轮, 为运输安装方便, 也可制作成装配式结构。

天轮轮缘的结构质量对钢丝绳的使用寿命有一定的影响, 因为在提升机启动和停止时, 由于天轮的惯性, 将引起轮缘与钢丝绳间的相对滑动, 增加了钢丝绳的磨损, 所以应尽量减轻轮缘的质量。此外, 轮缘材质和绳槽半径对钢丝绳的使用寿命也有直接影响, 一般绳槽半

(a)固定天轮   (b)游动天轮

图 5 – 14   天轮

径要稍大于钢丝绳的半径，绳槽开角一般为 40°~60°。

参考《有色金属采矿设计规范 GB 50771—2012》规定来选择天轮。

对于地面天轮：

$$D_t \geq 80d \geq 1200\delta \qquad (5-21)$$

对于井下天轮：

$$D_t \geq 60d \geq 900\delta \qquad (5-22)$$

式中：D_t 为天轮直径，mm。

根据计算值选取标准的天轮直径。

5.2.3.3　提升机与井口相对位置计算

（1）斜井单钩甩车场井口相对位置图见图 5 – 15。

$$H_j = l \cdot \sin\beta' \qquad (5-23)$$

式中：l 为井口至钢丝绳与天轮接触点间的斜长，l' 为进口至天轮中心的水平投影距离，$l' = l'_B + l'_t + l'_g + 0.75 R_t$；其水平投影符号上有"'"。$l'_B$ 为井口至道岔 A 的距离，一般为 10~15 m；l'_t 为岔道 A 到串车停止时钩头位置的距离，$l'_t = 1.5nl_{kc}$；l_{kc} 为一辆矿车的长度，m；l_g 为过卷斜长，当最大速度 $v_m < 3$ m/s 时，$l_g \geq 4$ m；当最大速度 $v_m \geq 3$ m/s 时，$l'_g \geq 6$ m；R_t 为天轮半径，m；β' 为根据井口车场设计的栈桥倾角，一般为 8°~12°。

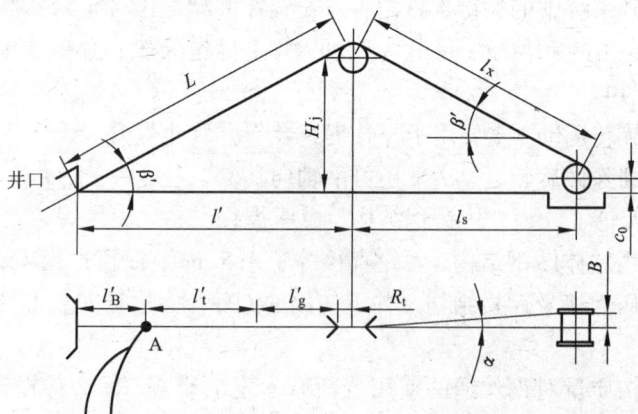

图 5 – 15   斜井单钩甩车场井口相对位置图

（2）斜井双钩平车场井架高度。

井架高度要求能够保证：

①摘钩后的矿车通过下放串车的钢丝绳的底部时，绳距地面的高度不得小于2.5 m。这点距摘钩点的距离为L_n，一般$L_n = 4$ m；如图5-16所示，按比例关系可得

$$H_j = \frac{2.5(L_B + L_t + L_A)}{L_B + L_t + L_n} - R_t(\text{m}) \tag{5-24}$$

式中：L_B为井口至阻车器的距离，一般为7~9 m；L_t为阻车器至摘钩点距离，一般为$L_t = 1.5nL_C$；L_A为摘钩点到井架中心的水平距离，一般取$L_A = (2.5~4)L_s$，m。

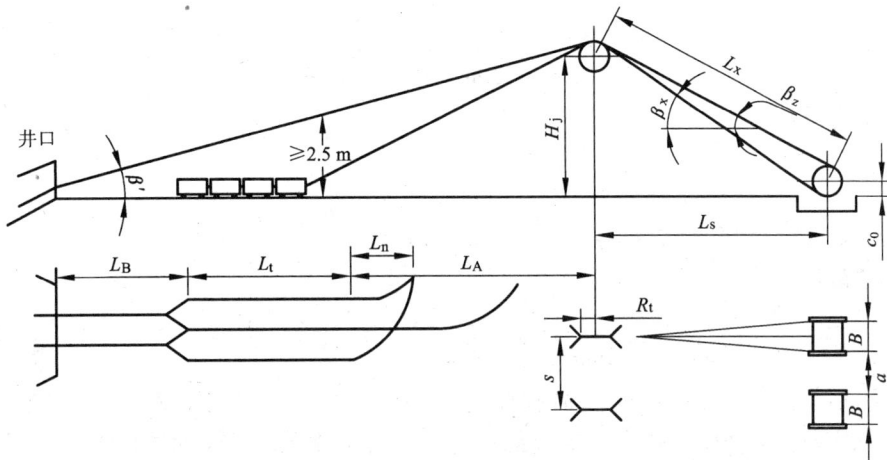

图5-16 斜井双钩平车场井口相对位置图

②为了防止矿车在井口出轨掉道，井口处的钢丝绳牵引角β'要小于9°，即

$$\beta' = \tan^{-1}\frac{H_j + R_t}{L_B + L_t + L_A} \tag{5-25}$$

（3）钢丝绳弦长。

钢丝绳弦长是钢丝绳离开滚筒处至钢丝绳与天轮接触点的一段绳长。近似以滚筒中心至天轮中心的距离来计算弦长，误差较小。

$$L_x = \sqrt{(H_j - c_0)^2 + \left(L_s - \frac{D_t}{2}\right)^2} \tag{5-26}$$

式中：D_t为天轮直径，m；c_0为滚筒中心线与井口水平的高差，m，此数值决定于提升机滚筒直径、地形等情况，设计时一般取$c_0 = 1~2$ m。

为避免钢丝绳振动过大，跳出天轮绳槽，钢丝绳弦长一般不超过60 m。但当提升机房距井口较远或井架较高时，提升机的弦长有可能超过60 m，这时必须架设支撑导轮以减小弦长跨度。

根据《金属矿非金属矿安全规程》（GB 16423—2006）规定"天轮到提升机卷筒的钢丝绳最大偏角，应不超过1°30′"。由于偏角的限制，可计算出最小弦长L_{xmin}。

①固定天轮。

单钩提升时：

$$L_{xmin} \geq \frac{B}{2\tan\alpha} = \frac{B}{2\tan1°30'} = 19.1B \tag{5-27}$$

179

双钩提升时：

按外偏角：

$$L'_{\text{xmin}} \geqslant \frac{2B + a - s}{2\tan\alpha_1} = \frac{2B + a - s}{2\tan 1°30'} = 19.1(2B + a - s) \qquad (5-28)$$

按内偏角：

$$L''_{\text{xmin}} \geqslant \frac{s - a}{2\tan\alpha_2} = \frac{s - a}{2\tan 1°30'} = 19.1(s - a) \qquad (5-29)$$

②游动天轮。

单钩提升时：

$$L_{\text{xmin}} \geqslant \frac{B - Y}{2\tan\alpha} = \frac{B - Y}{2\tan 1°30'} = 19.1(B - Y) \qquad (5-30)$$

双钩提升时：

按外偏角：

$$L'_{\text{xmin}} \geqslant \frac{2B + a - s - Y}{2\tan\alpha_1} = \frac{2B + a - s - Y}{2\tan 1°30'} = 19.1(2B + a - s - Y) \qquad (5-31)$$

按内偏角：

$$L''_{\text{xmin}} \geqslant \frac{s - a - Y}{2\tan\alpha_2} = \frac{s - a - Y}{2\tan 1°30'} = 19.1(s - a - Y) \qquad (5-32)$$

式中：B 为滚筒宽度，m；a 为两滚筒内侧间隙，m；s 为两天轮之间距离，即井筒中轨道中心距 $s \geqslant bc + 0.2$ m，其中 bc 为矿车最突出部分宽度，m；Y 为游动天轮的游动距离，查游动天轮规格表可得。

双钩提升，按内外偏角计算的弦长，以其中大者作为最小弦长。弦长一般不超过 60 m。

(4)提升机滚筒中心与斜井提升中心距离：

$$L_x = \sqrt{-(H_i - c_0)^2} \qquad (5-33)$$

式中：c_0 为提升机滚筒中心至井口水平高度，m。

(5)钢丝绳实际内偏角、外偏角。

①固定天轮。

单钩提升时：

$$\alpha_1 = \tan^{-1}\frac{B}{2L_x} \qquad (5-34)$$

双钩提升时：

$$\alpha_1 = \tan^{-1}\frac{2B + a - s}{2L_x} \qquad (5-35)$$

$$\alpha_2 = \tan^{-1}\frac{s - a}{2L_x} \qquad (5-36)$$

②游动天轮。

单钩提升时：

$$\alpha_1 = \tan^{-1}\frac{B - Y}{2L_x} \qquad (5-37)$$

双钩提升时：

$$\alpha_1 = \tan^{-1}\frac{2B + a - s - Y}{2L_x} \tag{5-38}$$

$$\alpha_2 = \tan^{-1}\frac{s - a - Y}{2L_x} \tag{5-39}$$

求出的内外偏角均应小于$1°30'$。

（5）钢丝绳的下绳角。

①当滚筒直径与天轮直径不相同时下出绳角：

$$\beta_x = \tan^{-1}\frac{H_j - c_0}{L_x} + \tan^{-1}\frac{D + D_r}{2L_x} \tag{5-40}$$

②当滚筒直径与天轮直径相同时下出绳角：

$$\beta_x = \tan^{-1}\frac{H_i - c_0}{L_s} + \tan^{-1}\frac{D}{2L_x} \tag{5-41}$$

为使提升机主轴的受力状态满足设计要求和防止钢丝绳与提升机基础碰撞，要求钢丝绳的下绳角$\beta_x \geq 15°$。

最后根据上述计算，画出提升机与井口相对位置图。

5.2.4　斜井提升电动机容量计算与校核

电动机容量分别按温升条件和过负荷条件校核。

（1）按电动机温升条件校核。

已知在一个提升循环中提升机卷筒上的圆周力和圆周速度是变化的，而电动机的额定功率是电动机在额定负载下以额定转速连续运转，其绕组的温升不超过允许值时的功率。这样，便无法直接按某一时间的负载和转速计算电动机功率。但是，电动机在长期运转过程中是否负荷的标志是它的温升，而电动机的温升取决于发热量和散热条件。从发热量相等的原则考虑，将提升电动机的变化电流换成不变的等效电流I_d；从散热条件相等出发，将提升各阶段时间换算成等效时间T_d。由电工学原理可知，当电动机组内通过电流I、绕组的电阻为R时，经过dt时间产生的热量为：

$$dQ = RI^2 dt \tag{5-42}$$

当电网电压及功率因数稳定时，电动机的拖动力与负载电流I成正比。将绕线电阻R并入比例常数可得

$$dQ = KF^2 dt \tag{5-43}$$

式中：K为比例常数；F为提升电动机拖动力，N。

根据一个提升循环时间T_x内发热量相等原则可写出：

$$Q = \int_0^{T_x} KF^2 dt = KF_d^2 T_d \tag{5-44}$$

考虑到在提升休止时电动机不出力，积分上限换为T，则：

$$F_d = \sqrt{\frac{\int_0^T F^2 dt}{T_d}} \tag{5-45}$$

式中：F为力图中各段之力，N；F_d为等效力，N；T_d为等效时间，N。

5.3 斜井提升设备的选择计算实例

5.3.1 原始资料

(1)矿井年产量 $A_n = 500$ kt/a。

(2)井筒斜长 $L_T = 498$ m。

(3)井筒倾角 $\beta = 25°$。

(4)井上、下车场内倾角 $\gamma' = 3°$。

(5)年工作日 $b_r = 300$ d。

(6)日工作小时 $t = 14$ h。

(7)矿井服务年限 40 年。

(8)矿车采用 YGC0.7 - 6 型 1 t 固定车厢式矿车。

矿车自身质量 $m_{z1} = 500$ kg;

矿车名义载货量 $m_1 = 1750$ kg;

单个矿车长度 $L_d = 1.5$ m;

单个矿车宽度 $b_c = 0.85$ m;

(9)矿石的散集密度 $\rho' = 2500$ kg/m³。

(10)提升方式为平车场双钩串车提升。

(11)矿井电压等级为 6 kV。

5.3.2 一次提升量和车组中矿车数的确定

1)计算提升斜长:

$$L = L_T + L_k = 528 \text{ m}$$

式中:L_k 为井口车场长度,即自井口至尾车停车点的距离,暂取 $L_k = 30$ m。

2)初步确定速度图参数:

(1)初步确定最大提升速度 v'_m,根据《有色金属采矿设计规范(GB 50771—2012)》及《冶金矿山采矿设计规范(GB 50830—2013)》规定:运输人员或矿车运输物料,斜井长度大于 300 m 时,$v_m \leqslant 5$ m/s。本设计初步确定最大提升速度 $v'_m = 3.7$ m/s。

(2)井上下平车场速度 $v_0 = 1.0$ m/s。

(3)井上下车场加、减速度 $a_0 = 0.3$ m/s²。

(4)井筒中主加、减速度 $a_1 = a_3 = 0.5$ m/s²。

(5)摘挂钩时间:$\theta = 25$ s。

3)初步计算一次提升循环时间 T'。

查图 5 - 17,计算得。

$$T' = 2 \times \left(\frac{v_0}{a_0} + \frac{L_K - \frac{v_0^2}{2a_0}}{v_0} + \frac{v'_m - v_0}{a_1} \right) + \frac{L_T - 2 \times \frac{v_0 + v_m}{2} \times \frac{v'_m - v_0}{a_1}}{v'_m} = 226.86 \text{ (s)}$$

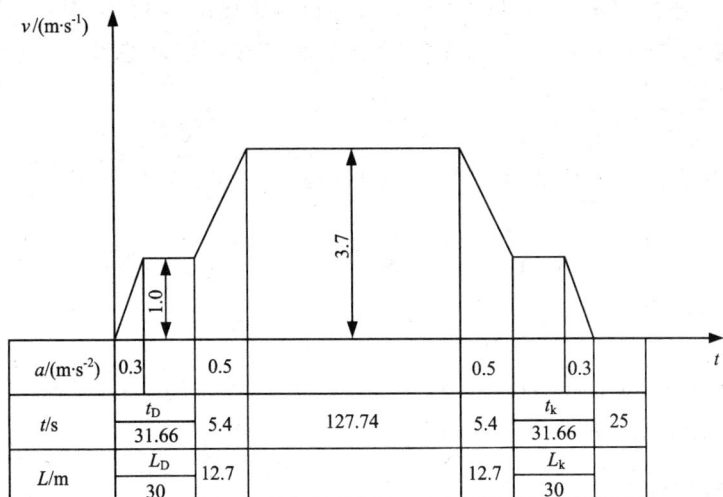

$a/(\text{m·s}^{-2})$	0.3	0.5		0.5	0.3	
t/s	t_D 31.66	5.4	127.74	5.4	t_k 31.66	25
L/m	L_D 30	12.7		12.7	L_k 30	

图 5-17 平车场双钩串车提升一次提升循环时间计算图

（4）计算一次提升量：

$$m = \frac{c \cdot a_\text{f} \cdot A_\text{n} \cdot T'}{3600 \, b_\text{r} \cdot t} = 10.80 \text{ t}$$

式中：因无井下矿仓，提升不均匀系数取 $c = 1.2$；考虑提升富裕能力，提升富裕系数取 a_f = 1.2。

（5）计算一次提升矿车数：

$$n_1 = \frac{m}{m_1} = \frac{10.8}{1.75} = 6.17$$

式中：n_1 取 7 辆。

（6）根据矿车连接器强度计算矿车数：

$$n_2 \leqslant \frac{2000000}{g \times AN_1 \times (m_1 + m_{z1})(\sin\beta + f_1\cos\beta)} = 20.38$$

式中：取车钩强度为 2000 kN，矿车运行阻力系数 $f_1 = 0.015$，车钩安全系数 $AN_1 = 10$。

（7）确定一次提升矿车数。

因为 $n_1 < n_2$，故矿车连接器强度满足要求，所以确定一次提升矿车数 $n = n_1 = 7$ 辆。

5.3.3 计算选择钢丝绳

（1）计算钢丝绳悬垂长度：

$$L_0 = L_\text{T} + \frac{L_\text{B} + L_\text{t} + L_\text{A}}{\cos\beta'} = 614.18 \text{ m}$$

式中：L_B 为井口至阻车器的距离，取 $L_\text{B} = 9$ m；L_t 为阻车器至摘钩点距离，取 $L_\text{t} = 1.5n \cdot L_\text{d} =$ 13.5 m；L_s 为提升机滚筒中心至天轮中心水平距离，暂取 $L_\text{s} = 30$ m；L_A 为摘钩点至井架中心的水平距离，取 $L_\text{A} = 3L_\text{s} = 90$ m；β' 为井口处钢丝绳牵引角，暂取 $\beta' = 9°$。

（2）计算钢丝绳每米质量：

$$m'_\text{p} \geqslant \frac{gn(m_1 + m_{z1})(\sin\beta + f_1\cos\beta)}{\dfrac{\sigma_\text{B}}{\rho_\text{g} \times m_\text{a}} - gL_0(\sin\beta + f_2\cos\beta)} = 3.80 \text{ kg/m}$$

式中：根据重要用途钢丝绳 GB 8198，钢丝绳公称抗拉强度$\sigma_B = 1570$ MPa；矿车行车阻力系数$f_1 = 0.015$；钢丝绳安全系数$m_a = 8$；钢丝绳沿托辊和底板移动的阻力系数$f_2 = 0.20$；钢丝绳密度$\rho_g = 9000$ kg/m³。

（3）选择钢丝绳。

查钢丝绳规格表选用钢丝绳：$6 \times 19S + IWR - 38.0 - 1570$

技术数据如下：

$$d = 38 \text{ mm}; \quad m_p = 5.85 \text{ kg/m}; \quad Q_p = 807000 \text{ N}$$

（4）验算钢丝绳安全系数：

$$m_a = \frac{Q_p}{n(m_1 + m_{z1})(\sin\beta + f_1\cos\beta)g + m_p \cdot L_0(\sin\beta + f_2\cos\beta)g} = 8.93 > 8$$

所选钢丝绳合适。

5.3.4　计算选择提升机

（1）计算提升机滚筒直径：

$$D' = 80d = 3040 \text{ mm}$$

（2）计算作用在提升机上的最大静张力和最大静张力差：

$$F_{jmax} = n \cdot g(m_1 + m_{z1})(\sin\beta + f_1\cos\beta) + L_0 m_p \cdot (\sin\beta + f_2\cos\beta) = 70873 \text{ N}$$

$$F_{cmax} = F_{jmax} - n \cdot g \cdot m_{z1}(\sin\beta - f_1\cos\beta) = 56557 \text{ N}$$

（3）根据计算的D'、F_{jmax}、F_{cmax}选择提升机。

查提升机规格表选用 2JK – 3.5/20 型提升机。

滚筒直径$D = 3.5$ m；$[F_{jmax}] = 170000$ N；

滚筒宽度$B = 1.7$ m；$[F_{cmax}] = 115000$ N；

减速器用最大动扭矩$M_{max} = 105000$ N·m；

两滚筒中心矩为 1850 mm；

提升机标准提升速度$v_m'' = 3.8$ m/s；

减速器传动比$i = 20$；

滚筒中心高$e = 1400$ mm。

（4）验算滚筒宽度：

$$B = \left[\frac{L + L_s + (n_m + 4)\pi D_j}{n'\pi D_p}\right](d_s + \varepsilon) = 1226.4 < 1700 \text{ mm}$$

式中：多层缠绕时，钢丝绳在卷筒上的平均直径$D_p = D + \frac{(k-1) \times d}{1000} = 3.54$ m；L_s为供试验用的钢丝绳长度，取 30 m；n_m为错绳圈，$n_m = 2 \sim 4$，本设计取$n_m = 3$；ε为钢丝绳圈间的间隙，一般取 2~3，本设计$\varepsilon = 3$；提升机滚筒直径$D = 3.5$ m；钢丝绳直径$d = 38$ mm；4 为每移动 0.25 圈绳长所需的备用圈数，圈；n'为卷筒上缠绳的层数，采用双层缠绕，符合《有色金属采矿设计规范（GB 50771—2012）》要求。

5.3.5　计算选择天轮

选择天轮使用如下公式：

$$D'_t \geqslant 80d = 80 \times 38 = 3040 \text{（mm）}$$

为减少天轮维护量，查天轮规格表选用固定天轮 TGS $\frac{3500}{15}$ 型 $D_t = 3.5$ m。

5.3.6 初选提升电动机

（1）估算电动机功率：

$$N = \frac{F_{cmax} v'_m}{1000\eta_j}\varphi = 270.81 \text{ kW}$$

式中：v'_m 为最大提升速度为 3.7 m/s；φ 为井筒阻力系数，取 1.1；η_j 为减速器传动效率，取 0.85。

（2）估算电动机转速：

$$n = \frac{60v'_m \cdot i}{\pi \cdot D} = 403.80 \text{ r/min}$$

式中：i 为减速器传动比，取 20。

（3）根据 N、n 及矿井的电压等级，查电动机规格表，选用提升电动机为 JR 1510—12 型，额定功率 $N_e = 280$ kW，效率 $\eta_d = 0.91$，额定转速 $n_e = 494$ r/min，转子飞轮力矩 $(GD^2)_d = 4200$ N·m^2，额定电压 = 6 kV。

（4）确定提升机的实际最大提升速度。

$$v_m = \frac{\pi \cdot D \cdot n}{60i} = 3.7 \text{（m/s）}$$

5.3.7 计算提升机与井筒的相对位置

1）计算井架高度。

（1）计算井架高度：

$$H_j = \frac{2.5(L_B + L_t + L_A)}{L_B + L_t + L_n} - R_t = 8.23 \text{（m）}$$

取 $L_n = 4$ m，$R_t = 1.75$ m，$H_j = 9$ m。

（2）验算井口处钢丝绳牵引角：

$$\beta' = \tan^{-1}\frac{H_j + R_t}{L_B + L_t + L_A} = 4.92° < 9°$$

井口处钢丝绳牵引角 β' 满足防止矿车在井口处出轨掉道的要求。

2）初步计算钢丝绳弦长。

根据钢丝绳内外偏角允许值计算钢丝绳最小弦长 L_{xmin}：

按外偏角 $L'_{xmin} \geqslant 19.1(2B + a - s) = 47.75$ m。

按内偏角 $L''_{xmin} \geqslant 19.1(s - a) = 17.19$ m。

式中两滚筒内侧间距 $a = 1.85 - B = 0.15$ m；

两天轮之间距离 $s = b_c + 200 = 1050$ mm。

取 $L_{xmin} = L'_{xmin} = 48$ m。

B 为滚筒宽度 1.7 m。

3）计算提升机滚筒中心至天轮中心的水平距离：

$$L_s = \sqrt{L_{xmin}^2 - (H_j - c_0)^2} = 47.40 \ (m)$$

式中：取 $c_0 = e = 1.4$ m。

（4）计算钢丝绳的实际弦长。

$$L_x = \sqrt{L_s^2 + (H_j - c_0)^2} = 48 < 60 \ (m)$$

（5）计算钢丝绳实际的外偏角、内偏角：

$$\alpha_1 = \tan^{-1}\frac{2B + a - s}{2L_x} = 1°29' < 1°30'$$

$$\alpha_2 = \tan^{-1}\frac{s - a}{2L_x} = 0°32' < 1°30'$$

（6）计算钢丝绳的下出绳角：

$$\beta_x = \tan^{-1}\frac{H_j - c_0}{L_s} + \tan^{-1}\frac{D}{L_x} = 13°17' < 15°$$

因 $\beta_x < 15°$，提升钢丝绳有可能与提升机基础相碰，故不满足要求。由上述计算可知，井架高度 H_j 不够高，在此可调整 H_j，取 $H_j = 11$ m，代入上述各式计算得：

$H_j = 11$ m；

$\beta' = 6° < 9°$（满足要求）；

$L_{xmin} = 48$ m；

$L_s = 47.03$ m；

$L_x = 48$ m；

$\alpha_1 = 1°29' < 1°30'$（满足要求）；

$\alpha_2 = 0°32' < 1°30'$（满足要求）。

5.3.8 核算提升能力

年实际提升能力：

$$A_n' = \frac{3600 \ b_r \cdot t \cdot n \cdot m_1}{c \cdot T} = 680350 \ (t/a)$$

提升能力富裕系数：

$$a_f = \frac{A_n'}{A_n} = 1.36$$

5.4 斜井提升设备的安全运行与监控技术

斜井提升设备是矿井生产的主要设备之一，在矿井生产中占有重要的地位，是沟通井下生产与地表生产运输的纽带。为确保矿山生产的安全运行，必须对斜井提升设备进行定期的维护与检修。

5.4.1 斜井提升设备的维护

斜井提升设备的维护主要包括日常维护、定期检查和计划维修三个部分。

5.4.1.1 斜井提升设备的日常维护

斜井提升设备的日常维护保养是指有计划地做好斜井提升设备的日常检查及清洁工作。

做好设备的日常维护与保养，就可以大大减少提升设备的维修次数，保证斜井提升系统的连续运行。

5.4.1.2　斜井提升设备的定期检查

斜井提升设备的定期检查可分为日检、周检和月检。对于每一种斜井提升设备都应该根据它的性能、结构特点、工况及维修经验，由专职的检修人员制定详细的检修内容。

（1）日检。

日检主要由运转人员和专职的检修人员负责，以运转人员为主。主要检查设备的运转状况、经常磨损和易于松动的外部零件及有可能出现问题的关键零件，必要时进行适当的调整、简单的维修或更换，并作为交接班的主要内容撰写在交接班日志上。

（2）周检。

周检是以专职的检修人员为主，与运转人员配合进行维修。周检除包括日检内容外，还必须详细检查各零部件，并根据检查情况进行适当调整；机械与电气保护装置（如过卷、过负荷、减速等）的工作可靠程度；钢丝绳在滚筒与提升容器两端的固定情况，以及钢丝绳的除垢、涂油的情况等。

（3）月检。

月检以专职的检修人员为主。月检除周检内容外，还要仔细检查如减速器的齿轮咬合情况，并根据检查情况对齿轮间的间隙进行适当调整或更换齿轮；各部分的润滑油；检查井筒设备的罐道、井架和防坠器使用的制动钢丝绳是否符合要求等。

周检和月检后，必须由专职的检修人员将检查和处理结果详细记入检修日志，为下次的检修提供参考。

5.4.1.3　斜井提升设备的计划维修

斜井提升设备的维修工作可分为小修、中修和大修，而小修、中修和大修的时间则根据提升机井筒直径的不同而不同，一般规定小修4个月1次，中修12个月1次，大修48个月1次。按计划进行维修是使设备保持完好状态，恢复原有性能，延长使用寿命，防止故障发生，保证设备正常、持续、安全运转的重要措施。

维修计划的内容和要求应包括：维修项目、具体内容、质量要求、时间进度、所需零件、检修工具、检修人员、施工及检修负责人、检修过程中的安全技术措施等。

对检修所需的时间和检修内容，要预先编制好检修计划，并做好配件、工具、施工人员和时间安排等工作，还需要编制安全技术措施，在检修进程中严格执行。如果没有具体检修项目时，也要按照检修项目进行预防性检修，不能擅自更改或停止计划性检修。

值得注意的是，修理完毕后应将修理过程中涉及的结构改进、技术数据变更等主要情况记入检修日志，并存档保管，为后续设备检修和运行管理提供技术参考。

5.4.2　斜井提升设备的常见故障及处理方法

斜井提升设备的常见故障主要包括提升机与天轮的常见故障、提升容器（如矿车）的常见故障和提升钢丝绳的常见故障三个部分。

5.4.2.1　提升机与天轮常见故障及处理方法

提升机与天轮的常见故障、原因及处理方法见表5-6。

表 5 - 6　提升机与天轮的常见故障、原因及处理方法

发生位置	故障现象	原因	处理方法
主轴装置	主轴折断	各支承轴承的同心度和水平度偏差过大，使轴局部受力过大，反复疲劳折断	调整同心度和水平度
		多次重负荷冲击	防止重负荷冲击
		加工质量不符合要求	保证加工质量
		材料不佳或疲劳	更换符合要求的材质
	滚筒产生异响	滚筒筒壳螺栓松动	更换或拧紧螺栓
		滚筒筒壳产生裂纹	烧焊处理
		焊接滚筒开焊	烧焊处理
		游动滚筒衬套与主轴间隙过大	更换衬套，适当加油
		涡轮螺杆离合器有松动	调整、紧固连接件
		键松动	背紧键或更换键
	滚筒筒壳产生裂缝	筒壳钢板太薄	更换筒壳
		局部受力过大，连接零件松动或断裂	筒壳内部架立筋或支环，拧紧螺栓
		木衬磨损或断裂	更换木衬
	轴承发热、烧坏	缺润滑油或油路堵塞	补充润滑油，通油路
		润滑油脏，混进杂物	清洗过滤器，换油
		间隙小或瓦口垫磨轴	调整间隙及瓦口垫
		与轴颈接触面积过大	刮瓦研磨
		油环卡塞	检查修理油环
减速器	减速器声音不正常，震动过大	齿轮间隙超限或点蚀剥落严重，润滑油不符合要求	调整齿轮咬合间隙，限定负荷，更换润滑油
		轴向窜量过大	调整窜量
		各轴水平度及平行度偏差过大	重新调整各轴水平度及平行度
		轴瓦间隙过大	调整轴瓦间隙或更换
		键松动	背紧键或更换键
		地脚螺栓松动	上紧地脚螺栓
	齿轮打牙断齿	齿间调入金属硬物	杜绝异物掉入
		突然重载荷冲击或多次重复载荷冲击	采取措施，杜绝反常的重载荷
		材质不佳或疲劳	更换或改进材质
	传动轴弯曲或折断	齿间调入金属硬物，轴受弯曲应力过大	杜绝异物掉入
		轮齿进入另一轮齿间隙，使两齿轮齿顶相互顶撞	发现断齿及时停车，及早处理断齿
		材质不佳或疲劳	改进材质
		加工质量不符合要求，使轴产生大的应力集中	改进加工方法，保证加工质量

续表

发生位置	故障现象	原因	处理方法
制动装置	盘形闸闸瓦断裂，制动盘磨损	闸瓦材质不好	更换质量好的闸瓦
		闸瓦接触面不平，有杂物	清扫，调整
	溢流阀定压失调	辅助弹簧失效	更换弹簧
		阀座或阀球接触面磨损	更换已磨损的面
		叶片油泵损坏	更换
	正常运行时油压突然下降	电液调压装置的控制和喷嘴的接触面磨损	更换弹簧
		动线圈的引线接触不好或自整角机无输出	检查线路
		溢流阀的密封不好，漏油	修理溢流阀
		管路漏油	检查管路
	开动叶片油泵后不产生油压，溢流阀没有油流	叶片油泵内进入空气	排出油泵中的空气
		叶片油泵卡塞	检修叶片油泵
		滤油器堵塞	清洗或更换
		滑阀失灵，高压油路和回油路接通	检修滑阀
		溢流阀节流孔堵死或滑阀堵住	清洗检修溢流阀
	液压站残压过大	电流调压装置的控制杆端面离喷嘴太近	将十字弹簧上端的螺母拧紧一些
		溢流阀的节流孔过大	更换节流孔元件
	油压高频振动	油泵、溢流阀、十字弹簧发生共振	更换液压元件
		油压系统中进入空气	利用排气孔排出空气
联轴器	联轴器发生异响，连接螺栓切断	缺润滑油脂，漏油	补润滑剂，换密封圈
		齿轮间隙超限	调整间隙
		键松动	背紧切向键
		同心度及水平度偏差超限	调整找正
		齿轮磨损超限	更换
		外壳串动切断螺栓	处理外壳，更换螺栓
		蛇形弹簧折断	更换
深度指示器	深度指示器的丝杠晃动，指示失灵	丝杠弯曲或安装不当，螺母磨损	调整或更换
		传动齿轮磨损，跳牙	更换
		传动齿轮脱键	修理，背紧键
		摩擦式提升机的电磁离合器黏滞不调零	检修电磁离合器及调零装置

5.4.2.2　提升容器常见故障及处理方法

斜井提升容器常见故障主要为斜井跑车事故。据矿山部门不完全统计，斜井跑车事故占地下矿山机电事故的30%，90%以上造成了人员伤亡。斜井跑车事故常见故障、原因及处理方法见表5-7。

表 5 - 7   提升容器的常见故障、原因及处理方法

容器类型	故障现象	原因	处理方法
矿车	跑车	轨道铺设平整度不好	提高轨道铺设的平整度
		提升过程中遇到障碍物	及时清扫提升过程中洒落的矿石
		挂钩无防脱装置	设置防脱装置
		钢丝绳拉断	定期检修钢丝绳的质量

　　斜井运输中必须要安装斜井跑车防护装置等安全设施。当前应用在矿山生产一线的斜井跑车防护装置种类繁杂，但总的可归结为机械式和机电联控式。在机械式装置中又有摆杆式、绳压式、地挡式跑车防护装置等。

　　同时，如何实现对斜井跑车防护装置进行实时监控成为控制斜井跑车事故预防的重要内容。随着自动化水平的提高，PLC 控制技术已被广泛应用于对斜井跑车防护装置的控制领域。如应用 PLC 和视频成像技术实现对斜井跑车防护装置的监控；通过位移传感器来接收控制信号并应用视屏探头来观察运行情况；借助 8031 单片机和霍尔传感器来对设备进行控制和监测；通过各种传感器进行信息采集然后经过设计电路进行反馈处理；基于 N:N 网络和MCGS 组态软件的三挡跑车防护装置监控系统等。

5.4.2.3　提升钢丝绳常见故障及处理方法

　　提升钢丝绳的常见故障、原因及处理方法见表 5 - 8。

表 5 - 8   提升钢丝绳的常见故障、原因及处理方法

故障类型	故障现象	原因	处理方法
断丝	疲劳断丝	绕过卷筒时，在应力作用下反复弯曲形成的	—
	磨损断丝	钢丝绳股与股之间的相互错动形成的	—
	过载断丝	钢丝绳承受的载荷过大或过大的冲击作用力下产生的	避免提升过程中的过载现象
	锈蚀断丝	钢丝绳处于腐蚀性环境中形成的	勤涂油或选择镀锌的钢丝绳
磨损	外部磨损	提升过程中钢丝绳与卷筒表面接触而引起的	勤涂油
	变形磨损	提升过程中钢丝绳晃动造成碰撞引起的	增大安全间隙
	内部磨损	相邻股之间产生局部压痕引起应力集中造成的	—
锈蚀	表面锈蚀	钢丝绳处于腐蚀性环境中形成的	勤涂油或选择镀锌的钢丝绳

参考文献

[1] 陈维健, 齐秀丽. 矿井运输及提升设备[J]. 北京: 煤炭工业出版社, 1989.

[2] 臧文周. 矿井提升机械[M]. 北京: 冶金工业出版社, 1993.

[3] 杜竞贤, 于学谦. 矿井运输提升[J]. 北京: 煤炭工业出版社, 1988.

[4] 杨桢, 郑柳. 矿山运输与提升设备[J]. 北京: 煤炭工业出版社, 2012.

[5] 寇嘉年, 罗金泉. 矿井辅助运输[M]. 北京: 煤炭工业出版社, 1996.

[6] 钟春晖, 丁元春. 矿井运输与提升[J]. 北京: 化学工业出版社, 2013.

[7] 王进强. 矿山运输与提升[J]. 北京: 冶金工业出版社, 2013.

[8] 赵晓军. SQ - 120 型无极绳绞车在矿井运输中的应用[J]. 江西煤炭科技, 2017(2): 167 - 169.

[9] 乔淑云, 李德臣. 红庆梁煤矿主斜井带式输送机选型技术研究[J]. 中国煤炭, 2014, 40(12): 75 - 78.

[10] 赵龙, 杜磊. 基于工业以太网的斜井轨道运输监控系统[J]. 煤矿安全, 2016, 47(12): 104 - 106.

[11] 王洪立, 孙远平, 张秀东, 等. 矿车智能自动刹车器的研究与开发应用[J]. 矿业研究与开发, 2009, 29 (5): 51 - 53.

[12] 马天兵, 杜菲, 任明远, 等. 基于 N:N 网络的斜井跑车防护装置组态监控系统[J]. 安徽理工大学学报 (自然科学版), 2016, 36(5): 30 - 34.

[13] 张佳文. 斜井提升安全技术的研究现状和展望[J]. 探矿工程(岩土钻掘工程), 2011, 38(1): 71 - 76.

第6章 矿井带式输送

6.1 概述

带式输送机是由能承载的输送带兼作牵引机构的连续运输设备,它可以输送矿石、散装物料和包装好的成件物品等。带式输送机是一种摩擦驱动以连续方式运输物料的机械,可以将物料在一定的输送线上,从最初的供料点到最终的卸料点间形成一种物料的连续输送流程。除了进行纯粹的物料输送外,带式输送机可以与各工业企业生产流程中的工艺过程要求相配合,形成有节奏的流水作业运输线,带式输送机已广泛应用于现代化的各种工业企业中。由于大部分带式输送机的承载带是由橡胶材料制成的,所以带式输送机又称"胶带输送机"或"胶带运输机"。

带式输送机的出现已经有 200 多年的历史,其应用也已有 100 多年的历史。由于它具有运输能力大,经济效益好、环保效益显著、可靠性高、运行平稳、安全性高和对运输物料损伤小等优点,目前被广泛应用于井下巷道、矿井地面、露天采场及选矿厂车间等矿业领域场所。矿用带式输送机可用于水平和倾斜运输,倾斜的角度随运输物料的性质不同以及输送带表面形状不同而异。国内外的生产实践证明,带式输送机无论是在运输能力方面还是在经济指标方面,都是一种先进的运输设备。表 6 - 1 为常见物料所允许的带式输送机的最大倾角。

表 6 -1 带式输送机的最大倾角

物料名称	最大倾角/(°)	物料名称	最大倾角/(°)
块煤	18	湿精矿	20
原煤	20	干精矿	18
谷物	18	筛分后石灰石	12
0 ~ 120 mm 矿石	18	干矿	15
0 ~ 60 mm 矿石	20	湿沙	23
磁铁矿、锰矿、赤铁矿	18	干松泥土	20

注:表中给出的最大倾角是物料向上运输的倾角,向下运输时最大倾角要减小。

目前,矿用带式输送机的发展方向是设备的大型化和新型结构的特种带式输送机。近些年来,国内外带式输送机的发展突飞猛进,主要表现出输送量大、单机长度长、电动机功率大、启动制动技术先进、输送带强度高、技术可控以及运营费用降低等特点;特别在全球燃油涨价的情况下,带式输送的优势更加明显,应用范围更加广泛,尤其是在现代大型露天矿山运输中发挥着不可替代的作用。为满足大型深凹露天矿山长距离、大运量、大高差运输的需求,新建及改建矿山普遍采用汽车 - 胶带半连续运输系统,既可发挥汽车运输的机动灵活、适应性强、短距离运输经济、有利于强化开采的长处，又可充分发挥带式输送机运输能力大、爬坡能力强、运营成本低的优势。

带式输送机按其结构不同可以分为多种型号，表6-2是《起重运输机械产品型号编制方法》(JB 2389—78)中所规定的带式输送机分类及代号。

表6-2 带式输送机分类及代号

名称	代号	类、组、型代号
通用带式输送机	T(通)	DT
轻型带式输送机	Q(轻)	DQ
移动带式输送机	Y(移)	DY
钢丝绳芯带式输送机	X(芯)	DX
大倾角带式输送机	J(角)	DJ
钢丝绳牵引带式输送机	S(绳)	DS
压带式输送机	A(压)	DA
气垫带式输送机	D(垫)	DD
磁性带式输送机	C(磁)	DC
钢带输送机	G(钢)	DG
网带输送机	W(网)	DW

目前国内对于大型、长距离、高带速、大功率、大输送量等输送参数为：

(1)大型带式输送机：驱动功率不小于1000 kW、机长不小于1500 m。

(2)小型带式输送机：驱动功率不大于75 kW、机长不超过80 m。

(3)长距离带式输送机：机长不小于1500 m。

(4)短距离带式输送机：机长不超过80 m。

(5)大输送量：输送量不小于3000 t/h。

(6)高带速：带速不小于4 m/s。

(7)大功率：驱动功率不小于1000 kW。

(8)小功率：驱动功率不大于75 kW。

6.2 带式输送机的基本组成结构

矿用带式输送机主要为通用带式输送机、钢丝绳芯带式输送机和钢丝绳牵引带式输送机。带式输送机主要由输送带、托辊与机架、滚筒、驱动装置、拉紧装置、制动装置五部分组成。

6.2.1 输送带

输送带主要由带芯和覆盖层两部分构成。带芯是覆盖层的骨架，可以提供必要的强度和刚度，并承受全部负荷。覆盖层为带芯的保护层，保护带芯不受被运物料的直接冲击、磨损和腐蚀，以延长输送带的使用寿命。

（1）输送带的分类。

目前，输送带有分层式织物层芯输送带、整体芯输送带、钢丝绳芯输送带和钢丝绳牵引输送带四种，如图6-1、图6-2所示。金属矿山通常使用钢丝绳芯输送带。

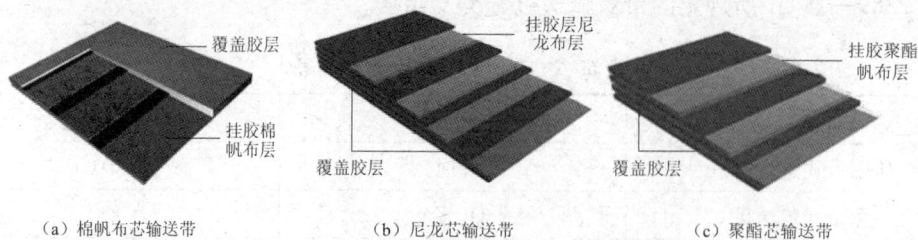

（a）棉帆布芯输送带　　　　（b）尼龙芯输送带　　　　（c）聚酯芯输送带

图6-1　分层式织物层芯输送带结构图

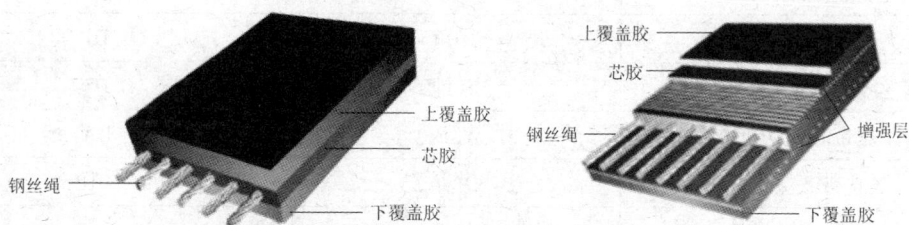

图6-2　钢丝绳芯输送带结构图

钢丝绳芯输送带也称强力输送带，它由细钢丝绳作为带芯，外加覆盖胶而成。由于钢丝绳芯输送带具有强度高、抗冲击性好、使用寿命长、伸长量小和耐曲挠性好等优点，对于大运量、大倾角、长距离输送机，应优先考虑采用钢丝绳芯输送带。

钢丝绳芯输送带按照纵向拉伸强度、宽度和覆盖层性能区分规格。输送带的强度规格使用"St"和纵向拉伸强度来表示，其主要技术参数如表6-3所示。输送带的带宽如表6-4所示，覆盖层性能见表6-5。

表6-3　普通钢丝绳芯输送带主要技术参数

规格	St630	St800	St1000	St1250	St1600	St2000	St2500	St3150	St3500	St4000	St4500	St5000	St5400
纵向拉伸强度/(N·mm^{-1})	630	800	1000	1250	1600	2000	2500	3150	3500	4000	4500	5000	5400
钢丝绳最大公称直径/mm	3.0	3.5	4.0	4.5	5.0	6.0	7.2	8.1	8.6	8.9	9.7	10.9	11.3
钢丝绳间距/mm	10	10	12	12	12	12	15	15	15	15	16	17	17
上覆盖层厚度/mm	5	5	6	6	6	8	8	8	8	8	8	8.5	9
下覆盖层厚度/mm	5	5	6	6	6	6	8	8	8	8	8	8.5	9
输送带质量/(kg·m^{-1})	19	20.5	23.1	24.7	27	34	36.8	42	45	49	53	58	62

输送带覆盖层可以加组织物(用字母 T 表示)或金属(用字母 S 表示)作为横向增加层。带芯的左捻钢丝绳和右捻钢丝绳应交替配置。钢丝绳的根数应符合表6-4的规定。

表6-4 普通钢丝绳芯输送带宽度规格及钢丝绳根数

宽度规格 /mm	St630	St800	St1000	St1250	St1600	St2000	St2500	St3150	St3500	St4000	St4500	St5000	St5400
800	75	75	63	63	63	63	50	50	50	—	—	—	—
1000	95	95	79	79	79	79	64	64	64	64	71	55	55
1200	113	113	94	94	94	94	76	76	77	77	71	66	66
1400	133	133	111	111	111	111	89	89	90	90	84	78	78
1600	151	151	126	126	126	126	101	101	104	104	96	90	90
1800	—	171	143	143	143	143	114	114	117	117	109	102	102
2000	—	—	159	159	159	159	128	128	130	130	121	113	113
2200	—	—	—	—	—	176	141	141	144	144	134	125	125
2400	—	—	—	—	—	193	155	155	157	157	146	137	137
2600	—	—	—	—	—	209	168	168	170	170	159	149	149
2800	—	—	—	—	—	—	—	—	194	194	171	161	161

表6-5 普通钢丝绳芯输送带覆盖层性能

等级代号	拉伸强度/MPa	拉断伸长率/%	磨耗量/mm³
D	不小于18	不小于400	不大于90
H	不小于25	不小于450	不大于120
L	不小于20	不小于400	不大于150
P	不小于14	不小于350	不大于200

(2)输送带连接。

为了方便制造和运输,输送带出厂时一般制成 100 m 的带段,使用时根据需要将若干段连接起来。输送带的连接方式有机械接法和硫化接法。硫化接法又分为冷硫化接法和热硫化接法。

机械接头是一种可拆卸的接头形式。它对带芯有一定损伤,接头强度低,一般机械接头的强度只有输送带本身强度的35%~40%,使用寿命短,而且接头通过滚筒时容易对滚筒表面造成损害,一般用于短运距或者移动式带式输送机。机械接头有铰接合页、柳钉夹板和钩状卡三种。

硫化接头是利用橡胶与芯体的黏结力,把两个端口的带芯黏连在一起,是一种不可拆卸的接头形式。其原理是将连接的胶料置于连接部位,在一定的压力、温度和时间作用下,使缺少弹性和强度的生胶变成高弹性、高黏结强度的熟胶,从而使得两条输送带的芯体连在一起。对于钢丝绳芯胶带,在硫化前需将钢丝接头处的钢丝绳剥出,然后将钢丝绳按某种排列形式搭接好，附上硫化胶料，即可在专用硫化设备上进行硫化胶结。接头长度和几何结构的设计取决于钢丝绳的直径、间距、拉伸强度、黏结强度等因素。为了减轻输送带在滚筒上弯曲时接头处的应力，钢丝绳端部应错位。

硫化法具有接头强度高，使用寿命长、而且接头平整、对滚筒表面不产生损害、接头强度可达到输送带本身强度的 60% ~ 95% 等优点，但存在接头工艺过程较复杂的缺点。

6.2.2 托辊与机架

托辊的作用是支承输送带，使输送带的悬垂度不超过技术上的要求，以保证输送带的平稳运行。托辊安装在机架上，而输送带铺设在托辊上，为减少输送带的阻力，在托辊内装有滚动轴承。

机架主要由机头传动架、中间架、中间驱动架、受料架和机尾架等组合而成。机架的结构分为落地式和吊挂式两种，落地式机架和托辊如图 6 - 3 所示，吊挂式机架如图 6 - 4 所示。

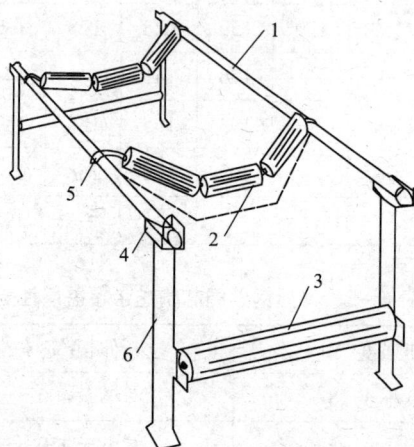

图 6 - 3 落地式机架和托辊

1—纵梁；2—槽形托辊；3—平行托辊；4—弹簧销；5—弧形弹性挂钩；6—支承架

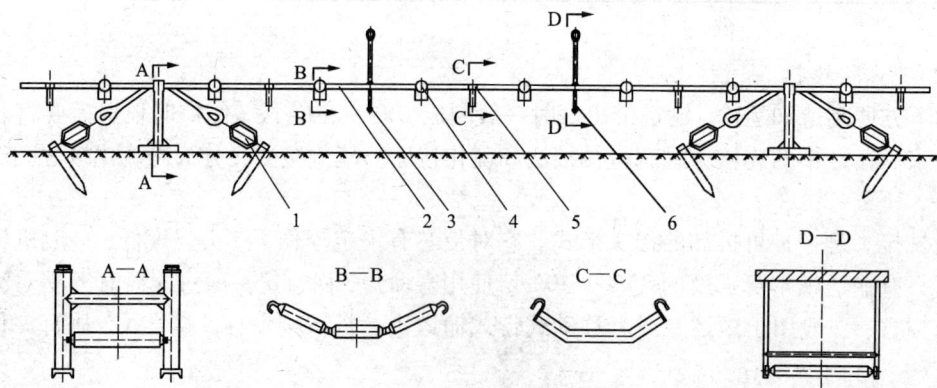

图 6 - 4 吊挂式支架

1—紧绳装置；2—钢丝绳；3—下托辊；4—铰接式上托辊；5—分绳架；6—中间吊架

（1）承载托辊。

承载托辊安装在有载分支上，起着支承输送带及物料的作用。承载托辊随物料性质的不同，设置成不同的承载断面形状。如运送散状物料，为了提高生产率并防止物料的散落，通常采用槽形托辊，而对于成件物品的运输，则采用平形承载托辊。槽形托辊组一般由3个或3个以上托辊组成，其中刚性三节槽形托辊（如图6-5所示）与串挂三节槽形托辊较为常见。槽形托辊侧辊的斜角λ称为槽角，一般为30°～35°。

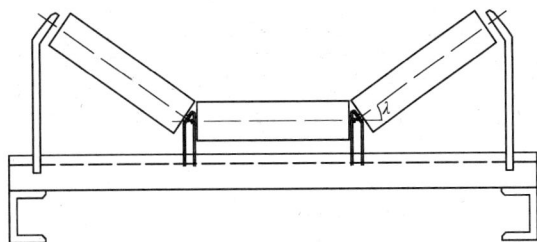

图6-5 固定式托辊组

（2）回程托辊。

回程托辊是一种安装在空载分支上，用来支承该分支上输送带的托辊，常见的布置形式如图6-6所示。

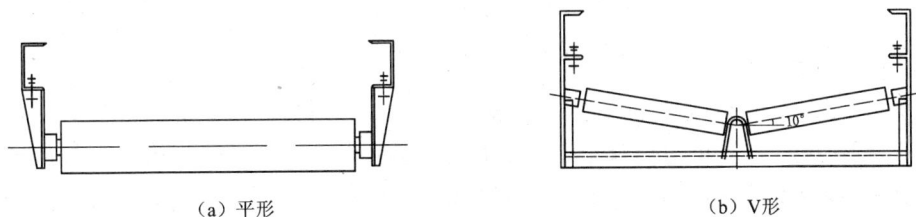

（a）平形

（b）V形

图6-6 回程托辊

（3）缓冲托辊。

缓冲托辊安装在输送机受料处，用于缓冲货载对输送带的冲击，从而保护输送带。它在结构上有多种形式，如橡胶圈式、弹簧板支承式、弹簧支承式或复合式，如图6-7所示。

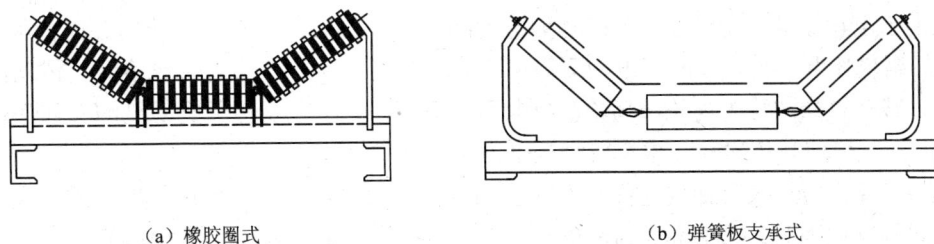

（a）橡胶圈式

（b）弹簧板支承式

图6-7 缓冲托辊

（4）调心托辊。

输送带运行时，由于张力不平衡、物料偏心堆积、机架变形、托辊损坏等会产生跑偏现象。为了纠正输送带的跑偏，通常采用调心托辊。调心托辊被间隔地安装在承载分支与空载分支上。承载分支通常采用回转式槽形调心托辊，其结构如图6-8所示。空载分支常采用回转式平行调心托辊。

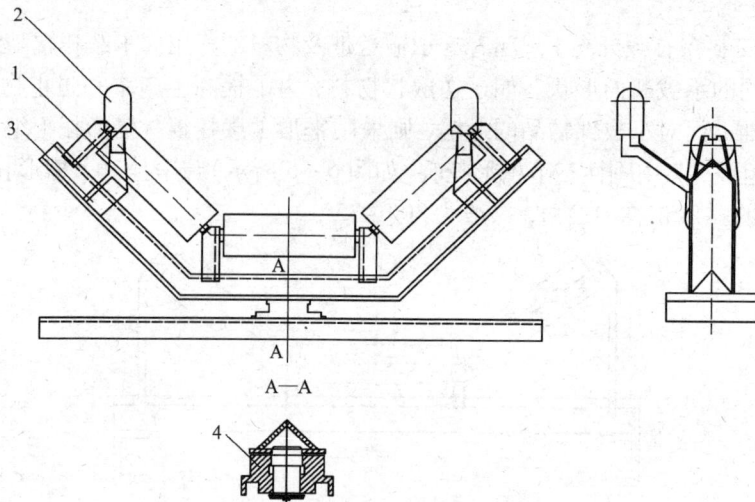

图 6-8　回转式槽形调心托辊

1—槽形托辊；2—空辊；3—回转架；4—轴承座

　　调心托辊与一般托辊相比，在结构上增加了两个安装在托辊架上的立辊和传动轴，其除起到支承作用外，还可以根据输送带跑偏情况绕垂直轴自动回转以实现调偏功能。

6.2.3　滚筒

　　滚筒是带式输送机的重要部件之一，按作用不同可分为传动滚筒和改向滚筒两种。传动滚筒用来传递动力，它既可以传递牵引力，也可传递制动力；而改向滚筒则不起传递动力的作用，主要用作改变输送带的运行方向，以完成各种功能。

6.2.3.1　传动滚筒

　　传动滚筒按其内部传力特点不同，分为常规传动滚筒（简称传动滚筒）、电动滚筒和齿轮滚筒。

　　传动滚筒内部装入减速机构和电动机的称为电动滚筒，在小功率输送机上使用电动滚筒是十分有利的，可以简化安装、减少占地，使整个驱动装置质量轻、成本低，有显著的经济效益。但由于电动机散热条件差，工作时滚筒内部易发热，往往造成密封破坏、润滑油进入电动机，甚至烧坏电动机。为改善电动滚筒的不足，人们又设计制造了齿轮滚筒。传动滚筒内部只装入减速机构的称为齿轮滚筒，它与电动滚筒相比，不仅改善了电动机的工作条件和维修条件，而且可使其传递的功率有较大幅度的增加。

　　传动滚筒表面形式有钢制光面和带衬垫两种形式。衬垫的主要作用是增大滚筒表面与输送带之间的摩擦因数，减小滚筒面的磨损，并使表面有自清洁作用。常用滚筒衬垫材料有橡胶、陶瓷、合成材料等，其中最常见的是橡胶。橡胶衬垫与滚筒表面的结合方式有铸胶与包胶之分。铸胶滚筒表面厚而耐磨，质量好，有条件应尽量采用；包胶滚筒的胶皮容易脱掉，而且固定胶皮的螺钉容易露出胶面而刮伤输送带。

　　钢制光面滚筒加工工艺比较简单，主要缺点是表面摩擦因数小，且不稳定，因此，仅适用于中小功率的场合。橡胶衬面滚筒按衬面形状不同，主要有光面铸胶滚筒、直形沟槽胶面滚筒、大字沟槽胶面滚筒和菱形（网纹）胶面滚筒等。光面铸胶滚筒制造工艺相对简单，易满足技术要求,正常工作条件下摩擦因数大,能减少物料黏结,但在潮湿环境,常因表面无沟槽,致使无法截断水膜,导致摩擦因数显著下降;花纹状铸胶滚筒由于沟槽能使水膜中断,并将水和污物顺沟槽排出,从而使摩擦因数在潮湿的环境下降低得很少;人字沟槽滚筒在使用中具有方向性,其排污性能和自动纠偏性能自相矛盾,这种矛盾在采用菱形沟槽滚筒时即可得到圆满解决。

6.2.3.2 改向滚筒

改向滚筒常用于改变输送带的运行方向,也可用于压紧输送带,使之在某一滚筒上保持一定围包角度。改向滚筒仅承受压力,不传递转矩,结构上无特殊要求。改向滚筒分为钢制光面滚筒和光面包(铸)胶滚筒,包(铸)胶的目的是为了减少物料在其表面黏结,以防输送带跑偏与磨损。

6.2.3.3 滚筒直径的选择与计算

为限制输送带绕过传动滚筒时产生过大的附加弯曲应力,推荐传动滚筒直径 D 按下式计算:

(1)织物层芯输送带。

硫化接头:

$$D \geqslant 125z \tag{6-1}$$

机械接头:

$$D \geqslant 100z \tag{6-2}$$

移动式输送带:

$$D \geqslant 80z \tag{6-3}$$

式中:z 为织物层芯中帆布层数。

(2)钢丝绳芯输送带:

$$D \geqslant 150d \tag{6-4}$$

式中:d 为钢丝绳直径,mm。

(3)改向滚筒直径的选择和计算。

$$D_1 = 0.8D \tag{6-5}$$

$$D_2 = 0.6D \tag{6-6}$$

式中:D_1,D_2 为尾部改向滚筒直径和其他改向滚筒直径,mm;D 为传动滚筒直径,mm。

对于高张力区的改向滚筒,其直径应按传动滚筒直径的计算方法计算。

根据以上滚筒直径的计算值,对照标准选择合适的滚筒直径,不同类型推荐使用的输送机最小滚筒直径见表6-6。

表6-6 St系列胶带推荐使用的输送机最小滚筒直径

胶带型号	最小滚筒直径/mm	胶带型号	最小滚筒直径/mm
St630	500	St2000	1000
St800	500	St2500	1250
St1000	630	St3150	1400
St1250	800	St3500	1600
St1600	1000	St4000	1600

6.2.4 驱动装置

驱动装置的作用是将电动机的动力传递给输送带，并带动它运行。功率较小的带式输送机一般采用电动机直接启动的方式；而对于长距离、大功率、高带速的带式输送机，应采用可控方式启动输送带，这样可以减小输送带及各部件所承受的动负荷及启动电流。

6.2.4.1 驱动装置的组成

驱动装置主要由电动机、联轴器、减速器、传动滚筒及控制装置等组成，如图 6-9 所示。

（1）电动机。

带式输送机驱动装置最常用的电动机是三相鼠笼电动机，其次是三相绕线型电动机，只有少数情况下才采用直流电动机。

三相鼠笼电动机与其他两种电动机相比较，具有结构简单、制造方便、防爆、运行可靠、价格低廉等一系列优点，因此在

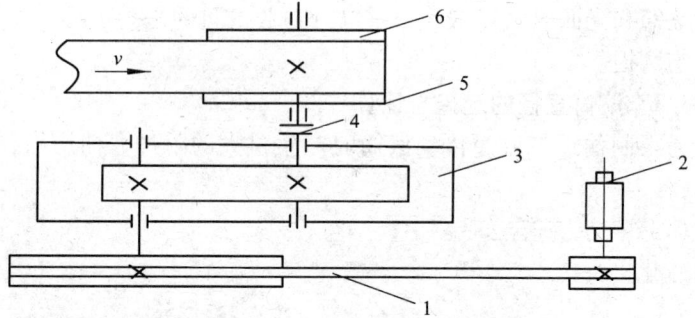

图 6-9 驱动装置示意图
1—V带传动；2—电动机；3—减速器；4—联轴器；5—输送带；6—传动滚筒

矿井中得到广泛应用。但其最大缺点是不能经济地实现范围较宽的平滑调速，启动力矩不能控制，启动电流大。

三相绕线电动机具有较好的调速特性，在其转子回路中串接电阻，可较方便地解决输送机各传动滚筒间的功率平衡问题，不致使个别电机长时过载而烧坏。同时，可以通过串接电阻启动的方式，以减小对电网的负荷冲击，且可实现软启动控制。但三相绕线型电动机在结构和控制上均比较复杂，如带电阻长时运转会使电阻发热、效率降低。

直流电动机最突出的优点是调速特性好，启动力矩大，但结构复杂，维护量大，与同容量的异步电动机相比，其质量是异步电动机的两倍，价格是异步电动机的三倍，且需要直流电源，因此只有在特殊情况下使用。

（2）联轴器。

驱动装置中的联轴器分为高速联轴器与低速联轴器，分别安装在电动机与减速器之间、减速器与传动滚筒之间。常见的高速联轴器有尼龙柱销联轴器、液力耦合联轴器等；常见的低速联轴器有十字滑块联轴器、齿轮联轴器和棒销联轴器等。

（3）减速器。

驱动装置中的减速器从结构形式上分为直交轴减速器和平行轴减速器两类。

6.2.4.2 驱动装置的类型及布置形式

按传动滚筒的数量不同，驱动装置可分为单滚筒驱动、双滚筒驱动及多滚筒驱动。按电动机的数量不同，又可分为单电机和多电机驱动。每个传动滚筒既可配一个驱动单元，又可配两个驱动单元，且一个驱动单元也可同时驱动两个传动滚筒，图 6-10 为带式输送机的几种典型布置方案。

水平运输	单滚筒驱动	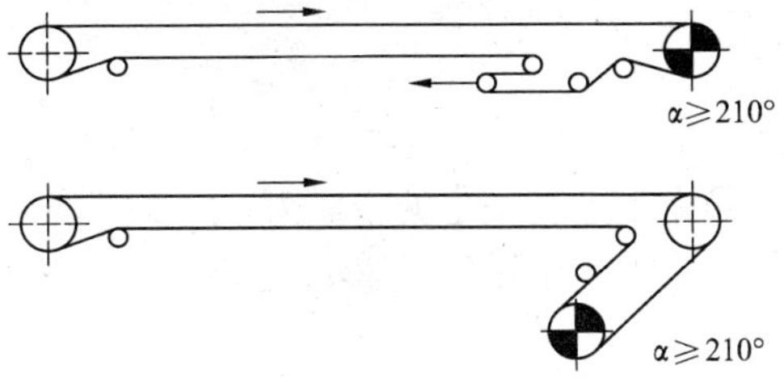 $\alpha \geqslant 210°$ $\alpha \geqslant 210°$	单出轴单电机或 双出轴双电机
	双滚筒驱动	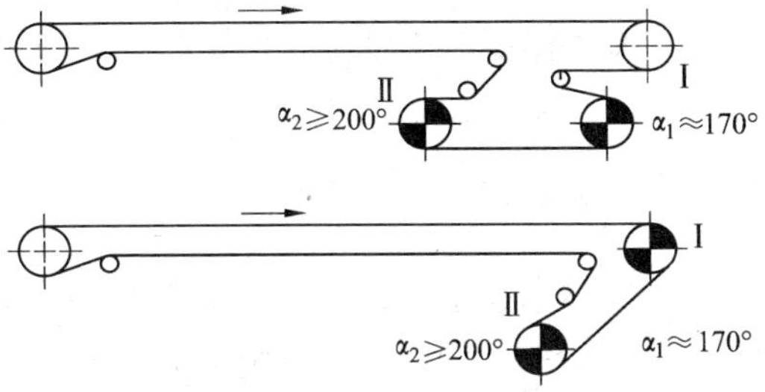 $\alpha_2 \geqslant 200°$ II $\alpha_1 \approx 170°$ I $\alpha_2 \geqslant 200°$ II $\alpha_1 = 170°$ I	功率配比：$N_1:N_2$ 1:1 2:1 2:2
	三滚筒驱动	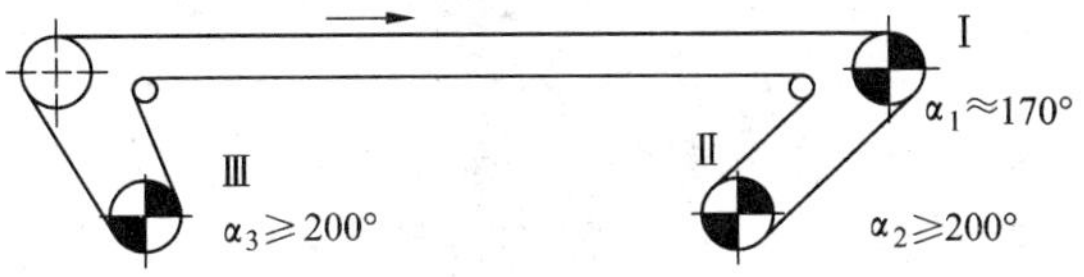 $\alpha_1 \approx 170°$ I III $\alpha_3 \geqslant 200°$ II $\alpha_2 \geqslant 200°$	功率配比：$N_头:N_尾$ (2+1):1 (2+2):1 (2+1):2 (2+2):2
向上运输	单滚筒驱动	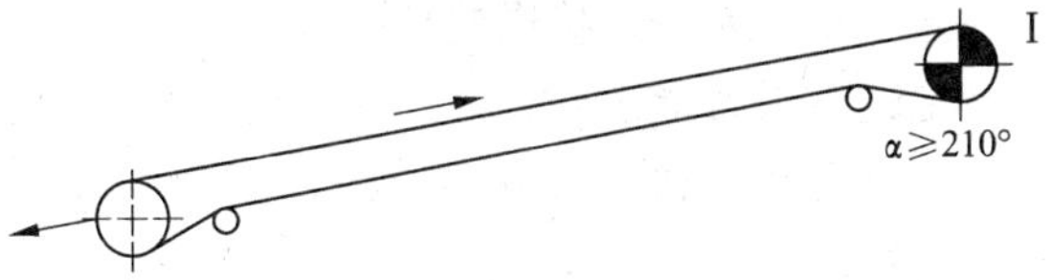 $\alpha \geqslant 210°$ I	单出轴单电机或 双出轴双电机
	双滚筒驱动	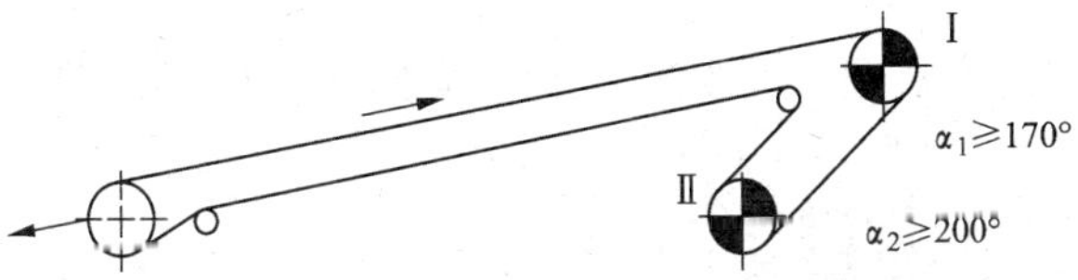 $\alpha_1 \geqslant 170°$ I II $\alpha_2 \geqslant 200°$	功率配比：$N_1:N_2$ 1:1 2:1 2:2
向下运输	单滚筒驱动	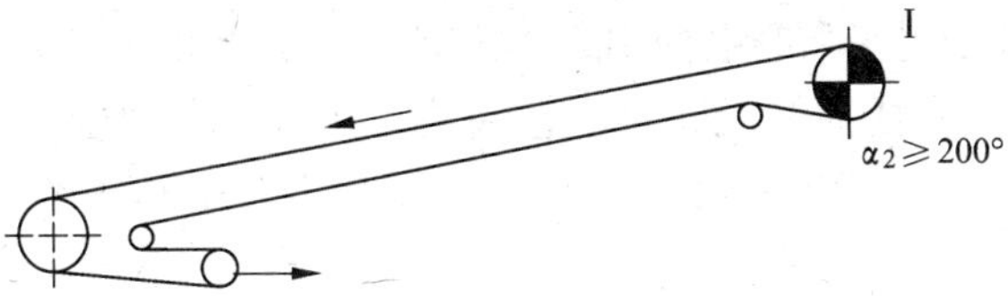 $\alpha_2 \geqslant 200°$ I	单出轴单电机或 双出轴双电机
	双滚筒驱动	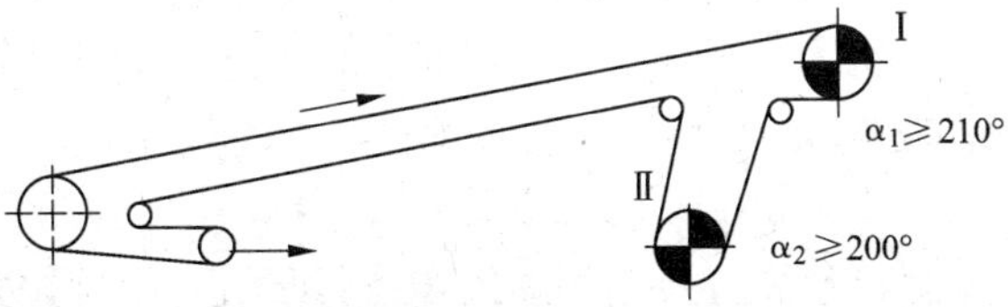 $\alpha_1 \geqslant 210°$ I II $\alpha_2 \geqslant 200°$	功率配比：$N_1:N_2$ 1:1 2:1 2:2

图6-10 带式输送机典型布置示意图

6.2.5 拉紧装置

6.2.5.1 拉紧装置的作用和位置

带式输送机的正常运转必须使输送带具有一定的张紧力,提供张紧力的设备就是拉紧装置。拉紧是指具有吸收输送带伸长和为输送带提供张紧力两层含义。一般的输送机拉紧装置的作用如下:

(1)使输送带有足够的张力,以保证输送带与传动滚筒间产生足够的驱动力,防止打滑。

(2)保证输送带各点的张力不低于某一给定值,以防止输送带在托辊之间过分松弛而引起撒料和增加运行阻力。

(3)补偿输送带的弹性及塑性变形。

(4)为输送带重新接头提供必要的行程。

对于长距离、高张力的输送机,需要考虑在不同的工作状态提供不同的张紧力,以提高输送带的使用寿命。在输送机启动、制动时,为保证启动、制动力的传递所需要的不同张紧力和不同输送带张力分布需要考虑在这两种工况下满足输送带的垂度条件所需要的更大的张紧力,所以要求在启动、制动过程中有大于正常运行时的张紧力。这就要求拉紧装置在不同的工况下能够提供相应的张紧力。

在带式输送机总体布置时,选择合适的拉紧装置,确定合理的安装位置是保证输送带正常运转、启动和制动时输送带不打滑的重要条件。确定拉紧装置的位置时需考虑以下几点:

(1)拉紧装置应尽量安装在靠近传动滚筒的空载分支上,以利于启动和制动时不产生打滑现象;对运距较短的输送机可布置在机尾部,并将机尾部的改向滚筒作为拉紧滚筒。

(2)拉紧装置应尽可能布置在输送带张力最小处,这样可减小拉紧力。

(3)应尽可能使输送带在拉紧滚筒的绕入和绕出分支方向与滚筒位移线平行,且施加的拉紧力要通过滚筒中心。

6.2.5.2 拉紧装置种类

带式输送机拉紧装置的结构形式很多,按其工作原理不同,可分为重锤式、固定式、自动式三种。

(1)重锤式拉紧装置。

重锤式拉紧装置是利用重锤的质量产生拉紧力并保证输送带在各种工况下均有恒定的拉紧力,并可以自动补偿由于温度改变和磨损而引起输送带的伸长变化。该装置结构简单,工作可靠,维护量小,是一种应用广泛的拉紧装置。它的缺点是占用空间较大,工作中拉紧力不能自动调整,其布置方式如图 6-11 所示。

(2)固定式拉紧装置。

固定式拉紧装置的拉紧滚筒在输送机运转过程中的位置是固定的,其拉紧行程的调整有手动和电动两种形式。其优点是结构简单紧凑,工作可靠;缺点是输送机运转过程中由于输送带弹性变形和塑性伸长无法适时补偿,从而导致拉紧力下降,容易引起输送带在传动滚筒上打滑。

常用的固定式拉紧装置有螺旋拉紧装置及钢丝绳绞车拉紧装置。螺旋拉紧装置拉紧行程短,拉紧力小,通常应用在短距离带式输送机上,如图 6-12 所示。钢丝绳绞车拉紧装置则适用于长距离的带式输送机。

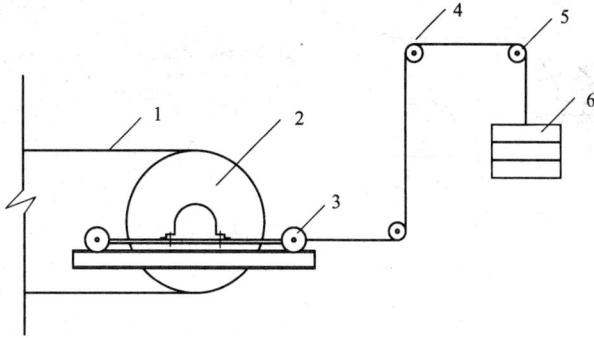

图 6 - 11　重锤式拉紧装置

1—输送带；2—拉紧滚筒；3—滚筒绞车；4、5—滑轮组；6—重锤

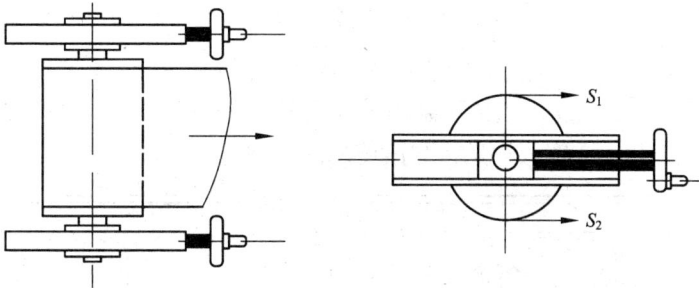

图 6 - 12　螺旋拉紧装置

（3）自动式拉紧装置。

自动式拉紧装置是一种在输送机工作过程中能按一定的要求自动调节拉紧力的拉紧装置，在现代长距离带式输送机中使用较多。自动拉紧装置和固定拉紧装置的最大不同点是它具有传感元件和控制系统，它能使输送带具有合理的张力，自动补偿输送带的弹性变形和塑性变形；它的缺点是结构复杂、外形尺寸大等。

自动拉紧装置的类型很多，按作用原理分为连续作用式和周期作用式两种；按驱动力分为电力驱动式和液压驱动式两种。自动拉紧装置的系统布置如图 6 - 13 所示。

6.2.6　制动装置

对于倾斜输送物料的带式输送机，为防止有载停车时发生倒转或顺滑现象，或者对于停车特性和时间有严格要求的带式输送机，应设置制动装置。制动装置按其工作方式不同分为逆止器和制动器。

6.2.6.1　逆止器

带式输送机逆止器主要是防止向上运输的输送机停车后逆转。常用类型主要有塞带逆止器、滚柱逆止器和非接触式逆止器。

（1）塞带逆止器。

输送机处于正常运转位置（上运）时，制动带不起制动作用，如图 6 - 14（a）所示。图 6 -

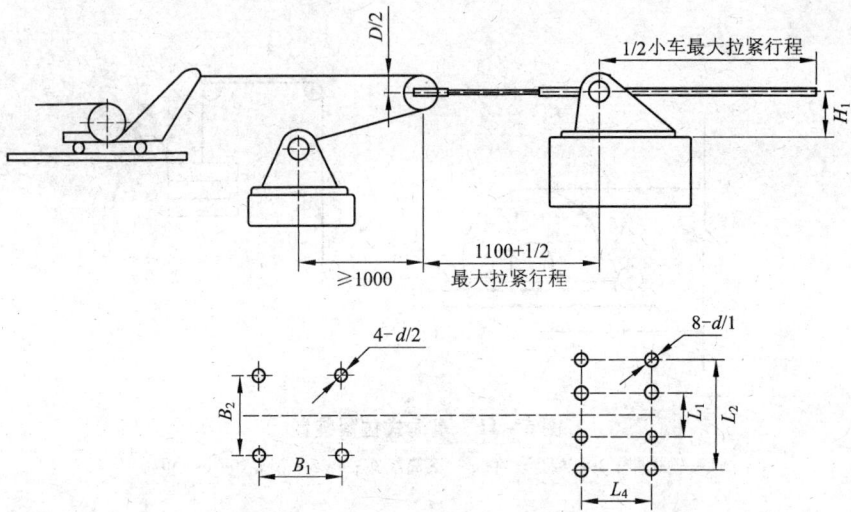

图 6 – 13 自动拉紧装置系统布置

14(b)所示为满载停车时发生输送带逆止情况,此时一端被固定在机架上的制动带靠摩擦力塞入输送带与滚筒之间,因此可以依靠制动带与输送带之间的摩擦力制止输送带倒行。制动摩擦力的大小取决于制动带塞入输送带与滚筒之间的圆包角和输送带张力。

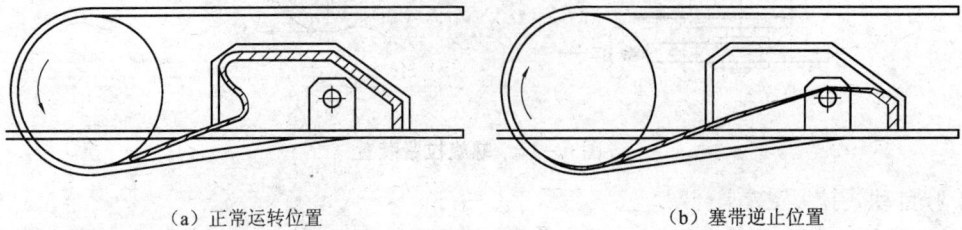

（a）正常运转位置   （b）塞带逆止位置

图 6 – 14 塞带逆止器

这种逆止器的优点是结构简单,容易制造,缺点是必须倒转一段距离才能制动,而输送带倒行将使装载点堆积洒料。由于塞带式逆止器的逆止力有限,故只适用于倾角和功率较小的输送机。

（2）滚柱逆止器。

滚柱逆止器如图 6 – 15 所示,星轮装在减速器低速轴背离驱动滚筒的轴伸上,同滚筒转向一致。固定套圈固定在地基上,输送带正常运行时,星轮切口内的滚柱位于切口的宽侧,不妨碍星轮在固定圈内转动。停车后,输送带带动驱动滚筒倒转时,星轮反向转动,滚柱挤入切口的窄侧,滚柱越挤越紧,将星轮楔住,

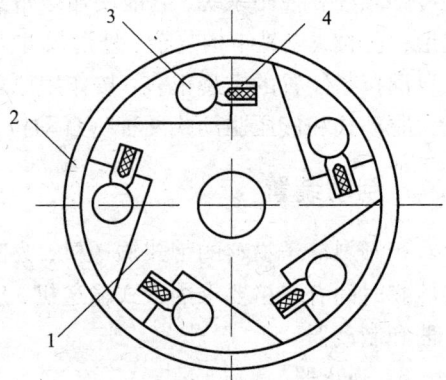

图 6 – 15 滚柱逆止器

1—星轮；2—固定套圈；3—滚柱；4—弹簧柱销

滚筒被制动不能倒转,输送机被制动。这种逆止器的空行程小,动作可靠,只能用于向上运输的带式输送机制动。

(3)非接触式逆止器。

以 NF 型非接触式逆止器为例,利用楔块、内圈和外圈之间的特殊几何关系实现单向制动,其结构和工作原理如图 6-16 所示。楔块的质心与其支撑中心有一个偏心距。在逆止状态,楔块与内、外圈接触并将其楔紧成一体,以承受内圈传递过来的反向力矩。内圈正向运转便带动楔块一起旋转,当转速超过非接触转速时,楔块在离心力的作用下发生偏转与外圈脱离接触。因此 NF 型非接触逆止器在主机正常运行时,其楔块与内、外圈之间无摩擦和损耗。

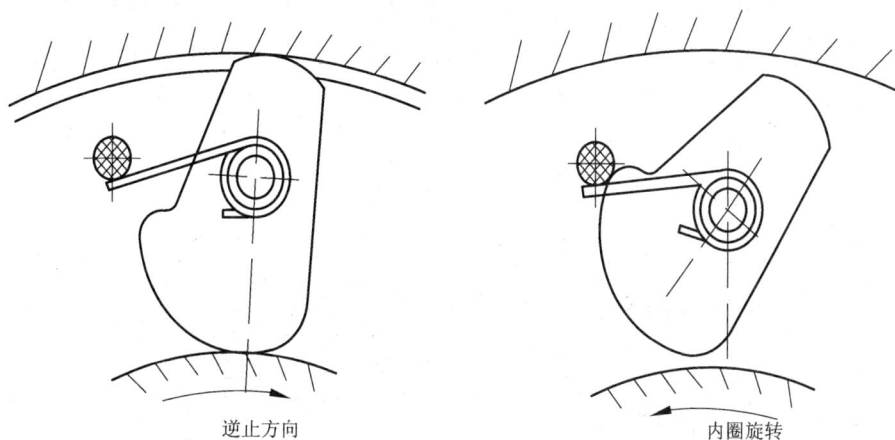

逆止方向　　　　　　　　　　内圈旋转

图 6-16　非接触式逆止器

6.2.6.2　制动器

制动器的作用有两个:一是正常停车,即在空载或满载情况下能可靠地制动停车;二是紧急停车,即当输送机工作不正常或发生紧急事故时(如输送带被撕裂或严重跑偏等故障出现时),对输送机进行紧急制动。

长期以来,由于带式输送机的长度较短,且大多应用于水平或向上运输,制动问题产生的故障较少,因此对输送机的制动问题没有引起足够的重视。近年来,随着长距离、大运量、高速度,以及向下运输送机的采用,输送机的制动问题也越来越突出。大型输送机系统从运行状态到停机的过程,巨大的机械能除了被输送机的运行阻力消耗外,其余的能量均由制动装置消耗,特别是向下运输送机的速度控制所需的制动功率很大。当制动装置设置不合理时,将导致制动装置损坏、闸瓦烧坏等事故。在向下运时,可能会发生由于制动装置的制动力矩下降,致使输送带不断加速,运行速度失控,出现"飞车"现象,甚至发生将电动机转子甩坏的重大事故。

制动器通常用来控制向上倾斜输送机的制动时间,与启动过程相反,制动过程是对输送机减速的过程,是消耗系统机械能的过程。带式输送机除可自由减速外,也可外加制动力制动。目前的制动方式可分为电磁闸瓦制动器、液压推杆制动器、液力制动器和盘式制动器。

(1)电磁闸瓦制动器。

电磁闸瓦制动器属常闭式制动器。它依靠与固定支架相连的制动瓦块压紧传动轴上的制动轮，由制动瓦块与制动轮间的摩擦力产生制动力矩。电磁闸瓦制动器通过电磁铁的吸合和松开来操纵制动器的松闸与抱闸，由于电磁铁断电时吸力突然消失，压缩弹簧突然加力，因此对机构会产生猛烈的制动，引起传动机构的机械制动，且电磁铁的寿命较短。因此，这种制动器主要用于水平或倾角较小的带式输送机。

（2）液压推杆制动器。

液压推杆制动器（图6-17）是一种瓦块式常闭制动器，它的制动架与液压电磁闸瓦制动器的制动架基本相同，但其推动器结构不同。液压推杆制动器的推动器由电动机、叶轮、活塞、液压缸以及推杆等组成。当电机通电旋转时，装在其上的叶轮一起旋转，使液压缸内的油压上升，与活塞连在一起的推杆也向上运动，使制动器松闸。当电机断电时，推动器内的活塞在弹簧力及自身重量的作用下回复到起始位置（推杆向下运动），使制动器抱闸。由于输送机工作时推动器的驱动机也工作，叶轮总在旋转，内腔中油液泄漏也可以得到补偿，因此工作可靠性高。目前这种制动器已很普遍地用于水平或向上运带式输送机上，对向下运带式输送机也可作为辅助或备用制动器使用。

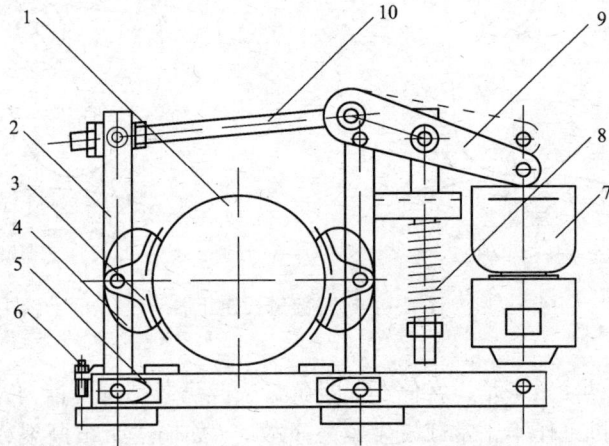

图6-17 液压推杆制动器

1—制动轮；2—制动臂；3—制动瓦衬垫；4—制动瓦块；5—底座；
6—调整螺钉；7—电液驱动器；8—制动弹簧；9—制动杠杆；10—推杆

（3）液力制动器。

液力制动的原理是将系统的动能转化为热能，通过冷却装置把热能耗散掉；液力制动器的结构类似于液力耦合器；液力制动器作为换能器，其内装有泵轮和涡轮，泵轮与输送机的驱动轴相连，在输送机工作时，泵轮空转，涡轮固定不动；制动时，向制动器腔内注入工作液体，这时主机通过泵轮带动工作液高速旋转，将机械能转化为液体动能，工作液进入涡轮后与固定不动的涡轮碰撞，液体的动能转化为热能。

（4）盘式制动器。

盘式制动器通常安装在电动机与减速器之间，结构如图6-18所示。盘式制动器由制动盘、制动缸和液压系统组成，制动缸活塞杆端部装有闸瓦，制动缸成对安装在制动盘两侧，闸瓦靠制动缸内的碟形弹簧加压，用油压松闸或调节闸瓦压力。它具有制动力矩大、可调节、动作灵敏、耐热性能好、使用和维护方便等优点；缺点是需要设置油泵站，因而体积较大。这种制动器多用于大型带式输送机，水平、向上、向下运输时均可采用。

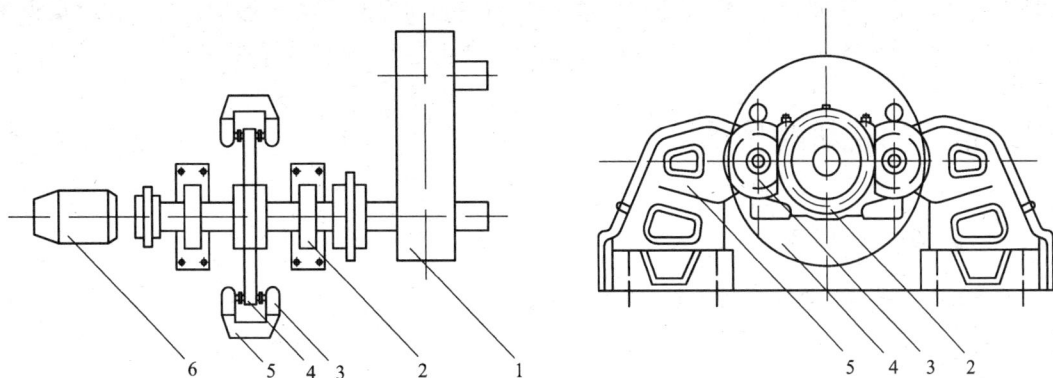

图6-18 盘式制动器

1—减速器；2—制动盘轴承座；3—制动缸；4—制动盘；5—制动缸支座；6—电动机

6.2.7 辅助装置

带式输送机的辅助装置种类繁多，其总体作用是保证输送机系统正常运行，防止各类事故发生。辅助装置包括给料装置、清扫装置、保护装置等。

6.2.7.1 给料装置

带式输送机的装载是一个复杂而重要的工作，特别是对重载装载机。研究表明：应用最广的中等长度（250 m以下）输送机，输送带的使用寿命在很大程度上与给料装置的结构有关。

给料装置按照物料的运动方式不同，可分为强制式、自溜式和组合式3类。

对给料装置的基本要求是：①对准输送带中心给料；应使物料落下时能有一个与输送方向相同的初速度；②保证均匀地给送到输送带上，在给料点不允许有物料堆积和撒料现象；③给料装置结构紧凑，工作可靠，耐磨性好等。

6.2.7.2 清扫装置

输送带清扫装置的作用是清除卸载后输送带上的黏附物料，并将这些物料堆积在卸料区内。如果清扫不干净，则黏附在输送带上的物料经过回程托辊时碰落，很快会堆积大量物料，甚至造成停机事故。同时，物料被带到回程段上，可能会引起输送带的强烈磨损，在下托辊形成积垢，使输送带跑偏。

常用的清扫装置有刮板式清扫器、清扫刷，此外，还有水力冲刷、振动清扫器等，采用哪种装置，应视所输送物料的黏性而定。

清扫装置一般安装在卸载滚筒的下方，使清扫装置在输送带进入空载分支前将黏附在输送带上的物料清扫掉。有时为了清扫输送带非承载面上的黏附物，防止物料堆集在尾部滚筒或拉紧滚筒处，还需在机尾空载分支处安装刮板式清扫装置。

对清扫装置的基本要求是：清扫干净，清扫阻力小，不损伤输送带的覆盖层，结构简单、可靠。

6.2.7.3 保护装置

带式输送机的保护装置是为了保证输送机正常运行，当发生故障时对输送机的主要部件进行保护的机电装置。输送机的正常运行除取决于输送机主要部件的质量外，机电保护装置也是不容忽视的。为使带式输送机安全、高效运行，必须安装相关的保护装置，如打滑保护装置、超速保护装置、跑偏保护装置、纵向撕裂保护装置、自动洒水降尘装置等。

6.3　带式输送机的传动原理

6.3.1　摩擦传动原理

图 6 – 19(a)为带式输送机摩擦传动原理示意图，当主动滚筒旋转带动输送带运行时，与主动滚筒相遇点上的输送带张力 S_y 比分离点上的张力 S_1 大，并且 S_y 随着负载的增大而增大。作为挠性体摩擦传动，S_y 是输送带运行的动力，但 S_y 的增大还有一定限度，超过这个限度，滚筒与输送带之间就会打滑，传动不能实现。也就是说，要保证正常运行，必须使相遇点张力 S_y，与分离点的张力 S_1 保持一定的关系。

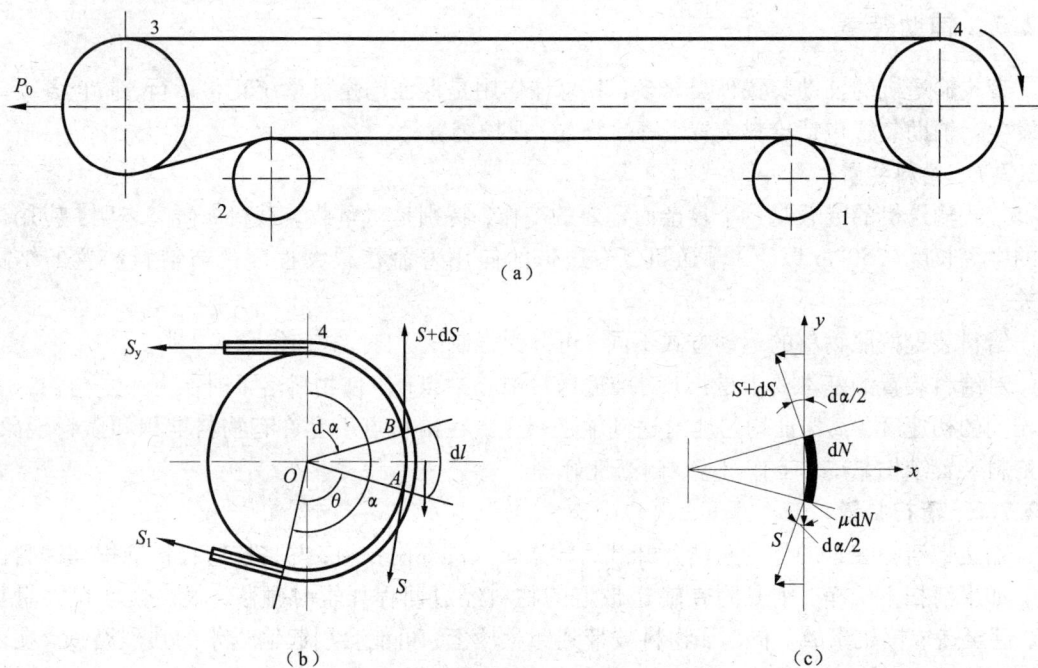

(a)

(b)　　　　　　　　　　　　(c)

图 6 – 19　带式输送机摩擦传动原理图

如图 6 – 19(b)所示，取一小段 dl 长输送带，其中心角为 $d\theta$，当传动滚筒按箭头方向旋转时，作用在输送带 A 点上的张力为 S，由于摩擦力的作用，B 点上的张力为 $S + dS$。

为了简化计算，将这段输送带的自重、输送带的弯曲应力以及离心力等忽略不计。微元体 AB 的受力如图 6 – 19(c)所示，根据受力平衡得：

$$\begin{cases} dN = S\sin\dfrac{d\theta}{2} + (S + dS)\sin\dfrac{d\theta}{2} \\ S\cos\dfrac{d\theta}{2} + \mu dN = (S + dS)\cos\dfrac{d\theta}{2} \end{cases} \qquad (6 - 7)$$

式中：μ 为摩擦因数；dN 为输送带 dl 所受的法向反力，N。

因为中心角 $d\theta$ 很小，可近似认为：

$$\sin\frac{d\theta}{2}\approx\frac{d\theta}{2}, \cos\frac{d\theta}{2}\approx 1$$

因此，方程组（6-7）可简化为：

$$\begin{cases} dN = Sd\theta + dS\times\dfrac{d\theta}{2} \\ dS = \mu dN \end{cases}$$

略去二次微量 $dS\times\dfrac{d\theta}{2}$，解上述方程组得：

$$dS = \mu S d\theta$$

即：

$$\frac{dS}{S} = \mu d\theta \tag{6-8}$$

式（6-8）为一阶常微分方程。将边界条件 $S\big|_{\theta=0}=S_1$ 代入得：

$$S = S_1 e^{\mu_0\theta} \tag{6-9}$$

式（6-9）是传动滚筒围包弧上任一点张力 S 的计算公式。

当 $\alpha=\theta$ 时，则得 S 的最大值为：

$$S_{ymax} = S_1 e^{\mu_0\alpha} \tag{6-10}$$

式中：S_{ymax} 为极限平衡状态下主动滚筒相遇点的最大张力，N；S_1 为主动滚筒相离点的张力，N；α 为输送带在主动滚筒上的围包角，rad；μ_0 为输送带与主动滚筒的摩擦因数；e 为自然对数的底，e = 2.718。

式（6-9）、（6-10）即为挠性体摩擦传动的欧拉公式。

由欧拉公式分析得出，为防止输送带在主动滚筒上打滑，保证带式输送机正常运转，输送带在主动滚筒相遇点的实际张力 S_y 必须满足以下条件：

$$S_1 < S_y < S_1 e^{\mu_0\alpha}$$

输送带在主动滚筒上的张力是变化的，因为输送带有弹性，受拉之后要变长，张力大的一段比小的一段被拉得更长些。所以，在滚筒旋转时其长度是变化的。但由于滚筒的圆周速度不变，所以输送带与主动滚筒之间会发生相对滑动，滑动方向是从张力小的一侧滑向大的一侧，这种滑动是因输送带是弹性体所致，故称为"弹性滑动"。

实践和理论证明，滚筒上所围包的一段输送带可分为两部分（图6-20），即 AC 和 BC 段。在 BC 段内输送带张力的变化符合欧拉公式，BC 段所对应的圆弧称为滑动弧，对应的中心角 γ 称为滑动角；而在 AC 段内输送带张力没有变化，它对应的圆弧称为静止弧，对应的中心角 λ 称为静止角。

（1）$S_y = S_{ymax}$ 的极限情况下，张力曲线按 bca' 变化。

（2）$S_{ymax} > S_y > S_1$ 的情况下，张力按 bca 曲线变化，符合欧拉公式，也就是张力按曲线 bc 变化到 C 点时张力已达到实际的 S_y 值，然后在 AC 段内张力保持不变。

综上所述，可得出带式输送机摩擦传动的两个结论：

（1）在驱动滚筒上 BC 弧内，输送带张力应按欧拉公式的指数规律变化。

（2）滑动弧随着输送带相遇点张力的增大而增大。

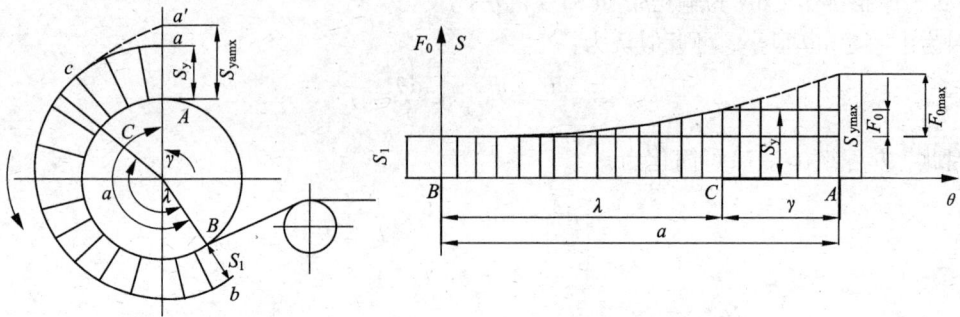

图 6-20　输送带在驱动滚筒上的张力变化曲线

当 S_1 一定时，S_y 随着负载的增加而增大，因而滑动角 λ 也相应增大；当 S_y 增加到极限值 $S_{ymax} = S_1 e^{\mu_0\alpha}$ 时，整个围包角都变成滑动角（$\lambda = \alpha$，$\gamma = 0$）；这时，如果输送机的负载继续增加，输送带将在滚筒上打滑而不能正常运转。

应该指出，摩擦传动只在滑动弧内传递动力，静止弧内不传动力。然而这一结论是在略去输送带重力及不可拉伸等条件下得出的，实际上在静止弧的范围内也能传递部分动力。

6.3.2　传动滚筒的牵引力

根据欧拉公式：

$$S_{ymax} = S_1 e^{\mu_0\alpha}$$

将驱动滚筒取自由体，其力矩图如图 6-21 所示。在极限状态下，滚筒的力矩平衡方程为：

$$R \times S_{ymax} = R \times F_{0max} + R \times S_1$$

得：

$$F_{Umax} = S_{ymax} - S_1 = S_1(e^{\mu\alpha} - 1)$$

$$S_{ymax} = F_{Umax} \frac{e^{\mu\alpha}}{e^{\mu\alpha} - 1} \qquad (6-11)$$

$$S_1 = \frac{F_{Umax}}{e^{\mu\alpha} - 1}$$

式中：F_{Umax} 为驱动滚筒所能传递的最大牵引力，N。

式(6-11)表示的是传动滚筒能传递的最大摩擦牵引力。在实际使用中，考虑到摩擦系数和运行阻力的变化，以及启动加速度时的负荷影响，应使摩擦牵引力有一定的富裕量作为备用。因此，设计采用的摩擦牵引力 F_{Umax} 应为

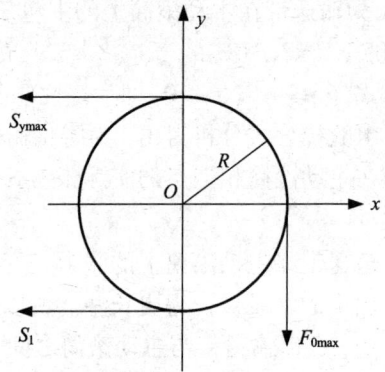

图 6-21　作用在驱动滚筒上的力矩图

$$F_{max} = \frac{F_{Umax}}{K_A} = \frac{S_1(e^{\mu\alpha} - 1)}{K_A} \qquad (6-12)$$

式中：K_A 为摩擦力备用系数，可取 $K_A = 1.3 \sim 1.7$，井下设备取小值，露天设备取大值。

摩擦系数对所能传递的牵引力有很大影响，而影响摩擦系数的因素有很多，主要包括输送带与滚筒接触面的材料、表面状态以及工作条件。对于功率大的带式输送机，还要考虑比压、输送带覆盖胶和滚筒包覆层的硬度、滑动速度、接触面温度等。由公式(6-12)可知，提

高摩擦牵引力的途径和方法如下：

(1)增加分离点张力 S_1，一般由拉紧装置实现。但 S_1 的增加，使得相遇点张力 S_y 大大提高，这往往为输送带强度所不允许，所以采用这种办法提高牵引力的程度很有限。当现有输送带强度不足时，必须相应地增大胶带断面及传动装置的结构尺寸。

(2)增大输送带与滚筒之间的摩擦系数 μ。在滚筒表面包覆一层摩擦系数较大的衬垫材料，如滚筒表面包胶、铸胶等。这种办法在不增加输送带的张力情况下，可使牵引力增加很多。

(3)增大围包角 α。增加围包角的有效方法是采用双滚筒或多滚筒传动。当牵引力较大时，多采用双滚筒传动，此时围包角可达 180°，但会出现因多机驱动可能产生功率不平衡现象。

6.3.3 双滚筒驱动

目前采用双滚筒传动的带式输送机有两种形式：一是两滚筒通过一对齿轮相同的传动齿轮连接(即刚性连接)，如图 6-22 所示；另一种是两个滚筒分别传动，如图 6-23 所示。

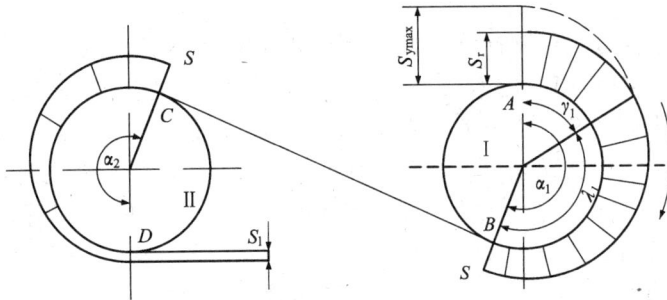

图 6-22 双滚筒共同驱动时输送带张力分布

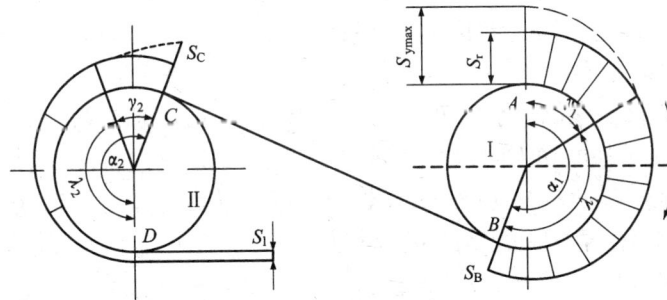

图 6-23 双滚筒分别驱动时输送带张力分布

6.3.3.1 刚性连接的双滚筒传动

具有刚性连接的双滚筒传动，两个滚筒的转速相同。若两滚筒的直径也相等，则从图 6-22 中可以看出，输送带由滚筒Ⅱ的 C 点到滚筒Ⅰ的 B 点的张力是相等的，故 B 点可以看作是 C 点的继续。当滚筒Ⅱ传递的牵引力到达极限值后，滚筒Ⅰ开始传递牵引力，这时静止角仅存在于滚筒Ⅰ上，则滚筒Ⅱ可能传递的最大牵引力为：

$$S_{\text{Ⅱmax}} = S' - S_1 = S_1(e^{\mu\alpha_2} - 1)$$

滚筒 I 可能传递的最大牵引力为:

$$S_{\text{I max}} = S_{\text{ymax}} - S' = S_1 (e^{\mu\alpha_1} - 1) e^{\mu\alpha_2} \qquad (6-13)$$

式中: S' 为两滚筒间输送带的张力。

传动装置可能传递的总牵引力为:

$$S_{\text{max}} = S_{\text{I max}} + S_{\text{II max}} = S_1 (e^{\mu\alpha} - 1) \qquad (6-14)$$

式中: $\alpha = \alpha_1 + \alpha_2$。

两滚筒可能传递的总牵引力之比:

$$\frac{S_{\text{I max}}}{S_{\text{II max}}} = \frac{(e^{\mu\alpha_1} - 1) e^{\mu\alpha_2}}{e^{\mu\alpha_2} - 1} \qquad (6-15)$$

通常情况下, $\alpha_1 = \alpha_2 = \dfrac{\alpha}{2}$, 代入式(6-15)中得:

$$\frac{S_{\text{I max}}}{S_{\text{II max}}} = e^{\mu\frac{\alpha}{2}} \qquad (6-16)$$

式(6-16)说明, 对于具有刚性连接的双滚筒传动装置, 滚筒 I 可能传递的最大牵引力比滚筒 II 大 $e^{\mu\frac{\alpha}{2}}$ 倍。

实际使用中, 滚筒 II 往往磨损较快。这是因为当两个滚筒直径相等时, 因转速相同, 输送带由滚筒 I 的 B 点到滚筒 II 的 C 点除了一小段(两滚筒中心距较小)输送带重量外, 无其他载荷作用, 可认为输送带 B 点和 C 点张力相等, 输送带在滚筒 I 上的围包角是滚筒 II 围包角的延续, 静止弧往往只出现在滚筒 I 上, 因而滚筒 II 上的弹性滑动比滚筒 I 上大。尤其是在实际使用中载荷不满或拉紧力过大时, 滚筒 II 可能全为工作弧, 加快了滚筒 II 的磨损。另外, 滚筒 II 与输送带的承载表面接触, 该表面上清扫不净的粉末污物黏在滚筒 II 的表面上, 一方面使滚筒 II 的直径增大, 另一方面也会使其接触表面之间的摩擦因数 μ_0 增大, 使滚筒 II 的牵引力增加, 从而加剧了磨损。因此, 为了使负荷不集中在滚筒 II 上, 滚筒 II 的直径应略小于滚筒 I 的直径。根据相关资料介绍, $D_1 : D_2$ 可取为(1.005:1) ~ (1.01:1)。此外, 还应根据外界条件的变化及时调整输送带的拉紧力, 改变 S_1 使负荷平均分配在两个滚筒上。

6.3.3.2 双滚筒分别传动

在这种情况下, 两个滚筒分别用单独的电动机驱动。设计时在总功率确定后, 需要解决如何分配两个滚筒所传递的功率问题。由于运转中两台电动机的特性差别、两滚筒直径的差别及输送带弹性的影响, 两台电动机的实际输出功率与设计时分配的功率往往不同, 传动功率的分配有按最小张力分配和按比例分配两种方式。

(1)按最小张力分配。

按最小张力分配指传递一定的牵引力, 输送带的张力最小。从式(6-11)可以看出, 总的摩擦牵引力 S_{ymax} 一定时, 为使 F_1 最小, 在摩擦系数不变的条件下, 要充分利用围包角 α_0。若两滚筒的围包角分别为 α_1 和 α_2(如图6-23所示), 则相遇点一侧的滚筒 I 所能传递的最大牵引力为:

$$S_{\text{I max}} = S' (e^{\mu\alpha_1} - 1)$$

分离点一侧的滚筒 II 所能传递的最大牵引力为:

$$S_{\text{II max}} = S_1 (e^{\mu\alpha_2} - 1) \qquad (6-17)$$

当滚筒 II 的围包角 α_2 充分利用时, 有

$$S' = S_1 e^{\mu\alpha_2}$$

将式(6 – 13)代入式(6 – 12)得

$$S_{I\max} = S_1 e^{\mu\alpha_2}(e^{\mu\alpha_1} - 1) \qquad (6 - 18)$$

为充分利用围包角,应按式(6 – 17)和式(6 – 18)求得的牵引力计算和配备两个滚筒所需要的电动机功率。

按图6 – 23 所示的围包方式,一般情况下,$\alpha_1 = \alpha_2 = \dfrac{\alpha}{2}$,代入式(6 – 17)和式(6 – 18)得:

$$S_{II\max} = S_1(e^{\mu\frac{\alpha}{2}} - 1) \qquad (6 - 19)$$

$$S_{I\max} = S_1(e^{\mu\frac{\alpha}{2}} - 1)e^{\mu\frac{\alpha}{2}} \qquad (6 - 20)$$

由 $F_{U\max} = S_{I\max} + S_{II\max} = S_1(e^{\mu\frac{\alpha}{2}} - 1)(e^{\mu\frac{\alpha}{2}} + 1)$ 得

$$S_1 = \frac{F_{U\max}}{(e^{\mu\frac{\alpha}{2}} - 1)(e^{\mu\frac{\alpha}{2}} + 1)} \qquad (6 - 21)$$

按照式(6 – 21)传递一定的摩擦牵引力$F_{U\max}$时,可按式(6 – 19)、(6 – 20)配备两滚筒电动机时输送带分离点应有的最小张力。

按最小张力分配的优点是传递一定的牵引力时输送带张力最小,有利于输送带运行。缺点是很难选取合适的电动机,且两滚筒所用的电动机功率及减速器不同,设计和使用都不便。

(2)按功率分配。

按比例分配传动功率是指按比例将总功率分到两个滚筒上,由它们分别承担,且使各驱动滚筒满足不打滑条件。通常采用按1∶1 和2∶1 两种分配方式。

①按1∶1 分配。以这种方式分配时,可设两滚筒功率相同,各为总功率的1/2。其优点是电动机、减速器及有关设备均一样,运转维护方便,因此采用较多。其缺点是不能充分利用相遇点一侧的滚筒Ⅰ所能传递的摩擦牵引力,因而需要加大输送带的张力。

②按2∶1 分配。将相遇点一侧的滚筒Ⅰ的功率按两倍于滚筒Ⅱ分配。其优点是两滚筒既可使用相同的电动机、减速器及有关设备,又可充分发挥滚筒Ⅰ的摩擦牵引力。传递同样牵引力时,所需输送带的张力比按1∶1 分配小得多。缺点是滚筒Ⅰ需两套电动机和减速器,占地面积大。在设计时,一般按实际的摩擦系数μ适当调整围包角α,使两滚筒所传递的牵引力比值接近2∶1。

双滚筒分别驱动的优点是调节两滚筒之间圆周力的分配比值,可以采用电器控制来实现,常用的方法在电动机和减速器之间安装一个调节型液力联轴器。

6.3.4 多滚筒驱动

多滚筒驱动,一般是指三滚筒或四滚筒(很少采用)的驱动形式,它实质上就是单滚筒驱动与双滚筒驱动两种驱动形式的组合。其特点是可以将单滚筒驱动的最大张力分配在输送机的头部、尾部和中间部位的各点上,降低胶带最大张力,从而可实现长距离输送物料的目的。多滚筒驱动中各个滚筒的设置,应根据传递功率能力、驱动滚筒圆周力比值以及输送机线路的不同特征,综合分析确定。

6.4　带式输送机的选型计算

对带式输送机进行选型时，应根据使用条件确定机型。带式输送机的选型设计包括两种，一种是成套设备的选用，只需验算设备用于具体条件的可能性；另一种是对通用设备的选用，需要通过计算选择各组成部件，最后组合成适用于具体条件的带式输送机。设计选型工作分为初步设计和施工设计，本书仅介绍初步设计。

6.4.1　所需原始资料

初步选型设计带式输送机，通常需要下列原始资料：

①输送长度 d。

②输送机安装倾角 β。

③设计运输生产率 Q。

④物料的散集密度 ρ，详见表 6 - 7。

⑤物料在输送带上的堆积角 θ，详见表 6 - 7。

⑥物料的块度 a。

表 6 - 7　各种物料的散集密度及堆积角

物料名称	密度	堆积角/(°)	物料名称	密度	堆积角/(°)
煤	0.8 ~ 1.0	30	石灰岩	1.6 ~ 2.0	25
煤渣	0.6 ~ 0.9	35	砂	1.6	30
焦炭	0.5 ~ 0.7	35	粘土	1.8 ~ 2.0	35
黄铁矿	2.0	25	碎石及砾岩	1.8	20

6.4.2　选型计算的主要内容

选型计算的主要内容有：

①运输能力与输送带宽度计算。

②运输阻力与输送带张力计算。

③输送带悬垂度及强度的核验。

④牵引力的计算及电动机功率的确定。

6.4.3　选型计算过程

6.4.3.1　输送带的运输能力与带宽、速度的计算与选择

输送带的宽度是带式输送机的一个重要参数，带宽的大小必须同时满足输送能力和货载块度两个条件要求。

设输送带运行速度为 v，单位长度输送带内物料的质量为 q，则带式输送机输送能力：

$$Q = 3.6qv \quad (t/h)$$

因为在选型计算中输送带的速度是选定的，而单位长度的物料量决定于输送带上被运物

料的断面积 s 及其密度 ρ，对于连续物料的带式输送机，其单位长度的质量为：

$$q = 1000s\rho \quad (kg/m)$$

所以：

$$q = 3600s\rho \quad (t/h)$$

使用槽形托辊时，货载的断面如图 6-24 所示。总面积 s 由梯形面积 s_1 和弓形面积 s_2 组成。计算可得：

$$s_1 = \frac{0.4B + 0.8B}{2} \times 0.2B\tan30° = 0.0693B^2$$

$$s_2 = \frac{1}{2} \times \left(\frac{0.4B}{\sin\theta}\right)^2 (2\theta - \sin2\theta)$$

总面积为：

$$s = s_1 + s_2 = \left[0.0693 + \frac{1}{2} \times \left(\frac{0.4}{\sin\theta}\right)^2 (2\theta - \sin2\theta)\right]B^2$$

式中：θ 为物料的堆积角，由表 6-7 可查得；

令：

$$K = 3600 \times \left[0.0693 + \frac{1}{2} \times \left(\frac{0.4}{\sin\theta}\right)^2 (2\theta - \sin2\theta)\right]$$

考虑输送机倾角对断面大小的影响，则输送能力为：

$$Q = KB^2\rho vC \quad (t/h)$$

式中：K 为物料断面系数，由表 6-8 可查得；B 为输送带宽度；C 为输送机倾角系数，由表 6-9 可查得。

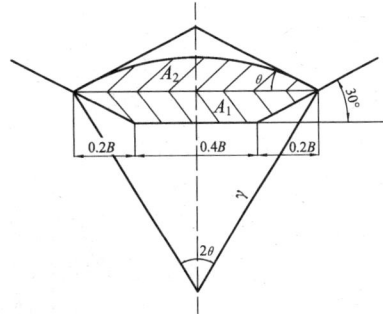

图 6-24 槽形输送带物料断面

表 6-8 物料断面系数

动堆积角		10°	20°	25°	30°	35°
K	槽形	316	385	422	458	466
	平形	67	135	172	209	247

表 6-9 输送机倾角系数表

倾角/(°)	0 ~ 7	8 ~ 15	16 ~ 20
C	1.0	0.95 ~ 0.9	0.9 ~ 0.8

如果使用地点的设计运输生产率为 $A(t/h)$，代入上式，可得到输送机在满足运输生产率 A 条件下的最小输送带宽度为：

$$B = \sqrt{\frac{A}{K\rho vC}}$$

按照上式求得的为满足一定运输生产率 A 所需的带宽，但还需按物料的宽度进行校核。对于未过筛的松散物料：

$$B = 3.3a_{max} + 200 \quad (mm)$$

矿井运输与提升

对于经过筛分后的松散物料：

$$B = 3.3a_p + 200 \ (\text{mm})$$

式中：a_{max} 为物料最大块度的横向尺寸；a_p 为物料平均块度的横向尺寸。

不同宽度的输送带，运送物料的最大块度建议按照表 6-10 选用，最后根据国家标准选择与需要相近的输送带宽度，如果不能满足块度要求，则可以把带宽提高一级，但不能单从块度考虑把带宽提高两级或者两级以上，否则容易造成浪费。

表 6-10 各种带宽允许的最大物料块度表

带宽/mm	500	650	800	1000	1200	1400	1600	1800	2000
a_p/mm	100	130	180	250	300	350	420	480	540
a_{max}/mm	150	200	300	400	500	600	700	800	900

在已知运输能力和输送带宽度的情况下，可以计算出输送带的合理运行速度。

6.4.3.2 运行阻力与输送带张力的计算

（1）运行阻力的计算。

① 直线段运行阻力。

图 6-25 为带式输送机的运行阻力计算示意图。图中 3~4 段为运送物料段，输送带在一段托辊上所受的阻力，承载段运行阻力用 W_{zh} 表示；1~2 段为回空段，输送带在这一段的阻力为空运行阻力，用 W_k 表示。一般情况下，承载段和回空段运行阻力可分别表示为：

$$W_{zh} = g(q + q_d + q_t')L\omega'\cos\beta \pm g(q + q_d)L\sin\beta$$

$$W_k = g(q_d + q'')L\omega''\cos\beta \mp gq_d L\sin\beta$$

式中：β 为输送机的铺设倾角，倾斜向上时 $\sin\beta$ 取加号，倾斜向下时 $\sin\beta$ 取减号；L 为输送机的铺设长度；q 为输送带每米长度上的物料质量，$q = A/3.6v$；q_d 为每米输送带的质量；ω'，ω'' 为槽形、平形托辊阻力系数，具体数值见表 6-11；q_t'，q'' 为重段、空段托辊转动部分线密度（kg/m），用下式计算：

$$q_t' = \frac{G'}{l_g'}, \quad q'' = \frac{G''}{l_g''}$$

式中：G'，G'' 为重段、空段每个托辊转动部分质量，见表 6-12；l_g'，l_g'' 为上、下托辊的托辊间距。

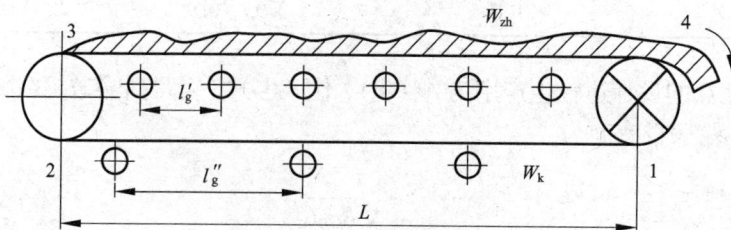

图 6-25 带式输送机运行阻力计算示意图

216

表6-11 托辊阻力系数

工作条件	ω'(槽形)		ω''(平形)	
	滚动轴承	含油轴承	滚动轴承	含油轴承
清洁、干燥	0.02	0.04	0.018	0.034
少量尘埃、正常湿度	0.03	0.05	0.025	0.040
大量尘埃、湿度大	0.04	0.06	0.035	0.056

表6-12 托辊转动部分质量

托辊形式		带宽 B/mm					
		500	650	800	1000	1200	1400
		G', G''/kg					
槽形托辊	铸铁座	11	12	14	22	25	27
	冲压座	8	9	11	17	20	22
平形托辊	铸铁座	8	10	12	17	20	23
	冲压座	7	9	11	15	18	21

②曲线段运行阻力。

在进行张力计算时，滚筒处阻力计算如下：

绕出改向滚筒输送带张力为：

$$W_q = kW_y$$

式中：W_q 为绕出改向滚筒的输送带张力；W_y 为绕入改向滚筒的输送带张力；k 为张力增大系数，见表6-13。

表6-13 张力增大系数

轴承种类	包角45°	包角90°	包角180°
滑动轴承	1.03	1.03~1.04	1.05~1.06
滚动轴承	1.02	1.02~1.03	1.03~1.04

传动滚筒处的阻力为：

$$W_c = (0.03 \sim 0.05)(W_q' + W_y')$$

式中：W_c 为传动滚筒处的阻力；W_q' 为输送带在传动滚筒相遇点的张力；W_y' 为输送带在传动滚筒相离点的张力。

(2)输送带张力的计算。

输送带张力的计算方法有两种，一种是根据输送带的摩擦传动条件，然后根据逐点张力计算法首先求出各特殊点的张力，最后验算输送带在两组托辊间的悬垂度是否超过允许值。另一种方法是按照输送带在两组托辊间允许的悬垂条件，给带式输送机承载段最小张力点的张力值，然后按照逐步计算法计算出其他点的张力，最后验算输送带在主动滚筒上摩擦传动不打滑的条件。对于上山运输的带式输送机,当牵引力小于零时,通常采用第二种方法计算。

下面以第一种方法介绍输送带张力的计算(以图 6-25 为例)。

①以主动滚筒的分离点为 1 点依次定 2、3、4 点,根据"逐步计算法"列出 S_1、S_2、S_3、S_4 之间的关系:

$$S_2 = S_1 + W_k$$
$$S_3 = S_2 + W_{2\sim3}$$
$$S_4 = S_3 + W_{zh}$$
$$S_4 = S_1 + W_k + W_{2\sim3} + W_{zh}$$

式中:$W_{2\sim3}$ 为输送带绕经导向滚筒所遇到的阻力,$W_{2\sim3} = (0.05 \sim 0.07)S_2$。

②按摩擦传动条件考虑摩擦力备用问题找出 S_1,S_4 的关系。

因为

$$S_4 - S_1 = S_{max} = \frac{S_1(e^{\mu_0\alpha} - 1)}{C_0}$$

所以

$$S_4 = S_1 + \frac{S_1(e^{\mu_0\alpha} - 1)}{C_0} = S_1\left(1 + \frac{e^{\mu_0\alpha} - 1}{C_0}\right)$$

式中:C_0 为摩擦力备用系数,一般取 $C_0 = 1.15 \sim 1.2$。μ_0 为输送带与滚筒之间的摩擦因数,可按表 6-14 选取,对于井下一般取 $\mu_0 = 0.2$。

③联立上两式求出 S_1 与 S_4 的值,即可计算出其他各点的张力值。

表 6-14　摩擦因数 μ_0 与 $e^{\mu_0\alpha}$ 值

滚筒表面材料及空气干湿程度	摩擦因素 μ_0	以度和弧度为单位的围包角 α							
		180°	210°	240°	300°	360°	400°	450°	480°
		3.14	3.66	4.19	5.24	6.28	7.00	7.85	8.38
		相应的 $e^{\mu_0\alpha}$							
铸铁或钢滚筒,空气非常潮湿	0.10	1.37	1.44	1.52	1.69	1.87	2.02	2.19	2.32
滚筒上包有木材或橡胶衬面,空气非常潮湿	0.15	1.60	1.73	1.87	2.19	2.57	2.87	3.25	3.51
铸铁或钢滚筒,空气潮湿	0.20	1.87	2.08	2.31	2.85	3.51	4.04	4.84	5.34
铸铁或钢滚筒,空气干燥	0.30	2.56	3.00	3.51	4.81	6.59	8.17	10.50	12.35
带木材衬面的滚筒,空气干燥	0.35	3.00	3.61	4.33	6.27	9.02	11.62	15.60	18.78
带橡胶衬面的滚筒,空气干燥	0.40	3.51	4.33	5.34	8.12	12.35	16.41	23.00	28.56

6.4.3.3 输送带悬垂度与强度验算

（1）悬垂度验算。

为使带式输送机的运行平稳，输送带的两组托辊间的悬垂度不应过大。输送带的垂度与其张力有关，张力越大，垂度越小，张力越小，垂度越大，输送带张力与悬垂度的关系如图 6–26 所示。

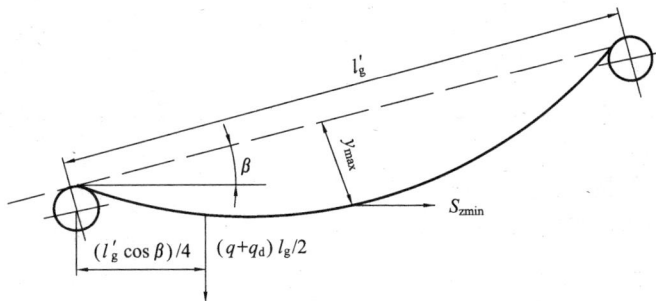

图 6–26　托辊间输送带的悬垂度

从两托辊间的中点取分离体，则对于承载段运输段的输送带：

$$S_{zmin} y_{max} = \frac{g(q + q_d) l'_g}{2} \cdot \frac{l'_g \cos\beta}{4} = \frac{g(q + q_d) l'^2_g}{8} \cos\beta$$

$$S_{zmin} y_{max} = \frac{g(q + q_d) l'^2_g}{8 y_{max}} \cos\beta$$

式中：y_{max} 为输送带最大允许下垂度，$y_{max} \leq 0.025 l'_g$；S_{zmin} 为承载段输送带最小张力。

将 y_{max} 代入上式中，可得承载段输送带允许的最小张力为：

$$S_{zmin} = \frac{g(q + q_d) l'^2_g}{8 \times 0.025 l'_g} \cos\beta = 5(q + q_d) l'_g g \cos\beta$$

同理可得，回空段输送带允许的最小张力为：

$$S_{zmin} = 5 q_g l''_g g \cos\beta$$

在一般情况下，回空段输送带的最小张力比较容易满足垂度要求，故通常只校验承载段的悬垂度。

若按照"逐点计算法"计算的输送带承载段最小张力不能满足上式的要求时，必须加大承载段的最小张力点的张力值，使其满足悬垂度条件的约束，然后再重新用"逐点计算法"计算其他点的张力，最后验算输送带在主动滚筒上不打滑的条件。

（2）输送带强度验算。

当求得输送带的张力后，还需验算输送带的强度是否满足要求，应以它承受的最大静张力 S_{max} 和安全系数 m 衡量。

对于普通分层帆布带：

$$m = \frac{Bi\sigma_1}{S_{max}}$$

对于钢丝绳芯输送带：

$$m = \frac{B\sigma_2}{S_{max}}$$

式中：B 为输送带宽度；i 为分层输送带帆布层数；σ_1 为普通分层帆布带的抗拉强度；σ_2 为钢丝绳芯输送带的抗拉强度；S_{max} 为输送带允许承受的最大静张力。

对于普通分层输送带、整编输送带（包括塑料袋），其安全系数见表 6 – 15，对于钢丝绳芯输送带，最小安全系数要求大于 7，重载时可取 10 ~ 12。

表 6 – 15　输送带的安全系数

帆布层数 i	3 ~ 4	5 ~ 8	9 ~ 12
机械接头	100	11	10
硫化接头	8	9	12

6.4.3.4　牵引力与功率计算

带式输送机的主轴牵引力可以通过下面公式求得，以图 6 – 26 为例：

$$F_0 = S_y - S_1 + W_{4 \sim 1} = S_4 - S_1 + (0.03 \sim 0.05)(S_4 + S_1)$$

输送机的主轴功率为：

$$N = \frac{F_0 v}{1000 \eta}$$

式中：v 为输送带运输速度；η 为减速器的机械效率，$\eta = 0.8 \sim 0.85$。

应该指出，当倾角 β 大于 6°时，上山（下运）带式输送机将以发电机方式运转，此时牵引力小于零，所以应按照下式计算电动机发电时的反馈功率，即：

$$N = \frac{F_0 v' \eta}{1000}$$

式中：v' 为电动机超过同步转速时输送带的运行速度，$v' = 1.05v$；

还应指出，上山运输机在空转运行时，有时仍按电动机方式运转，因此还必须计算空载运行时电动机所需功率：

$$N' = \frac{F_0' v}{1000 \eta}$$

式中：F_0' 为空载时的主轴牵引力。

根据上面三式计算结果，取最大值作为带式输送机所需的功率。

选择电动机容量时，仍应考虑 15% ~ 20% 的备用功率。

6.4.4　实例计算

某矿山采区上山运输，拟采用带式输送机运输矿石，并对带式输送机进行了设计初选，其技术参数如下：

带宽：$B = 0.7$ m，带速 $v = 1$ m/s；

帆布层数 $i = 6$ 层，总围包角 $\alpha = 480°$；

输送带线密度 $q_d = 8.85$ kg/m；

输送带拉断力 $P_0 = 56$ N/(mm·层)；

上托辊线密度 $q_t' = 10.4$ kg/m；

下托辊线密度 $q_t'' = 6.15$ kg/m；

上托辊间距 $l_g' = 1.4$ kg/m；

铺设长度 $L = 225$ m；

铺设倾角 $\beta = 13°$；

两个装载站距离为 100 m(图 6 – 27)；

装载站 I 的装载量为 $Q_1 = 60$ t/h；

装载站 II 的装载量为 $Q_2 = 65$ t/h；

矿石的松散密度 $\rho = 0.85$ t/m³；

电动机功率为 21.5 kW。

工作环境为空气潮湿，试验算该带式输送机在所给条件下是否适用？

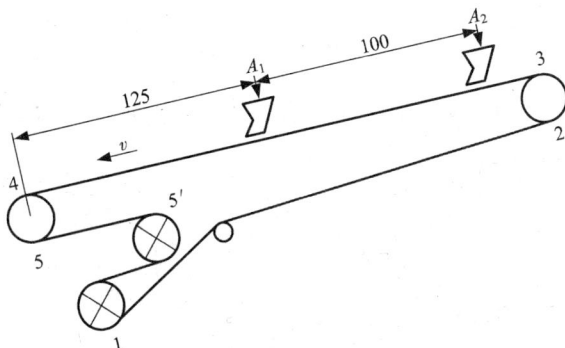

图 6 – 27 上、下山运输的带式输送机计算示意图

选型计算过程如下：

(1)运输能力验算。

$$v = \frac{Q_1 + Q_2}{KB^2\rho C} = \frac{60 + 65}{385 \times 0.7^2 \times 0.85 \times 0.95} \approx 0.82$$

其中：K 为物料断面系数，当 $\theta = 20°$ 时，取 $K = 385$；C 为输送带倾角系数，当 $\beta = 13°$ 时，取 $C = 0.95$。

由计算得知，完成运输任务所需的速度小于输送机的实际运行速度，故运输能力能够满足要求。

(2)运行阻力计算。

$$W_{zh} = \sum_{i=1}^{2} \left[g(q_i + q_d + q_t')L_i\omega'\cos\beta - g(q_i + q_d)L_i\sin\beta \right] = -13963 \ (\text{N})$$

$$W_k = g(q_d + q_t'')L\omega''\cos\beta + gq_dL\sin\beta = 5800$$

其中物料密度：

$$q_1 = \frac{Q_1}{3.6v} = 16.67 \quad (\text{kg/m})$$

$$q_2 = \frac{Q_1 + Q_2}{3.6v} = 34.72 \quad (\text{kg/m})$$

由于工作环境潮湿，$w' = 0.04$，$w'' = 0.035$，计算时 $w'' = 0.04$。

（3）输送带张力计算。

①依据逐点计算法，按图 6 – 27 所示位置定点分段，计算输送带各点张力：

$$S_2 = S_1 + W_k = S_1 + 5800$$

$$S_3 = 1.05 S_2 = 1.05 S_1 + 6090$$

$$S_4 = S_3 + W_{zh} = 1.05 S_1 - 7873$$

$$S_5 = 1.05 S_4 = 1.1 S_1 - 8266$$

$$S_5' = S_5 = 1.1 S_1 - 8266$$

②按摩擦传动条件并考虑摩擦力备用能力计算。

由输送机的运行阻力计算得知，当输送机为有载运行时，将处于发电运行状态，故摩擦力方程为：

$$S_1 = S_5' \left(1 + \frac{e^{\mu_0 \alpha} - 1}{C_0} \right)$$

式中：μ_0 为摩擦因数，取 0.25；α 为围包角，查表 6 – 14，为 8.38；C_0 为摩擦力备用系数，由于工作地点环境潮湿，取 1.2；

则：

$$S_1 = S_5' \left(1 + \frac{e^{0.2 \times 8.38} - 1}{1.2} \right)$$

③联立方程组，求解并取整：

$$S_1 = 9356 \text{ N}$$

$$S_2 = 15156 \text{ N}$$

$$S_3 = 15914 \text{ N}$$

$$S_4 = 1951 \text{ N}$$

$$S_5 \approx S_5' = 2026 \text{ N}$$

（4）输送带悬垂度验算。

承载段最小张力点张力值为：

$$S_{min} = 5 \times g(q + q_d) l_g' \cos\beta = 2970 \text{ N}$$

式中：l_g' 为承载段托辊间距，该输送及实际安装 $l_g' = 1.4$ m；

因为 $S_4 < S_{min}$，所以输送带悬垂度不满足要求。

为保证输送带的悬垂度要求，令 $S_4 = 2970$ N，代入原方程组中得：

$$S_1 = 10327 \text{ N}$$

$$S_2 = 16127 \text{ N}$$

$$S_3 = 16934 \text{ N}$$

$$S_4 = 2970 \text{ N}$$

$$S_5 \approx S_5' = 3094 \text{ N}$$

这就要求利用输送机的拉紧装置保证 S_4 点的张力不小于 2970 N。

（5）输送带强度验算。

帆布输送带允许承受的最大张力为：

该输送带按照机械接头计算，取 $m = 11$：

$$S_{max} = \frac{B_i \sigma_1}{m} = \frac{0.7 \times 1000 \times 6 \times 56}{11} \approx 21382 \text{ N} > S_3$$

故输送带强度满足要求。

(6)计算牵引力并验算电动机功率。

因输送机有载运行时处于发电运行状态，故牵引力为：

$$F_0' = S_1 - S_5' - 0.05(S_1 + S_5') = 6562$$

发电运行下的电动机功率为：

$$N' = K'\frac{F_0'v'\eta}{1000} = 1.2 \times \frac{6562 \times 1.05 \times 0.85}{1000} = 7.03 \text{ kW}$$

式中：K'为电动机功率备用系数，取$K' = 1.2$；v'为发电运行状态下输送带的运行速度$v' = 1.05$ m/s。

由计算可知：因输送机所配电动机的功率为 21.5 kW，故电动机在有载运行时的功率能够满足要求。

因这种上下山运输送机在空载运行时一般仍按照电动机运行转台运行，故还必须验算其空载运行时的电机功率。

空载时牵引力：

$$F_0'' = 1.05(2q_d + q_t' + q_t'')L\omega''\cos\beta g = 1931.6 \text{ N}$$

则输送机空载运行时的电动机功率N''为：

$$N'' = \frac{F_0''v}{1000\eta} = 4.2 \text{ kW}$$

可见，空载时电动机的功率同样满足要求。

通过以上验算得知，在所给条件下选择该输送机是适用的，并可看出电动机的备用能力比较大。

对于双滚筒分别传动的情况，一般靠近紧边滚筒的电动机功率为靠近松边滚筒的电动机功率的两倍左右，两电动机的安装位置不能颠倒，否则容易发生烧机事故。

6.5 带式输送机的技术现状及发展趋势

6.5.1 带式输送机的技术现状

带式输送机作为一种高效、环保、经济的运输方式，已在世界范围内广泛应用。在我国，带式输送机的研制也取得了巨大的成果，尤其是在对大功率，长运输距离的带式输送机的研究上取得了巨大进步，研发出了大倾角长距离带式输送机和可伸缩带式输送机等代表性产品，掌握了带式输送机的关键技术。但是，与国外相比，我国的带式输送机的可靠性、稳定性还较低，其设计制造水平还需进一步提高。

目前国外单机长度最长的带式输送机是 ZISCO(津巴布韦钢铁公司)装备的 15.6 km 越野带式输送机。澳大利亚西部恰那(Channar)铁矿的 20 km 越野带式输送机，代表着现代带式输送机的发展水平，该输送机系统包括一段长为 10.3 km、曲线半径 9 km、弧长达 4 km 的越野带式输送机和一条长为 10.1 km 的直线长距离带式输送机，该系统为降低运行阻力树立了新的标准。

目前，国内外带式输送机技术的发展很快，其主要表现在 2 个方面：①带式输送机的种类多样化、功能多元化、应用范围扩大化，代表性的产品如高倾角带式输送机、圆管带式输送机、空间转弯带式输送机、气垫带式输送机等各种机型；②长距离、大运量、高带速等大型带式输送机已成为带式输送机发展的主要方向，其核心技术是带式输送机动态分析与监控技术，随着人工智能、信息技术、控制技术等现代技术的飞速发展，带式输送机的技术和装备水平有了巨大进步，运行性能和可靠性也得到了很大提高。总的来说，国内外带式输送机的相关技术现状主要表现为：

（1）为了适应矿山高效、大规模、集约化开采的生产模式，带式输送机的技术参数与装备逐步向大型化的方向发展，以满足矿山大规模开采的生产能力。

（2）已将动态分析技术、机电一体化、计算机监控等技术应用于带式输送机的设计和运行中，并采用了大功率软启动技术与自动张紧技术，从而大大提高了带式输送机的启动性能和动态监控能力，大幅降低了输送带的动张力，确保设备运行性能好，运输效率高。

（3）为了提高带式输送机的通用性、互换性及其单元驱动的可靠性，采用了多机驱动技术、中间驱动技术及其功率平衡、输送机变向运行等技术，使输送机单机运行长度在理论上已不受限制。

（4）随着科技和元器件研制技术的进步，输送机上也采用了大量新型、可靠性高的关键元部件技术。如各种先进的大功率驱动装置与调速装置、高寿命高速托辊、自清式滚筒装置、高效贮带装置、快速自移机尾等，提高了带式输送机的自动控制水平，确保设备可靠运行。

6.5.2　带式输送机的发展趋势

随着矿山自动化生产技术不断发展，普通带式输送机在矿业中得到了广泛应用。输送机的输送能力大，运距长，经济效益显著，还可在输送过程中同时完成多种工艺操作，因此其应用将会越来越广泛。未来输送机将向长距离、高速度、大运量、大功率、高可靠性等方向发展，充分发挥带式输送机的优点，促进矿业可持续发展。

（1）设备大型化、提高运输能力。

大规模、高效、集约化开采是未来矿业发展的趋势，因此为了适应高产高效集约化生产的需要，长距离、高带速、大运量、大功率是今后发展的必然趋势，也是高产高效集约化矿井运输技术的发展方向。带式输送机的大型化研发需解决以下关键技术：①带式输送机的动态分析与监控技术；②软启动与功率平衡技术；③中间驱动技术；④自动张紧技术；⑤新型高寿命高速托辊技术；⑥快速自移机尾技术；⑦高效贮带技术。

（2）元部件性能、可靠性进一步提高。

带式输送机的元部件性能和可靠性决定了设备使用率的高与低，因此未来的带式输送机研发将利用现代先进技术，不断地开发出新的元部件，完善和提高现有元部件的性能和可靠性，包括高性能可控软启动技术、动态分析与监控技术、高效贮带装置、快速自移机尾、高速托辊等，使带式输送机的性能得到进一步提高。

（3）设备功能齐全，一机多用化。

根据未来深井开采、超大规模开采等特点，研发运人、运料或人与料的双向运输等功能的带式输送机，做到一机多用，从而丰富带式输送机的运输功能，使其发挥最大的经济效益。同时，结合矿山开采技术条件的变化，开发特殊型带式输送机，研制能够适用于复杂开采环境的带式输送机，扩大输送机的使用范围，发展如弯曲带式输送机、大倾角或垂直提升输送机等，研发出能在高、低温条件，腐蚀性，放射性和易燃性物质的环境中工作以及能输送炽热、易爆、易结团、黏性物料的输送机。

（4）带式输送机控制系统的自动化、智能化。

实现带式输送机的智能化，自动化控制，是保障带式输送机稳定、可靠运行的关键，也是带式输送机的必然发展趋势。实现带式输送机控制系统的自动化、智能化，主要体现在输送机的驱动方式、监控装置以及输送机的保护装置等方面。对于驱动方式，软启动方式是未来的发展方向，软启动装置主要有调速型液力耦合器、CST 减速器、变频调速软启动装置等。软启动装置不仅能够满足带式输送机的软启动要求，还能够提高各部件的使用寿命。对于监控装置而言，开发综合电源继电器控制技术以及数据采信、处理、存储、传输、故障诊断与查询等完整的自动监控系统是未来发展趋势。

对于输送机保护装置，除了提高包括防止输送带跑偏、打滑、撕裂、过满堵塞、自动洒水降尘等保护装置的可靠性外，还应研制传动辊筒、变向辊筒及托辊组的温度监测系统、烟雾报警及自动消防灭火装置、纤维织物输送带纵撕裂及接头监测系统和防爆电子输送带秤自动计量系统等新型保护系统。

参考文献

[1] 智研咨询集团. 2014—2019 年中国带式输送机行业竞争格局及未来发展趋势报告[R]. 2014.

[2] 潘英. 矿山提升机械设计[M]. 徐州：中国矿业大学出版社，2001.

[3] 李仪钰. 矿山提升运输机械[M]. 北京：冶金工业出版社，1989.

[4] 陈维健，齐秀丽. 矿山运输与提升设备[M]. 徐州：中国矿业大学出版社，2007.

[5] 编委会. 采矿设计手册矿山机械卷[M]. 北京：中国建筑工业出版社，1989.

[6] 王亮. 矿井运输与提升[M]. 长春：吉林大学出版社，2017.

[7] 洪晓华. 矿井运输与提升[M]. 徐州：中国矿业大学出版社，2014.

[8] 钟春晖，丁元春. 矿井运输与提升[M]. 北京：化学工业出版社，2013.

[9] 赵玉文，李云海. 带式输送机的现状与发展趋势[J]. 煤矿机械，2004（4）：1-3.

[10] 李利，王瑞，党栋. 带式输送机的技术现状及发展趋势[J]. 橡胶工业，2015，62（2）：123-127.

[11] 杨兰峰. 国内外带式输送机的现状及发展趋势[J]. 机械管理开发，2016，31（4）：119-120.

[12] 张战胜. 带式输送机的现状与发展趋势[J]. 科技创新与应用，2013，27：124.

第7章 浆体物料管道输送

7.1 管道输送技术的发展过程

用管道作为输送工具已有 130 多年的历史，其中压气管道输送应用较早，而把水作为管道的流动介质，通过外加动力高浓度地输送矿物和其他物质，则是近几十年发展起来的新技术。管道运输是实现大运量、高效率、无空行程而稳定的单向某种物质远距离输送的运输方式。与铁路、公路和水路运输等传统运输方式相比，管道输送方式具有投资少、见效快、经济效益高和有利于环境保护等优势。

20 世纪 60 年代末，管道开始作为浆体物料输送的工具并用于工业生产。1967 年，澳大利亚在萨瓦奇河(Savage River)建成了第一条铁精矿输送管道；1970 年，美国在黑迈沙(Black Mesa)建成了第一条煤浆输送管道。此后，随着浆体管道输送技术的不断进步和浆体输送装备的逐步成熟，浆体管道输送方式已开始广泛用于矿业其他物料的输送，如铜精矿、磷精矿、铝土矿、铅锌矿等和各种尾矿。目前全世界正在运行和在建的长距离浆体物料输送管道已超过 100 条，国外典型的长距离矿物输送管道情况见表 7-1。

表 7-1 国外长距离矿物输送管道概况

输送矿物	所在国家和地区	输送距离 /km	输送量 /(万 t·a^{-1})	管径 /mm
煤炭	(俄罗斯)诺沃林斯克	61	180	305
煤炭	(美国)俄亥俄	174	125	254
煤炭	(美国)黑方山	440	480	458
石灰石	(英国)拉格比	91	170	254
铜精矿	(印尼)西伊里安	112	30	102
铜精矿	(美国)亚利桑那	18	40	102
铜精矿	(墨西哥)平那科罗拉达	48	180	203
铜精矿	(澳大利亚)塔什马尼亚	85	250	230
磷精矿	(美国)辛普罗特	133	190	203
金尾矿	(日本)秋田大馆	68	60	305
黑沥青	(美国)犹塔	115	38	152
高岭土	(美国)佐治亚	26	60	203
金尾矿	(南非)阿伦里奇	35	105	230
铁精矿	(澳大利亚)萨瓦奇河	70	230	230

续表

输送矿物	所在国家和地区	输送距离/km	输送量/(万 t·a^{-1})	管径/mm
铁精矿	(巴西)萨马科	398	1200	508
铁精矿	(墨西哥)钠佩拉	380	500	355
铜原矿	(智利)拉斯布朗西斯	52	2300	711
铜尾矿	(智利)拉斯皮朗贝斯	49	4400	914
铜精矿	(阿根廷)安拉布瑞钠	314	90	178
铜精矿	(秘鲁)安塔米拉	303	180	254
铜精矿	(智利)科拉瓦斯	203	100	178
铜精矿	(智利)拉斯皮朗贝斯	120	136	193
铁精矿	(印度)艾萨	250	800	406
镍原矿	(马达加斯加)安巴多维	208	753	610

国内第一条长距离物料输送管道是 1975 年建成的贵州瓮福磷矿的精矿输送管道。之后陆续建成的长距离物料输送管道有：太原钢铁集团有限公司尖山铁精矿输送管道，昆明钢铁控股有限公司大红山铁精矿输送管道，包钢白云鄂博铁精矿输送管道和 2012 建成投产的攀钢白马铁精矿输送管道等。目前这些管道运行良好并取得了可观的经济效益，其中贵州瓮福磷矿，昆钢大红山铁矿和太钢尖山还因选矿产能的增加而建设了第二条管线。国内典型长距离矿物输送管道情况见表 7-2。

表 7-2 国内典型长距离矿物输送管道情况

输送矿物	所在地区	输送距离/km	输送量/(万 t·a^{-1})	管道外径/mm	投产年份
磷精矿	贵州瓮福	46	200	229	1975
铁精矿	太钢尖山	102	200	229	1997
铁精矿	昆钢大红山	171	230	229	2007
铁精矿	包钢白云鄂博	145	550	355	2010
铁精矿	攀钢白马	97	300	273	2012
铜尾矿	云南普朗	30	1227	530	2017

由于长距离矿浆管道输送是一项系统复杂且技术难度高的工程项目，以往国内的矿山设计院缺乏相关的设计技术和经验，无法完成长距离矿浆管道输送工程项目的设计，因此表 7-2 中的前 5 条管道设计均由美国管道工程公司(PSI)设计完成。近年来，随着中国矿山设计公司逐渐掌握了矿浆管道输送工程设计的核心技术，已经可以自主完成国内的长距离管道输送项目。2017 年，由中国成都科斯管道工程技术有限公司与长沙有色冶金设计研究院有限公司合作完成设计并投入运行的中铝云南普朗铜尾矿管道输送项目，成功解决了管道线路复杂、矿浆颗粒粗、输送浓度高和高压泵站输送等技术难题，在矿浆管道输送工程项目中创造了多个中国和世界第一，其中包括：

(1)中国第一条长距离高浓度粗颗粒矿浆输送管道。

（2）中国第一条长距离大型 U 管道线路高浓度粗颗粒矿浆输送管道。

（3）世界第一条长距离高压高浓度粗颗粒矿浆输送管道。

目前正在调试的陕西神渭煤浆输送管道是世界上输送距离最长、泵站最多的物料输送管道（长 727 km，管道直径 610 mm，6 个泵站，输送量 1000 万 t/a），其设计由中煤科集团武汉设计研究院完成。

在近 5 年中，我国的煤炭产量将达到 15 亿 t/a，金属矿石为 5 亿 t/a，建材矿石为 3.5 亿 t/a。在这些矿物的运输总量中，公路运输约占 37%，铁路运输约占 45%，其他运输方式占比较小。此外，根据统计，我国的矿物运输吨公里能耗比工业发达国家高 50% ~90%，这也是导致矿业行业整体经济效益较低的问题之一。由于管道输送系统具有投资少、见效快、经济效益高和环保等传统运输方式不具有的优势，因此，改变过多依赖传统运输方式的不合理状态，加大对矿物管道输送技术的研究和推广应用，对矿业的可持续发展将有极大的促进作用。

7.2 浆体物料管道输送系统的特点

浆体物料管道输送系统的特点是：

（1）投资少，建设速度快。

矿物输送管道对复杂地形的适应性较强。如铁路的坡度应小于 3%，而管道输送的坡度可达 16%，且不需建设高标准的路基。所以，管道铺设工程的设计和施工比较简便，建设费用低。与铁路相比，所用钢材可节省 30% ~40%，投资可节省 50% ~60%，工期可缩短 60% ~80%。

（2）管道运输成本较低。

特别是在运输距离很长、运量很大、管道较粗或运输线路地形复杂时，其经济效果更加显著。据美国和欧洲等国家对煤炭运输管道运营指标的统计，管道运输的单位能耗为 0.06 ~ 0.12 kW/(t·km)，平均综合运输成本如表 7-3 所列。一般来说，管道运输比铁路运输费用低 25% ~30%，比万吨专用列车低 10% ~20%。

表 7-3 输煤管道平均综合运输成本 美元/(万 t·km)

输送能力 /(万 t·a^{-1})	管道直径 /mm	输送距离/km					
		100	300	500	700	1000	1500
100	129	88.4	55.8	50.1	48.2	46.1	41.3
300	377	59.2	31.3	25.5	23.4	22.3	18.5
500	529	24.3	23.6	21.1	19.8	18.5	17.1
700	630	21.6	19.4	18.1	16.5	14.6	12.8
1000	720	19.6	18.4	15.2	13.8	12.9	12.1
1500	820	18.5	17.1	14.8	12.6	11.7	11.1
2500	920	17.3	15.7	14.1	12.1	11.1	10.3

(3)管道运输可以节约用水。

从能源运输的宏观系统来看，管道输煤与煤发电后再输电相比，其用水量仅为煤发电用水的 1/3 ~ 1/4；与煤气化后管道输气量相比，可节约用水 50% ~ 60%。

(4)管道运输占地较少。

铁路运输线路要求通道宽度为 60 m，超高压输电线路所占地面走廊宽为 80 m，而一般矿物输送管道线路只占 25 m，占地很少。此外，矿物输送管道一般埋于地下，只有泵站设施建于地面，且因管道埋于 1.2 ~ 1.5 m 深的地下，地表仍可种植庄稼或通过车辆。

(5)输送管道对气候变化不敏感且有利于保护环境。

由于管道埋于地下，不受风沙雨雪等因素的影响，也不受电磁、噪声、烟尘和其他事故的干扰，而且所输送的矿物对管道外界不产生环境污染，有利于保护环境。

(6)设备运行可靠，服务年限较长。

美国和欧洲部分国家的统计数据表明，近 10 年来矿物运输管道的平均有效使用率为 98%。在矿物粒径、输送压力和速度合理的前提下，输煤管道的年平均磨损量为 0.05 ~ 0.1 mm，铁矿石为 0.08 ~ 0.15 mm，管道寿命一般可达 30 ~ 50 年。

7.3　浆体物料管道输送设计的关键技术与设计流程

浆体物料管道输送系统的设计涉及多个学科的知识和技术，属于典型的多学科交叉工程，包括多相流体力学、流体机械、工艺流程、土木工程、仪器仪表和自动控制技术等。由于浆体动力学的复杂性，浆体管道系统设计中的一些关键技术还尚未攻克，缺乏有效的理论依据，因而在浆体实验、设计与运行中所积累的各种经验也就成了浆体管道系统设计的关键。在国外的矿山开发项目中，浆体输送部分是完全有别于采矿和选矿专业设计工作的，世界上 95% 以上的浆体输送管道都是由专门从事浆体管道系统设计的公司来完成的。

根据多年的工程设计经验，矿浆管道输送工程系统设计的关键技术和设计流程包括：

(1)矿浆物理特性的试验技术；
(2)矿浆管道输送系统的线路优化；
(3)矿浆管道输送的水力设计计算模型；
(4)矿浆沉降流速和临界流速设计计算模型；
(5)矿浆管道输送系统的工艺流程设计；
(6)矿浆管道系统装备的经济合理选择；
(7)矿浆管道输送系统的优化设计；
(8)矿浆管道输送系统的安全保护设计；
(9)矿浆管道输送系统的自动控制系统设计。

7.3.1　矿浆物理特性的试验技术

浆体的物理特性是决定浆体物料管道输送成败的关键，如比重、粒度分布、流变特性、沉降特性、腐蚀性和稳定性等，因此对浆体物料特性的研究是浆体物料管道输送系统设计的基础。同时，由于浆体物理特性的复杂性，目前最为可靠的研究方法就是浆体的室内实验或环管实验。由于环管实验费用高而且周期长，使用较少，目前浆体物料管道输送的设计大多

采用室内实验的结果,其内容包括:

(1)输送物料的干比重。

实验操作方法参照规范:《土工实验方法标准》GB/T 50123—1999(2008)。

(2)输送物料的粒度分布。

粒度分布通常是指某一粒径或某一粒径范围的颗粒在整个粉体中所占的比例。粒度测定方法有多种,包括筛分法(干筛或湿筛)、沉降法、激光法、小孔通过法、吸附法等。目前,浆体物料的粒度分布测试通常采用湿筛法,实验操作方法可参照规范:《土工实验方法标准》GB/T 50123—1999(2008)。

(3)浆体流变特性。

通过浆体流变测试仪(黏度计)来测量浆体在输送浓度范围内的流变特性,即黏性系数和屈服应力随浆体重量浓度的变化。采用的仪器主要有 HAKKE VT550 旋转黏度计(图 7 - 1 所示)、ProRheo R180 黏度计和毛细管黏度测量计等,其实验结果包括:

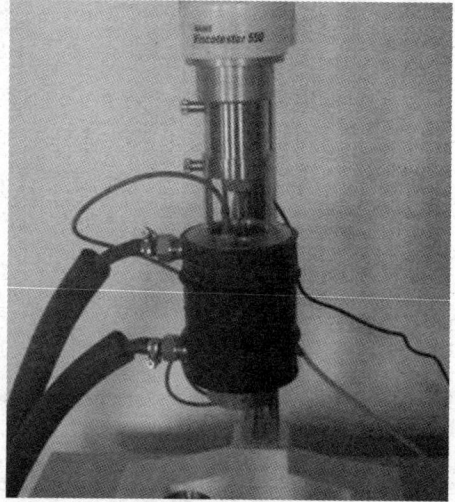

图 7 - 1　HAKKE VT550 旋转黏度计

流变特性关系式:

$$\tau_y = A\,\Phi_{sat}^{B} \tag{7-1}$$

$$\frac{\eta}{\mu} = 10 Vr_{sat} \cdot B' \tag{7-2}$$

式中:A,B 和 B' 为浆体流变特性系数,可通过实验结果得到;τ_y 为屈服应力,dyn/cm^2;Φ_{sat} 为固体颗粒体积百分数;Vr_{sat} 为固体与水的体积比;η 为宾汉塑性黏度,cP;μ 为测试温度下水的黏度,cP。

(4)浆体静态沉降试验和极限浓度试验。

该试验主要测试浆体在不同浓度下的静态沉降速度和最终状态下的极限浓度,以便确定管道输送系统可能短暂停止的时间和停车再启动的可行性。

(5)浆体滑动角测试。

该试验主要测试浆体在管道内停止后出现滑动的最大坡度。测试的方法是把浆体放入透明的试管中,均匀摇晃后平置 8 h,然后随着管子一端缓慢上升,当抬升端的沉降物料表面开始出现向下滑移时的测试管的角度就是浆体的滑移角。

(6)浆体腐蚀性测试。

该试验主要测试浆体中的水分对钢管的腐蚀性。造成浆体物料中水对钢管的腐蚀的主要原因有:①选矿用水的水源本身含有对钢管的腐蚀性成分;②部分选矿工艺需要添加的化学药物对钢管的腐蚀作用;③通过选矿工艺流程产生的溶解氧对钢管的腐蚀作用。该测试主要是通过对选矿水源在相同选矿工艺条件下得到浆体水分进行腐蚀性分析,以便在设计中采取相应的防腐措施。

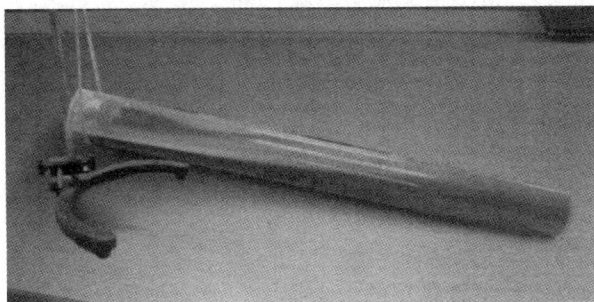

图 7 - 2　浆体在管道中滑移角的测试

7.3.2　管道输送的线路选择

浆体物料管道输送系统的线路选择将直接影响到整个管道输送项目的经济效益,安全可靠性和环境风险。管道线路既受到地理条件的限制,也受到浆体特性的约束。因此,管道线路要尽量选择有利于浆体输送的自然条件,如管道起点到终点的自然位置落差和已有道路等。

通常,管道线路选择的基本原则是:

(1)坡度尽量平缓,并不得大于浆体实验得到的最大安息角;

(2)转弯半径大,便于减少局部水力损失和管道的冲击磨损;

(3)跨河距离短,以便减少投资和方便维护;

(4)避免靠近建筑物,以便减少事故风险;

(5)管道距离短,以便减少投资和运行费用。

7.3.3　浆体物料管道输送水力计算

浆体的沉降流速和浆体在管道输送中产生的阻力是浆体物料管道输送中最重要的两个水力设计参数。浆体管道设计中必须要求浆体在管道内的流速大于浆体颗粒的沉降流速,但由于浆体颗粒的沉降流速受多种因素的影响,如比重、粒度分布、浓度和流变特性等,要准确地计算出浆体的沉降流速非常困难。因此,针对不同的应用条件,浆体管道研究者提出了很多"半经验"的计算公式,并应用于浆体管道设计。但在实际的浆体管道设计过程中,设计者必须要有丰富的经验对不同计算公式得到的结果进行分析和判断,并最终确定计算结果,以便更好地应用于实际工程。

国内目前常用的浆体沉降流速计算公式有:

(1)WASP 浆体沉降流速模型计算公式:

$$\omega_{t} = 0.17\sqrt{-1\left(\frac{d_{95}\rho\sqrt{gD/1000}}{\mu}\right)^{0.25}} \times 2.71828^{4.2C_{V}} \tag{7-3}$$

式中:ω_{t} 为沉降流速,m/s;ρ 为矿浆比重;d_{95} 为95%通过的颗粒直径,μm;g 为重力加速度,m/s^2;D 为管道内径,mm;μ 为矿浆黏度,cP;C_{V} 为体积浓度。

(2)清华大学浆体沉降流速计算模型计算公式:

$$\omega_{t} = K(gR)^{0.5}\left(\frac{\rho_{s} - \rho}{\rho}\right)^{0.5} C_{V}^{0.25}\left(\frac{d_{95}}{R}\right)^{0.25} \tag{7-4}$$

式中：K 为修正系数，此处取 10；R 为水力半径，mm；其他符号的意义与 WASP 沉降流速公式(7-3)相同。

同样，由于浆体在管道内运动的复杂性，根据浆体流变特性试验结果准确地计算出浆体在管道内所产生的阻力也十分困难。因此，目前使用较多的计算公式也是基于试验数据和经验修正的结合。

目前常用的浆体在管道内所产生的阻力计算公式有：

(1)WASP 浆体水力模型计算公式。

WASP 水力模型的要点在于计算总的水力损失(i_m)时把输送浆体分为载体(i_1)与被输送底床(i_s)两部分，分别计算其阻力并叠加，即：

$$i_\mathrm{m} = i_1 + i_\mathrm{s} \tag{7-5}$$

$$i_1 = \frac{2fV^2 \rho_\mathrm{m}}{gD} \tag{7-6}$$

$$i_\mathrm{s} = i_0 K C_\mathrm{V} \left[\left(\frac{gD}{V^2} \right) \left(\frac{\rho_\mathrm{s} - \rho}{\rho} \right) \frac{1}{\sqrt{C_\mathrm{D}}} \right]^{1.5} \tag{7-7}$$

式中：i_0 为清水阻力坡度，$i_0 = \dfrac{2fV^2}{gD}$，载体为水时，$i_1 = i_0$；C_V 为非均质颗粒的体积浓度，$C_\mathrm{V} = C_\mathrm{P} \left(1 - \dfrac{C}{C_\mathrm{A}} \right)$。

上式 C_V 中 $\dfrac{C}{C_\mathrm{A}}$ 为管顶处与管中心矿浆浓度的比值，计算公式如下：

$$\lg \frac{C}{C_\mathrm{A}} = -1.8z = -1.8 \frac{\omega}{\beta \kappa \nu} \tag{7-8}$$

式中：z 为悬浮指数；β 为伊斯梅尔系数，假设取值为 1；κ 为卡门系数，假设取值为 0.4；ν 为摩阻速度，m/s。

综上整理公式如下：

$$i_\mathrm{m} = i_0 \left\{ 1 + K C_\mathrm{V} \left[\left(\frac{gD}{V^2} \right) \left(\frac{\rho_\mathrm{s} - \rho}{\rho} \right) \frac{1}{\sqrt{C_\mathrm{D}}} \right]^{1.5} \right\} \tag{7-9}$$

其中：

$$i_0 = \frac{2fv^2}{gD}, \quad C_\mathrm{D} = \frac{4}{3} \frac{(\rho_\mathrm{s} - \rho) gd}{\rho \omega^2}$$

$$f = 0.0275 \left(\frac{\Delta}{D} + \frac{68}{Re} \right)^{0.25}, \quad Re = \frac{dv\rho_\mathrm{m}}{\mu}$$

式中：i_m 为矿浆水力坡度；i_0 为清水水力坡度；K 为常数，80~150，取 82；C_V 为体积浓度，%；D 为管径，m；$\dfrac{\Delta}{D}$ 为管道相对粗糙度；v 为平均流速，m/s；g 为重力加速度，m/s^2；ρ 为清水密度，g/cm^3；ρ_s 为固体颗粒密度，g/cm^3；ρ_m 为浆体密度，g/cm^3；C_D 为颗粒阻力系数；f 为清水的管道摩阻系数；ω 为固体颗粒沉降速度，cm/s；d 为颗粒直径，m；μ 为清水黏度，Pa·s。

(2)清华大学费祥俊浆体水力计算公式。

清华大学费祥俊浆体水力计算公式的要点是计算阻力损失机理，从两种不同阻力的性质出发，考虑引起这两种不同性质阻力的因素，再由力的平衡方程推导出总的阻力损失。公式以水力坡度的形式来表达，即：

$$i_m = \frac{2\alpha f v^2}{gD} \cdot \frac{\rho_m}{\rho} + 11\mu_s C_V \left(\frac{\rho_s - \rho_m}{\rho}\right) \frac{\bar{\omega}}{v} \tag{7-10}$$

式中：α 为修正系数，$\alpha = 1 - 0.41g\mu_\gamma + 0.2(\lg\mu_\gamma)^2$；$\mu_\gamma$ 为浆体的相对黏滞系数，悬液取值范围 5～20；μ_s 为摩擦系数；f 为阻力系数，$f = 0.0275\left(\frac{\Delta}{D} + \frac{68}{R}\right)^{0.25}$；$\bar{\omega}$ 为颗粒的平均沉速，m/s；D 为管径，m；$\frac{\Delta}{D}$ 为管道相对粗糙度；v 为平均流速，m/s；g 为重力加速度，m/s^2；ρ 为清水密度，g/cm^3；ρ_s 为固体颗粒密度，g/cm^3；ρ_m 为浆体密度，g/cm^3。

（3）金川浆体管道水力计算公式。

对于粗颗粒组成物料，多数经验公式大多适用于固体颗粒在 0.25～2 mm 这个范围，而对 -3 mm 人工砂或者高浓度料则会出现计算结果与实测值有较大或很大差异。因此，每个矿山企业在管道输送技术应用之前，除了用经验公式计算作为参考外，还应通过专门的试验来确定输送参数。

金川浆体管道水力计算公式是在对 -3 mm 各种砂制备成的胶结充填料浆进行大量试验的基础上，通过对试验数据总结归纳，并经过对数变换，使曲线直线化推导出来的，之后与国内外的许多实测数据和其他公式比较并进行校验。实践证明，金川水力计算公式计算出的似均质高浓度料浆的水力坡度误差很小，尤其适用于 -3 mm 各种砂料高浓度料浆水力坡度的计算，可以作为水力输送固体颗粒物料的设计计算公式，或作为矿山企业预测水力坡度的依据。

$$i_m = i_0 \left\{ 1 + 108 C_V^{3.96} \left[\left(\frac{gD(\rho_s - 1)}{v^2} \right) \right]^{1.12} \right\} \tag{7-11}$$

式中：

$$i_0 = \lambda \frac{v^2}{2gD}, \quad C_D = \frac{4}{3} \frac{(\rho_s - \rho)gd}{\rho \omega^2}$$

$$\lambda = \frac{1}{3.24(\lg Re - 1)^2}, \quad Re = \frac{dv\rho}{\mu}$$

式中：i_m 为水力坡度；i_0 为清水水力坡度，m(H$_2$O)/m；K 为常数，80～150，取 110；C_V 为体积浓度，%；D 为管径，m；V 为流速，m/s；g 为重力加速度，9.81 m/s^2；ρ 为清水密度，g/cm^3；ρ_s 为固体颗粒比重，g/cm^3；C_D 为阻力系数；λ 为清水的管道摩阻系数；ω 为固体颗粒沉降速度，cm/s；d 为颗粒直径，m；μ 为清水黏度，Pa·s。

（4）自流明渠输送。

当输送线路的地形允许，自流明渠输送是一个非常安全而且运行成本很低的输送方式。对于矿浆自流明渠输送，B.C.克诺罗兹提出了如下计算公式：

当 $d_p \leqslant 0.07$ mm 时：

$$Q_k = 0.2\beta A(1 + 3.43 \sqrt[4]{C_d h_1^{0.75}}) \tag{7-12}$$

当 $0.07 < d_p \leqslant 0.15$ mm 时：

$$Q_k = 0.3\beta A(1 + 3.5 \sqrt[3]{C_d} \cdot \sqrt[4]{h_1}) \tag{7-13}$$

式中：Q_k 为矿浆流量，m^3/s；通常以最大流量值求断面，以最小流量验算坡度；h_1 为临界流速时的槽内水深，即临界水深，m；d_p 为尾矿的加权平均粒度，mm；A 为过流断面面积，m^2，$A = B \cdot h_1$；B 为过水断面宽度，m；C_d 为尾矿浆重量稠度的 100 倍；β 为相对密度修正系数，$\beta = \dfrac{\gamma_g - 1}{1.7}$；$\gamma_g$ 为尾矿相对密度。

7.3.4 矿浆管道输送系统的工艺流程设计

在浆体管道输送的基本设计参数确定以后，为实现浆体管道的安全、经济输送，必须根据浆体输送的原理和目标进行管道输送系统的工艺流程设计。设计内容包括所需要的各种装备、仪器仪表、控制原理和安全保护等，并且把这些单个功能的个体单元形成一个整体的系统。浆体管道输送系统的工艺流程设计者必须对浆体管道输送系统的基本设计参数、管道线路、浆体流程原理、单个设备的功能和特性、系统控制以及类似项目的经验与教训等有充分的理解和掌握。图 7-3 是一条自流浆体管道系统输送工艺流程图。

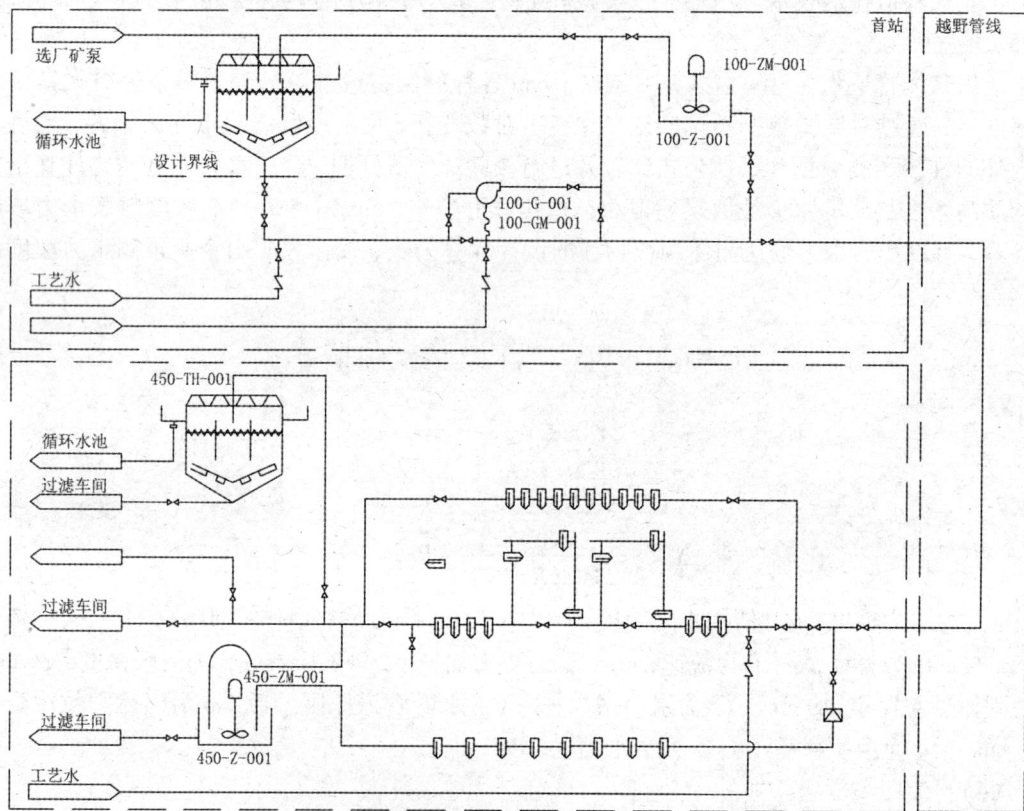

图 7-3 自流浆体管道系统输送工艺流程图

7.3.5 经济合理的装备选择

浆体物料管道输送系统所需要的装备非常特殊，通常这些设备应具有高压、耐磨、防腐、自动控制和自我保护等功能。而且这些设备大多仅限于浆体输送行业，设备价格比较高。因此，如何经济合理地进行设备选型，将直接影响到工程造价、运行费用和安全可靠性等。浆体管道输送系统的设计者必须对单个设备的特性和功能，以及不同品牌设备的性价比有充分了解和掌握，做到充分利用每个设备的特性，达到经济合理的要求。

7.3.6　管道系统的优化与安全设计

在完成浆体物料管道输送系统的工艺设计和装备初步选型以后，管道输送系统的整体优化和安全保护设计也是非常关键的一环。管道输送系统的整体优化包括：设计系统单元的合理布局、主要装备设备的性价比、运行自动控制系统的经济效益优化、管道系统总性能的相互优化搭配等。

浆体物料管道输送系统的安全保护设计是系统可靠性的保障。浆体物料管道输送系统的安全保护要求建立在3个绝对安全的层次上：①单个主要设备的自我安全保护功能；②系统控制程序的异常自动保护功能；③系统安全保护的特别装置设计，如预防高压破坏的压力释放阀和压力破裂片等。系统安全设计的原则是任何误操作都不会造成主要设备的破坏和较长时间的停机。

7.3.7　浆体物料输送管道的设计和运行要求

浆体物料输送管道的设计和运行要求如下：

(1)必须严格控制输送矿物的粒度、物流组合粒度比例(粒度分布)及浓度，同时考虑管道允许最大坡度。不但使其符合正常管道输送要求，且满足一旦停止流动后还能重新启动，继续进行输送工作。

(2)矿物输送管道的输送量需要增大时，不能通过增设泵站的办法解决。所以管道允许的输送量应按最终发展要求考虑，在管道运行初期可交替输送矿物混相流或水，也可间断进行矿物输送或降低物料浓度。

(3)当管道输送量达到设计能力时，除了设计时留有的安全余量外，不可再采用提高物流浓度或增大流量的办法来增加输送量，否则会使输送泵的工作压力和功率超过设计值，且会加剧管道磨损而缩短寿命，严重时会导致设备停运。

(4)在长距离输送管道系统中，多级离心渣浆泵站可以作为主管道输送泵。由于单级离心泵的壳内压力受到限制，难以获得较高的设计压力，且叶片易被矿物颗粒击损，加之渣浆泵的效率低，流速不易控制，因而单级渣浆泵站的串联运行压力不得超过2.5 MPa，渣浆泵站的级数也不应超过2级。

(5)因输送管道中始终有水存在，会对钢管有腐蚀作用。为了缓解磨损现象，可在输送过程中注入浆料添加剂和水缓蚀剂，还应在管道系统中附设防腐装置，使管道在工作期间得到有效的防腐保护。当输送物料有严重防腐性时(如铜精矿)，需要采用内衬耐腐材料并与耐压钢管形成耐腐性耐压复合管，以增强输送管道的防腐保护。

7.4　浆体物料管道输送的主要设备

浆体物料管道输送系统的主要设备包括动力设备(泵)、输送管道、控制阀门以及相关仪器仪表。

7.4.1 离心渣浆泵

根据水力计算,当管道线路首尾或局部落差不能克服管道的浆体阻力时,管道浆体输送就需要借助动力设备推动。离心渣浆泵是常见的浆体管道输送动力设备,常用的渣浆泵外部照片和内部结构分别如图7-4和图7-5所示。由于离心渣浆泵提供的动力有限,即使采用多级离心渣浆泵串联,其动力最大仅为 3 MPa 左右,无法满足高压力的浆体管道输送需求。但通过多级泵站的布置方式,离心渣浆泵可用于输送更高压力的浆体管道输送系统。离心渣浆泵的主要优势是单泵输送流量大,设备价格低,运行和维护成本低。其缺点是泵的效率低,而且泵的效率随泵的运行工况变化很大,在多数情况下,离心渣浆泵的实际运行工况效率在50%左右。因此,未来离心渣浆泵将成为浆体管道输送动力设备的首选。

图7-4 渣浆泵

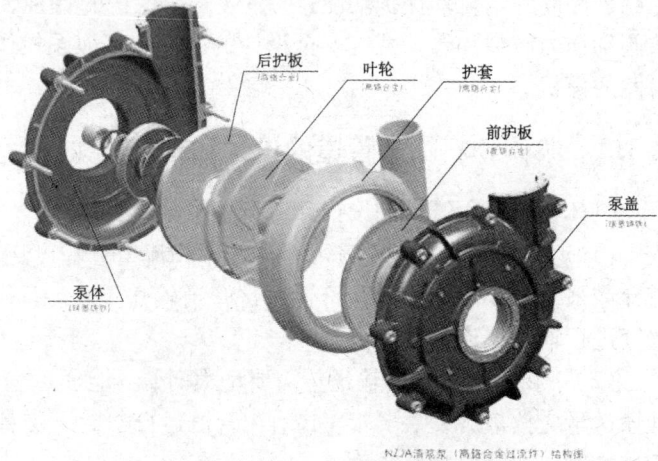

后护板 叶轮 护套
前护板
泵盖
泵体

NJJA清浆泵(高铬合金过流件)结构图

图7-5 渣浆泵的内部结构与部件

水隔离泵是另外一种利用离心泵作为动力的浆体管道输送动力设备,其工作原理是利用多级清水泵作为动力,用在一个圆筒内来回运动的球把矿浆与水隔开,这样单台多级清水泵就可为浆体管道输送系统提供 5 MPa 左右的压力。

离心渣浆泵或水隔离泵系统虽然价格低,但由于泵的输送流量受到泵的特性曲线制约,当管道内粗颗粒沉降而造成阻力增加时,泵的输送流量就会下降,进而会导致更多的浆体颗粒沉降,直至管道完全堵塞。同时,如果管道的设计阻力计算过于保守,过低的管道浆体阻力又会造成过大的输送流量而消耗清水。因此,离心渣浆泵应该配备变频电机,以便根据浆体管道的阻力来调控管道内浆体流量。

离心渣浆泵的选型主要参数为扬程和流量。渣浆泵的扬程应该与管道水力计算得到的浆柱一致,而渣浆泵的压力等于扬程乘以矿浆的比重。由于几乎所有的渣浆泵供应商提供的渣浆泵选型手册都是基于清水扬程,而用于泵送矿浆时,渣浆泵的扬程会减少约2%。因此,渣浆泵所产生的推力是随着矿浆物料密度的变化而变化的。当清水通过100 m扬程的渣浆泵时,渣浆泵所产生的推力等于1 MPa,而当密度为2.0 t/m³的铁精矿矿浆通过同一渣浆泵时,渣浆泵所产生的推力约为2 MPa。因此,当采用渣浆泵作为浆体物料管道输送的动力设备时,在水推浆运行工况下,渣浆泵的推力下降会造成管道的矿浆流速迅速降低。所以,选用渣浆泵时一定要考虑在清水管线上补充足够的压力,以保证渣浆泵的出口压力在清水通过渣浆泵时也能够有相同推力。

渣浆泵的选型设计对渣浆泵的使用寿命和运行稳定性有着很大的影响,一个科学合理与否的选型设计,将影响着渣浆泵是否能够达到最佳的高效运行状态。高效运行的渣浆泵有三大特点:

(1)渣浆泵的运行效率高,损耗少。

(2)泵的过流部件使用寿命相对较长,生产成本较低。

(3)整个工况系统稳定运行,不会因为泵的运转问题而影响整个工况系统的工作。

7.4.2 高压隔膜泵

当浆体管道系统的输送压力超过 3 MPa 或者输送高浓度浆体时,隔膜泵将会是最佳的选择,目前的隔膜泵压力最高可达 25 MPa。如图 7-6 所示,隔膜泵的工作原理是通过来回运动的活塞来挤压隔膜内的浆体,浆体在挤压作用下由进出口逆止阀的开和关来实现连续向前流动。因此,隔膜泵属于容积泵类别。同样属于容积泵类别且用于浆体输送的压力泵还有柱塞泵,柱塞泵一般用于高浓度浆体输送,如膏体地下充填。

由于隔膜泵的流量完全取决于隔膜泵的活塞冲程次数(泵速),因此当浆体特性发生改变而造成管道的阻力增加时,也不会出现因降低隔膜泵的流量而造成低流速后发生管道堵塞的现象。但是隔膜泵的造价昂贵,投资成本通常是渣浆泵的几倍。

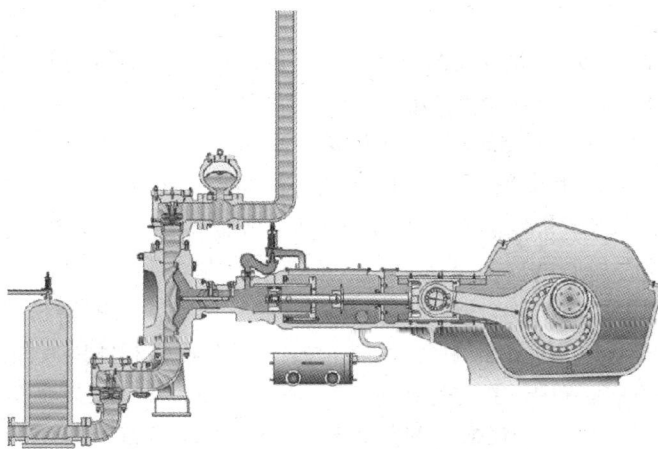

图 7-6 浆体隔膜泵的结构和工作原理示意图

7.4.3 浆体阀门

浆体管道输送的控制方式主要靠浆体阀门实现。由于阀门开关时,浆体对阀门的磨损严重,而且阀门关闭时必须保证无泄漏,因此,浆体阀门的技术要求很高。目前常用的浆体阀门主要有两种:①刀闸阀(图 7-7),主要用于低于 3 MPa 的低压浆体管道,其价格低廉;②球阀(图 7-8),主要用于高压浆体管道,但价格较为昂贵。无论是刀闸阀或球阀在正常工作时都必须处于全开或全关状态,否则阀门会被迅速磨损。不可避免的阀门开和关的过程是阀门磨损的主要原因,一旦阀门出现泄漏,在几小时内就会造成阀门的完全损坏。因此,为了确保阀门完全关闭后无泄漏，浆体管道的主要位置都会设置两个阀门，分别作为磨损阀和密封阀。

图7-7 用于浆体管道输送的刀闸阀

图7-8 用于浆体管道输送的球阀

7.4.4 耐磨管道

管道磨损是浆体管道输送系统最为复杂且难以准确估计的问题。浆体造成管壁磨损的因素很多，包括流速、浆体粒度、浓度、压力、浆体颗粒形状和坚韧度等，其中最为主要的因素为浆体流速和粒度。研究表明，管道磨损分别与浆体平均粒径的2.15次方和浆体流速的1.85次方成正比。

浆体在输送过程中必然会对管道内壁带来一定的磨损，因管道磨损而造成浆体泄漏不仅对生态环境带来不利影响而且还会产生重大安全隐患。因此如何防止管道磨损是浆体管道系统设计者必须仔细考虑的问题，特别是输送粗颗粒浆体，如尾矿、原矿和砂矿等。

为了增加管道内壁的耐磨性，除了采用美国石油协会（API）规定的管线钢管外，通常还会考虑使用耐磨管道。目前常用的耐磨管道有两种：双金属复合管和内衬复合管。双金属复合管通常是在普通钢管内通过物理或化学的方法在钢管内部形成一种高耐磨金属，如铸铁、贝氏体和三氧化二铝等。内衬复合管是在钢管内壁额外内衬一层耐磨材料，如陶瓷、橡胶、HDPE、超高分子和聚氨酯等。由于耐磨管道的耐磨性能、价格和使用条件不同，已广泛应用于不同浆体的管道输送工程中。在长距离浆体管道输送项目中，如果浆体颗粒较细，HDPE内衬管道应用最多，其原因是HDPE内衬管可以在施工现场熔焊加工，HDPE熔焊后内衬在热焊好的钢管内，而且长度达1000 m时才需要安装一个法兰，其价格也较低。图7-9是一典型耐磨内衬管道及法兰连接方式。

由于浆体对管道的磨损与浆体的物理特性密切相关，而且各种耐磨管道的材质、耐磨特性、应用条件以及价格差别很大。因此在浆体管道设计时，必须对所输送浆体的物理特性进行充分实验研究，熟悉浆体管道输送系统的设计及耐磨管道的使用，否则将会对浆体管道系统的投资、安全性和可靠性产生很大的影响。

目前工程上使用的浆体输送管道种类很多，近年来，随着高分子技术的进步和价格的降低，钢塑复合管在国内外浆体输送管道项目中得到了广泛应用，特别是聚氨酯内衬复合管和耐磨HDPE内衬复合管。表7-4列出了目前工程中常用的浆体输送管道特性、优缺点和使用范围。

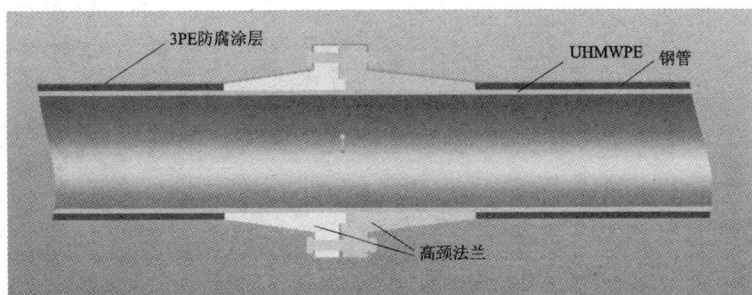

图 7 – 9 内衬耐磨浆体管道及连接方式

表 7 – 4 常用浆体输送管道特性、优缺点和使用范围

管道名称	耐磨性	优点	缺点	应用范围
API 管道裸钢管（无内衬）	良	可以现场焊接，无需法兰，弯头制作容易，制作与安装可靠性高，成本低	耐磨性差，抗腐蚀性差	长距离浆体输送，腐蚀与磨损较少的浆体
铸石复合管	优	耐磨性好	成本高，弯头制作难，抗腐蚀性差，运输安装困难	短距离输送，各种浆体
钢玉复合管	优	耐磨性好	成本高，弯头制作难，抗腐蚀性差，运输安装困难	短距离输送，各种浆体
贝氏体管道	良	可现场外套焊接，无需法兰，成本较低	抗腐蚀性差，质量难控制	长距离浆体输送，磨蚀较大的浆体
HDPE 复合管	良	可现场焊接，法兰少，抗腐蚀性好，成本较低	不能用于太粗颗粒浆体输送	长距离中细颗粒浆体，腐蚀性强浆体
超高分子复合管	良	抗腐蚀性好，成本较低	法兰多，不能用于粗颗粒浆体输送	短距离中细颗粒浆体，腐蚀性强浆体
橡胶内衬复合管	优	耐磨性好，抗腐蚀性好	法兰多，成本较高，弯头制作难，橡胶有老化和脱落的风险	短距离输送，各种浆体
陶瓷内衬复合管	优	耐磨性好，抗腐蚀性好	法兰多，成本较高，弯头制作难	短距离输送，各种浆体
聚氨酯内衬复合管	优	耐磨性好，抗腐蚀性好	法兰多，成本较高，弯头制作难	短距离输送，各种浆体

7.4.5 管道消能设备

当浆体管道系统的位置落差所产生的势能大于浆体管道所产生的阻力（在设计流量工况下）或局部下坡段在浆体推动水的运行工况下，多余的能量就会造成管道的局部段出现加速流并产生负压，从而造成对管道的破坏。消除浆体管道系统的局部加速流的常用解决方案是

在形成加速流的下游安装消能孔板(见图7-10)，从而消耗管道内的多余能量，即增加管道的局部水力损失。消能孔板的工作原理是通过消能孔板的过流管径的突然变小和扩大来增加局部水力损失。

如果需要消耗的能量多，则需要设计由一组或多组消能孔板组成的消能孔板站，一个浆体管道输送系统可以建设多个消能孔板站，如智利洛斯布朗西斯铜矿的原矿输送管道长50 km，共设计了5个消能孔板站，每个消能孔板站能消耗掉500～600 m的水头压力。图7-11是一个典型的消能孔板站(秘鲁安塔米纳多金属矿的精矿输送管道)，在三个倒U形管上安装了2个消能孔板，

图7-10　用于浆体管道的消能孔板

底部安装有一个旁通阀门用于调控这组消能孔板。因此，倒U形管上的消能孔板是可调控的，其他安装在主管线上的消能孔板为固定式的。

图7-11　秘鲁安塔米纳多金属矿的精矿输送管道消能孔板站

7.5　浆体输送管道的磨损

浆体输送管道的磨损非常复杂，在实际工程中造成管道磨损的原因较多，往往不能准确分析判断。根据管道磨损的机理和工程案例分析结果，导致浆体输送管道磨损的原因有四种：浆体摩擦磨损，浆体颗粒沉降磨损，浆体颗粒冲击磨损和管道真空加速流磨损。

7.5.1　浆体摩擦磨损

浆体在管道运动过程中，浆体颗粒会与管道内壁发生摩擦而造成管道内壁的磨损。浆体管道在正常工作状态下，当浆体浓度在管道顶部和底部相差不大时(约10%)，矿浆颗粒基本

上均匀地悬浮在载体母液之中。而且，当浆体颗粒在重力差作用下靠近管道底部时，由于管壁流体边界层的紊流作用和流速变化而造成浆体颗粒的升力，从而导致浆体颗粒很难接近管道内壁。因此，在正常情况下浆体对管道内壁的摩擦磨损比较小，而且在圆周方向上对管道内壁的磨损比较均匀(如图 7 - 12 所示)。

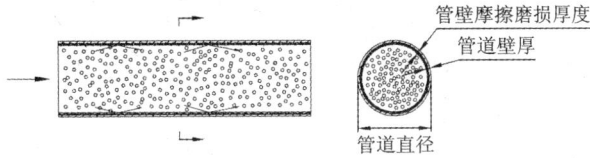

图 7 - 12　浆体输送管道的正常摩擦磨损示意图

研究和实测结果表明，浆体对管道内壁摩擦磨损分别与浆体平均粒径的 2.15 次方和浆体流速的 1.85 次方成正比，因此管道内壁摩擦磨损率可以根据如下公式计算：

$$\delta_2 = \delta_1 \left(\frac{d_2}{d_1} \right)^{2.15} \left(\frac{v_2}{v_1} \right)^{1.85} \tag{7-14}$$

式中：δ_1 为类似矿浆的物理磨损率，mm/y；δ_2 为新矿浆的物理磨损率，mm/y；d_1 为类似矿浆的平均粒径，mm；d_2 为新矿浆的平均粒径，mm；v_1 为类似矿浆的流速，m/s；v_2 为新矿浆的流速，m/s。

因此，当浆体管道输送的浆体颗粒较小(如大多数精矿)，沉降流速较低时，大多采用无内衬的普通 API 所规范的管材管道(按承压能力 X 分级)。如 API 5LX65 管材管道，当浆体细粒度 -0.04 mm 粒级含量在 75% 以上，浆体对管道的摩擦磨损一般采用 0.1 mm/y 进行设计。巴西萨马科铁矿的第一条铁精矿管道已经运行超过了 35 年，运行结果表明管道的磨损率低于 0.1 mm/y；因此，虽然这条管道已经超过 30 年的设计寿命，不仅未更换，而且管道的输送能力从设计时的 1200 万 t/a 提高到了目前的 1650 万 t/a。国内目前正在运行的多条长距离精矿管道也都是采用无内衬 API 管材管道。

在设计浆体管道时，如果对浆体物理特性有充分的研究，并根据管道设计要求和使用寿命预留一定的管壁磨损厚度，就可采用无内衬 API 管材管道作为浆体输送管道。事实上，智利洛斯佩拉雷斯(Los Pelambres)铜矿的铜尾矿管道(长为 50 km，直径为 36 in)就采用了无内衬 API 5LX65 管材管道。该尾矿 -0.04 mm 粒级含量仅为 40%，$d_{90} = 89\%$，浆体流速为 3 m/s。通过 1 年半的跟踪观察近 10 个磨损测量站的管壁厚度，结果发现管道的磨损率为 0.7 mm/y，低于设计预留的 1.0 mm/y 管道预估磨损率。因此，只要设计合理，高流速粗颗粒的浆体管道仍可采用无内衬 API 管材管道。

7.5.2　浆体颗粒沉降磨损

如果浆体在管道内的流速低于浆体的沉降流速，浆体中的粗颗粒就可能出现沉降至管道底部，由此造成管道底部的局部磨损。如图 7 - 13 所示，造成管道沉降磨损的主要原因是浆体颗粒下沉至管道底部发生碰撞和沉降的粗颗粒在管道底部滚动摩擦所产生的磨损。因此，在设计浆体管道确定最低流速时，一定要避免发生浆体流速低于浆体在管道的沉降流速，并留有至少 10% 的安全余量。目前还缺乏准确的方法计算确定浆体在管道内的沉降流速，因此在浆体管道设计中，主要是采用半经验公式针对不同特性的浆体预估，然后结合经验对计算结果进行合理性判断，部分大型、重点项目也会开展模型或原型环管实验。因此，长距离浆体管道输送项目一般要求设计一个固定原型检测环管，以便在矿浆管道系统正式运行前能对矿浆特性进行测试。

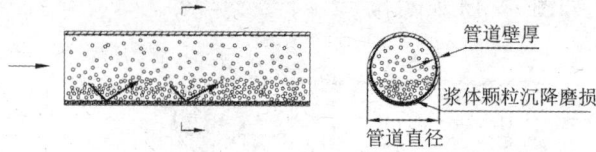

图 7 - 13　浆体输送管道的沉降摩擦磨损示意图

7.5.3　浆体颗粒冲击磨损

浆体颗粒对管道的冲击磨损主要发生在转弯半径较小的弯管处，如图 7 - 14 所示。由于浆体颗粒比重高，当管道出现转弯时，浆体颗粒在惯性作用下将继续保持直线运动冲击管壁，从而造成管道的局部磨损。同时，由于浆体通过弯管时会在冲击磨损区域产生局部高速二次环流，也加速了管道转弯区域的冲击磨损。

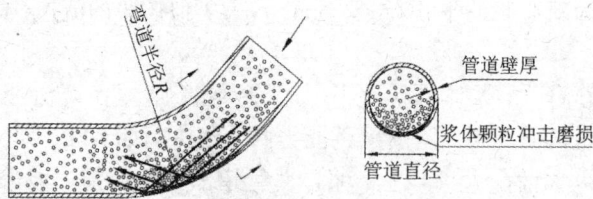

图 7 - 14　浆体颗粒对管道的冲击磨损示意图

浆体颗粒对管道的冲击磨损的破坏程度取决于两个主要因素：管道的转弯半径和浆体在管道内的流速。为了避免浆体颗粒对管道的冲击磨损，越野管道通常要求管道的转弯半径大于 20 倍管道直径；对于厂区内的浆体管道，由于受场地的限制，转弯半径不可能太大，但应尽量要求大于 5 倍管道直径，并要求管道材质具有高耐磨性，同时要求至少每年检测一次。管道流速按设计流量要求难以改变，但如果在弯头部分过分加大壁厚和内衬厚

**图 7 - 15　秘鲁安塔米纳多金属矿的精矿输送管道
发生的管道弯头冲击磨损造成的矿浆泄漏事故现场**

度将缩小管道的过流面积，从而增加浆体流速，也容易导致管道的冲击磨损。图 7 - 15 是秘鲁安塔米纳多金属矿的精矿输送管道 2012 年 7 月 25 日因管道弯头冲击磨损造成的矿浆泄漏现场。

7.5.4　管道真空加速流磨损

当管道内的压力低于浆体当地汽化压力后，管道出现加速流而产生的管道局部非正常磨损，称为管道真空加速流磨损。当管道内的压力回升至浆体汽化压力后，这些气化泡在压力的作用下会迅速溃灭并形成冲击压力。如果气化泡溃灭发生在管壁附近，就有可能对管道产生气蚀。因此，管道真空加速流对管道的破坏非常严重，通常在3~6个月内就能把耐磨管道磨穿而产生管道泄漏。因此，在浆体管道设计时，必须要避免在管道内出现真空加速流。对于地形复杂的长距离管道线路，设计时一定要做分批流运行的验证，以便保证管道在任何工况运行都不会有真空加速流的出现。

消除浆体管道系统局部加速流的常用解决方案就是在加速流的下游安装消能孔板或消能孔板站。

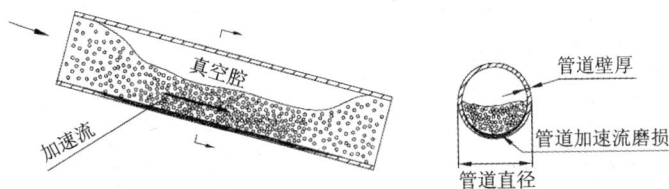

图7-16　浆体管道真空加速流磨损示意图

7.5.5　管道输送的安全运行及监测技术

浆体管道输送的最大安全隐患就是管道过度磨损而造成的矿浆泄漏。矿浆管道泄漏不仅会造成矿山停产和物料损失，而且还会带来严重的环境污染，高压管道的矿浆泄漏也可能造成重大安全事故。

虽然浆体输送过程中对管道的摩擦磨损是不可避免的，但相对来说比较小，其磨损程度可以根据浆体物理特性和实验结果进行预估。其他非正常的管道磨损，也可以通过合理的管道设计进行避免，从而大大地提高浆体管道的安全可靠性和使用寿命。此外，如果设计合理，矿浆管道输送系统的投资也会大幅度降低。因此，一个合理的浆体管道系统的设计不仅可以消除管道的非正常磨损，而且可以大幅节省管道系统的投资和后期的运行费用，特别是在消除了这些管道泄漏隐患后，浆体管道的安全性和可靠性得到了提高，对环境保护也十分有利。

国内目前运行的许多浆体输送管道，特别是粗颗粒尾矿输送管道由于设计的错误和不合理而频繁出现管道磨损严重，进而发生浆体泄漏，由此带来巨大的经济损失、安全和环境破坏。一旦矿浆管道发生浆体泄漏，必须及时发现并尽量把损失控制在最低范围内，因此长距离矿浆输送管道一般都装有自动控制和泄漏报警与检测系统。其原理是通过沿线的压力监测站所传输的实时压力变化值来分析和判断泄漏是否发生和可能发生泄漏的地段。根据现代最先进的管道泄漏检测系统，管道泄漏的精度可以控制在泄漏流量高于管道输送流量的3%情况下，并且能够在泄漏后30 s内报警，预测的泄漏地点在200 m范围内。

7.6 浆体物料输送管道的典型工程案例与发展趋势

7.6.1 浆体物料输送管道的典型工程案例

自从20世纪70年代开始,浆体物料管道输送项目开始应用于矿业工程,由此为矿山物料输送提供了一种最经济,最环保和最安全的输送方式,其中最为典型的工程案例有:

1)巴西萨马科铁精矿管道输送系统。

巴西萨马科铁矿的第一条铁精矿管道输送系统于1979年投入运行,是世界上管道最长、输送量最大的长距离矿浆输送管道,已经连续运行了39年,其设计参数如下:

(1)管道长度:398.4 km;

(2)设计输送铁精矿:1200万 t/a;

(3)管道直径:508 mm/457 mm;

(4)管道材质:API 5L X65,无内衬;

(5)矿浆流量:1064 m^3/h;

(6)输送浓度:65%;

(7)2级泵站;

(8)投入运行时间:1979年;

(9)管道设计寿命:25年;

(10)阀门站:2个;

(11)矿浆粒度: -325目 =89%, -200目 =99.8%;

(12)起点海拔高程:964 m;

(13)终端海拔高程:27 m。

图7-17是巴西萨马科铁精矿管道输送线路剖面与水力坡度线。通过优化、技改,在运行25年(设计寿命)后,萨马科第一条铁精矿管道不仅没有停止运行,而且铁精矿输送量已提高至1650万 t/a。由于铁精矿产能的进一步提高,萨马科铁矿于2008年和2013年分别完成了第二和第三铁条精矿输送管道的建设,并投入了运行(图7-18),设计产能分别为750万 t/a 和2000万 t/a,因此巴西萨马科铁矿是世界上使用管道输送物料最多的矿山。萨马科铁矿充分利用管道输送的低廉运输成本和巨大的铁矿石产能,在全球铁矿石价格波动中占据了主动。

2)智利拉斯皮朗贝瑞斯铜尾矿管道输送系统。

智利拉斯皮朗贝瑞斯铜尾矿管道输送系统是目前世界上最大的尾矿管道输送系统,2009年投入运行,其设计参数如下:

(1)管道长度:49 km;

(2)设计输送铜尾矿:4400万 t/a;

(3)管道直径:914 mm;

(4)管道材质:API 5L X65,无内衬;

(5)设计管道磨损率:1 mm/a;

(6)矿浆流量:6200 m^3/h;

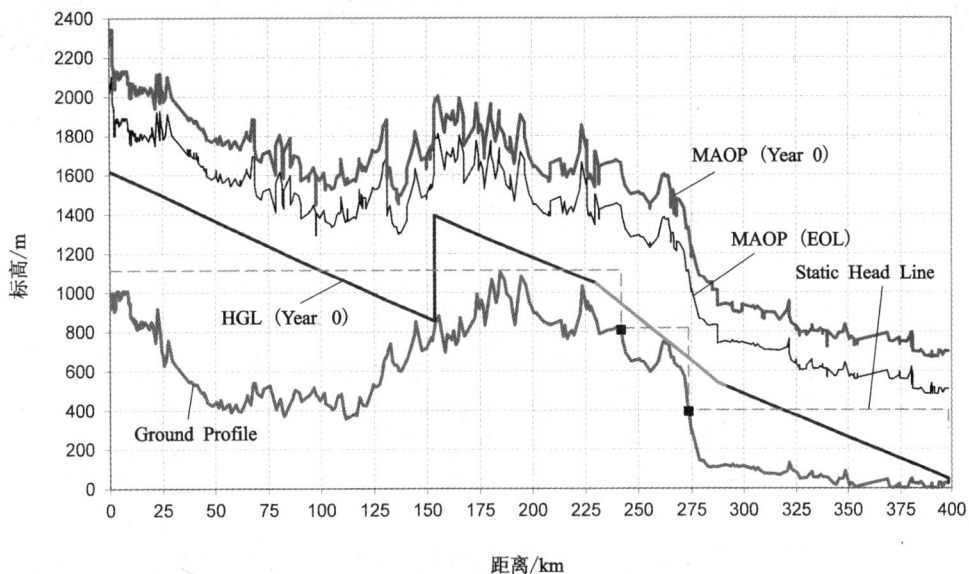

图 7 - 17　巴西萨马科铁精矿管道输送线路剖面与水力坡度线

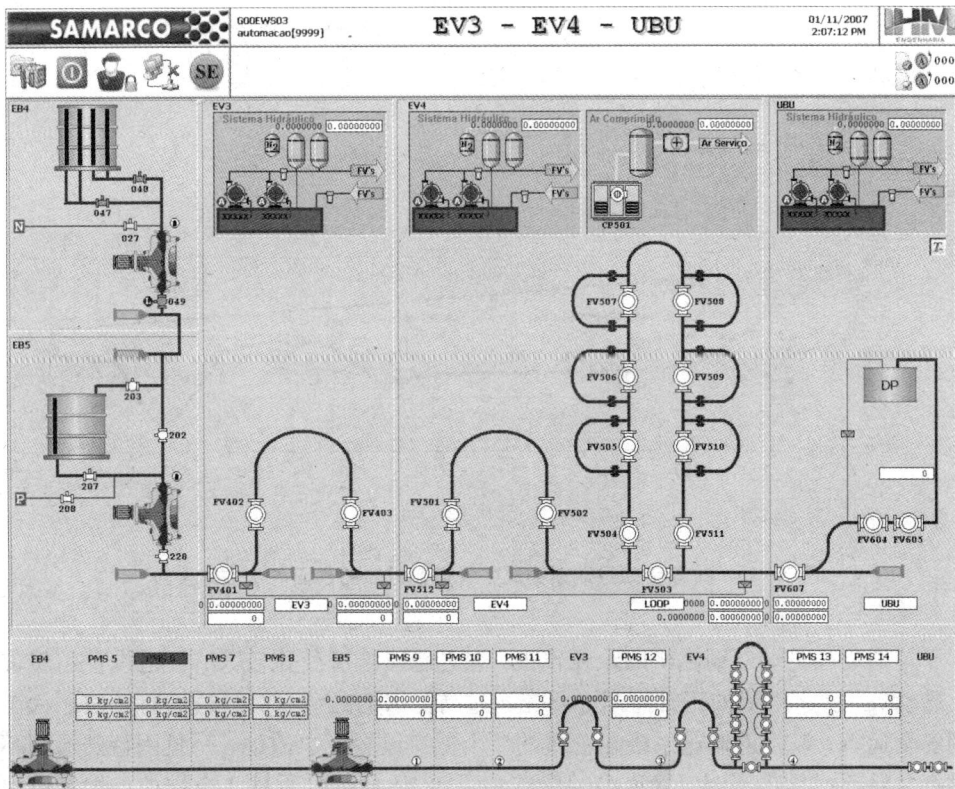

图 7 - 18　巴西萨马科铁矿第二条精矿管道输送流程控制图

（7）输送浓度：55%；

（8）满管有压自流，但配有三台渣浆泵用于提高输送量；

（9）投入运行时间：2009年；

（10）管道设计寿命：20年；

（11）消能控制站：1个；

（12）矿浆粒度：−325目35.6%，−200目39.2%；

（13）起点海拔高程：1469 m；

（14）终端海拔高程：1078 m；

（15）沿线设了2个事故池，9个管道磨损观察站。

图7−19是拉斯皮朗贝瑞斯铜尾矿管道输送线路剖面与水力坡度线。由于该矿山的尾矿颗粒较粗，−200目尾矿颗粒仅占39.2%。反复比较各种管材的优缺点，考虑到安全可靠性，最后确定采用API 5L X65无内衬钢管，设计管道磨损率为1 mm/a，这也是世界上首次采用无内衬钢管输送如此粗粒度尾矿的长距离矿浆输送管道，也是世界上管道直径最大的长距离矿浆输送管道。根据2009年6月5日至2010年5月14日的运行结果可知（图7−20），除了前10 km的管道存在腐蚀外，管道大部分段的磨损率低于0.6 mm/a，表明只要管道设计正确，采用API 5L X65钢管输送粗颗粒尾矿是完全可行的。

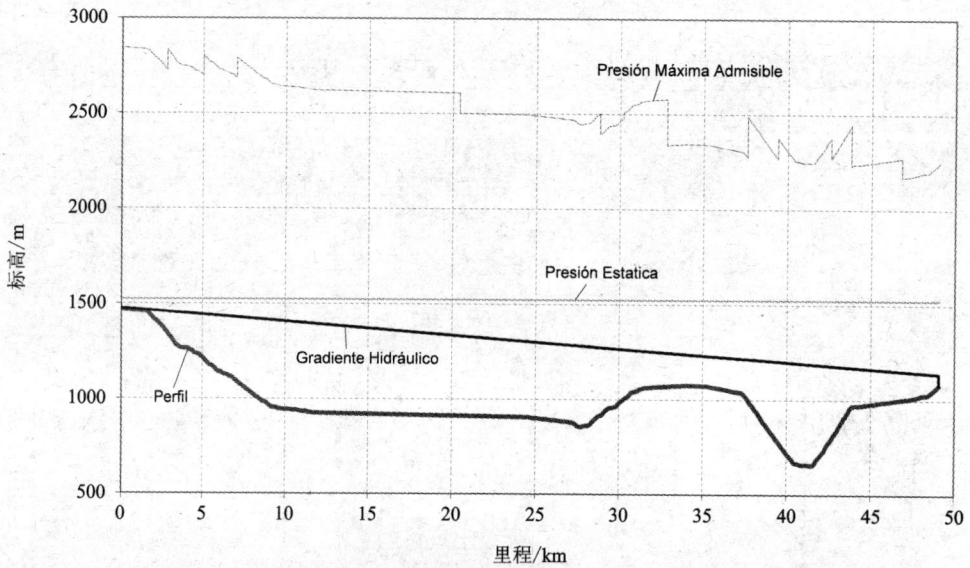

图7−19　拉斯皮朗贝瑞斯铜尾矿管道输送线路剖面与水力坡度线

由于拉斯皮朗贝瑞斯铜尾矿的颗粒较粗，加之地形坡度变化较大，管道设计不容许带浆停车再启动。因此，管道的正常停车必须先通过高位水池的清水对管道进行冲洗。为了保证管道的安全运行，该管道输送系统在管线的2个低点设置了事故池，一旦因特殊原因不能对管道进行冲洗而必须停车时，管道内的尾矿必须在10分钟内通过2个排放点把管道内的尾矿排放到2个事故池中。

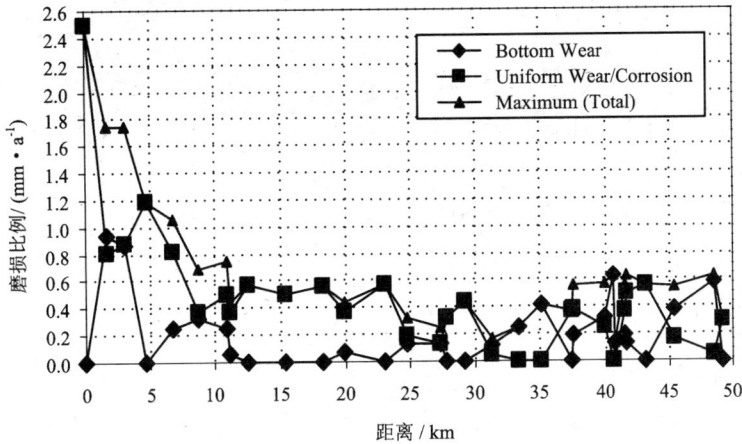

图7-20 智利拉斯皮朗贝瑞斯铜尾矿管道实际磨损率

3)中国云南普朗铜尾矿管道输送系统。

云南普朗铜尾矿管道输送系统于2017年3月完成建设并投入运行,是中国第一条长距离高浓度粗颗粒矿浆输送管道,也是世界第一条长距离高压高浓度粗颗粒矿浆输送管道。管道线路靠近环境敏感的生态保护区,地形复杂,先提升400多米后再进入一条6.2 km的隧道,管道线路的后半段为一个大型U字剖面,因而当泵站突然停电时,管道输送系统必须进行带浆再启动,这也是世界第一条高浓度粗颗粒矿浆带浆停车再启动输送管道,技术难度大,这条管线的成功运行也代表我国长距离粗颗粒矿浆管道高压输送技术的突破。

图7-21是云南普朗铜尾矿管道输送系统线路剖面与水力坡度线,其设计参数如下:

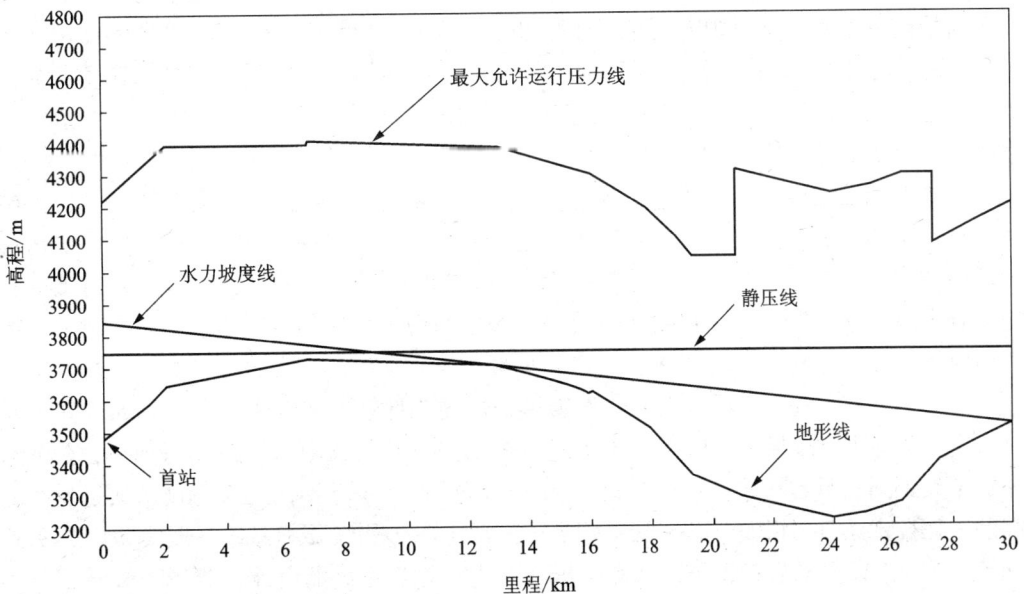

图7-21 云南普朗铜尾矿管道输送系统线路剖面与水力坡度线

(1)管道长度：30 km；

(2)设计输送铜尾矿：1227 万 t/a；

(3)管道直径：530 mm；

(4)管道材质：API 5L X52，无内衬管道/橡胶内衬复合管；

(5)矿浆流量：1841 m^3/h；

(6)输送浓度：55%；

(7)1 级泵站，泵站设计压力 8.5 MPa；

(8)投入运行时间：2017 年 3 月；

(9)管道设计寿命：25 年；

(10)矿浆粒度：-325 目 45.89%，-200 目 60.18%；

(11)起点海拔高程：3484 m；

(12)终端海拔高程：3520 m；

(13)管线低点设事故池；

(14)管线坡度控制 <12%；

(15)需要停车再启动。

7.6.2 长距离浆体物料输送管道的发展趋势

物料管道输送技术已经在矿业开发中得到了广泛应用，特别是铁精矿、煤浆等细颗粒物料输送（-325 目含量大于75%）。随着矿业开发的难度越来越大，矿浆物料管道输送技术面临的技术复杂程度也越来越大，由此对物料管道输送带来更大的挑战性。

7.6.2.1 长距离粗颗粒高浓度输送

目前国内外大多数长距离矿浆管道输送都是细颗粒矿浆，而且矿浆管道的设计有一个严格的粒度要求，即矿浆颗粒粒度小于325 目含量必须大于75%。为满足该技术要求，四川攀枝花的铁精矿输送管道项目中专门增设了塔磨工艺，把-325 目仅有40% 左右的铁精矿进行再磨处理，以达到-325 目含量大于75% 的要求，这样不仅因塔磨系统增加了工程投资，而且塔磨工艺的运行费用较高，甚至高于管道输送的运行成本。因此，粗颗粒矿浆管道输送是未来必须要解决的技术难题。

随着矿山开发的难度越来越大，特别是环境保护的要求更加严格，尾矿处理已成为矿山开发经济指标的一个重要因素。如果矿山附近没有合适的尾矿储存场地，长距离尾矿运输将成为矿山开发经济效益和安全可靠性的关键。针对实际工程的需求，成都科斯管道工程有限公司联合中南大学和湖南大学在粗颗粒管道输送方面做了大量的实验研究，包括高浓度粗颗粒矿浆对管道的磨蚀对比环管实验和管道停车带浆再启动的环管实验，取得了丰富的实验结果。通过实验研究，找到了粗颗粒矿浆对管道磨蚀的关键数据和带浆停车再启动的安全操作解决方案，并将研究成果成功应用于中国云南普朗铜尾矿的长距离管道输送项目，在全球首次完成了长距离粗颗粒矿浆高压输送管道的设计和建设。由于不同的管道输送项目具有完全不同的工程技术条件，粗颗粒矿浆管道输送的解决方案仍然需要不断地开展实验研究和总结实际工程经验，以便更好地指导未来粗颗粒矿浆管道输送系统的设计、建设和运行。

7.6.2.2 尾矿膏体排放与井下充填技术

尾矿膏体排放与井下充填技术是近年来国家大力提倡的尾矿安全环保解决方案。近年来，尾矿膏体排放已经在一些干旱少雨的地区得到了应用，经济、社会效益明显。具有一定流动性的膏体尾矿排放到尾矿堆场后向低处缓流而不会出现粒度分级，在水分蒸发和渗透后形成与自然土相似的干矿粉。尾矿膏体堆放体积小，尾矿堆场(库)安全隐患少，而且有利于闭矿后对尾矿堆场复垦成再生地。图7-22是内蒙白云西矿尾矿膏体排放过程。

图7-22　内蒙白云西矿尾矿膏体排放

对于地下开采的矿山来说，尾矿膏体充填是一种安全、环保的尾矿处理解决方案。在高浓度的尾矿中加入适当骨料和水泥，然后再通过管道泵送至井下采空区形成具有一定强度的固体，这样不仅解决了尾矿排放的问题，也有利于矿体的安全高效开采，提高了资源回收率，消除了安全隐患。因此，尾矿膏体充填已经成为地下矿山首先考虑的尾矿处理方式。

无论是膏体排放还是井下充填，对物料管道输送来说都是一个新的挑战。毫无疑问，管道输送是尾矿膏体排放与井下充填工艺中物料运输的最佳输送方式。但是，由于膏体排放和井下充填在工艺上需要矿浆浓度尽量高，而高浓度膏体的黏性和屈服应力会随着矿浆浓度的变化成几何指数增加，因此如何保持矿浆在高浓度下又有一定的流动性也就成为膏体管道输送的一个关键技术。此外，膏体在管道内运动所产生的阻力很大，而且受浓度变化的影响，阻力波动也很大，加上井下的充填作业点不固定，由此对膏体管道输送系统的设计造成了很大困难，而且常常使设计工况在实际运行中差别较大，因此井下膏体充填管道在运行中经常出现管道堵塞和破裂。这也是今后浆体物料输送管道技术亟需攻克的技术难题。

7.6.2.3　矿浆管道系统操作智能化

矿浆管道系统操作一般都是通过自动控制与操作系统实现，但是由于矿浆管道输送系统工艺复杂，即便是在电脑上进行操作，也需要很高的操作技能。因此操作人员在上岗前都需要经过专业培训和一段时期的实习，在熟练地掌握各个操作过程以后才能独立工作。尽管如此，由于管道输送系统的实际运行工况变化复杂，各种意外情况也时有发生，而且还有可能出现错误操作。因此，如何通过一个基于专家系统实现矿浆管道系统操作智能化是矿浆输送管道系统安全可靠运行的发展方向。一般来说，矿浆管道系统操作智能化的要求包括：

(1)为满足随时变化的产能要求，操作智能化系统能够提出经济合理的最佳运行方案；

（2）为矿浆管道输送系统的安全可靠运行提供技术咨询，合理化建议和操作监视；

（3）为矿浆管道系统的运行故障提供分析咨询和合理的解决方案；

（4）为设备的维护保养提供合理建议和解决方案。

参考文献

[1] 李建成. 矿山装载机械设计[M]. 北京：机械工业出版社，1990.

[2] 黄万吉. 矿山运输机械设计[M]. 沈阳：东北大学出版社，1990.

[3] 李仪钰. 矿山机械（提升运输机械部分）[M]. 北京：冶金工业出版社，1990.

[4] 周恩浦. 矿山机械（选矿机械部分）[M]. 北京：冶金工业出版社，1990.

[5] 陈玉凡. 矿山钻孔机械设计[M]. 北京：机械工业出版社，1990.

[6] 王荣祥，任效乾. 矿山机电设备运用管理[M]. 北京：冶金工业出版社，1995.

[7] 王荣祥，任效乾. 矿山机械系统工程[M]. 北京：冶金工业出版社，1996.

[8] 王荣祥，任效乾. 施工设备故障分析及其排除[M]. 北京：冶金工业出版社，1999.

[9] 王荣祥，任效乾. 流体输送设备[M]. 北京：冶金工业出版社，2002.

[10] 王荣祥，任效乾. 矿物的管道运输技术[J]. 有色金属，1998（1）：41 – 44.

[11] 任效乾，王荣祥. 环境保护及其法规[M]. 北京：冶金工业出版社，2002.

[12] 钟良俊，王荣祥. 露天矿设备选型配套计算[M]. 北京：冶金工业出版社，1990.

[13] 张永鹏，王荣祥，任效乾. 设备系统技术. [M]. 北京：冶金工业出版社，2004.

[14] 唐贵德，王荣祥，任效乾. 露天采掘设备调试[M]. 北京：冶金工业出版社，1995.

[15] 编委会. 选矿设计手册[M]. 北京：冶金工业出版社，1995.

[16] 沈阳水泵研究所. 离心水泵设计基础[M]. 北京：机械工业出版社，1995.

[17] 何正忠. 装载机[M]. 北京：冶金工业出版社，1999.

[18] 曹金榜. 现代设计技术及机械产品[M]. 北京：机械工业出版社，2000.

[19] 高克绩，李敏. 设备管理与维修[M]. 北京：机械工业出版社，2000.

[20] 续魁昌. 风机手册[M]. 北京：机械工业出版社，2000.

[21] 化工设备中心. 工业泵选用手册[M]. 北京：化学工业出版社，1999.

[22] 雷天觉. 新编液压工程手册[M]. 北京：北京理工大学出版社，2000.

[23] 动力工程师手册编委会. 动力工程师手册[M]. 北京：机械工业出版社，2002.

[24] 压缩空气设计手册编写组. 压缩空气设计手册[M]. 北京：中国建筑工业出版社，2000.

[25] 《三废治理与利用》编委会. 三废治理与利用[M]. 北京：冶金工业出版社，1995.

[26] 王鹰. 连续输送机械设计手册[M]. 北京：中国铁道出版社，2001.

[27] 国家质量技术监督局. 中华人民共和国国家标准土工试验方法标准[M]. 北京：中国计划出版社，1999.

[28] Wasp E J, Kenny J P, Gandhi R L. Solid – liquid flow slurry pipeline transportation[J]. Ser. Bulk Mater. Handl, 1977（1）：4.

[29] 李鹏程，韩文亮，田龙. 高浓度管道输送参数计算模型的研究[J]. 金属矿山，2005（4）：60 – 62.

[30] 费祥俊. 浆体与粒状物料输送水力学[M]. 北京：清华大学出版社，1994.

[31] 李炜，王佩勋，周旭，等. 浅井矿山充填技术与装备[M]. 北京：中国科学技术出版社，2012.

第8章 矿井运输与提升设备的发展趋势

随着新经济时代的到来，我国矿井运输与提升设备的研究和开发面临着巨大的机遇和严峻的挑战。尤其是随着人工智能技术、大数据、云计算等新兴技术的兴起，矿井运输与提升装备的研制与应用也要跟上时代发展的步伐，将人工智能、信息技术引入矿山设备的研究和开发中，采用创新的设计方法和手段，变革产品开发模式，将当今的先进技术手段、数字化技术、并行化技术、网络化技术及虚拟化技术等有机地结合在一起，把知识融入产品开发的全生命周期，促进矿井运输与提升装备的发展。

总体来看，我国采矿技术已接近或达到了国际水平，但是在装备方面还存在一定的差距，如规格少、品种不全、性能落后、可靠性差及控制技术不足等。究其原因，最主要的是技术创新乏力、科技研发资金和人才短缺和总体工业水平差。目前采矿技术装备总体发展趋势是设备向大型化、智能化、自动化、主辅设备配套发展，矿山装备应广泛应用微电子技术，向智能化、自动化和无人化迈进，不断采用新技术，提升产品的竞争力。

8.1 矿山运输与提升设备发展总体趋势

矿山机械设备的发展是与人类的技术进步、现代科学技术和整体工业水平息息相关的，特别是与机械工程科学和采矿学科的发展紧密相连。现代科学技术前沿具有明显的时域、领域和动态特性。人工智能、信息科学、材料科学、计算机科学、管理科学和制造科学将是改变21世纪的主流科学，由此产生的高新技术及其产业将改变世界。不同科学之间的交叉融合也将产生新的科学聚集，制造系统和制造信息学、纳米机械和纳米制造科学、仿生机械和仿生制造学、制造管理科学和可重构制造系统等将是新时代机械工程科学的重要前沿科学。因此，矿山机械工程科学发展的总趋势将是义义化、数字化、智能化、精密化、高效化和集成化等。

8.1.1 地下矿山无轨采矿

世界金属矿山主要以地下开采为主的国家有日本、瑞典、德国、法国、中国和南非等国家。70年代后期，西方主要工业强国井下矿山开采量占其金属矿石总产量的35%左右，世界各国井下矿山开采的比例见表8-1所示。我国金属矿山大部分以井下开采为主，并且随着浅地表资源的逐渐枯竭，目前采用露天开采方式的矿山也会逐步转为井下开采，因此今后我国金属矿山井下开采的比例还会逐年加大，金属矿山采用井下开采是一种必然的趋势。

目前我国有色金属矿山矿石产量约为2亿t/a，大部分为井下开采。在地下矿山中，井下开采出来的矿石或巷道掘进废石，以及人员、材料等运输都必须通过专用的运输设备来转运。目前，井下运输方式主要分为有轨运输和无轨运输两种。井下轨道运输方式的特点决定了这种运输方式的初期建设投资过大，随着无轨运输方式的完善，有轨运输方式有逐渐被无轨运输方式取代的趋势。

表 8 - 1　世界主要国家金属矿山井下开采比例

国家	地下开采比例/%	国家	地下开采比例/%	国家	地下开采比例/%
美国	17.8	中国	78	德国	97
加拿大	25	瑞典	87	日本	98
苏联	28.1	法国	94	南非	73

另外，以铲运机、井下矿用自卸卡车为核心的无轨采矿设备的成功使用，促进了地下采矿工艺的变革，也是当今地下采矿技术的发展趋势。未来地下矿山设备的发展趋势是无轨化、液压化、自动化、微机控制化、智能化、辅助设备的通用化和多功能化。矿山无轨设备的发展趋势已从设备大型化转向优化性能，提高适应能力、运转可靠性、安全性和舒适性，增设微机控制和设备故障预测与诊断，纯水及内燃机泵等新型传动系统发展，未来矿山设备将大大降低设备运转对环境的污染，提高作业人员安全保障能力，使地下开采向着环境友好的生态化目标发展。

8.1.2　连续采矿技术

连续出矿设备及其工艺的成功应用，实现了采矿从间断到连续的工艺变革，矿山开采的连续化是提高采矿效率的最佳途径。未来硬岩连续采矿机，机械化全断面掘进装备，地下移动式破碎机，连续出矿、连续运搬设备的研制也将成为地下矿山装备的发展方向。

8.1.3　特殊采矿技术

随着矿产资源的不断开发，浅地表矿床、富矿床和开采条件较好的矿床不断消失，浅部资源消耗殆尽，矿山转入深部矿床、贫矿床、薄矿脉和难采矿体的开采，与之相适应的深井开采技术及装备、薄矿脉开采技术及装备、硬岩开采技术及装备、高压水射流技术、地下溶浸技术、海洋采矿技术及装备的开发和应用，必将受到各国矿业工作者的极大重视。

8.1.4　遥控采矿设备

实时控制系统将给采矿业带来实质性的变革。世界上一些采矿发达国家已经利用遥控、无线电通信、仿真、计算机管理信息系统、实时监控等先进技术来控制采矿设备和系统，加快了智能矿山建设步伐。如遥控凿岩台车、自动化铲运机、遥控装载机、遥控装药和爆破设备、遥控混凝土喷射设备、程控巷道掘进机、矿山机器人等，遥控采矿设备代表了 21 世纪采矿设备的发展方向。

8.1.5　智能矿山设备

智能化矿山是采用现代高新技术和全套矿山自动化设备等来提高矿山生产率和经济效益，通过对生产过程的动态实时监控，将矿山生产维持在最佳状态和最优水平。随着人工智能、信息时代的到来，未来采矿新技术是以智能采矿为特征的，实现智能采矿的关键是研制智能矿山设备。当前的发展方向是将专家系统、神经网络、模糊逻辑、模式识别以及其他人工智能技术综合集成，研制智能矿山设备。

目前，继采矿系统自动化之后，全球矿山业正朝着第四代自动化方向迈进，即汽车自动化。日本小松公司已经研制出了首个商业化矿山用无人驾驶汽车，配备有 AHS（自主牵引系统）。这些车辆有无线网络系统、高精度 GPS 系统、车辆控制器和障碍探测器，它们可以很容易地集成到自动化采矿系统的其他组件当中。

全球矿业巨头力拓已开始了智能矿山的建设，该公司计划在西澳大利亚皮尔巴拉铁矿石矿区建设全球首个纯"智能矿山"项目，该项目将由一个遍布着机器人、无人驾驶矿车、无人卡车、无人钻机和无人运货火车的智能设备网络所组成。智能矿山具有安全、高效、节省大量人力成本的优势，与人类作业相比，无人驾驶钻机的作业时长平均要多出近三分之一，且平均每小时钻孔米数多出10%，矿山的劳工成本已经降低了三分之一。

8.1.6 仿生矿山机械

生命科学必将对21世纪的技术进步与社会发展产生重大影响。机械科学与生命科学的融合交叉将产生崭新的工艺与产品，形成一个富有发展潜力的新产业，仿生矿山机械是一个极富创新性和挑战性的前沿领域。

8.2 矿井运输设备的遥控技术

随着地下矿山开采深度的增加，深部开采带来的高温、高地压、地质构造等采矿条件也随之变得更为恶劣，这对矿工的健康和生命威胁也越来越大；同时，社会对环保节能、安全生产的要求也会更为严格，对资源回收率的要求同样会愈来愈高。为了解决采空区残矿回收、环境恶劣和危险作业点的矿石回收问题，确保矿工安全和提高资源回收率，国外从20世纪70年代开始研究发展井下遥控铲运机技术，操作者在作业区的危险范围外，用遥控装备对井下铲运机进行遥控控制，井下铲运机的遥控控制技术随之诞生了。

井下铲运机的遥控技术分为两种：一种是视距遥控控制；另一种就是视频遥控控制。

8.2.1 视距遥控控制技术

井卜无轨装运设备视距遥控控制技术是设备操作者在采场危险范围之外操作和控制设备，设备操作者在其视力范围内，直接观察和控制井下铲运机和井下矿用自卸卡车。目前，视距遥控技术的视距范围已达到250 m，主要通过无线电装置（RRC）遥控井下装运设备。无线视距遥控系统主要由无线电发射装置、无线电接收装置、机载 PC 和执行器等组成。

无线电遥控器就是利用电磁波的原理，将强大的高频信号（如电流）通过导线，产生向远处传播的无线电波，同时在接收端天线上产生同样的高频信号（电流）。事实上，无线电波起到了把导线上高频信号的能量传播到远处接收天线上去的作用。无线电遥控是使用无线电作为载体来传送遥控命令的，具有较强的辐射能力。无线电波频率一般在几百兆赫以上，通常也称为"高频"。

遥控装置和遥控机器人在本质上是一样的，无线遥控系统的遥控指令信号在发射端进行编码、载波调制以及信号放大，然后通过发射天线以无线电波的形式发射；在接收端将收到的无线电信号经过放大、解调、译码后送给输出驱动控制电路。控制电路控制相应的执行元件（电磁开关阀、电液比例阀、液压油缸、直流电机、电磁继电器等），从而完成相应的遥控指令。

在遥控方式下，操作人员在远离危险区的地方直接观察和控制井下铲运机，当井下铲运机在铲装矿石驶离危险区后，可转为由操作人员进行人工驾驶，将其驶往卸矿点卸载后驶回原地，再转为遥控作业方式驶入危险区铲装，进行下一个作业循环。阿特拉斯科普柯公司井下铲运机的无线遥控技术系统组成见图8－1所示。

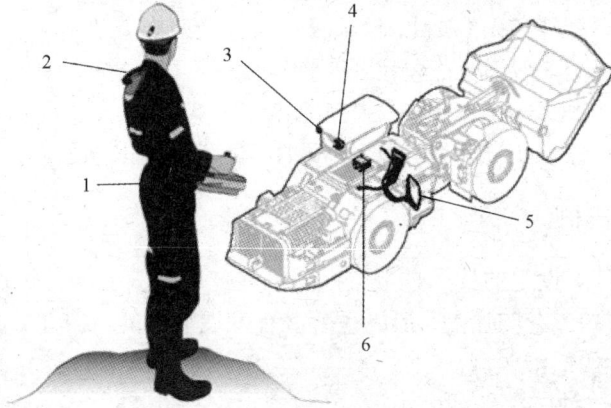

图8－1　阿特拉斯科普柯公司视距遥控井下铲运机系统组成
1—操作装置；2—吊带皮带；3—天线；4—（信号）闪光灯；5—遥控液压控制系统；6—机械执行机构

从图8－1中可以看到，无线电装置包括两部分：一个是操作者直接控制的无线电发射装置即发射机，操作者的操作意图通过他手中的无线电发射机转化为无线电信号，用它来向无轨装运设备发出各种指令；另一个是位于无轨装运设备上的无线电接收机，可接收发射机发出的各项指令，并将指令信号送达执行控制器，执行控制器则按指令完成规定动作。

目前采用视距遥控技术的井下铲运机主要功能有发动机启动、熄火、油门调整、前进挡、空挡、倒挡、离合器、制动器、左右转向、灯光、喇叭以及工作装置所有操纵动作，遥控技术已经可以实现人工控制井下铲运机的所有功能，主要遥控功能见图8－2所示。

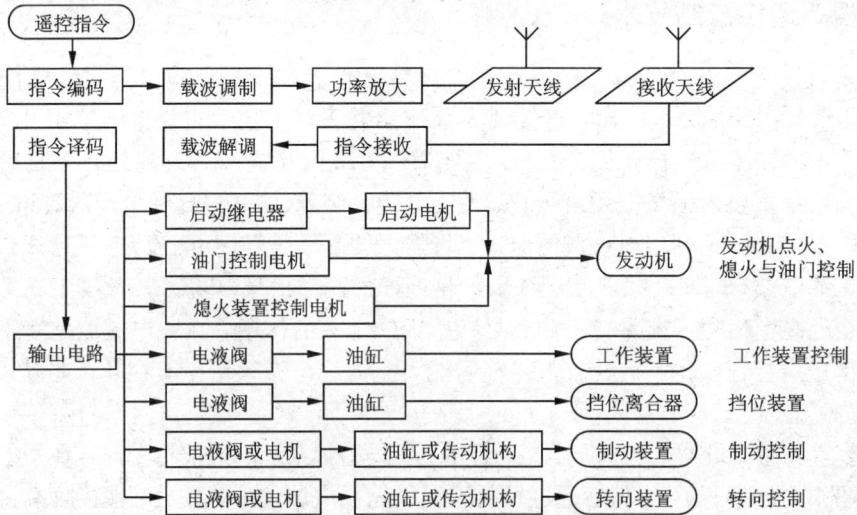

图8－2　视距遥控实现的功能

无线电发射机目前有两种模式，即肩背式和操作台式，肩背式发射机必须操作者背在自己肩上，如图8-3所示；另一种则将发射机置于地面操作台架上，如图8-4所示。

图8-3　肩背式发射装置

图8-4　操作台式发射装置

无线电接收机则安放在井下无轨装运设备上，图8-5为位于装运设备上的遥控无线电接收装置，图8-6为遥控无线电发射装置。

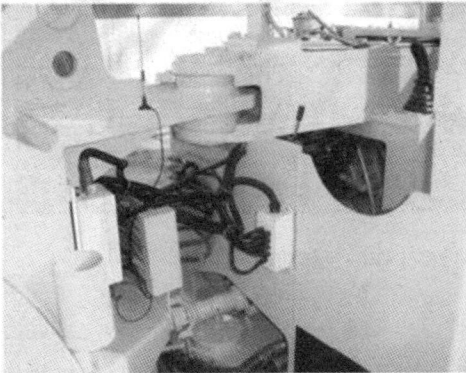

图8-5　遥控无线电接收装置

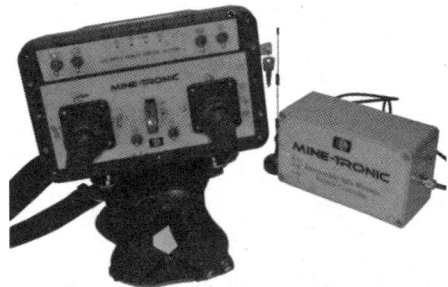

图8-6　遥控无线电发射装置

视距遥控井下铲运机目前主要应用于空场法采空区的出矿作业、狭长采空区的出矿作业、采场顶板有崩落危险的无安全保障采场出矿作业。这种遥控方式要求操作者在安全区直接上车操作井下铲运机，到危险区前下车，改用视距内无线电遥控井下铲运机进行铲装作业。图8-7和图8-8为视距遥控井下铲运机作业环境。

图8-9为井下铲运机与井下矿用自卸卡车联合作业循环过程示意图，它包括铲装、运输、卸载和返回等典型作业过程。

视距遥控控制技术已广泛应用于国外采矿设备巨头生产的井下铲运机上。如阿特拉斯科普柯公司在ST-1020、ST-1520、ST-2、ST-2D、ST-3.5、ST-6C、ST-7.5、ST-1800等井下铲运机上采用了视距遥控技术；山特维克公司在原TORO1400、TORO150D、TORO1151、TORO350、TORO400、TORO500CD、TORO650DL等井下铲运机上采用遥控控制技术；盖哈哈和卡特彼勒公司也在其生产的几种井下铲运机机型上采用了遥控控制技术。

空场法采空区出矿作业

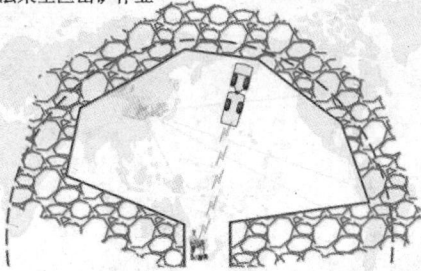

狭长采空区出矿作业

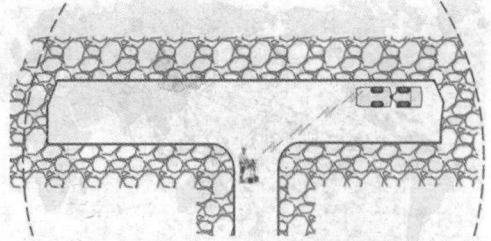

图 8 – 7　视距遥控井下铲运机作业环境 1

图 8 – 8　视距遥控井下铲运机作业环境 2

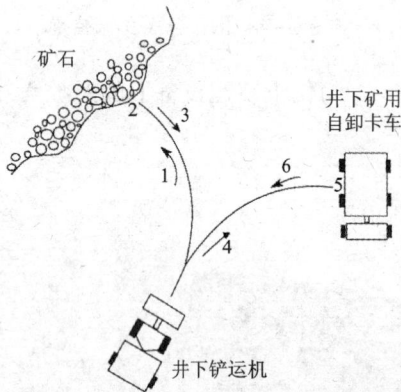

矿石

井下矿用
自卸卡车

井下铲运机

图 8 – 9　井下铲运机与井下矿用自卸卡车联合作业循环
1—铲装；2、3—运输；4—卸载；5—卸矿点及卡车；6—返回

在国内，1983 年长沙矿山研究院率先研制成功了 YK – 1、YK – 2、YKCY – 1.5 和 WJD – 1.5 型遥控井下铲运机。据不完全统计，目前我国湖北阳新县的丰山铜矿、吉林板庙子金英金矿、蔡家营锌金矿、广东凡口铅锌矿等井下矿山采用了不同类型的国内外视距遥控设备。

如选择采用井下装运设备视距遥控系统，在设计时必须充分考虑工作的可靠性与安全性：①遥控控制系统必须密锁，相互双重确认，防止可能的误操作；②一旦出现遥控联系中断或设备没有按正确指令运行或出现紧急情况，安装在井下装运设备上的执行系统必须使设备自动停机，以免发生安全事故。

与此同时，由于井下作业环境相对恶劣，光线暗，粉尘多，加上操作者距离铲运机有一定的距离，无法观察矿石装载，容易造成视距遥控井下铲运机的铲斗铲装不满，有时其生产效率仅为人工操作效率的 80％，甚至出现误操作而引发安全事故。特别是当井下铲运机在拐角处时，操作者无法看到设备，只能盲目操作，从而限制了这种井下视距遥控设备的使用。

8.2.2 视频遥控控制技术

当井下无轨装运设备面临危险区域超过视距范围或运行到拐弯处时，视距遥控技术就无法遥控设备了，此时就须采用另一项技术——视频遥控控制技术。其视频遥控原理同视距遥控原理相同，只是在视距遥控基础上加装了视频系统，图 8－10 为视频遥控井下铲运机示意图。

图 8－10　视频遥控井下铲运机

视频遥控系统由车载视频装置、车载接收机、便携式发射机、便携式视频显示器等部件组成。车载视频装置将井下无轨装运设备周围环境的实时视频信号源源不断地传输到视频遥控器显示屏上，操作者根据位于操作台上便携式显示屏上看到的设备周围环境对无轨设备进行遥控控制，这样视频遥控控制技术提高了视距遥控井下铲运机的生产效率和安全性，视频遥控的有效控制距离虽然大于视距遥控距离，但视频遥控的适用距离仍小于 600 m。图 8－11 为视频遥控控制器，图 8－12 为视频遥控控制系统组成。

图 8－11　视频遥控控制器图

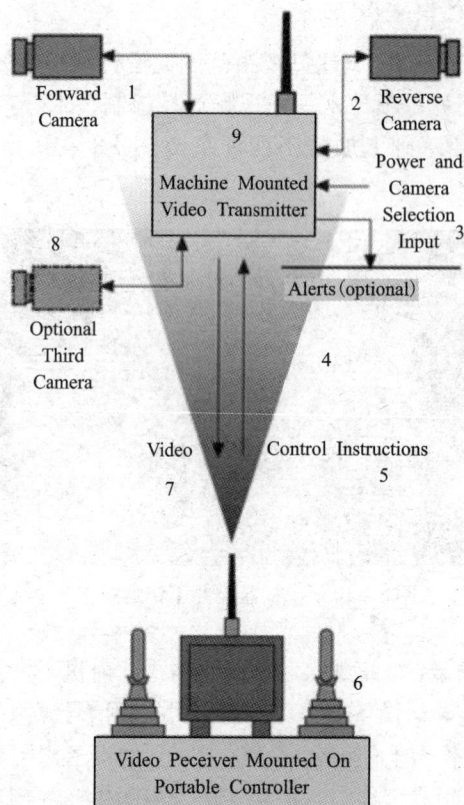

图 8 – 12　视频遥控控制系统组成

1、2—前后摄像机；3—电源及摄像选择；4—报警（发动机温度过高、变速箱油温和压
力过高、液压油温过高、液压油位过低）；5—遥控控制信号传输；6—手提视频控制
器；7—视频传输；8—第三摄像机（选配）；9—车载视频发射与接收器

由于视频遥控系统较视距遥控系统具有更多的优势，特别是采用这种技术的井下铲运机在铲装矿石时，由于井下铲运机上的摄像头能将铲斗前方的图像实时传输到便携式遥控器上，操作者能看清铲斗前方的环境，极大的提高了井下铲运机铲装的效率，因此该技术一出现立即被诸多采矿设备制造商采用。如阿特拉斯科普柯公司在其生产的 ST – 710、EST – 3.5 型井下铲运机上采用了 SIAMremote Ⅱ 视频遥控技术；卡特彼勒公司的视频遥控井下铲运机采用了凯特隆公司的 PVS800 视频遥控技术。

我国凡口铅锌矿 2007 年从芬兰山特维特公司进口了两台 TORO – 301 超视距视频遥控铲运机，专门用于矿井恶劣环境和危险区域的矿产资源开采。超视距可视遥控铲运机，操作人员可以在安全地带，通过视频对铲车进行操作，指令铲运机铲矿作业，有效保护了作业人员的人身安全。图 8 – 13 所示该视频遥控井下铲运机在该矿井下 – 80 m 东二危险采场进行铲矿作业，这标志着我国视频遥控井下铲运机使用量零的记录被打破，并在生产实际中收到了良好的效果。

图 8 – 13　凡口铅锌矿引进的视频遥控井下铲运机

8.3　矿井运输装备的远程监控技术

远程遥控是在视频遥控的基础上发展起来的井下无轨装运设备控制技术，该技术允许操作者在远离井下无轨装运设备的矿井固定或移动遥控控制台，或在地面办公条件更完善和远程控制室中对井下铲运机和井下矿用自卸卡车进行远距离控制。虽然这也是一种视频遥控，但其有效控制距离比视频控制距离增加了许多，可以达到 2000 m 左右，控制系统更为复杂，通信网络更为完善，远程遥控技术使得井下无轨装运设备向自动化方向又迈进了一大步。图 8 – 14 为山特维克公司生产的装备遥控控制台的移动式远程遥控车。

图 8 – 14　山特维克公司装备遥控控制台的移动式远程遥控车

图 8 – 15 为井下铲运机和井下矿用自卸卡车无线视频远程监控系统组成示意图。

图 8 – 16 为远程无线视频遥控井下铲运机。

图 8 – 17 为采矿设备运行环境信标。

为了便于远程监控操作者掌握井下无轨设备在井下位置和所处环境，远程监控系统由包括车载摄像与环境感知系统、井下环境信标和摄像头、视频信号井下与井上传输系统等复杂的分系统所组成。

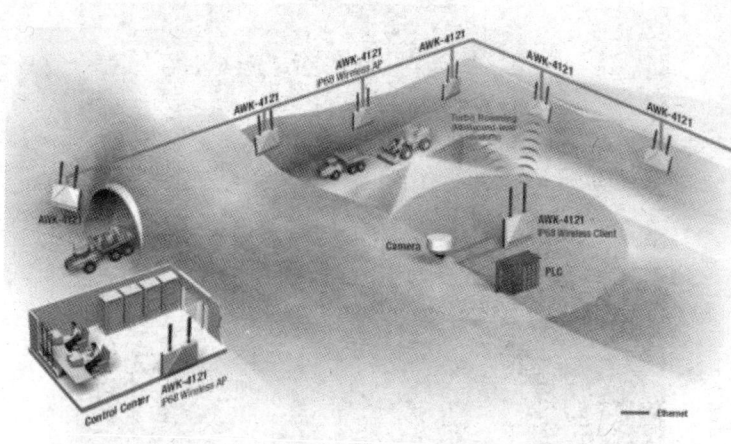

图 8 – 15　井下无轨装运设备远程无线视频监控系统组成

图 8 – 16　远程无线视频遥控井下铲运机

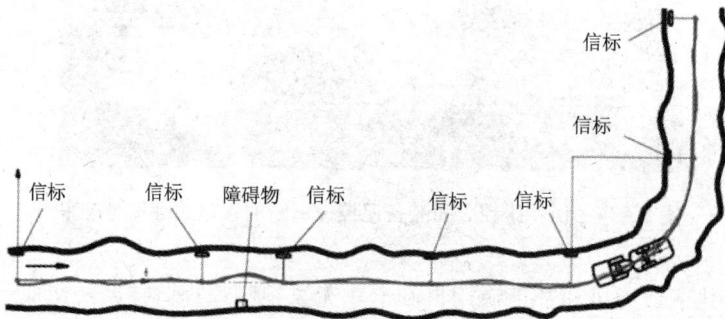

图 8 – 17　采矿设备运行环境信标

　　图 8 – 18 为远程遥控控制台示意图。井下无轨装运车辆在井下的位置、所处环境、车辆运动状态参数等都可准确无误地在远程控制室的控制台液晶屏上显示出来，远程操作者根据

这些图像,通过远程控制台上的手柄、脚踏板等装置对井下无轨装运设备进行远程视频遥控精确控制,图 8-19 为控制室远程操作员坐椅式操作台构造示意图。

图 8-18 远程遥控操作台

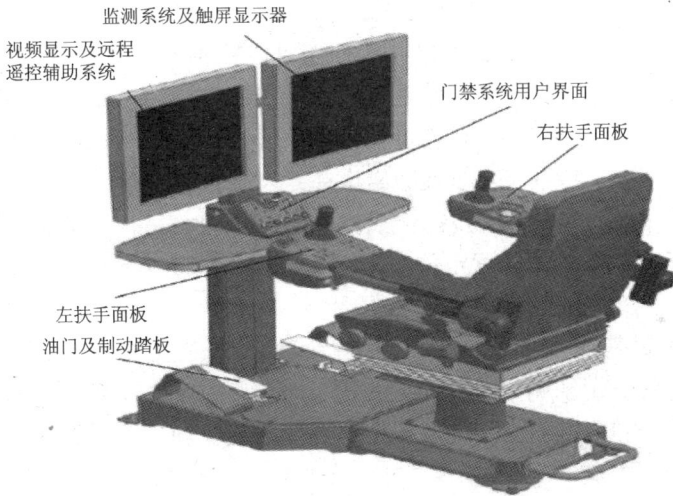

图 8-19 远程遥控台构造示意图

2007 年年底,阿特拉斯科普柯公司在芬兰克米铬铁矿进行了 ST14 井下铲运机远程遥控控制试验并获得成功。该车配备三个摄像机,两个在前面,一个装在后面,在井下巷道的装载区和卸载区又分别安装了三个摄像机作为补充。安装在井下铲运机车辆上的激光器可以描瞄车辆前方 35 m 远的巷道壁,并能提供 ST14 井下铲运机相对巷道壁精确位置的实时数据。

8.4 矿井运输设备的自动化与智能化关键技术

矿山企业的机械化、自动化、智能化是大势所趋,是矿业行业发展的需求,采矿的机械化、自动化、智能化可以大幅度提高生产安全系数,提高劳动生产率,体现规模经营优势,优化资源配置,进而提高企业的经济效益。

实现井下无轨设备自动化和智能化，必须要突破一系列关键技术瓶颈。地下矿山不同于露天矿，露天矿可以利用全球定位系统(GPS)为车辆导航，但在井下矿无法接收GPS信号。因此，人们从20世纪70年代开始研究，经过几十年的努力，克服了井下远距离通信、定位与导航等难题，实现了由人工直接操纵转变为远距离遥控，甚至无人操纵，实现了全过程自主控制(AUTONOMOUS)。遥控和自主控制技术在采矿设备的使用，提高了生产率，降低了生产成本，改善了采矿作业环境，特别是保证了现场作业人员的健康与安全。

8.4.1 导航技术

导航是确定车辆的位置、走向和路线，引导车辆以合乎逻辑的方式运动，使设备能够履行其特定任务的一门科学。井下铲运机和井下矿用自卸卡车导航主要用于引导井下无轨设备自动从采场或矿堆沿着规定路线运输矿石到卸矿点，卸完矿之后又沿原路自动返回原出发地。由此可见导航技术在井下无轨设备的自动化中起着非常关键的作用，可以说井下无轨设备自动化的水平是随着导航技术的发展而发展的。目前井下装载机和井下矿用自卸卡车导航技术主要有以下三种。

(1)航行推算法。

航行推算法是检测自主井下移动设备位置使用最广泛的一种独立的导航技术，通过车辆行驶方向和行驶距离来估算出车辆位置。这种方法简单，容易实现，但由于初始位置误差、运动学模型误差以及运动过程中的不确定扰动(如与地面发生相对滑动)等因素会引起累积误差，严重影响定位精度，特别是对于长距离运动的自主井下装载机和井下矿用自卸卡车的影响将是灾难性的。因此，为了克服以上缺点，人们采用将外部传感器获得的信息与航行推算法的信息进行融合，以获取高精度定位，融合方法多用Kalman滤波器。

(2)惯性导航。

惯性导航是一种最基本的导航方式。由惯性测量装置(速度仪、陀螺仪)、计算机和显示器组成。速度仪、陀螺仪用来测量车辆的运动状态即正负加速度，并将信息传递到LHD的驱动装置计算机上，自动进行积分运算，以获得车辆瞬时速度和瞬时位置的数据。另一导航系统安装在LHD前部和后面的激光扫描仪，可连续观察巷道的断面形状，由此获得并辨认工作区域的每一局部情况。此外，激光扫描仪还能连续对惯性测量系统的加速度测量软件所获得的数据进行修正，以获得需要的定位精度并修正距离测量中的偏差。

(3)多传感器的信息融合技术。

多传感器的导航方式是移动机器人导航发展的必然趋势。这种多传感器的信息融合技术充分利用了多个传感器的资源，通过对这些传感器及其观测信息的合理支配和利用，把多个传感器在空间或时间上的冗余或互补信息根据一定的准则进行组合，从而获得对被测对象的一致性解释或描述，因此它不但能够提高导航精度，同时也使整个导航系统具有了较高的鲁棒性(指控制系统在一定结构，大小的参数摄动下，维持其他某些性能的特性)。目前导航方法主要有两种：相对导航(电磁导航、光学导航)和绝对导航。

8.4.2 定位技术

定位是自主井下铲运机和井下矿用自卸卡车控制中的关键问题，其准确性和精度直接影响规划的实现，从而影响整个系统的性能。定位分静态定位和动态定位。静态定位是每次将传感器采集到的环境信息和环境模型相匹配来定位,但由于其计算量大,很难满足实时性要求。最常用的定位方法为推算航行法。这种方法简单,容易实现,但定位精度不高,特别是对长距离运动的自主控制井下移动设备的影响很大。动态定位,即将外部传感器获得的信息与推算航行法的信息进行融合,以获取高精度定位。

静态定位是最常用的定位方法,又分为相对定位和绝对定位。

(1)相对定位。

①测距法。采用光电编码器、里程计和航向陀螺仪等计算出每个采样周期车轮移动路程之和。该方法的优点是良好的短期精度、低廉的价格和较高的采样速率。

②惯性导航法。采用螺旋仪和加速度计。螺旋仪测量回转速度(角速度),通过对时间一次积分和二次积分,即可获得偏移的距离和角度。

相对定位技术的缺点:累积误差很严重,不适合长距离或者长时间的定位,可以与绝对定位技术相结合。

(2)绝对定位。

①陆标定位。自然陆标定位和基于人工陆标(超声波发射器、激光反射板等)定位,需要陆标位置已知。

②基于已知地图的定位。地图匹配定位技术根据自身探测的周围环境信息构建局部地图,然后将局部地图与已知的全局地图进行匹配。该定位方法的关键在于地图模型的建立和匹配算法。

8.4.3 远程通信技术

通信系统是将传感器信息和现场环境提供给操作者,并将操作者的指令传递给车辆执行器,使操作者在远程也能获得身临其境的感受,从而实时对井下铲运机或井下矿用自卸卡车进行状态监测,必要时通过人机接口对车辆进行遥控操作。现代矿山的安全制度也需要了解和控制井下工作人员和移动设备的位置,跟踪井下人员和车辆的移动,监视井下工作人员和移动设备状态,也必须要有先进的通信系统。随着井下无轨设备的自动化程度越来越高,对井下各种条件下无线电通信能力的需求也愈发强烈,目前矿山通信与跟踪技术见表8-2。

8.4.4 高效的信息处理技术

信息处理主要是对于传感器采集得到的信息进行处理,包括语音识别与理解技术、图像处理与模式识别技术等。由于目前移动机器人的导航大多采用基于视觉或有视觉参与的导航技术,因此计算机视觉和图像处理技术的水平对于移动机器人导航的发展将起到至关重要的作用。

8.4.5 先进传感器技术

传感器是一种能把物理量或化学量转变成便于利用的电信号器件。传感器相当于移动机器人的感觉器官,只有先进的传感器技术才能有效采集环境信息,从而提高导航的效率和准确性。因此,先进传感器技术在井下运输与提升装备自动化中起着极其重要作用。

井下矿山远程跟踪与通信技术见表8-2。

表8-2 井下矿山远程跟踪与通信技术

技术	定义	通信能力	跟踪能力	优点	缺点
Ethemet - 以太网（TCP/IP）	以太网通信系统用于跟踪、寻呼、语音、视频、数据传输。通常与无线（WiFi）和有线（光纤或CAT5）网络一起使用，有些系统可使用漏泄馈线系统传输声音和数据	语音、数据和视频	有，精度受无线接入点位置规定的区域限制	开式体系结构。通过在一个系统上因特网，双路音频、数据、视频、从任何遥控位置监视矿山	系统要使用有线与无线以太网结合，线路或设备的损坏可中断通信
Leaky Feeder - 漏泄电缆	漏泄电缆和放大器可串联到矿山任何地方。语音、数据和视频都可以通过RF连接到漏泄电缆上	语音、数据和视频	有，如果任选RFID读书器与漏泄电缆连接，那么精度受区域限制	双路音频，数据，视频	漏泄电缆或放大器损坏可中断通信。没有固有的跟踪能力，无线电必须处在漏泄电缆视距范围内
Through the Earth - 通过地层通信	矿山地表面安装有环形天线，低频信号传递到与矿工帽灯装在一起的接收器。在紧急情况下文字信息或矿工帽灯闪烁发出警告	大多数系统是单路报警和文字/文本信息向地下传送/收发	有	无线，在地表面带传输环形天线的系统不会因为爆破、火灾、岩石崩落而损坏	大而深的矿山可能要求地下传输环形天线，该天线可能由于岩石剥落或爆破而损坏。不能跟踪，没有用于较通用系统的语音通信
Medium Frequency - 中频MF	频率为280~520 kHz的无线电在现有的管道、配线等上传播。要求转发器覆盖整个矿山	语音、数据	没有	需要的专用配线比漏泄电缆少	需要转发器覆盖整个矿区。转发器、导体或金属结构的损坏使得提供的传输路线中断服务
Radio Frequency Identification（RFID）- 电子标签又称无线射频识别	主动(有动力装置的)RF标签由工人戴上或安装在设备上。标签和标签阅读器一起被放在矿山各个区域内，RFID由标签、标签阅读器和天线（在标签和阅读器之间传递射频信号）组成	对数据交换有限制	有，精度受标签阅读器位置定义的区域限制	矿工和设备实时跟踪	系统要求使通信基础设施隔离开。例如：漏泄电缆、电信或以太网
Distributed Antenna System（DAS）- 分布式天线系统	把RF天线接到有效区间内同轴电缆主干线上	语音、数据和视频	没有	天线只放在需要的地方，以降低成本。安装简单、可靠	系统要求同轴电缆主干线铺设到需要通信的任何地方。电缆和设备的损坏可能会导致通信中断
Trolley Phone - 架线电话	高压架线被用作信号路线	语音	没有		
Phone - 电话	传统有线电话系统	语音	没有	成本低、安装和使用简单	电话线损坏会导致通信中断，大多数电话站可以移动短距离位置或不能移动

在井下铲运机和井下矿用自卸卡车自动化中主要使用三类传感器：机械传感器、遥控操作传感器和自动化传感器。机械传感器的主要作用是监视机器的安全，以及修正机器的温度、压力等操作参数。遥控操作传感器主要用于机器遥控和远程操作，原来机器上只有机械传感器就显得不足，需要增加许多集成到系统的传感器。例如，从机器上反馈语音传感器、其他能使遥控操作者或监视系统监视发动机运行、机器健康和安全的传感器和显示器技术。自动化传感器是最新的一类传感器，它有两套传感器，一套传感器是在人不直接和经常控制和监视的情况下向机器和附属设备提供所要求的反馈，以便很好完成系统设计的全部任务。这类传感器不同于机械传感器，它包括声呐、红外、激光扫描、摄像机和陀螺等。另一套传感器是保护机器和控制系统完成其功能，例如，程序控制定时器就是检测控制处理器、导航和电子减振器故障，以防止碰撞，也检测其他系统安全装置故障。这类传感器还可以探测自动化区域内人和设备，如果探测到人和设备，机器就会避开或停车，降低危险和增加人进入自动化区的安全。

以下为卡特彼勒公司 MINEGEM 自动化系统采用的传感器的种类、作用和布置。

（1）GCS 激光器。

GCS 激光器是一种商用传感器，广泛应用于解决定位问题。该激光器水平扫描频率大约是 1 Hz，扫描 360°方位角。旋转头部安装有一个编码器，根据返回值对目标进行编码。激光器安装在车辆的顶部，避开障碍物。

（2）超声波传感器。

超声波传感器是应用十分广泛的一种探测障碍物的器件，作为导航的辅助设备能够探测出坑道特征的总变化。

（3）编码器。

编码器是测量回转装置速度或位置最普通的一种传感器。车轮同转编码器和转向角是通过特定车辆的前进运动方程来估计车辆的位置和方向。

（4）惯性传感器。

惯性导航系统（INS）是捷联式惯性导航系统，惯性传感器主要用来测车辆航向和姿态。该系统包括 1 个三轴加速度计和 4 个陀螺仪，4 个陀螺仪用来测量转动率和倾翻率，2 个陀螺仪用来测量车辆绕垂直偏角的回转率，这 2 个陀螺仪比转动和倾翻陀螺仪精度更高、价格也贵。

（5）陀螺仪。

陀螺仪主要用来记录航向数据。

8.4.6　系统集成

成功的自动化系统不仅仅是用控制系统替代人去操作机器，还涉及机器重新设计和系统集成的目标。机器的重新设计还必须考虑车辆运行的环境和参与这一过程人们的期待。开发自动化车辆涉及许多领域，包括机械、电气、电子工程、计算机和通信等。系统集成就是通过结构化的综合布线系统和计算机网络技术，将上述各个分离的设备、功能和信息等集成到相互关联的、统一和协调的系统之中，使资源达到充分共享，实现集中、高效、便利的管理。

8.5 我国矿井提升设备的发展趋势

8.5.1 机、电、液成套化

矿井提升系统主要由主机部分、电控部分、电动机和闸控部分组成,目前,提升设备各部分的技术水平发展不均衡。

(1)主机部分。

目前,国产主机部分(主轴、卷筒和天轮等)的产品结构、技术水平、安全可靠性已达到国际先进水平,但产品外观尚有差距,结构细节需优化。与国外同类产品相比,配置过于保守,质量偏大。

(2)电控系统。

矿井提升机电控系统必将沿着数字化控制方向发展,具有高自动化程度的、完善的控制系统,其适用性更加广泛。能为矿井提供更安全、高效、强大的技术服务,使矿井提升机控制朝着智能化控制的方向发展。其主要发展趋势如下:①平滑调速且调速精度高。这一方面是为了避免启动过程中出现提升机容器下坠现象,另一方面是在保证安全和准确停车的条件下将爬行段距离设计得尽可能短,进而获得较高的提升能力。②完善的故障监视装置。电控系统一旦出现故障能及时按照故障的性质进行保护,并且能对故障进行显示,使之迅速排除。③综合自动化控制。目前国内外生产的提升机,其控制、监视及保护措施已由原来的继电器或半导体逻辑单元的技术水平发展到多 PLC、智能仪表的数字控制以及上位工控机监控的网络控制技术水平。④安全系统、监控系统和保护系统的不断完善。

(3)电动机。

电动机的单机功率、外形尺寸、质量等与国外有较大差距,材料应用偏保守,发热问题、冷却技术存有差距。

(4)闸控系统。

闸控部分的原理、结构、配置、可靠性及性能已可与国际上先进的 ABB、西马格相媲美,但起步晚。

8.5.2 智能化无人值守矿山技术

智能化矿山技术可实现系统的自检测、自适应、自诊断和无人值守,通过与远程智能诊断平台相结合方式,推出智能化提升机的"互联网＋"的模式。发展信息感知及信号传输技术,在提升机主轴、减速器、电动机、天轮、液压站、润滑站和钢丝绳等关键部位安装检测传感器,通过现场数据采集器将采集信号接入控制系统中,并通过远程接口传输到远程诊断平台对数据进行分析,在检测到故障特征后,将结果反馈到控制系统。

8.5.3 超深井提升

随着新探超深矿产的发现和较浅矿产的枯竭,超深井提升机成为今后提升设备研发的重要方向,发展 1500～2000 m 超深矿井提升装备是国家资源开发的战略需求,也符合《国家中长期科学和技术发展规划纲要》(2006—2020 年)的要求。未来 5～10 年,我国金属、煤炭矿山将开工兴建 1000 m 以上深井达 30 条,如表 8-2 所示,预计需超深矿井大型提升装备 60 台套以上,我国将成为世界上超深矿井大型提升装备需求量最大的国家之一。

表 8-2 中国未来规划的超深矿井

规划煤矿	规划井深	类型
肥城矿业曹县煤田	埋深 1000~2000 m	煤矿
邯邢地区 35 亿 t 煤田	埋深 1000~2000 m	煤矿
哈密三塘湖 650 亿 t 煤田	埋深 1000~2000 m	煤矿
莱钢莱芜矿业济宁铁矿	提升高度 1564 m	金属矿
山东盛大矿业铁矿	规划提升高度 1200 m	金属矿
北京华夏建龙思山岭铁矿	提升高度 1500~1600 m	金属矿
辽宁本溪大台沟铁矿	规划提升高度 1800 m	金属矿
五矿集团安徽五鑫矿业泥河铁矿	提升高度约 1300 m	金属矿
山东三山岛金矿	提升高度 2000 m	金属矿
黑龙江大兴安岭岔路口钼铅锌矿	规划提升高度 1227 m	金属矿
内蒙古乌拉特中旗金矿	矿体埋深 1436 m	金属矿

我国已掌握了 800 m 以内的浅矿井提升技术,但井深超过 1200 m 的大型提升装备的研发还是空白。当提升深度超过 1200 m 时,从经济、效率和安全考虑,以及国外的实践证明,液力、风力及皮带运输等方式已不适用于垂直提升,只能采用绳式提升装备。南非的最深矿井已达到 3000 m,广泛采用多绳缠绕式(布莱尔)提升机,但南非超深井提升设备只应用于金矿等产量较小的矿井,很难同时满足井深大、产量高两项指标要求。因此,开发适用于超深矿井、超大产量的提升设备,是中国矿井提升设备的一项当务之急。2014 年,国家 973 课题"超深井大型提升装备设计制造及安全运行的基础研究"启动,该项目旨在解决我国在深部资源开发利用战略过程中遇到的技术难题,特别是解决提升高度 1500 m 以上,提升载荷 50 t 以上的特大型提升机的设计制造技术难题。同时,国家安全监管总局牵头组织了"超大规模超深井金属矿山开采安全关键技术研究"项目(即双超项目:开采规模 1000 万 t 以上,提升高度 1200 m 以上),对国内"超大规模超深金属矿井运输与大流量高浓度填充关键技术"等课题进行了研究,重点研发特大型提升机,以满足超深井提升的需求。

8.6 矿业机器人的发展与展望

矿山资源是发展国民经济、保障国家安全的物质基础。随着我国国民经济的高速发展,对矿产品的需求也愈来愈大,我国约有 11.25 万座矿山,每天开采超过 3000 万 t 矿石,每年生产约 100 亿 t 的矿产品,为我国国民经济的发展做出了巨大的贡献。

中国矿业绝不是夕阳产业,而是要寻求一种新的方式来发展。进入新时代,传统矿业受到了挑战,中国矿业必须贯彻"既要金山银山又要绿水青山,绿水青山就是金山银山"的理念。必须走高质量的发展之路：大数据、智能技术、云计算和机器人技术等现代科技将重塑矿山发展新模式，推动矿业由传统行业向高科技行业转变，并进一步向智能化方向发展。矿业大数据、矿业机器人将逐渐成为一流矿业企业的核心技术，矿山开采将采用自动化、无人化、智能化管理和远程控制，大大降低安全风险、生产成本并提高产能。

在人工智能、机器学习、大数据、云计算等新兴科技广泛应用于各行各业的今天，智能采矿是未来矿业发展的目标。智能采矿是以智能化、自动化采矿装备为核心，以高速、大容量、双向综合数字通信网络为载体，以智能设计与生产管理软件系统为平台，通过对矿山生产对象和过程进行实时、动态、智能化监测与控制，实现矿山开采的安全、高效和经济效益最大化。

目前矿业界早已形成共识：矿业绿色开采的新路径是采矿设备机器人化。随着科学技术的发展，以采矿机器人和矿业环境探测与救援机器人为代表的矿业机器人将在矿山得到广泛应用，采矿安全性将得到极大提升。

8.6.1 采矿机器人

未来的智能采矿将利用最先进的技术，包括地下通信、定位、工艺设计、监视和控制系统，去控制采矿设备与采矿系统。远程遥控采矿工艺包括自动凿岩、自动装药与爆破、自动装岩、自动转运、自动卸岩和自动支护等，其技术基础是高速地下通信系统和高精度定位、定向系统(要求达到毫米级)，其基本原理如图 8-20 所示。

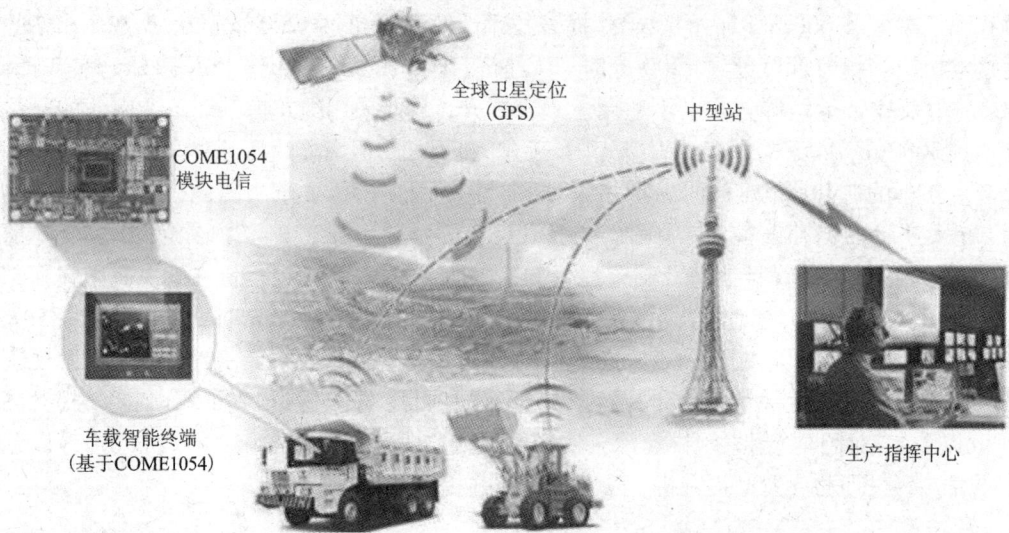

图 8-20 未来智能采矿技术原理(露天矿)

采矿机器人，作为在采矿业中最前沿的科技产品之一，能够帮助人类在各种有毒、有害及危险环境下进行采矿工作。目前，采矿机器人主要是指根据当今采矿技术所采用的采矿装备赋予机器人的某些特征，主要包括采掘机器人、凿岩机器人、喷浆机器人、装运机器人等类型。在露天矿山智能运输"机器人"方面，美国卡特彼勒的矿山之星与日本小松的自动运输系统(AUTONOMOUS HAULAGE SYSTEM)(又名为 FRONT RUNNER)作为自动装运机器人已在部分露天矿山得到应用，图 8 – 21 为具有机器人特征的露天矿山智能运输卡车。

图 8 – 21　露天矿山使用的智能运输机器人

全球矿业巨头澳大利亚力拓公司旗下的 15 座矿山分布在皮尔巴拉矿区，矿山已实现无人采矿。在矿区，可以听到智能化的机械轰鸣声，但却看不到太多的工作人员，图 8 – 22 为力拓智能采矿场和采矿机器人。

图 8 – 22　力拓智能采矿场和采矿机器人

力拓公司的生产运营控制中心位于远离矿区一千多公里的珀斯市，图 8 – 23 为力拓生产运营控制中心。

目前，南非、澳大利亚、瑞典、荷兰、加拿大和智利等 10 多个国家地下矿山采矿已使用远程遥控凿岩台车和井下铲运机自动作业，在主运输巷道采用无人驾驶机车，图 8 – 24 为采用远程遥控技术的井下矿山生产场景。

目前，采矿机器人还处于初级应用阶段，许多的功能应用还不完善，但未来的采矿机器人肯定能实现矿石自动采出、自动运出的这两种功能。采矿机器人未来新方向包括：水下采矿机器人、深海采矿机器人和太空采矿机器人。

水下采矿机器人：在以往的矿山开采过程中，一旦开采到地下水位以下，就容易被地下涌水淹没，出于排水成本的压力与安全性考虑，许多矿井将不得不被废弃。但在这类矿井中往往还有很多矿产资源，而且由于地处深层，矿石品位往往较高，极易导致资源浪费严重。

如今，用于原先水淹废弃矿井开采的水下采矿机器人已经成功研发，并开始进行试验。

图 8 – 23　位于珀斯市的力拓生产运营中心

图 8 – 24　远程遥控井下矿山生产场景

随着水下采矿机器人性能的提升，必将得到大规模商业应用，这不但可以重启许多废弃矿井，回收矿产资源，达到保护自然环境、充分利用自然资源的目的，而且还能推动水下采矿机器人行业发展壮大，图 8 – 25 为国内外水下采矿机器人。

图 8 – 25　水下采矿机器人

深海采矿机器人：深海中蕴藏着丰富的金属矿产资源，以及天然气水合物和生物基因资源。由于海底矿产资源总量丰富，许多国家及其公司已积极开展深海勘探和开采技术的研发试验。

由于深海采矿作业难度极大，人工作业几乎难以进行，所以自然离不开高科技产品的助阵。目前，为了加快深海采矿业的发展，不少公司已经开始开发深海采矿机器人，并准备在近年应用到深海采矿实际作业环境当中，图8-26为深海采矿机器人作业场景。

图8-26 深海采矿机器人及作业场景

太空采矿机器人：太空中的小行星稀有金属开采价值无法估量，在全球矿产资源日渐枯竭的形势下，主要航天强国纷纷把目光转向了太空，太空采矿可能成为未来矿业发展的方向之一。2018年8月，美国的科罗拉多矿业学院正式开设了太空采矿专业和相关课程，加快研发太空采矿装备及技术，促进太空采矿专业技术人才的培养。太空采矿自然离不开太空采矿机器人，图8-27为太空采矿机器人想像图。

图8-27 太空采矿机器人想像图

8.6.2 矿业救援与环境探测机器人

我国目前拥有矿山数量约为11.25万座，其中露天开采矿山不到1万座，其余均为井下开采。我国虽然拥有十分丰富的矿产资源，但也是一个矿难多发的国家。我国矿产赋存条件复杂并且矿山遭到地质构造运动的严重破坏。随着开采深度的逐渐加深，地温升高、冲击地压频繁，矿井发生透水、火灾、矿井冒顶等安全事故的概率也在增加。地下矿山的灾后情况通常是非常危险的，包括垮塌的岩体、矿（废）石堆、地下水、有毒有害气体、浓烟、坍塌的支护结构和电缆线路等。图 8 - 28 为典型井下矿山灾后环境。

图 8 - 28 典型井下矿山灾后环境

根据红十字会和红新月会国际联合会 2014 年的"世界灾害报告"，在 2004 年至 2013 年间 6525 次灾害中，有 105.9 万人丧生，另有 199.8 万人受到直接影响，经济损失达 1.7 万亿美元。尽管在过去几十年里，采矿技术取得了巨大进步，仍有一次矿难造成数以百计的人丧生的情况，如新西兰派克河煤矿矿难（2010），巴基斯坦矿井瓦斯爆炸灾害（2011），西弗吉尼亚上科大爆炸（2010），索马矿难（2014），扎夏德科煤矿矿难（2015），中国的石膏矿矿难（2016），百合花矿难（2016）。

由于矿井中存在的各种危险，特别是高湿度，有害气体（甲烷、瓦斯、硫化物）爆炸，内源性火灾及渗水、塌方等问题，容易导致矿难的发生，危及矿工生命，且矿井环境复杂，灾后环境不明，难以实施人力救援工作，使得现代矿山的环境探测和救援机器人化成为战略性问题，具有搜索、救援、勘探功能的矿业探测与救援机器人的发展则成为必然。近年来，国内外对灾后环境探测与救援机器人的研究十分活跃，已研制出了消防救援机器人、地震救援机器人、矿业救援机器人、核事故救援机器人和水下救援机器人等多种救援机器人。

8.6.2.1 井下环境探测与救援机器人研究现状

（1）国外研究现状。

在矿用机器人方面，国外起步较早，第一个致力于为煤炭行业设计机器人的是 20 世纪 90 年代澳大利亚联邦科学与工业研究组织 CSIRO 的建筑工程师。其设计的矿用探测机器人名为纳巴特，如图 8 - 29 所示，主要技术参数如下：

8 个带轮胎的轮子（机器人每侧有一个 750 W 的电动机驱动车轮）；

工作时间：5～8 h；

速度：2 km/h；

图 8-29 来自 CSIRO 的纳巴特

40 个 140 A·h 的 Ni-Cd 蓄电池;

尺寸: 2.5 m×1.65 m;

充满氮气和超压的密封体;

可测量 CO, CO_2, O_2, H_2 等气体浓度、压力和温度;

图 8-30 Andros V-2 机器人

车辆上安装的气体传感器可以定期校准;

4 个黑白照相机和可选的红外照相机;

利用退卷机通过光纤解卷/卷绕进行通信。

雷蒙泰克公司也设计了一款名为 Andros V-2, 如图 8-30 所示的履带式机器人,并在 2007 年应用于 Media 矿难的救援工作中。机器人高 127 cm,重 544 kg,由防爆电机驱动。它包括 3 台带照明的照相机(包括夜视相机),气体传感器(用于测量有毒和爆炸性气体的浓度),双向语音通信设备和一个机械手臂。

图 8-31 为美国桑迪亚国家实验室开发的名为 Gemini-Scout 矿山救援机器人,该机器人包括两段在履带上行驶的车身。车身通过两自由度连接装置相连,使它们能够前后连接在一起,并允许前部车身正在爬升或驶下障碍物时车辆中间弯曲。机器人可以通过 46 cm 深的水或障碍物,并设法爬上楼梯。该机器人的速度为 5.63 km/h,质量为 86 kg,并配有至少使

用 4 h 的镍氢蓄电池，具体尺寸为 122 cm × 61 cm × 61 cm（长 × 宽 × 高），使用 2.4 GHz 和 900 MHz 的无线通信。

图 8-31　Gemini-Scout 机器人

　　美国卡耐基梅隆大学机器人研究中心开发的全自主矿井探测机器人 Groundhog，可以探测井下环境并精确绘制井下 3D 地图，图 8-32 为工作中的 Groundhog。

　　图 8-33 为德国波恩大学和弗莱堡大学开发的井下环境探测机器人，具有在井下自主定位与导航功能，即使在错综复杂的井下巷道内机器人也能实时定位并对环境进行建模，记录其运动路线和轨迹，自主回到出发点。

图 8-32　工作中的 Groundhog

图 8-33　德国开发的自主定位导航井下环境探测机器人

日本在 2006 年开发出一款全身包裹着履带的六履带四摆臂的灾后搜救机器人，如图 8 - 34 所示。这款机器人的驱动履带非常宽，以至于使机器人的躯体完全处于履带的包裹下。这种设计使机器人不会发生躯体被障碍卡住的问题，让机器人拥有非常强大的跨越障碍能力。机器人的主要作用是进入危险的灾后现场，通过搭载的红外热敏摄像机搜寻遇难者，并为搜救人员绘制灾后现场的地图。

美国叠迪亚实验室开发的新一代 Gemini - Scout 搜索救援机器人，如图 8 - 35 所示。该机器人可以将食品、药物等提供给井下被困矿工。

图 8 - 34　日本救援机器人"木槿"

图 8 - 35　Gemini - Scout 机器人

此外，美国雷神公司开发的多维蛇形移动机器人正在接受美国国家职业安全与卫生研究院的评估，加拿大英科公司研制的 Micro VGTV，可实现和井下被困幸存者通话，适合在小的孔洞和空间中执行任务。

需要说明的是，国外虽然开发出了许多井下矿山环境探测与救援机器人，并参与 2006 年初发生在美国西弗吉利亚 Sago 煤矿、2010 年 11 月发生在新西兰南岛西部阿塔劳的派克河煤矿瓦斯爆炸事故等矿难的救援工作，但并没有完全获得成功。国外研究机构对各类机器人井下试验情况进行了综合分析后认为：矿井救援机器人距实际应用还有一定距离，仍存在一些技术问题需要突破。

（2）国内研究现状。

我国第一台井下矿用搜救机器人是由中国矿业大学于 2006 年研制成功的 CUMT - 1，如图 8 - 36 所示，该机器人可用于井下环境探测，并装备有可记录井下视频信息的摄像头，利用双向语音通信设备进行信息传输。同时，该机器人还可在救援时搭载一些必需的救援用品如药品、水等供被困人员使用，以延长存活时间。随后中国矿业大学又开发第二代 CUMT - ⅡB（图 8 - 37）矿用探测机器人样机，该样机使用了两条主履带与两条蹼脚履带的四履带双蹼脚行走机构，2 个蹼脚位于机器人两侧，并能够独立旋转。在 CUMT - ⅡB 的基础上进一步改善，又研制出了 CUMT - ⅢB 型机器人，如图 8 - 38 所示，与第二代的区别在于又增加了 2 个蹼脚，蹼脚数量从 2 个增加到 4 个。

▶ **275**

图 8 – 36　CUMT – 1

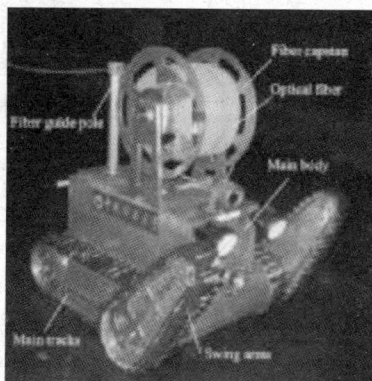

图 8 – 37　CUMT – ⅡB

图 8 – 38　CUMT – ⅢB

图 8 – 39　KRZ – 1 矿用抢险探测机器人

　　图 8 – 39 所示为唐山开诚集团开发的矿用抢险探测机器人——KRZ – Ⅰ矿用抢险探测机器人，该机器人于 2009 年 6 月自主研发，具有防爆、越障、涉水、定位、采集识别以及传输视频信息、位置信息等各种数据的功能，该机器人能够深入到事故现场进行探测，然后把这些采集到的相关信息（影像资料与数据信息等）迅速传输到控制中心，这些影像资料和数据信息可以为救援人员提供制订救援计划的根据和参考，让不了解灾情的救援人员可以制订出更为合理的营救策略。

　　中南大学和湖南中矿金禾机器人研究院（中矿金禾）2016 年联合开发了井下环境探测机器人通用底盘，如图 8 – 40 所示，该基本型行驶底盘可加装不同探测和工作机构形成不同类型井下矿业机器人，以满足不同任务的需求，为开发系列矿业机器人产品奠定了基础。2018 年中矿金禾在其通用底盘上加装摄像机、三维环境扫描仪等井下环境探测所需装备并在巷道内对其通信、视频传输、远程控制、照明系统、三维地图扫描重构系统等功能进行了成功测试，图 8 – 41 为该机测试现场照片。

　　此外，北京理工大学、沈阳自动化研究所、西安科技大学、太原理工大学、中国地质大学、上海交通大学等单位相关开展了井下环境探测与救援机器人方面的研究工作，并取得了相应的进展。

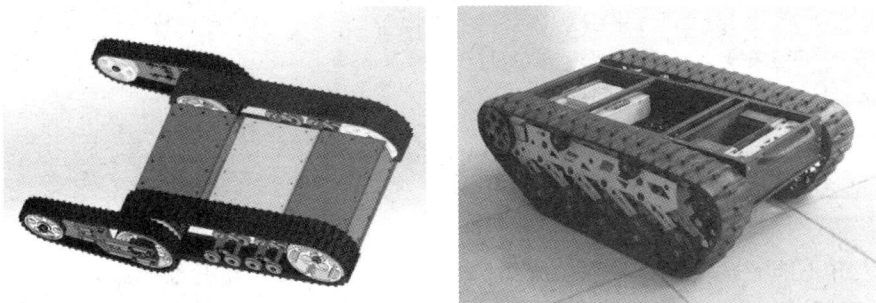

图 8-40 中矿金禾开发的矿业机器人通用底盘

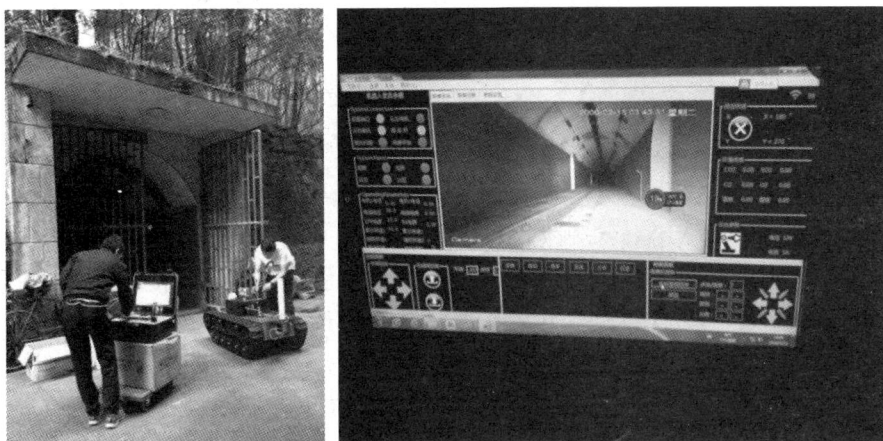

图 8-41 中矿金禾开发的井下环境探测机器人测试现场

8.6.2.2 井下环境探测与救援机器人技术要求

井下环境探测与救援机器人根据矿井探测、测绘、搜索救援需求,主要有四种类型:①侦查/检查机器人;②搜索和救援机器人;③移动测绘机器人;④道路障碍清理机器人。

对这四类井下环境探测与救援机器人的技术要求,主要有:

(1)井下机器人的共同技术要求。

①必须具备安全和防爆性能,能够在危险的矿山环境中作业;

②一台设备应是多功能的,重要功能要求是搜索、检测和测绘、矿井结构检查、医疗救助、疏散伤亡者等。

③能机动灵活地通过各种复杂的地形,自主导航定位。

④通过矿井巷道通信,可从井口远程操控;

⑤作为一个移动中继站,提供后勤支持和代替救援队员;

⑥进行环境气体测量,确定救援人员是否可安全进入;

⑦可向操作者传输观测现场图像和需要的测量数据,为决策提供依据。

(2)侦查/检查机器人的技术要求。

①可以在危险气体或高温环境中作业;

②可识别化学品和管道泄露；

③使用热成像摄像机进行可燃矿床热点检测；

④可检查顶板破裂、沉降、浮石和处理；

⑤岩石类型和品位遥感识别；

⑥稳健、可靠的行驶能力，能越过碎石、砾石和沟壑；

⑦重量轻尺寸小，以便能进出现有矿山和进入狭窄空间，可穿过墙壁观察采空区；

⑧制造成本尽可能低。

机器人并不能完全代替灾难急救小组，但是当进入地下矿井灾难地点太困难或危险时，机器人可帮助他们。通过完成下列任务来帮助救援小组：

①在黑暗、模糊情况下提供现场实时视频图像；

②测量有害气体浓度；

③检测环境条件；

④穿过砾石和碎石；

⑤在封闭的空洞空间导航定位；

⑥探测发现受难者，与幸存者沟通；

⑦自我监控，确保正确操作和故障检测。

（3）搜索和救援机器人的技术要求。

搜索和救援机器人需要在地下矿井移动过程中对环境进行探测与搜索，以便发现伤死亡者或危险情况。重要的是机器人能在完全受控制或自主控制条件下快速完成任务，不增大救援人员、受害者或其他生物的风险。

①必须能向救援队提供有关矿难现场的相关信息，并提供破坏环境场景图像；

②在尽可能短的时间内搜索完矿难现场，并通过软件来预测任何大的潜在事故；

③应能快速移动较重的碎石，用传感器采集的信息决定哪些碎石可以移动，或哪些碎石太危险，不能移动，也可测试现场构筑物的稳定性决定救援人员是否可安全进入；

④找到一条最佳路径进入碎石结构，以防止倒塌，传感器必须能从多个结构视角看清搜索区域，以便机器人更容易找到通往碎石区的最佳路径；

⑤能根据干球和湿球测量的温度确定人类生存的可能性，用热成像摄像机识别幸存者；

⑥具有双向音频对讲功能；

⑦可向灾区运输物资，包括急救包、食品、照明灯、灭火剂等；

⑧可处理流井堵塞事故。运送火箭弹或炸药到堵塞的底部，远程引爆。

（4）3D 测绘机器人的技术要求。

①为了提高测距的精度，需要配备姿态航向参考系统；

②需要配备高性能机载技术，3D 扫描时数据必须自动存储在车载硬盘内；

③3D 地图重新生成的算法和软件。

（5）道路清理机器人的技术要求。

道路机器人能快速移动较重的碎石，为机器人进入矿难区域搜救开辟道路，技术要求如下：

①用传感器采集的数据自动决定哪些岩石可以移动，或者哪些岩石太危险，不能移动，并能测量稳定性，为救援队安全进入提供依据；

②配备足够能力的机械臂和机械手；

③配备必要的清理工具如耙子、铲子、钩子、勺子等。

8.6.2.3 井下环境探测与救援机器人存在的问题

从井下环境探测与救援机器人研究与使用情况来看，无论是研发还是应用水平都还与井下环境探测救援要求尚有一定距离，主要问题有：

(1)环境适应能力不足。井下环境探测与救援机器人的主要任务是对井下陌生环境进行探测并参与救援，井下矿山矿难发生后地形复杂，机器人必须面对狭窄的地下空间、坍塌的井下岩石堆，大小和形状各异的岩石构成的凹凸不平"路面"，这些环境对机器人设计带来了挑战，目前履带和轮式机器人行走运动平台还不能很好地满足井下特殊环境的苛刻要求。

(2)环境感知与定位精度差。对进入井下灾后现场和机器人来说，准确感知所处环境并对自身的姿态、速度和位置等信息实时感知，确保机器人稳定可靠工作。目前机器人感知环境和自身状态必须依靠传感器，而现在各类传感器大部分功能单一，造成井下环境探测与救援机器人环境感知与定位能力较差。

(3)井下通信能力不足。操作者必须依靠井下环境探测与救援机器人从灾后现场传输回来的信息来操纵机器人，目前采用的通信方式主要就是有线和无线2种通信方式。有线通信使进入灾后现场的井下环境探测与救援机器人的行动受阻或无法长距离通信，无线通信信号在井下灾后现场衰减现象严重，井下通信能力严重不足是一个不争的实事。

(4)续航距离受限。目前井下环境探测与救援机器人的动力来源主要依靠其自身携带的蓄电池，机器人行走、通信、所搭载设备工作均需要由蓄电池提供能量，目前蓄电池容量无法满足机器长时间工作的要求。

8.6.2.4 井下环境探测与救援机器人发展趋势

(1)机器人移动机构多样化与仿生化。

移动机构作为救援机器人的移动载体，直接决定了其越障能力。研发出机动性好、地面适应能力强、可靠性高的移动机构对于提高机器人的越障能力起着决定性作用。目前仅有的履带和轮式行走机构还不能完全满足井下特殊环境的要求，未来蛇形、蜘蛛形、鼠形、昆虫形等仿生井下环境探测与救援机器人行走机构会成为研究热点，井下环境探测与救援机器人对井下地形的适应能力必将得到极大提升。

(2)机器人灵巧化和智能化。

机器人的通信系统主要负责实现双向信息交流。可以采用有线与无线结合的方式进行控制，保证信号传输的高效稳定性。而感知系统主要是依靠灵敏度高、可靠性好的传感器，在保证对机器人的正常控制下，使其能够迅速探测井下环境，传输数据信息，并通过搭载的生命探测仪探索生命迹象，实现对人员的定位、保证及时展开救援。

机器人结构越来越灵巧，控制系统越来越小，能在受灾现场灵活穿梭于废墟中，到达人无法到达的地方。由于各种技术原因，目前井下环境探测与救援机器人还难以实现全自主，随着通信、导航、定位、路径规划技术和传感技术的发展，未来的井下环境探测与救援机器人必然是全自主控制，完全实现救援行为的自主化与智能化。

(3)动力源高效化。

由于救援机器人工作环境比较恶劣，且行进与越障过程中耗能较多，为保证机器人长时间的正常工作，必须具有较长续航能力的能源供给。随着蓄电池技术和无线充电技术水平的提高，未来井下环境探测与救援机器人续航能力将得到大幅度提升。

（4）功能集成化与协同化。

目前井下环境探测与救援机器人功能较为单一，而井下灾后环境是一个复杂的、多状态共存的动态系统，功能单一的井下机器人并不能完成所有任务，若使用不同功能的机器人协同救援，又无法实现多机协同作业。未来的井下矿业机器人必然是功能集成并能与其他机器人协同作业，共同完成救援任务。

参考文献

[1] 李炽，冯茂林. 无线遥控地下铲运机的发展及液压系统改进[J]. 冶金设备，2008，168(2)：54 – 57.

[2] Scooptram Automation. www. atlascopco. com.

[3] Mine Automation System. www. sandvik. com. cn.

[4] www. ghh – fahrzeuge. de.

[5] 高梦熊. 浅谈井下装载机、井下矿用自卸卡车自动化技术的发展（一）[J]. 现代矿业，2009，488 (12)：1 – 6.

[6] 高梦熊. 浅谈井下装载机、井下矿用自卸卡车自动化技术的发展（二）[J]. 现代矿业，2010，489 (1)：5 – 11.

[7] 高梦熊. 浅谈井下装载机、井下矿用自卸卡车自动化技术的发展（三）[J]. 现代矿业，2010，489 (2)：5 – 10.

[8] 高梦熊. 井下装载机自动化技术的发展[J]. 采矿技术，2006，6(3)：429 – 433.

[9] 高梦熊. 论国外地下装载机的现在与未来[J]. 2010年有色金属设备论坛论文集，上海，2010 (11)：13 – 28.

[10] 高梦熊. 论国外地下装载机的现在与未来(续1)[J]. 有色设备，2011(1)：1 – 3.

[11] 高梦熊. 论国外地下装载机的现在与未来(续2)[J]. 有色设备，2011(2)：1 – 4.

[12] 高梦熊. 论国外地下装载机的现在与未来(续3)[J]. 有色设备，2011(3)：1 – 5.

[13] 高梦熊. 论国外地下装载机的现在与未来(续4)[J]. 有色设备，2011(4)：1 – 4.

[14] 吴和平，吴玲，张毅，杨立兵. 井下无人采矿技术装备导航与控制关键技术[J]. 有色金属（矿山部分），2007，59(6)：12 – 16.

[15] Uif Bodin, Uif Andersson, Sidedharth Dadhich, Erik Uhlin, Uif Marklund, Derny Haggstrom. Remote control short – cycle loading of buck material in mining application[J]. IFAC – Paper On Line，2015，48 – 17：54 – 59.

[16] Hongpeng Chi, Kai Zhan, Boqiang Shi. Automatic guidance of underground mining vehicles using laser sensors [J]. Tunnelling and Underground Space Technology，2012(27)：142 – 148.

[17] S Dadhich, U Bodin, U Andersson. Key challenges in automation of earth – moving machine[J]. Automation in Construction，2016(68)：212 – 222.

[18] 杜波，张步斌，冯海平. 矿井提升设备的发展现状及趋势[J]. 矿山机械，2016，44(6)：1 – 7.

[19] 由韶泽，朱华，赵勇，等. 煤矿救灾机器人研究现状及发展方向[J]. 工矿自动化，2017，43 (4)：14 – 17.

[20] 葛世荣，朱华. 危险环境下救援机器人技术发展现状与趋势[J]. 煤炭科学技术，2017，45(5)：1 – 8.

图书在版编目（CIP）数据

矿井运输与提升／周科平主编. —长沙：中南大学
出版社，2019.7
ISBN 978 – 7 – 5487 – 3580 – 9

Ⅰ.①矿… Ⅱ.①周… Ⅲ.①井下运输②矿井提升
Ⅳ.①TD5

中国版本图书馆 CIP 数据核字（2019）第 042267 号

矿井运输与提升
KUANGJING YUNSHU YU TISHENG

主　编　周科平
副主编　李杰林　　杨忠炯

□责任编辑　史海燕
□责任印制　易红卫
□出版发行　中南大学出版社
　　　　　　社址：长沙市麓山南路　　　　邮编：410083
　　　　　　发行科电话：0731 – 88876770　　传真：0731 – 88710482
□印　　装　长沙印通印刷有限公司

□开　　本　787 × 1092　1/16　□印张 18　□字数 458 千字
□版　　次　2019 年 7 月第 1 版　□2019 年 7 月第 1 次印刷
□书　　号　ISBN 978 – 7 – 5487 – 3580 – 9
□定　　价　50.00 元